バイオントダム（Vajont, Italy）の巨大地すべり災害（福田建大氏提供）
上：貯水池内すべり土塊の堆積状況　　下：ダム基礎岩盤とすべり面

貯水池周辺の地すべり調査と対策の必要性を認識させる契機となった有名な事例である。ダムの完成後（1960年）、左岸側の斜面で巨大地すべりが発生し（1963年）、貯水池に突入した。貯水池の水は段波となって堤体を越流し、下流で2000人以上の犠牲者を出した。その後、国内外でこのような大惨事は発生していない。

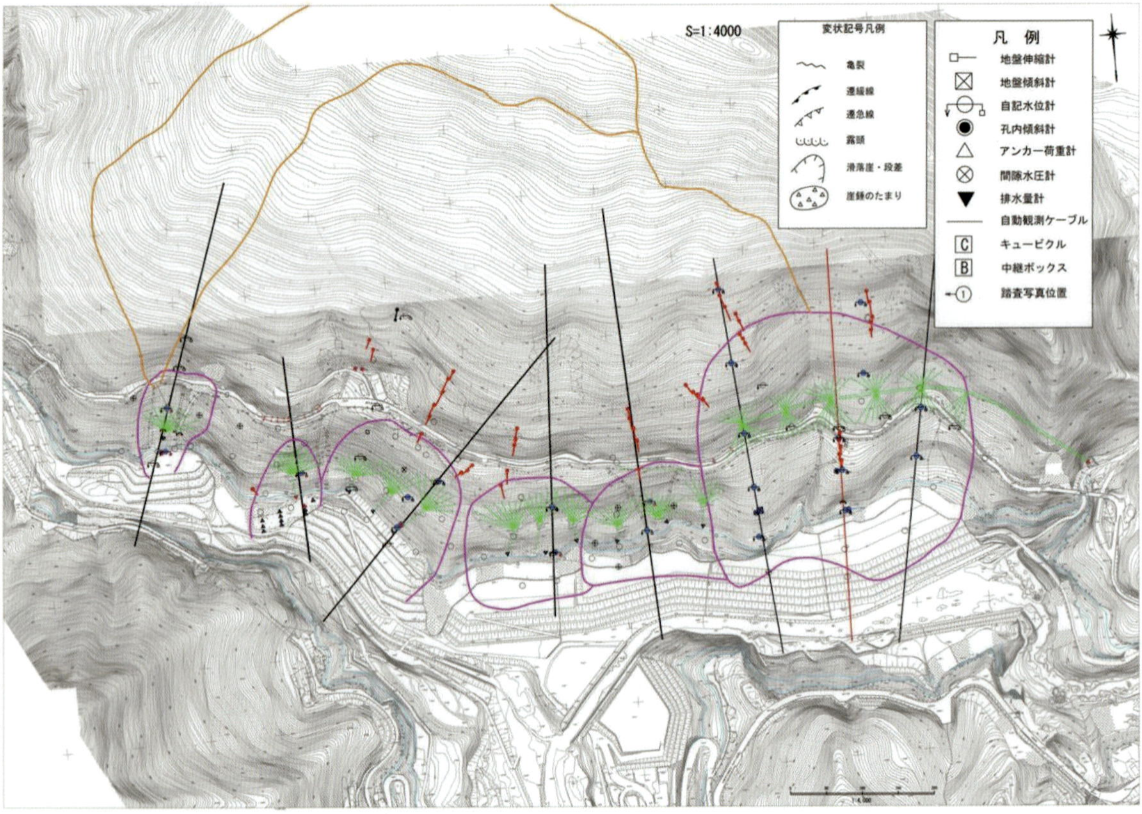

II

富郷ダム城師地区の大規模地すべり（上：湛水前の状況　　下：対策工計画平面図）

湛水前の地すべり調査に基づいて押さえ盛土工と排水トンネル工などの抑制工を効果的に配置し、地すべり地の安定化を図った（2000年竣工）。

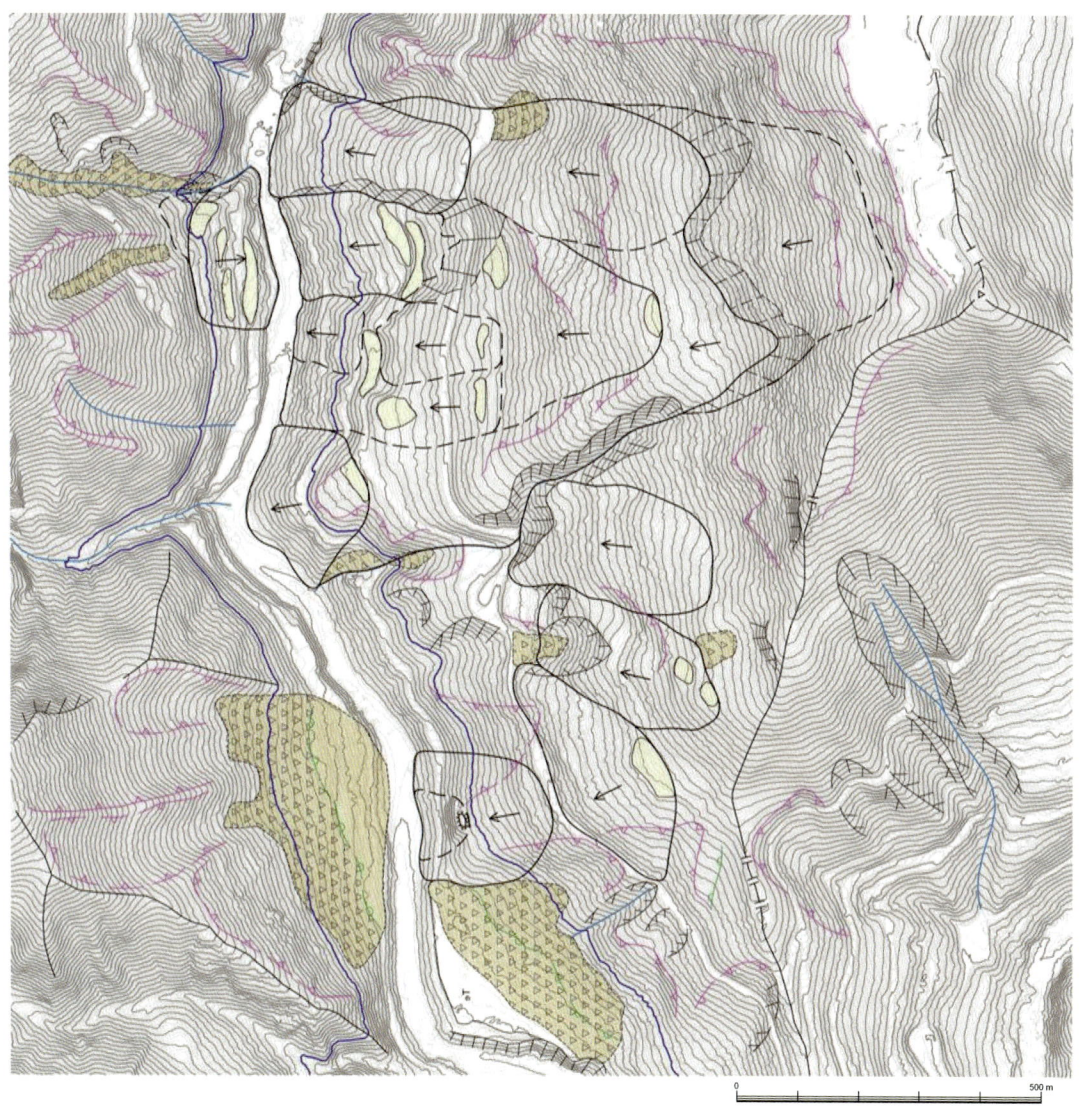

図3.5 地すべり等地形予察図の例

IV

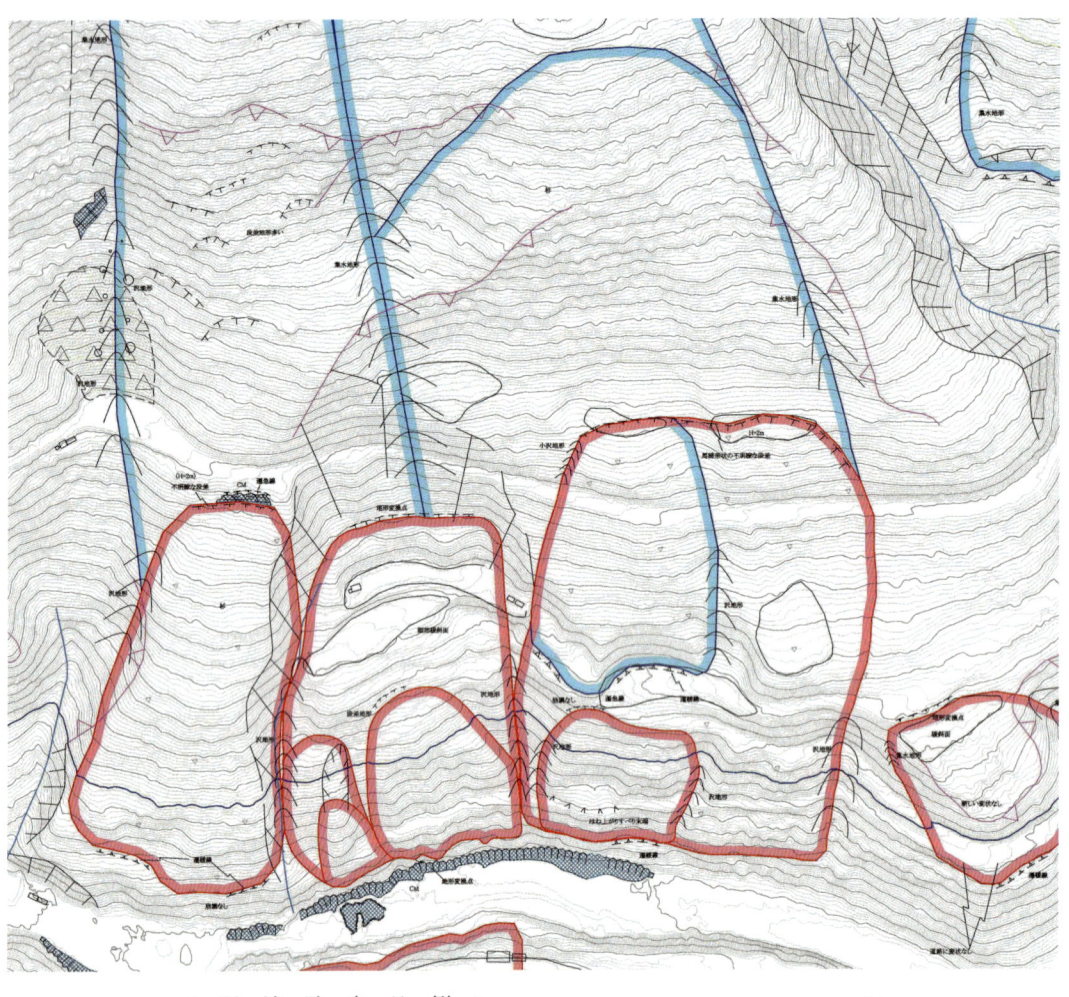

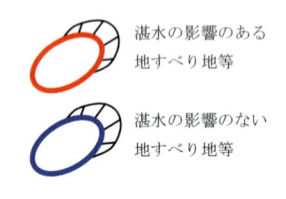

図 3.9 現地踏査平面図の例

< 現 地 踏 査 凡 例 >

名　称		記　号
亀裂質、緩み岩盤		
転石		
走向・傾斜	片理面	56 30
	節理面	56 80
	断層面	56 30
断層		
背斜軸		
向斜軸		

名　称		記　号
露頭（地質区分）	粘板岩	Sℓ
	緑色岩	Gs
	チャート	Ch
	砂岩	Ss
	粘板岩砂岩互層	Aℓt
湧水		
亀裂		
目地の開き		
擁壁のズレ		
路面の補修（オーバーレイ）		
樹木の根曲がり		

< 凡 例 >

湛水の影響のある地すべり地等

湛水の影響のない地すべり地等

0　500 m

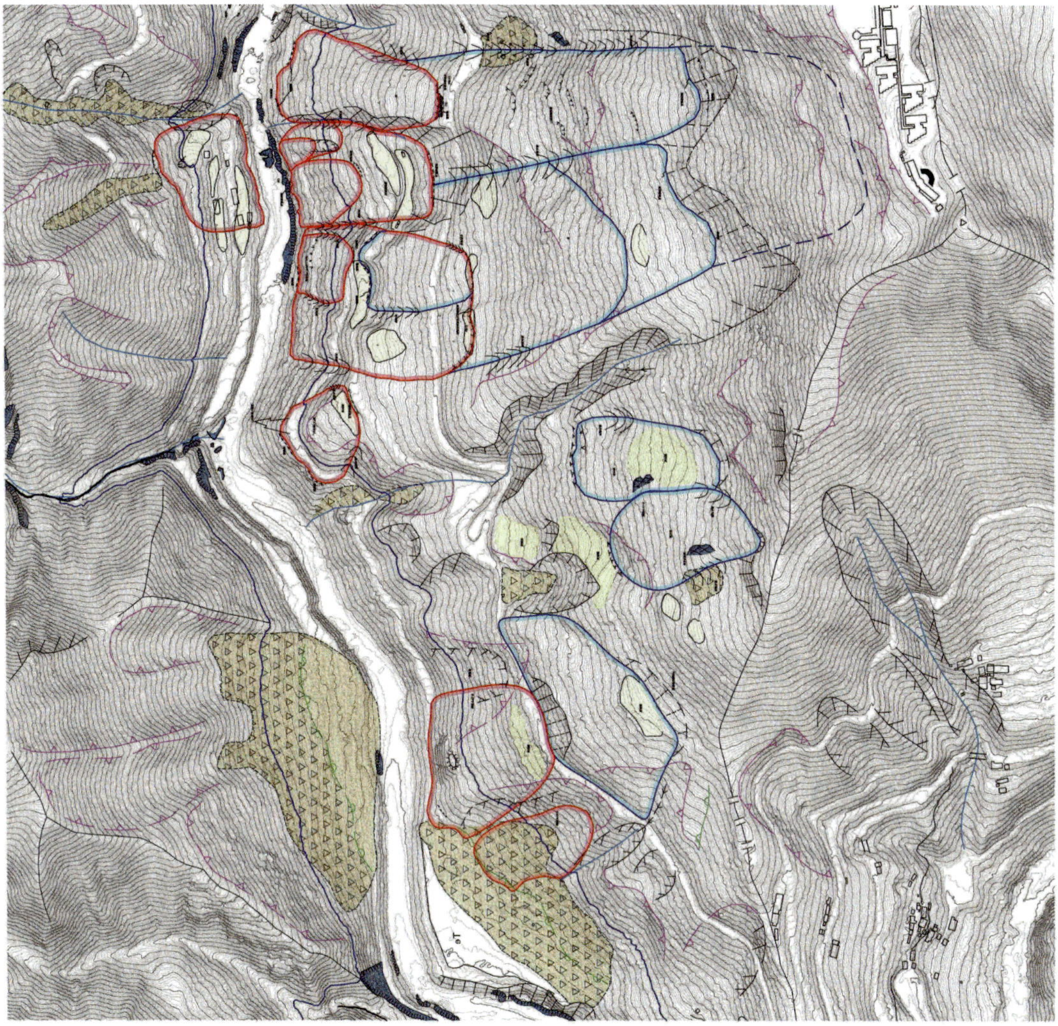

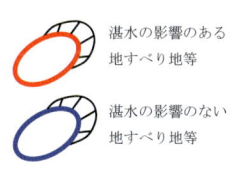

図 3.11　地すべり等分布図の例

Ⅵ

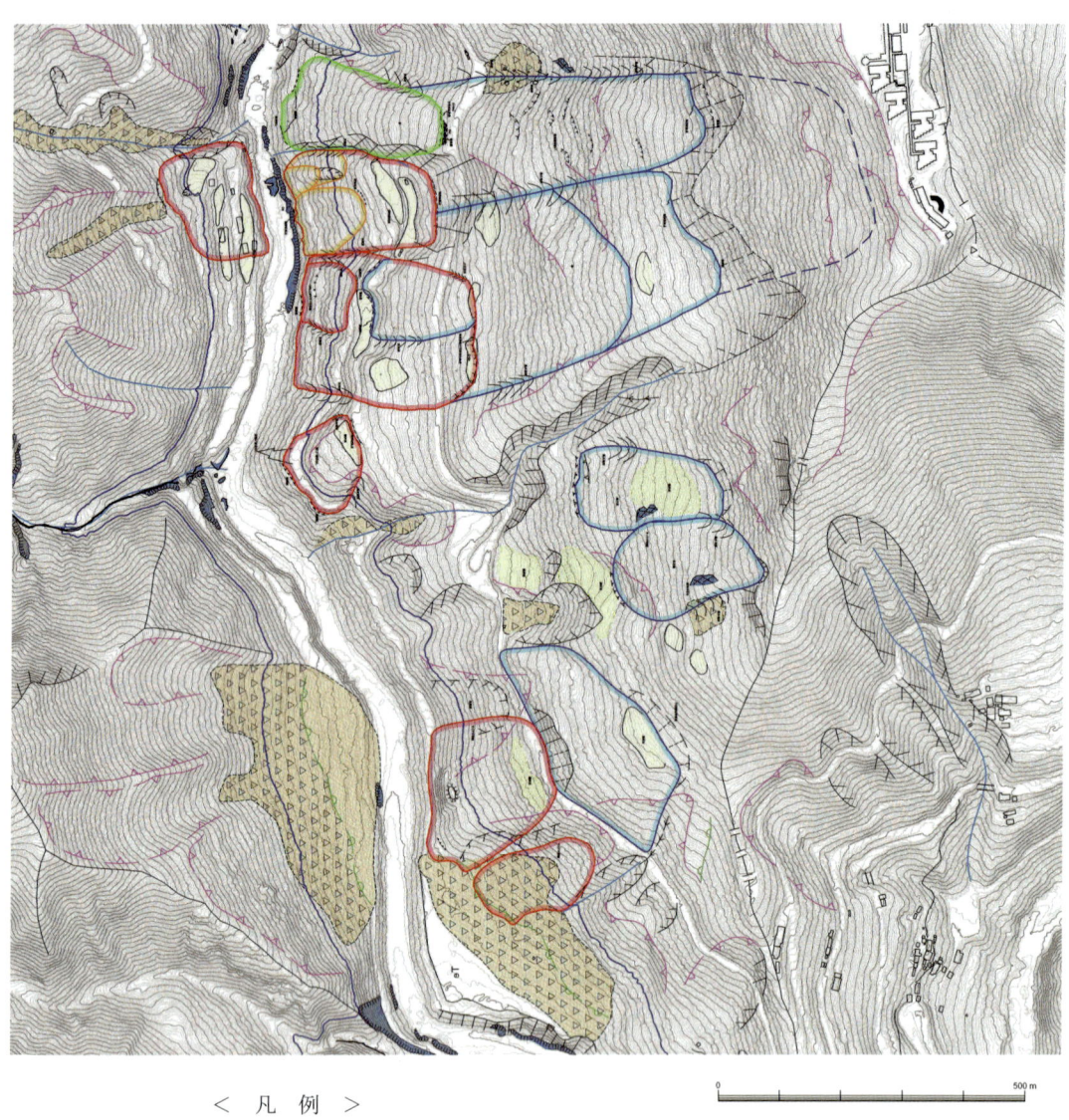

< 凡 例 >

精査を実施する

必要に応じて精査を実施する

原則として精査を実施しない

湛水の影響のない地すべり地等

図 3.13　地すべり等の精査の必要性評価図の例

表 4.4 地質性状区分のコア写真例

区分	名称	コア形状・色調		コア写真例
Dt	崩積土	土砂状 褐色系	いわゆる広義の崩積土にて、礫混りローム・礫混り粘土など。色調は褐色を基調とする。	
W1	強風化岩・強破砕岩	土砂状～粘土状 褐色系 原岩色系	a 概ね岩組織を残して角礫化あるいは軟質化（土砂～粘土化）が進行したもの。	
			b コアが乱れた状態で採取され、判定不能なもの。	
			c 原岩組織を残さず、角礫（亜角礫を含む）を主体とする。基質の割合は約30%未満で、砂質土（やや粘質なものも含む）を主体とする。粘性は低くコアは容易に割れる～崩れる。鏡肌・条線を伴う場合はW1csとして区分する。	
			d 主に淡褐色を呈し、原岩組織を残さない細礫混じりの粘土（基質の割合は30%以上）を主体とする。鏡肌や条線を伴う場合が多い。礫形状は亜角礫が多い。湿潤状態で粘性が高く割れにくい（粘り強く伸びて引きちぎれない）。鏡肌・条線を伴う場合はW1dsとして区分する。	
W2	中風化岩・中破砕岩	細片～破片状 褐色系 原岩色系	褐色～原岩色系統で、割れ目が発達して細片～破片状（岩片～礫状）コアとして採取されたもの。一部、軟質化の進行した柱状コアを含む。	
W3	弱風化岩・弱破砕岩	円板状～塊状 原岩色系	原岩色系統の円板状～塊状（短柱状～岩片状）コア。	
Rf	新鮮岩	棒状（完全コア） 原岩色系	新鮮な棒状（完全）コアとして採取され、全般的に硬質なもの。	

VIII

図4.12 すべり面の位置の模式図と岩盤斜面の地すべりのすべり面の事例

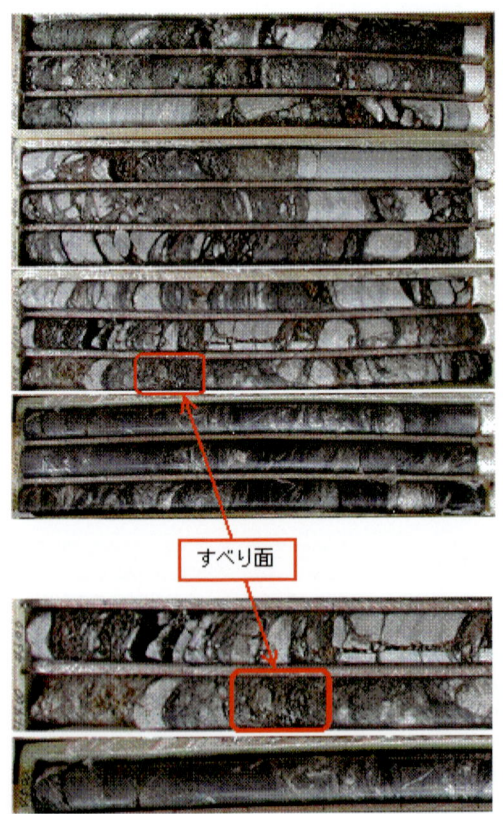

写真4.2 付加体堆積物（混在岩）における地すべりのすべり面の例

写真4.3 緩傾斜の流れ盤を示す結晶片岩における地すべりのすべり面の例

改訂新版
貯水池周辺の
地すべり調査と対策

財団法人国土技術研究センター編

古今書院

改訂新版にあたって

　ダムの堤体とその基礎岩盤は一体となって、力学的には貯水による巨大な水圧荷重に耐える支持機能、水理的には漏水を防ぐ遮水機能、そして貯水を円滑に下流へ流す放流機能を有していなければならない。同じく、貯水池をつくる地山は、貯水に対する遮水機能と力学的安定性を有していなければならない。

　しかし、我が国のダムの立地条件は、山間地に及ぶ高度な土地利用など社会的制約に加えて、複雑・多様な地質のために必ずしも良好な場所とは限らない。このためダム建設にあたっては、ダムサイト、貯水池及びその周辺地域について詳細な地形・地質調査を実施し、評価を行い、他の自然・社会条件と合わせて、綿密な計画と設計・施工を行う必要がある。

　かつては、比較的良好な地形・地質条件の地域にダムが建設され、貯水規模も大きくなかったことから、ダム湛水に伴う地すべりは発生数も少なく、注目されることはあまりなかった。

　こうした中、1963年にイタリアのバイオントダムで貯水池地すべり災害が発生し、我が国では1960年頃からダムの大型化に伴って貯水池周辺地すべりが目立つようになってきた。

　このようなことから我が国では貯水池周辺地すべり対策についてダム、地すべり、土木地質など広範な分野の技術者、研究者が協力して、各ダム事業における貯水池周辺地すべり対策について実戦的に対応してきた。1983年には「貯水池周辺地山安定対策に関する検討委員会」が（財）国土開発技術研究センターに設置され、同委員会で貯水池周辺地すべりの発生要因とメカニズム、地形・地質的特徴とその調査・計測、安定性の評価と安定解析、対策計画・設計、斜面管理など、貯水池周辺地すべりについての学術的・実戦的知見や経験、計測データ等をベースとして総合的、体系的検討が行われた。

　1995年に（財）国土開発技術研究センターは、それらの成果をまとめて、建設省河川局開発課監修のもとに「貯水池周辺の地すべり調査と対策」を出版した。これらの取り組みによって、我が国の貯水池周辺地すべりに関わるトラブルは大きく減少してきたところである。

　初版が出版された1995年以降、各種調査・計測及び情報処理技術に著しい発展がみられること、貯水池斜面における地下水位変動や残留間隙水圧に関する計測データと解析事例が蓄積されてきたこと、貯水池周辺で発生した地すべりや斜面変状等のトラブルが地形・地質調査結果の評価の難しさに起因するものが多いこと、及び近年、ダムの再開発事業に対するニーズや公共工事の品質向上とコスト縮減を図るための技術の高度化、効率化に対するニーズが高まっていることなど、技術的・社会的背景が進展した。

　このため、（財）国土技術研究センターでは2001年に「貯水池周辺の地すべりに関する委員会」、2006年に「貯水池周辺の地すべり調査と対策検討委員会」を設置し、それまでの貯水池周辺地すべりの実態の分析と最新の調査・計測・解析・対策技術について検討し、評価を行ってきた。

　その成果をベースとして、国土交通省河川局治水課から2009年7月に「貯水池周辺の地すべり調査と対策に関する技術指針（案）・同解説」が通達された。

（財）国土技術研究センターでは 2008 年 11 月に「貯水池周辺の地すべりに関する懇談会」を設置し、「貯水池周辺の地すべり調査と対策に関する技術指針（案）・同解説」の技術的背景、各種データや事例等の詳細を加えて、「同指針（案）」の理解と実務での利用、浸透を図ることを目的として検討を重ねてきた。本書は、その成果を、1995 年出版の「貯水池周辺の地すべり調査と対策」の改訂新版としてとりまとめたものである。

　第 1 章 総説では、本書の目的、適用、構成及び用語などについて概説し、第 2 章 地すべりの特性では、貯水池周辺地すべりの調査と評価及び対策計画と設計等において必要となる地すべりの特徴や特性について一般的知識を概説した。

　第 3 章 概査では、貯水池周辺の地すべり等の把握及び精査の要否の判定を目的とした概査の方法と内容について、第 4 章 精査では、地すべりの機構解析、安定解析、対策工の必要性の評価及び計画・設計を行うために必要とする詳細情報を取得するための精査の方法と内容について解説した。

　また、第 5 章 解析では、第 1 章から第 4 章までの貯水池周辺地すべりの特性及び調査・試験結果等をもとに、地すべりの発生・変動機構の解明、湛水に伴う地すべりの安定性の評価と対策工の必要性の検討等を目的とした安定解析の方法について、第 6 章 対策工の計画では、湛水に伴う貯水池周辺地すべりの安定性の確保及び被害の防止または軽減を図ることを目的とした対策工の計画の考え方と方法について解説した。

　さらに、第 7 章 湛水時の斜面管理では、試験湛水及び貯水池運用時の斜面管理、並びに変状等の発生時における対応の考え方と方法、ダム再開発事業にあたっての留意点について概説した。

　最後に、第 8 章 今後の課題では、前章までの貯水池周辺地すべりの調査と対策において積み残しとなった、今後取り組んでいくべき技術的課題について言及した。これらの課題を始め、今後さらに貯水池周辺地すべりに対する調査・研究が進むことを祈念するものである。

目次

改訂新版にあたって　　　　　　　　　　　　　　　　　　　　　　　　i

1. 総　説　　　　　　　　　　　　　　　　　　　　　　　　　　　1
　1.1　目的　　　　　　　　　　　　　　　　　　　　　　　　　　　1
　1.2　適用範囲　　　　　　　　　　　　　　　　　　　　　　　　　1
　1.3　構成と対応の手順　　　　　　　　　　　　　　　　　　　　　1
　1.4　用 語 の 定 義　　　　　　　　　　　　　　　　　　　　　　2

2. 地すべり等の特性　　　　　　　　　　　　　　　　　　　　　　7
　2.1　地すべりの地形的特徴　　　　　　　　　　　　　　　　　　　7
　2.2　地すべりの型分類　　　　　　　　　　　　　　　　　　　　　8
　　　2.2.1　粘質土地すべり・崩積土地すべり　　　　　　　　　　　8
　　　2.2.2　風化岩地すべり・岩盤地すべり　　　　　　　　　　　　8
　2.3　地すべりと地質・地質構造との関連　　　　　　　　　　　　　18
　　　2.3.1　地質との関連　　　　　　　　　　　　　　　　　　　　18
　　　2.3.2　地質構造との関連　　　　　　　　　　　　　　　　　　18
　2.4　湛水前の地すべりの安定性　　　　　　　　　　　　　　　　　30
　2.5　未固結堆積物からなる斜面の安定性　　　　　　　　　　　　　35
　2.6　湛水に伴う地すべり等の原因　　　　　　　　　　　　　　　　41
　2.7　湛水時の地すべり等の安定性　　　　　　　　　　　　　　　　45

3. 概　査　　　　　　　　　　　　　　　　　　　　　　　　　　　49
　3.1　目的　　　　　　　　　　　　　　　　　　　　　　　　　　　49
　3.2　概査の手順　　　　　　　　　　　　　　　　　　　　　　　　49
　3.3　概査内容　　　　　　　　　　　　　　　　　　　　　　　　　50
　　　3.3.1　資料収集・整理　　　　　　　　　　　　　　　　　　　50
　　　3.3.2　地形図・空中写真の判読　　　　　　　　　　　　　　　53
　　　3.3.3　地すべり地形等予察図の作成　　　　　　　　　　　　　64
　　　3.3.4　現地踏査　　　　　　　　　　　　　　　　　　　　　　65
　　　3.3.5　地すべり等カルテの作成　　　　　　　　　　　　　　　74
　　　3.3.6　地すべり等分布図の作成　　　　　　　　　　　　　　　81
　3.4　精査の必要性の評価　　　　　　　　　　　　　　　　　　　　81

4. 精査 — 87
- 4.1 目的 — 87
- 4.2 精査の手順 — 88
- 4.3 精査計画の立案 — 89
- 4.4 精査内容 — 90
  - 4.4.1 地質調査 — 91
  - 4.4.2 すべり面調査 — 107
  - 4.4.3 地下水調査 — 108
  - 4.4.4 移動量調査 — 111
  - 4.4.5 土質試験 — 113
- 4.5 精査結果図の作成 — 118
- 4.6 解析の必要性の評価 — 118

5. 解析 — 119
- 5.1 目的 — 119
- 5.2 機構解析 — 119
- 5.3 安定解析 — 122
  - 5.3.1 安定計算方法 — 122
  - 5.3.2 地すべり等の湛水前の安全率 — 127
  - 5.3.3 地すべり等の湿潤状態における土塊の単位体積重量 — 130
  - 5.3.4 地すべり等の土質強度定数 — 131
  - 5.3.5 残留間隙水圧の残留率 — 136
  - 5.3.6 貯水位の変化に伴う安全率の評価 — 140
- 5.4 対策工の必要性の評価 — 141

6. 対策工の計画 — 143
- 6.1 目的 — 143
- 6.2 対策工の計画の手順 — 143
- 6.3 計画安全率の設定 — 144
- 6.4 対策工の選定 — 145
- 6.5 必要抑止力の算定 — 150
- 6.6 設計上の留意点 — 151
- 6.7 施工上の留意点 — 153

7. 湛水時の斜面管理 — 155
- 7.1 試験湛水時の斜面管理 — 155
  - 7.1.1 目的 — 155
  - 7.1.2 対象斜面 — 155

7.1.3 斜面管理方法　156
7.1.4 管理基準値の設定　161
7.1.5 安定性の評価　161
7.1.6 異常時の対応　162
7.2 ダム運用時の斜面管理　164
7.2.1 目的および斜面管理方法　164
7.2.2 ダム運用時の計測　165
7.2.3 ダム運用時における管理基準値の見直し　165
7.2.4 ダム運用時における異常時の対応　165
7.3 ダム再開発事業にあたっての留意点　165

8. 今後の課題　167
8.1 初生地すべりの抽出と安定性評価　167
8.2 飽和度の上昇に伴うすべり面の強度低下　168
8.3 対策工の効果評価　168
8.4 対策工の維持管理　168
8.5 地震時における地すべり等の安定性評価　169
8.6 段波の影響　169

参考
A　AHP法を用いた地すべり地形の危険度評価手法　31
B　堰上げの事例　43
C　航空レーザー測量　51
D　弾性波探査の解析　105
E　地すべり等における三次元的な安定解析の課題　126
F　湛水前の安全率 Fs_0 について　128
G　臨界すべり面から得られる土質強度定数（c'、φ'）　135
H　浸透流解析の事例　139
I　WEBカメラシステム　158
J　計測値の分別・補間方法の例　159
K　段波解析の事例　170

付　地形判読事例集　岩盤地すべり、風化岩地すべりの事例　171
事例1　周辺地形から類推する例　172
事例2　キャップロック構造の例　179
事例3　凸状尾根地形の例　184
事例4　凹状台地地形の例　188
事例5　多重山稜のある巨大崩壊の例　194

事例 6　凸状台地状地形の例　　199
　　事例 7　頭部陥没地形の例　　202

付　地すべりカルテ様式（例） 205

引用・参考文献 213

あとがき 215

委員会名簿 215

貯水池周辺の地すべり調査と対策に関する技術指針（案）・同解説 217

索引 274

1
総　説

1.1　目的

　本書は、貯水池周辺の湛水に伴う地すべり等に対して的確に対応することを目的とし、技術的理念や方法などを示す。

　貯水池周辺に地すべり等が発生すると、ダム本体の安全性はもとより貯水池の機能や貯水池周辺斜面の保全に影響を及ぼすため、湛水前に適切な調査を行い、地すべり等の発生の可能性を検討し、所要の対策を事前に講じることが重要である。

　貯水池周辺の地すべり等に関しては、ダムの湛水という人為的な影響下における斜面の安定性を取り扱うため、通常の地すべり等とは異なる配慮が必要となる。また、地すべり等は複雑な自然現象であることから、本書の適用にあたっては各地域特有の条件を考慮する必要がある。

　本書は、様々な特徴をもつ地すべり等に配慮しているが、個々の現場において検討時に疑義が生じた場合や技術的に判断が難しい場合などには、有識者や専門家の意見を求めるなど、より適切に対応することが必要である。さらに、技術の進歩に伴う新たな知見や手法について各現場における適用性を検討し、積極的に活用していくことが望まれる。

1.2　適用範囲

　本書は、ダム事業に関連する貯水池周辺の湛水に伴う地すべり等の調査と対策を対象としている。
　ダム事業に関連する貯水池周辺の地すべり等とは、ダムの貯水位の上昇・下降または貯水中の降雨などの誘因によって変動する地すべり等をいう。

　ただし、概査段階においては、付替道路などダム事業の関連工事に伴う地すべり等で湛水の影響を受けないものについても調査対象として抽出し、ダム事業全体の地すべり等の対策を検討する際の基礎資料とする（**図 3.16** 参照）。

　なお，本書は、ダムの再開発事業についても適用する。この際には、再開発事業以前の調査・解析結果や、湛水時の地すべり等の挙動などを整理し、有効に活用することが必要である。

1.3　構成と対応の手順

　本書は、概査、精査、解析、対策工の計画および湛水時の斜面管理よりなる。
　ダムの湛水に伴う地すべり等の発生を予測して効果的な対策を検討するためには、事前に十分な

調査を実施する必要がある。調査にあたっては、ダムサイトの位置や貯水位標高などのダム計画を考慮する。

まず概査として、広域的に地すべり等の分布を把握し、地すべり等の規模や保全対象の重要度などを評価して次段階の精査を実施する斜面を抽出する。

次に精査として、概査で抽出された地すべり等の機構解析、安定解析、対策工の必要性の判断および対策工の計画・設計などに必要な資料を得るための調査を行う。また、地すべり等の分布に関わる地形・植生の変化や、ダム事業の関連工事に伴う切土法面等に現れる露頭などの安定性等に関する新たな知見が得られた場合は、必要に応じて概査・精査の見直しを行う。

精査終了後、機構解析および安定解析を行い、地すべり等の変動機構を明らかにし、湛水に伴う地すべり等の安定性を評価し、対策工の必要性を検討する。

解析結果に基づいて地すべり対策工の計画、対策工の設計・施工を行う。さらに、ダム本体工事および地すべり対策工事等が終了した後、試験湛水時および運用時には斜面管理として、地すべり等の斜面の挙動の監視・計測等を行う。

概査から斜面管理に至るまでの湛水に伴う地すべり等の対応の手順と、各段階における主な技術的検討事項を**図 1.1** に示す。本書では、この手順に沿って、地すべり等の技術的検討事項とその対応等について示す。ただし、調査、解析、対策工の計画・設計・施工、湛水時の斜面管理は相互に関連しているため、常に地すべり等の調査と対策全般を鑑みて系統的に行わなければならない。

なお、本書では、湛水に伴う地すべり等の対策工の詳細な内容については触れず、設計・施工上の留意点のみを示した（**6.6**、**6.7** 参照）。

1.4　用語の定義

本書で用いる主要な用語の定義は、下記のとおりである。

（1）　貯水池周辺

貯水池周辺の範囲は狭義には貯水池の近傍を指すが、本書では湛水の影響の及ぶ範囲として、貯水池両岸の尾根（分水界）および貯水池末端から約 1km 上流までを目安とする。ただし、ダム事業に関連する付替道路等も考慮し、概査段階ではダムサイトから約 2〜3km 下流までを目安として貯水池周辺に含める（**図 1.2**）。

(2) 地すべり

一般に地すべりとは、山地や丘陵の斜面において移動領域と不動領域との間にすべり面となる物質があり、重力によって比較的大規模にゆっくりと変動する現象およびその現象が発生する場所をいい、変動を繰り返すことが多い。地すべり等防止法（第 2 条）では、土地の一部が地下水等に起因してすべる現象またはこれに伴って移動する現象としている。

本書では、上記の現象において、特にダムの貯水、貯水位の上昇・下降または貯水中の降雨などの誘因によって変動する現象およびその場所を取り扱う（**2.** 参照）。

なお、移動領域と不動領域の間に明瞭なすべり面のない斜面（ゆるみ岩盤）については、その機

1 総説　　　3

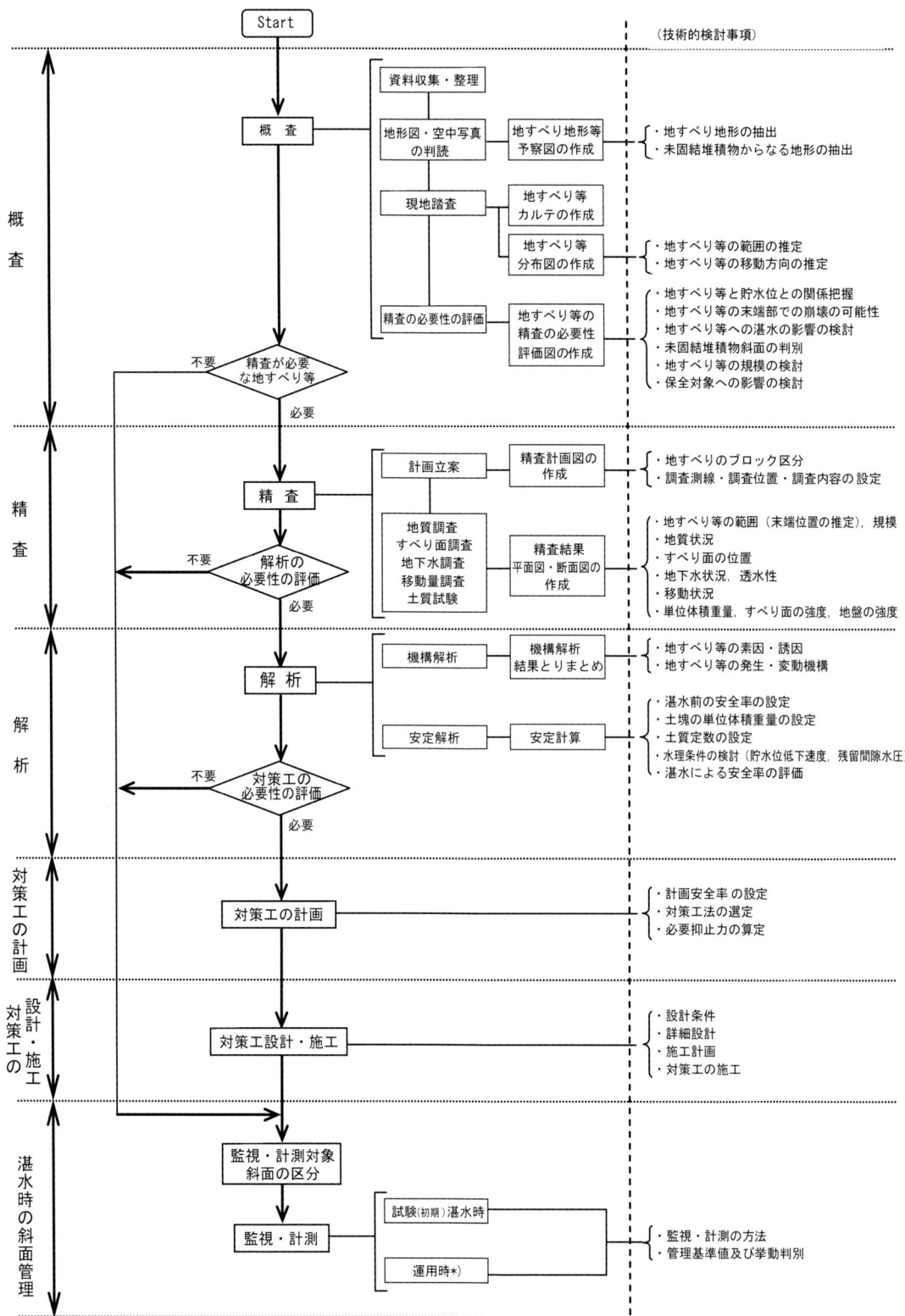

*) 運用時の管理方法は基本的には試験湛水時に準ずるが，定期的に計測項目・頻度等を見直すことも重要である。

図1.1　湛水に伴う地すべり等の対応の手順[1]

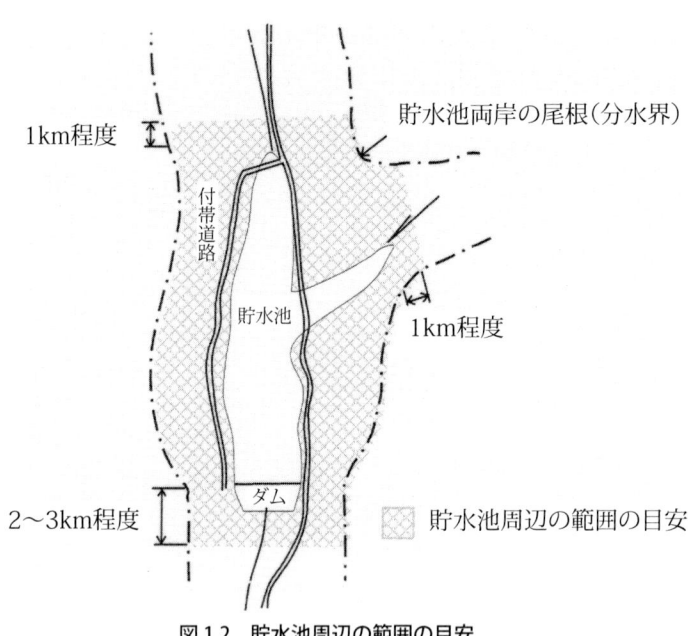

図 1.2　貯水池周辺の範囲の目安

構や安定性の考え方などが確立されていないため、本書とは別に調査地の地質状況等を踏まえて個別に取り扱うものとする。

（3）　地すべり等

　斜面変動には、地すべり並びに崖錐等の未固結堆積物の大規模な斜面変動と、落石や表層崩壊等の小規模な斜面変動があるが、本書では前者の現象およびそれらが発生する場所について取り扱う。なお、未固結堆積物とは、崖錐、崩積土、段丘堆積物、土石流堆積物、沖積錐堆積物のように固結に至っていない堆積物のことを指す。未固結堆積物はその生成過程から水を多く含まない岩屑の移動による堆積物と流水によって運搬された堆積物とに区分される。

　なお、地すべり等はボーリングなどの精査によって地すべり等の存在が確認されるまでは、地すべり等の恐れのある現象および場所（懸念地）を指すが、本書では単に地すべり等と表記した。

（4）　地すべり地形等

　過去の地すべり等の変動の特徴を備えた地形をいう。地すべりの場合は滑落崖や陥没帯等，未固結堆積物の場合は崖錐地形等がこれにあたる。

（5）　地すべりブロック

　地すべりの一つの単位として変動する土塊（岩塊）をいう。一つの地すべりには，１〜数個の地すべりブロックが存在する。

（6）　残留間隙水圧

　貯水位が長期間一定に保たれた後に急速に下降すると、地山中の地下水の排水が追随できず、地

下水面はやや遅れて低下する。このとき、地すべり等の土塊内では一時的に湛水前の自然の地下水位より高い所に地下水が残留する。このようにして残留した地下水によって地すべり等の土塊に作用する間隙水圧を残留間隙水圧といい、この残留間隙水圧の影響によって地すべり等の安定性が低下することがある。

(7) 堰上げ

貯水位が上昇すると、水没した地すべり等の土塊内の排水条件が変化し、湛水面より上の斜面の地下水位が上昇する。さらに降雨が重複した場合には湛水前に比較して著しく地下水位が上昇する場合がある。このように水没に伴って湛水面より上部の斜面の地下水位が上昇する現象をいう（**2.6 (3)** 参照）。

(8) 対策工

地すべり等の安定性を確保することを目的として実施する工事をいう。対策工には、地形・地下水等の自然条件を変化させて斜面の安定性を回復する抑制工と、構造物によって地すべり等の滑動力に対抗する抑止工がある。

(9) 安全率（Fs）

斜面の安定性の指標として、地すべりブロックの滑動力に対するすべり面における抵抗力の比をいう。安全率（Fs）が 1.00 を下回ると変動している状態を示す。湛水前の安全率を Fs_0、湛水後における最小安全率を Fs_{min} と記す。

なお、湛水前の安全率（Fs_0）および湛水後における最小安全率（Fs_{min}）は、対策工を実施する前の状態を示す。

(10) 計画安全率（P.Fs）

対策工の規模を決定するための目標とする安全率をいう。保全対象の種類と重要度によって設定する。

地すべり運動状況に応じて仮定する湛水前の安全率（Fs_0）をもとに湛水後の最小安全率（Fs_{min}）を算定し、これに対して計画安全率が設定されることが多い。この場合、計画安全率は必ずしも工事実施後の斜面の安定度そのものを示すものではなく、湛水前の安全率（Fs_0）に対する相対的な値であることに注意する必要がある[2]。

(11) 基準水面法[3][4]

貯水位と等しい基準水面を設定し、これより下の部分の単位体積重量を水中重量（土塊の飽和単位体積重量から水の単位体積重量を差し引いた重量）とし、地すべり等の土塊に作用する間隙水圧は基準水面より上の水頭分のみとする斜面安定計算方法をいう（**5.3.1** 参照）。

2
地すべり等の特性

2.1 地すべりの地形的特徴

　地すべりは、運動後に停止時間を経て再び運動を繰り返すのが一般的で、その結果、斜面の変形が特異な地形として残る。このように過去の運動によって形成された特異な地形を地すべり地形と呼ぶ。

　典型的な地すべり地形は、**図 2.1** に示すように、冠頭部の崖（滑落崖）または急斜面の直下に凹地または平坦地とそれに続く緩斜面があり、その下方にはやや急な斜面が続く。特に崩積土地すべりでは、地すべりの境界における斜面勾配の変化が明瞭であることが多い。地すべり頭部の引張り部は、馬蹄形状の滑落崖や陥没帯などが認められ、明瞭な遷緩線となることが多い。地すべり側方部では、雁行亀裂や沢状地形などが認められる。地すべりの中間部では、緩斜面や階段状地形が連続し、さらに地表面での陥没や隆起などが認められる。地すべり末端部の圧縮部では、隆起や圧縮亀裂などが認められる。

　このような地形は、地形図上では、周辺の山腹斜面では等高線がほぼ等間隔で平行であるのに対し、地すべりの部分だけは上部の等高線が上に凸で、間隔が急に縮まり、中部では逆に広がり、末端部では下に凸となり再び縮まるという等高線の乱れとなって現われる（**図 2.2**）。

　これらの地形的特徴は地形図（特に、航空レーザー測量図など）や空中写真から判断することができ、また、現地調査によって確認することが可能である。特に、空中写真を用いると高低差が強調されるため、地すべり地形の見落としが少なくなる。

　地すべりの発生は、かつて地すべりを生じたところが再び運動することが大部分であって、自然の誘因で地すべり

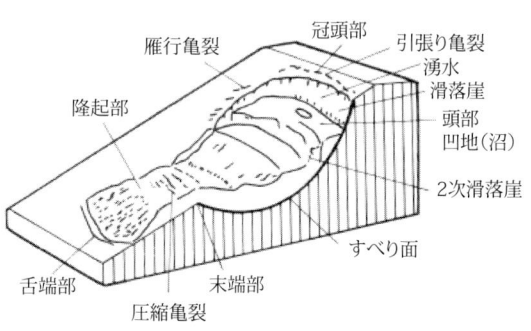

図 2.1　典型的な地すべりの地形と各部の名称

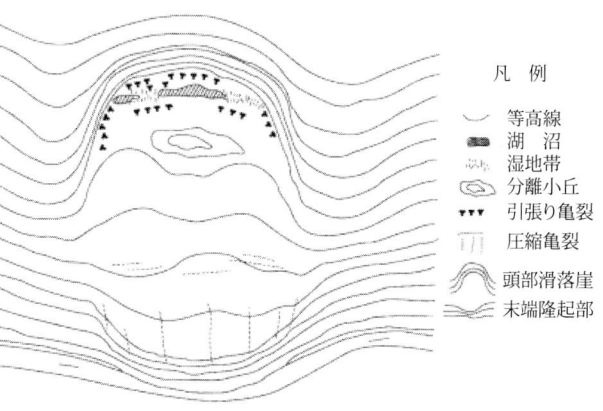

図 2.2　典型的な地すべりの地形の模式図[5]

地形でない所に新たに地すべりを生じる例は比較的少ない。ただし、風化岩地すべりや岩盤地すべりは地すべり地形が未発達で周囲の地形との判別が困難な事例が多い。特に、貯水池周辺では、湛水という新たな環境の変化に伴う影響が懸念されるため、微細な地形についても留意して地すべり等の抽出精度の向上を図ることが必要である。

2.2 地すべりの型分類

地すべりは多くの分類が行われているが、本書では地すべり土塊の質に応じて、岩盤地すべり、風化岩地すべり、崩積土地すべり、粘質土地すべりに分類する（表 2.1）。この型分類は、主として地すべり頭部の移動物質の性状に基づいた分類であり、過去の地すべり移動量の大小、地すべり地形の分化等の違いにも対応している。地すべり頭部の土塊の性質によって分類したのは、この部分が地すべり運動後も比較的乱されることが少なく、地すべり運動前の地山の状態を最もよく保存していると考えられるためである。

なお、斜面上部では明瞭な分離面を有するが、下部では緩みが進行しているものの分離面が不明瞭で地すべりには至っていない漸移期（横山、1999）の斜面（緩み岩盤）については、その機構が十分解明されていないことから本書では取り扱わない。検討する場合は本書を準用されたい。今後、さらに研究が進むことが期待される。

地形的に見つけやすいか否かという点に着目して「粘質土地すべり・崩積土地すべり」と「風化岩地すべり・岩盤地すべり」に分け、それぞれの地形的特徴や判読の難易などについて以下に示す。

2.2.1 粘質土地すべり・崩積土地すべり

地すべり地形は、過去の運動量が大きく、かつ、地形の分化が進行しているものほど判読が容易である。すなわち、粘質土地すべりや崩積土地すべりは過去の地すべり履歴が長くかつ継続的であることが多いため、地すべり地外との地形的な差異が大きい。このような明瞭な地すべり地形を示す箇所は、地すべり地内外で縦断的な形状や平均的な斜面勾配の違いが大きい（**図 2.6**、**図 2.7**）。

2.2.2 風化岩地すべり・岩盤地すべり

風化岩地すべり・岩盤地すべりは、一般に過去の運動量が小さく、滑落崖が未発達であることが多い。このため、地すべり地形と周囲の不動地との判別が困難な場合が多い（**図 2.8**）が、不動地とよく比較すると、次のような地形的特徴を有する斜面の例が多い[7]。

①　凸状尾根地形、凸状台地地形
②　尾根先が異常に膨らんだ地形
③　山頂部付近の陥没地形
④　多重山稜地形（線状凹地、地割れ地形）
⑤　緩斜面の背後に急勾配の斜面を伴う地形
⑥　小規模分離小丘、稜線の不連続を示す地形
⑦　山腹が小沢で取り囲まれた地形

表 2.1 地すべり型分類[*1 6)] を元に作成

		岩盤地すべり	風化岩地すべり	崩積土地すべり	粘質土地すべり
一般		過去の地すべり発生時の移動量がごく小さいものは明瞭な地すべり地形を示さない。すなわち、滑落崖の発達が不良であるため不動地との判別が困難なことが多い。	岩盤すべりの再運動したものは頭部（台地状部）と滑落崖が明瞭で、帯状の陥没地を有する場合がある。比較的、地すべり地形は明瞭である。	過去の地すべり履歴が長く、かつ断続的であることが多いため、地すべり地外との地形的差異が大きく、また地形の分化が進行しているのでいわゆる明瞭な地すべり地形を示す。	崩積土すべりが発展し、移動土塊がさらに細粒化し、流動状の形態で運動する。
地形形状[*3]		凸状尾根地形を呈する場合が多い。地形全体から見て凸状の山腹や尾根先、主尾根から分岐した小尾根部に発生したり、小さな尾根状部で起こることが多い。特に次のような斜面で多く発生している。①尾根状地形の中でも分離峰や分離小丘によって尾根や山腹の連続性が断たれ、地すべりの頭部に相当する鞍部や凹部が存在し、この川側がやや緩傾斜となっている斜面。②尾根状地形で斜面の途中に地すべり頭部に相当する緩傾斜面があり、これより下部の急斜面で崩壊跡が認められる斜面。③分離小丘までには至らないごく小規模な段差、不自然な凹凸、あるいはガリー状の微地形など、周辺の地形とは何らかの点で異質なものが存在している斜面。④周辺斜面と画するような、斜面に斜交するような直線状の沢がある斜面。また、多重山稜を形成する岩盤クリープの生じている斜面などで岩盤地すべりに発展することが多い。	凸状台地地形、単丘状凹状台地地形を呈する場合が多い。平均勾配は 20 ～ 30°程度。緩斜面や凸状の台地地形の箇所に初生的な地すべりが多く、運動を繰り返すにつれて単丘凹状台地地形に近づく。冠頭部の滑落崖や頭部の台地が比較的明瞭であり、亀裂、側面での小規模地すべりや崩壊を有する場合がある。	多丘状凹状台地地形を呈する場合が多い。平均勾配は 10 ～ 20°程度。周辺の地形に比べて地表の乱れが著しく、階段状の地形を示す。また、上部の滑落崖付近では凹状を呈し、頭部から末端にかけては逆に凸状を呈する。次のような微地形を伴うことが多い。①滑落崖、地形勾配変換点および分離小丘。②山腹斜面での陥没および池、沼、湿地。③地形勾配変換点を伴うなだらかな斜面（台地）、および階段状地形、等高線の不規則な配列。④緩斜面末端部における急斜面、この部分での崩壊や泥流状押出し。また、次のような特徴を示す場合もある。⑤河川、小渓、沢等の異常なカーブ。⑥千枚田（棚田）・周辺部より低谷密度	凹状緩斜面地形を呈する場合が多い。頭部の台地状部がその後の運動と浸食によってほとんど失われ、各分離小丘もさらに細分化が進んで地形的に認め難いほどになり、全体としてほとんど一様な緩勾配のなだらかな斜面となる。平均勾配は 5 ～ 10°程度。よく見ると斜面内に多少の凹凸が残り、頭部にあたる付近ではわずかに傾斜が緩くなり、全体としては一般に細長い沢状となる。
地すべり形状	平面形[*2]	馬蹄形、角形	馬蹄形、角形	馬蹄形、角形、沢形、ボトルネック形	沢形、ボトルネック形
		概ね 1 ブロックで発生する。	末端、側面に 2 次的な地すべりが発生する。	頭部がいくつかに分割され 2 ～ 3 ブロックになる。	全体が多くのブロックに分かれ相互に関連しあって運動する。
	断面形[*4]	椅子型、舟底型	椅子型、舟底型	階段状、層状	
		直線性に富む。	直線性に富むが、頭部や末端部などのすべり面の折曲部では曲線状を呈する。舟底型は地すべりの末端部付近の貫入岩や堅硬な岩体などの抵抗体が存在している場合に多い。	曲線、円弧状の部分が多い。当初のすべりが発生し、頭部が冠頭部から分離することによって冠頭部上部斜面の安定性が悪くなってすべり出した場合に、すべり面の位置が異なった場合には階段状の断面形となる。後退性の地すべりで同一位置にすべり面を生じた場合には層状となる。	
地すべり土塊	頭部	未風化岩、または弱風化岩、透水性は良好	風化岩、亀裂が多く透水性は良好（第三紀層地帯では硬質粘土、軟質粘土となっていることもある。）	礫混じり土砂、透水性はやや不良	礫混じり土砂、透水性は不良
	末端部	破砕岩または風化岩	巨礫混じり土砂	礫混じり土砂、一部粘土化	粘土または礫混じり粘土

*1 **表 2.1** は型分類ごとの平均的な概念を示したものである。
*2 地すべりの平面形状の平均的な概念図を**図 2.3** に示す。
*3 地すべりの地形形状の平均的な概念図を**図 2.4** に示す。
*4 すべり面形の平均的な概念図を**図 2.5** に示す。

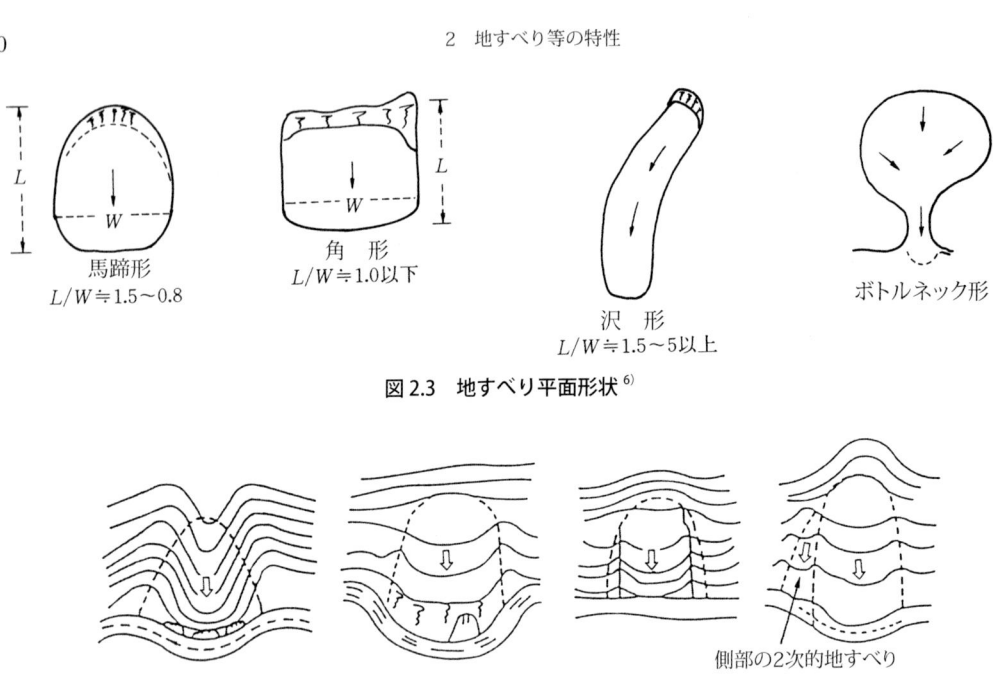

図 2.3　地すべり平面形状[6]

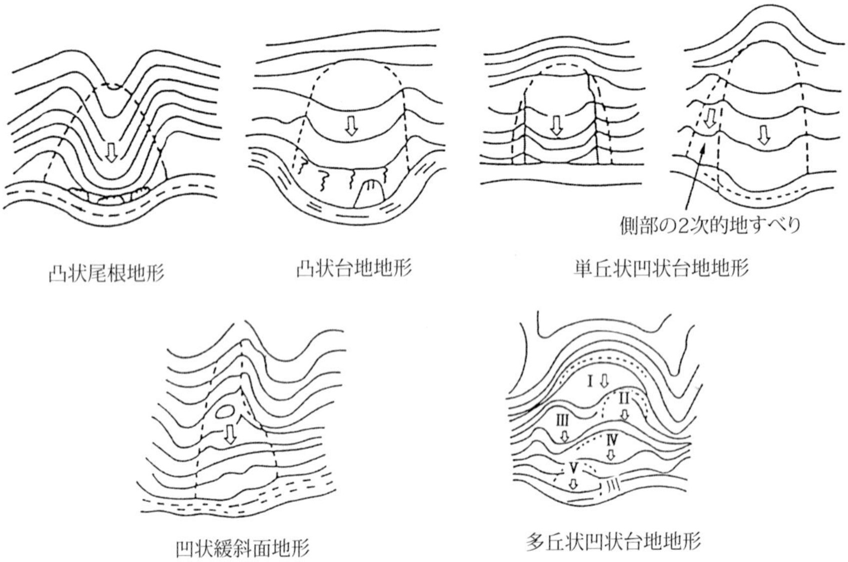

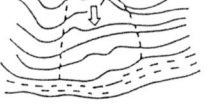

図 2.4　地すべりの地形形状[6]

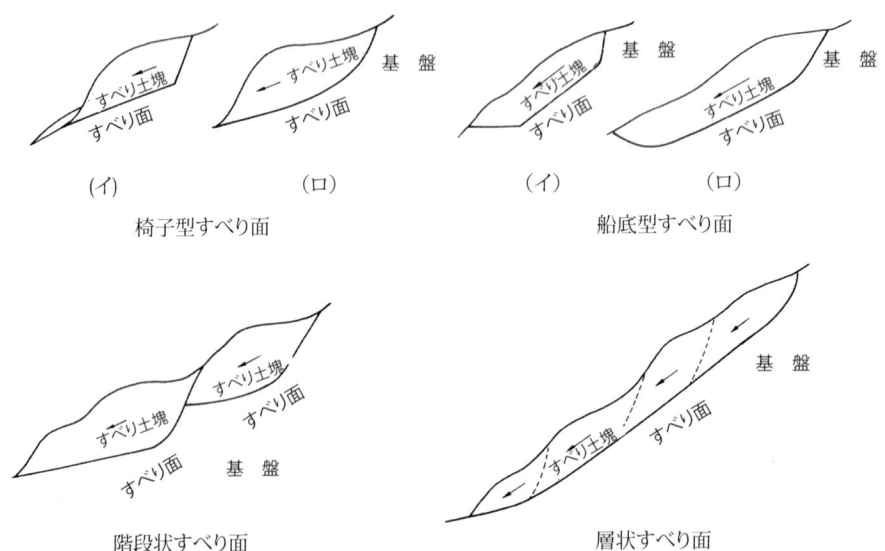

図 2.5　すべり面形（地すべりの断面形状）[6]

図 2.6　粘質土地すべり（茶臼山地すべり）（国土地理院　1/25,000、長野、信濃松代、信濃中条、稲荷山）

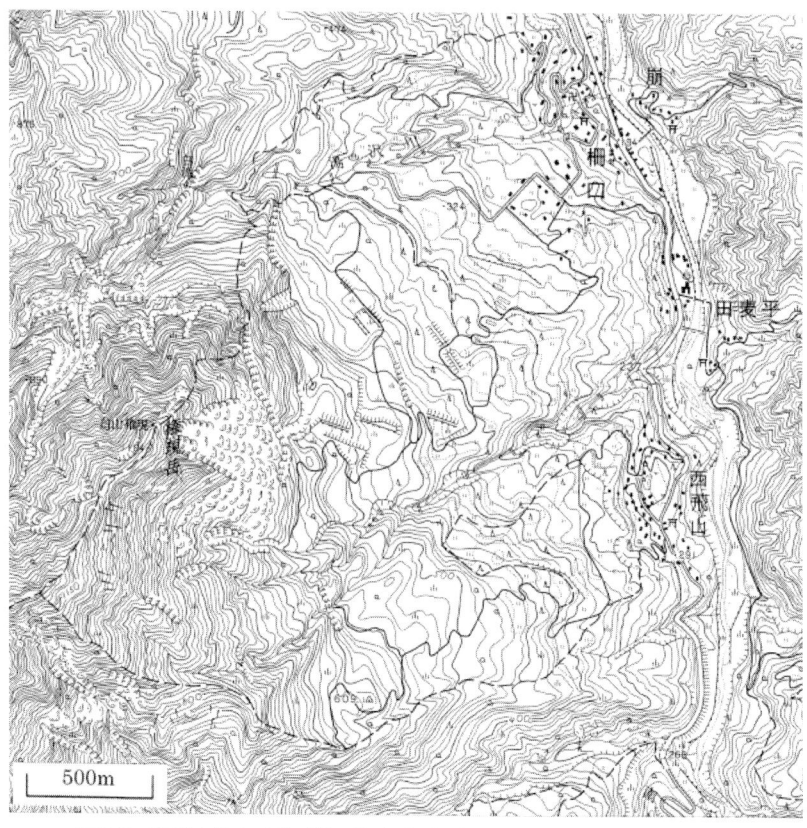

図 2.7　崩積土地すべり（柵口地すべり）（国土地理院　1/25,000 槇）

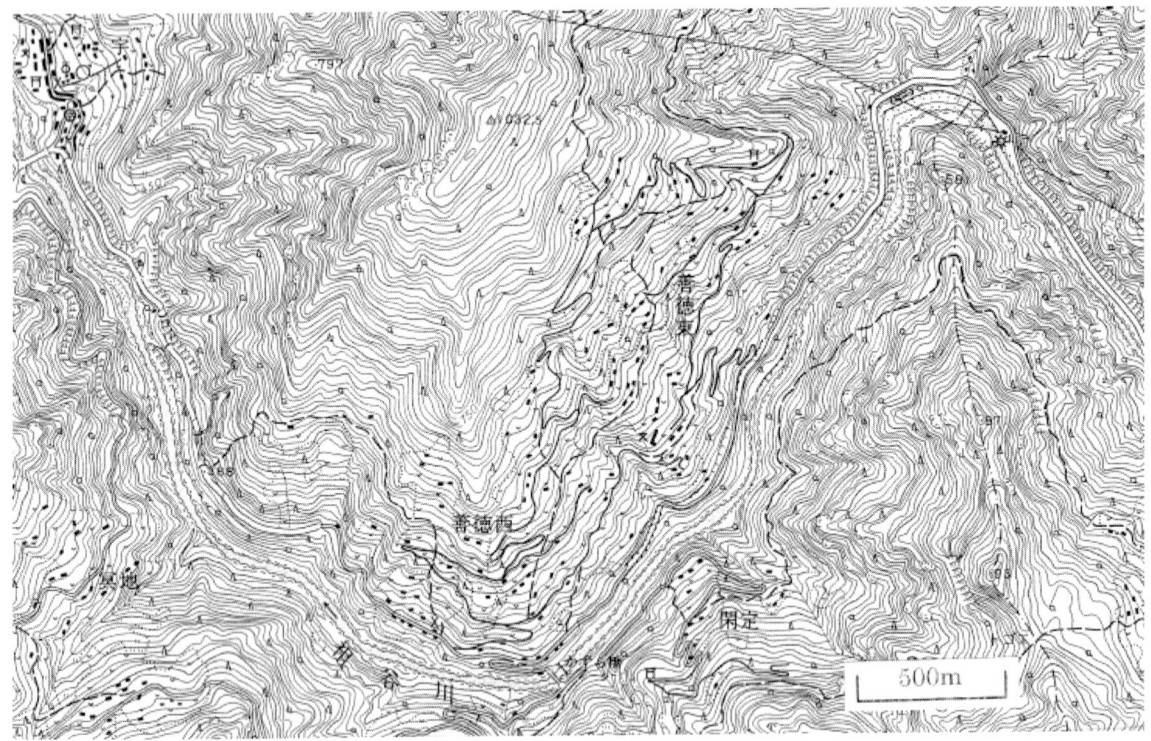

図 2.8 風化岩・岩盤地すべり（善徳地すべり）（国土地理院　1/25,000 大歩危）

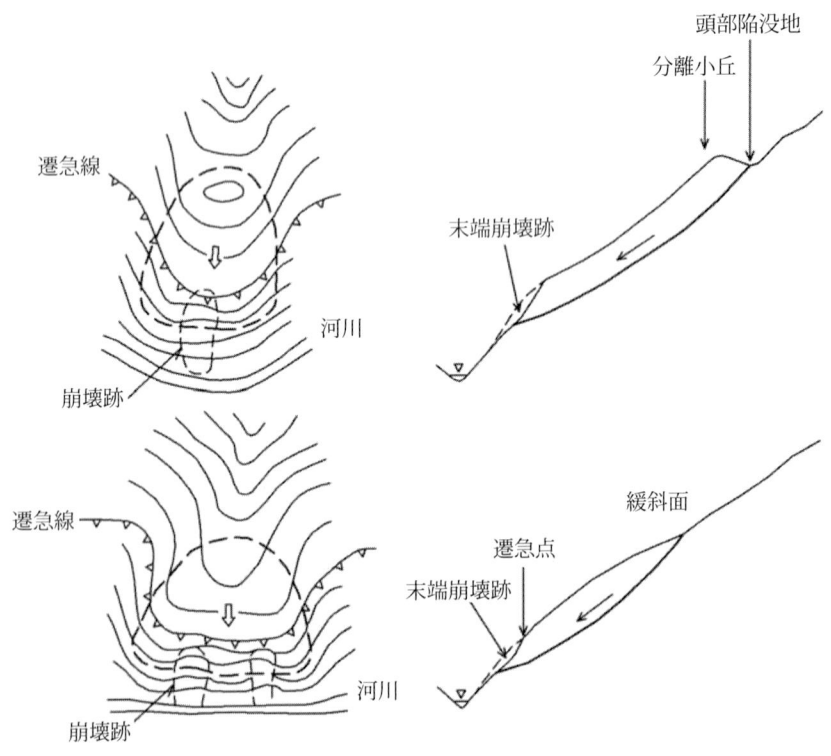

図 2.9　凸状尾根地形の模式図

2 地すべり等の特性

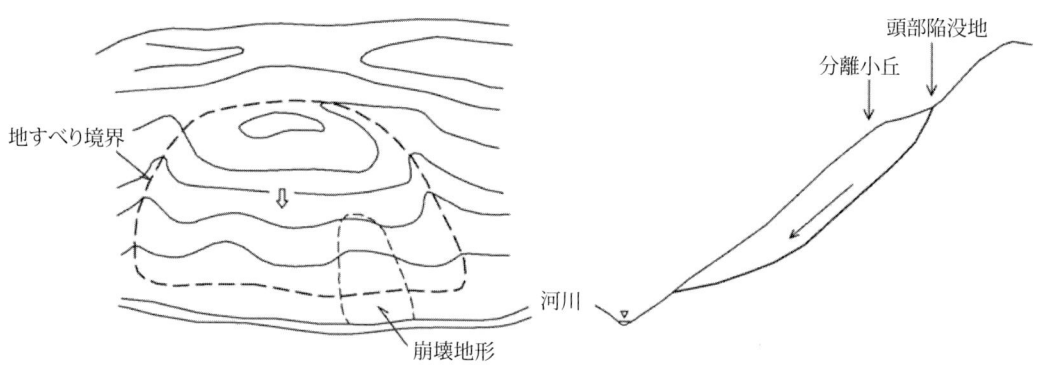

図 2.10　凸状台地地形の模式図

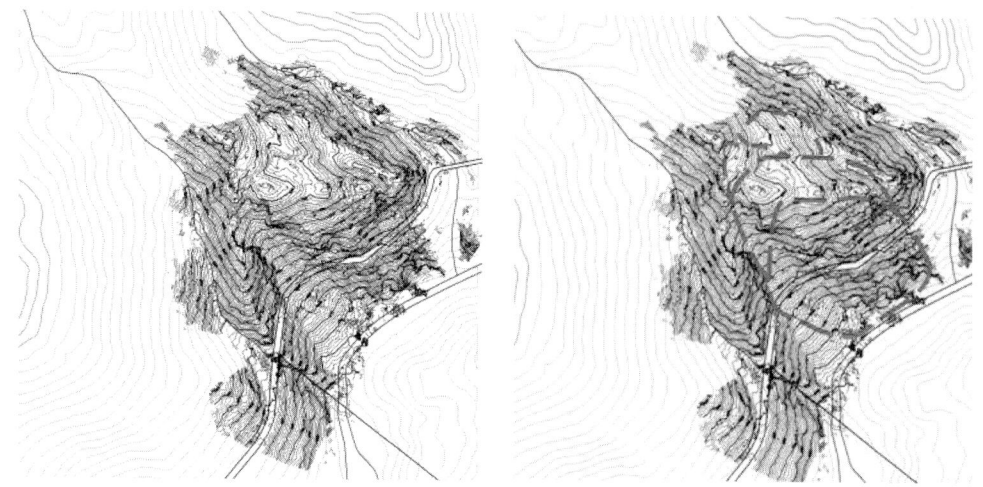

図 2.11　凸状尾根地形の例
本図は砂防基盤図に航空レーザー測量により作成した地形図を重ね合わせている。

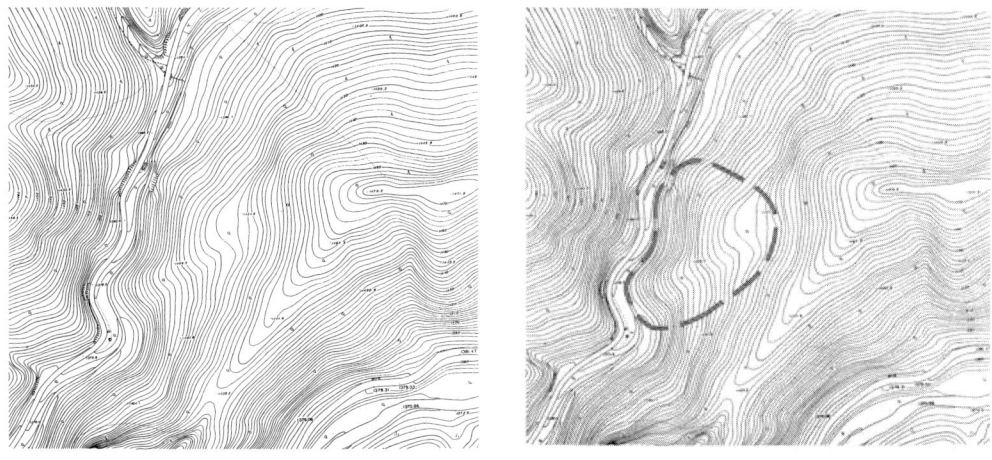

図 2.12　凸状台地地形の例

この他、緩みが進行しているものの地すべりに至っていない斜面についても同様の地形的特徴を有することが多い。

これらの地形的特徴は必ずしも岩盤地すべり、風化岩地すべりの必要十分条件とはならないが、複数の特徴が見られれば、岩盤地すべり、風化岩地すべりの可能性が高い。ただし、以下のような場合には地すべりの有無や範囲を地形のみから判別することが難しいので注意する必要がある。

① 被覆層が厚い場合や、被覆層が薄くてもその後の地形変化が大きい場合には、過去の変位量が大きくても地すべりの存在が地形に現れにくい。
② 地すべり全体の規模が極めて大きい場合には、地すべり斜面内の変位が一律でないことに伴って他の局部的な微地形にまぎれ、変位があっても典型的な地すべり地形として現れにくい。一方、中～小規模の岩盤地すべりにおいては凸状尾根地形として現れるが、これらと隣接斜面での尾根～沢を包含するような大規模な岩盤地すべりの有無や範囲についても留意する必要がある。

(1) 凸状尾根地形、凸状台地地形

凸状尾根地形（**図 2.9**）は、比較的規模の小さい地すべりで、**図 2.11** に典型的な例を示す。後述する (6) の小規模な分離小丘状の地形がより凸状になった形状を示し、周囲の等高線配列から突出した形態をなしている。これがさらに進むと (2) の特異な尾根先端の地形に移行することが多い。尾根上の凹地、側方の谷の湾曲異常を伴うことがある。

凸状台地地形（**図 2.10**）は、山腹斜面の途中に緩傾斜の台地状の面があり、その部分で斜面の連続性が断たれているものである（**図 2.12**）。この緩傾斜台地状の地形は過去の運動を反映したものと見られ、地すべりの頭部であることが多く、境界付近には段差や陥没帯が見られる場合がある。この地形の等高線の形状は、末広がりになっていることが多く、両側には斜面に斜行する０～１次谷（斜流谷）が形成されていることが多い。

(2) 尾根先が異常に膨らんだ地形

尾根の先端部が尾根の幅以上に膨らみ、その先端部では枝尾根が両側に角のように突き出した**図**

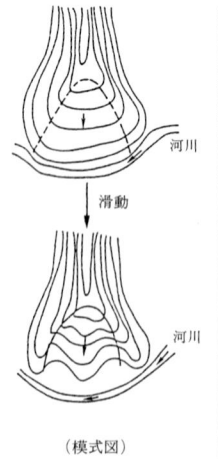
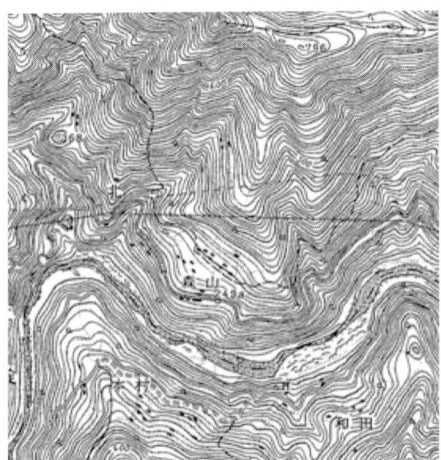

図 2.13　尾根先が異常に膨らんだ地形の例（国土地理院　1/25,000 柳井川）

2.13 のような地形の中央部では地すべりが発生する例が多い。この場合、背後の尾根がやせているのが特徴的で、風化岩地すべりの例が多い。枝尾根の外側の谷は斜流谷をなしていることが多い。

この地形は、大きな出尾根の先端が河川の下刻作用に伴う浸食によって大規模に運動した後に開析されつつある過程にあると考えられ、尾根先端が膨らんでいる地形の間は本質的に岩盤が周囲に比べて脆弱であるために地すべりを生じたものである。また斜面末端部には崖錐が堆積している場合が多い。

(3) 多重山稜地形

主山稜にほぼ平行し、山稜を2つに分割するような線状の凹地によって特徴づけられる地形を二重山稜と呼び、3つ以上並ぶ場合を多重山稜という（**図 2.14**）。このような多重山稜地形を示す斜面では、岩盤地すべりを生じることがある。

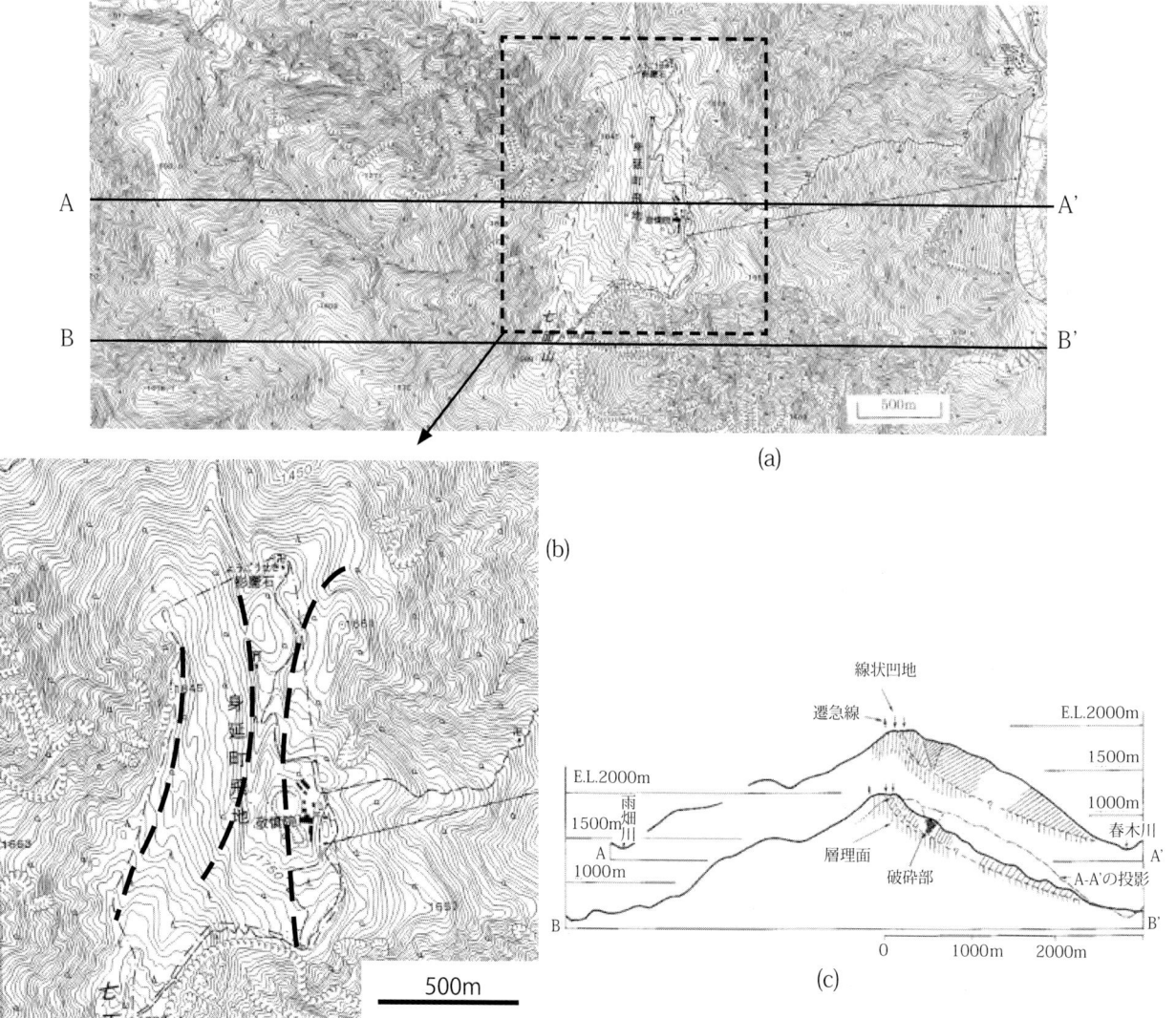

図 2.14 多重山稜地形の例[8]に加筆 （国土地理院 1/25,000 七面山）
a：断面位置　b：線状凹地位置　c：模式断面図

（4） 山頂部付近の陥没地形

山頂部付近の陥没地形とは、山頂部付近あるいは凸型台地状地形において尾根や台地背後斜面にほぼ平行な小凹地や小陥没のある地形をいい、多重山稜のような連続性をもたない地形である（**図2.15**）。

特に、尾根の稜線付近を取り囲むように陥没や段差が生じている場合は、過去に何らかの変動を引き起こした斜面と判断される。

一般に丘陵地、山地における凹地には、石灰岩分布地のドリーネ、ウバーレ、火山周辺の火口跡、熔岩台地上の凹地、堰止め凹地、断層凹地、地すべり頭部の凹地、二重山稜間凹地などがある。このうち石灰岩分布地、火山地帯における凹地はそれぞれ特有の地形を示し、また、堰止め凹地、断層凹地は一般に山地の低所に分布することから前述のような斜面変動による地形と区別することができる。

（5） 緩斜面の背後に急勾配の斜面を伴う地形

地形的に斜面中腹に緩傾斜面が分布する斜面で、特に段差や凹凸などが認められる斜面では、地すべり頭部に相当する滑落崖がなくとも、風化岩すべり・岩盤すべりの可能性がある。緩斜面の上部に段差状地形が繰り返し存在する例も見られる（**図2.16**）。

このような地形では、湛水によって緩斜面全体が地すべりを発生する可能性は低くとも、川近くで基盤岩上面が急になっている範囲では地すべりが生ずることがある。

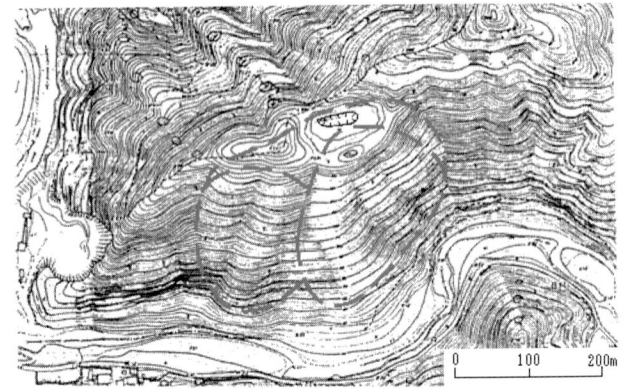

図2.15　山頂部付近の陥没地形の例

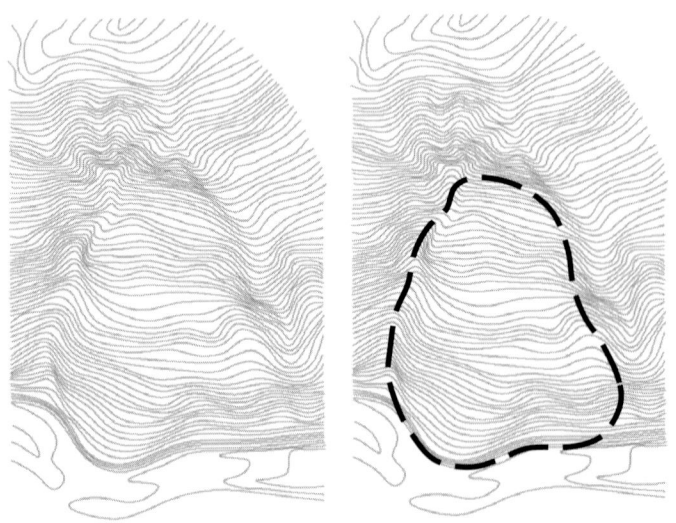

図2.16　緩斜面の背後に急勾配の斜面を伴う地形の例
図中の破線は、地形的に地すべりの可能性のある範囲を示している。

(6) 小規模分離小丘、稜線の不連続を示す地形

尾根上の鞍部や分離小丘は、地質が脆弱な部分を示していることが多い。これらの地形に連続する下方の斜面が上方の尾根斜面に比較して膨らんだりしている場合には、斜面の変形が生じている可能性があり、岩盤地すべりを生じることがある（**図 2.17**）。鞍部が眉状の段差によって形成されており、分離小丘の両側の谷が斜流谷や湾曲異常しているようであれば、このような斜面は地すべりや大規模崩壊に先立って形成された可能性が高い。

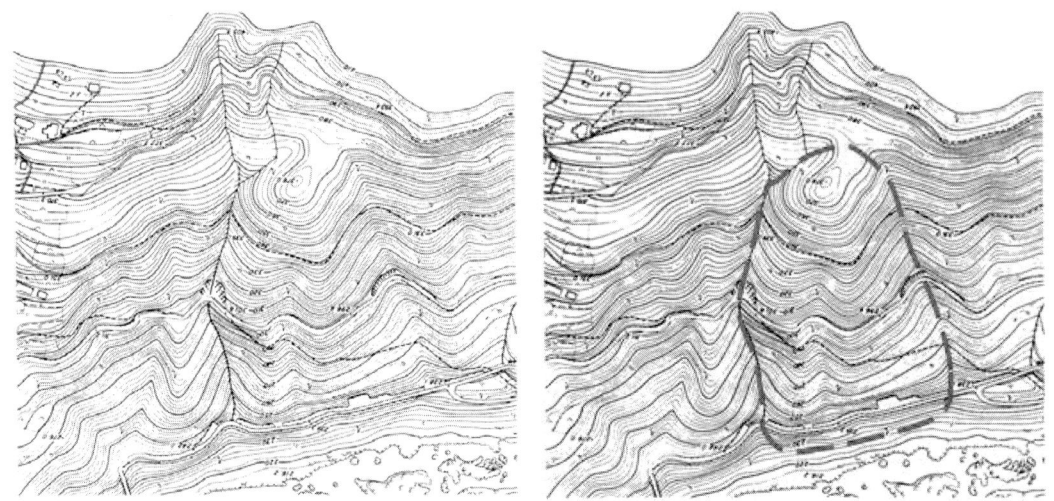

図 2.17　小規模分離小丘、稜線の不連続を示す地形の例

(7) 山腹が小沢で取り囲まれた地形

山腹の一部が小沢によって取り囲まれたり、途中で小沢が消滅したりしている地形には、斜面の変形が原因で形成されたものがあり、岩盤地すべりを生じていることがある（**図 2.18**）。

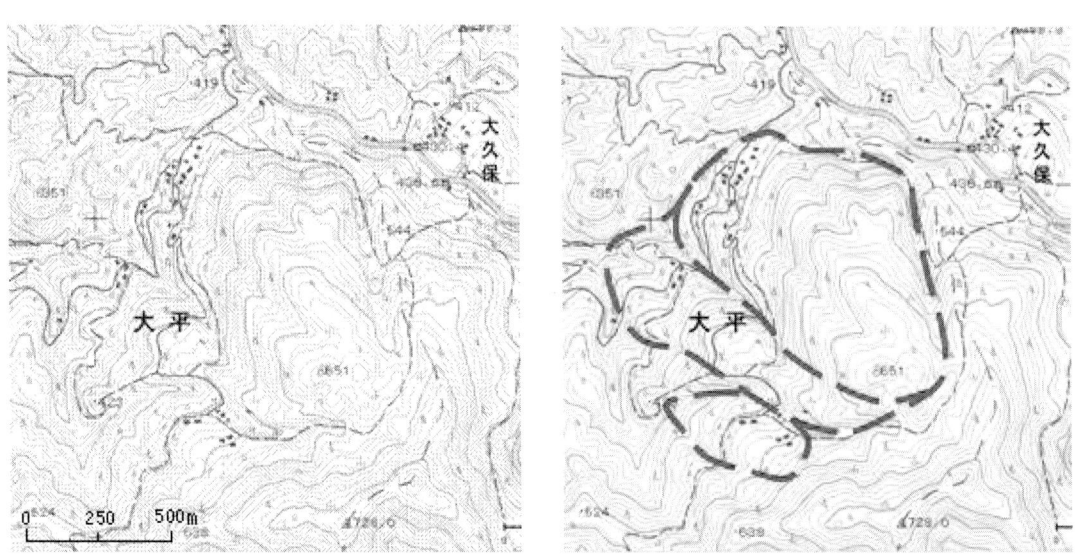

図 2.18　山腹が小沢で取り囲まれた地形（湾曲異常）の例（国土地理院　1/25,000 砥部）

2.3 地すべりと地質・地質構造との関連

2.3.1 地質との関連

　地すべりの発生は、斜面内部の岩盤強度や風化程度などに関わる岩質的な要因（岩相規制）と地質構造や地質構成と地形との関係による要因（構造規制）とに大きく関わっている。このうち岩質的な要因は構成する地質と深く関連しており、地すべりが多発する箇所には構成地質を反映した地域性がある。

　地すべりに影響を与える地質（岩相規制）の主たる要因は、以下のものがある。

① 固結が不十分で含水比が高く、含水すると強度低下する新第三紀や第四紀の堆積岩、特に海成の黒色泥岩や凝灰岩など、すべり面になりやすい粘土鉱物を多く含む岩体から構成されている場合

② 新第三紀から古第三紀の炭層を挟む砂岩泥岩互層の場合

③ タービダイト（砂岩・泥岩の互層）や海洋プレート起源の異質な玄武岩、チャート、石灰岩およびそれらが破壊変形したメランジやオリストストロームからなる付加体、それらが地下深くで変成した変成岩などの場合

④ 火山岩の貫入に伴う熱水作用や後火山現象である温泉作用や硫気作用などを受け、粘土化した変質帯やこの上に生成された火山岩の砕屑物が分布する場合

　これらの地質分布としては、例えば、泥質岩・泥岩砂岩互層および凝灰岩が分布する東北地方から中国地方にかけた日本海側およびフォッサマグナ地域、砂岩泥岩互層に挟まれる炭層が分布する北海道中央部および九州北部地域、四万十帯や秩父帯のような付加体堆積物からなる中古生層、三波川結晶片岩・御荷鉾岩類が分布する関東から近畿・四国・九州にわたる広範囲の地域および三郡変成岩の分布する中国・九州北部などが有名である。

　本書では、上記のような地すべりと地質との関連に着目し、地質による地すべりの区分として日本列島の地質を7区分し、さらにこれらを17に細区分し、岩相と地すべり分布の特徴を示した（**表2.2、図2.19**）。また、地すべりに関連する主な岩質と地すべり形態、代表的地層名と代表的な地すべりの例を示した（**表2.3**）。地すべりのより適切な対応を図るためには、このような地質的特徴を念頭におきながら調査・解析を行うことが重要である。

　なお、本表に記載のない地質分布地域であっても、**2.3.2** で述べるように、流れ盤、断層破砕帯、キャップロック構造、背斜構造、岩脈の貫入部の周辺などの地すべりの発生にかかる地質構造（構造規制）を有する地域および山体の隆起や河川等の浸食が盛んな地域では、地すべりが発生することがある。地すべりは一定の地域に群発する性質があり、また地すべりのすべり面の地質的位置なども近隣の地すべりと類似することが多いので、その地域での過去の地すべりの発生や地形・地質等の分布には十分注意する。

2.3.2 地質構造との関連

　地すべりの発生は特定の地質と深く関連しているが、同じ地質でも地質構造が地すべりの発生や形状を規制していることが多い。これらの地質構造としては同斜構造（特に流れ盤）、断層・破砕帯、

褶曲（特に背斜構造）、岩脈、活構造、キャップロック、トップリングなどがある。

（1）同斜構造

泥岩、砂岩、凝灰岩またはこれらの互層の層理面と斜面の傾斜方向が一致している（流れ盤）場合に地すべりが多発する。この同斜構造に起因する地すべりは新第三紀層に多い。新潟地方の寺泊

表 2.2　地質による地すべりの区分例 [23]

地質による地すべりの区分			岩相および分布の特徴
主　区　分		細　区　分	
第四紀層地すべり		浅海性堆積岩型	更新世（鮮新世上部を含む）の堆積層を母岩とするもの：魚沼層、鮪川層など。新第三系を覆っている堆積層で、一般に細～中粒砂岩と砂泥細互層・シルト岩・凝灰岩時に亜炭層を挟在し岩相変化がいちじるしい。
新第三紀層地すべり	非グリーンタフ	互層型（おもに中新統の上部層～鮮新統）	泥岩・砂岩・礫岩・凝灰岩などの細かい互層が卓越したもの：上総層群や東海層群、瀬戸内の備北層群など、古第三紀の神戸層群を含む。時に亜炭層を挟在する。堆積盆の周辺あるいは鮮新統に多い。
		挟炭第三系型	北九州・北海道・常磐など炭田地域の地すべり。北松型地すべり、山形県の平根地すべり、豊牧地すべり等グリーンタフ地域のキャップロック型も含む。
		変朽安山岩型	プロピライト化した第三紀の安山岩～玄武岩質の熔岩および火砕岩を母岩とするもの：亀の瀬すべり・大分県の津江山地の地すべりなど。
	グリーンタフ	第三紀火山岩型	主に道南山地や越後山脈などのグリーンタフ地域の変質した安山岩中に見られる。
		黒色泥岩型硬質頁岩型	黒色～暗灰色の泥岩を主とするもの：寺泊層～椎谷層（新潟地方）・船川層（秋田地方）など。凝灰岩・凝灰質砂岩などの薄層を挟在する。硬質頁岩を主とするもの：七谷層（新潟地方）・女川層（秋田地方）・草薙層（山形地方）など。灰白色～暗灰色の硬質～珪質頁岩からなり、層理がよく発達し、凝灰岩の薄層を挟在する。
		砂泥互層型～凝灰岩型	北海道渡島半島から東北・北陸・近畿・中国地方の日本海側に広く分布する"グリーンタフ"地域の砂岩と泥岩の互層・泥岩と凝灰岩の互層あるいは凝灰岩を主とするもの：胡桃地すべり、滝坂地すべりなど。
古期堆積岩（古第三紀、中生代、古生代）地すべり		挟炭型	北海道釧路・夕張炭田や久慈周辺の炭田地域の地すべり。北部九州の炭田地域の地すべり（北松型）の一部もこれに近い。
		互層型	古第三系や和泉層群（白亜紀の砂岩頁岩互層）など古期堆積岩の主に層理面からすべるもの：徳島県吉野川左岸山地の地すべりなど。
		メランジ型	四万十帯や秩父帯の非変成・弱変成のタービダイト・メランジを母岩とする。滝ノ沢地すべり（埼玉）・長者地すべり（高知）・口坂本地すべり（静岡）など。
変成岩地すべり		黒色千枚岩型～互層型	片理が発達した黒色片岩や黒色片岩・緑色片岩・砂質片岩などの互層を主としたもの：三波川帯や三郡変成帯などに多い。
		緑色片岩型（御荷鉾緑色岩を含む）	緑色片岩、御荷鉾緑色岩類を主としたもの：三波川帯とその南の御荷鉾帯に多い。
火成岩地すべり		蛇紋岩型	蛇紋岩（緑色岩）類をおもな母岩とする地すべり：北海道中軸および四国から九州にかけての黒瀬川帯に多い。
		花崗岩型（片麻岩を含む）	中～粗状の花崗閃緑岩の花崗岩地域に存在。山形県などの新規花崗岩分布域に多い。
火山性地すべり		火山砕屑物（シラス・ローム）型（熔岩を含む）	非熔結軽石流および二次堆積シラスやローム層におこるもの、熔岩を伴うものがある：南九州のシラス地域や山形県弓張平など。
		変質帯型	噴気変質帯で発生するもの：噴気作用によって変質が進み、スメクタイトなどの粘土鉱物が形成されている。鳶くずれ、稗田くずれなど大きな崩壊性地すべり、箱根の早雲山・大涌谷・別府の明礬のような地すべり。
活構造地すべり		第四紀断層型	第四紀断層の活動や第四紀断層に沿って上記地質の破砕岩に生じたもの：中央構造線沿いや嶺岡－葉山破砕帯などに多く見られる。

＊区分線は地すべり地の地質（帯）区分の明確さによって変えている

20　　2　地すべり等の特性

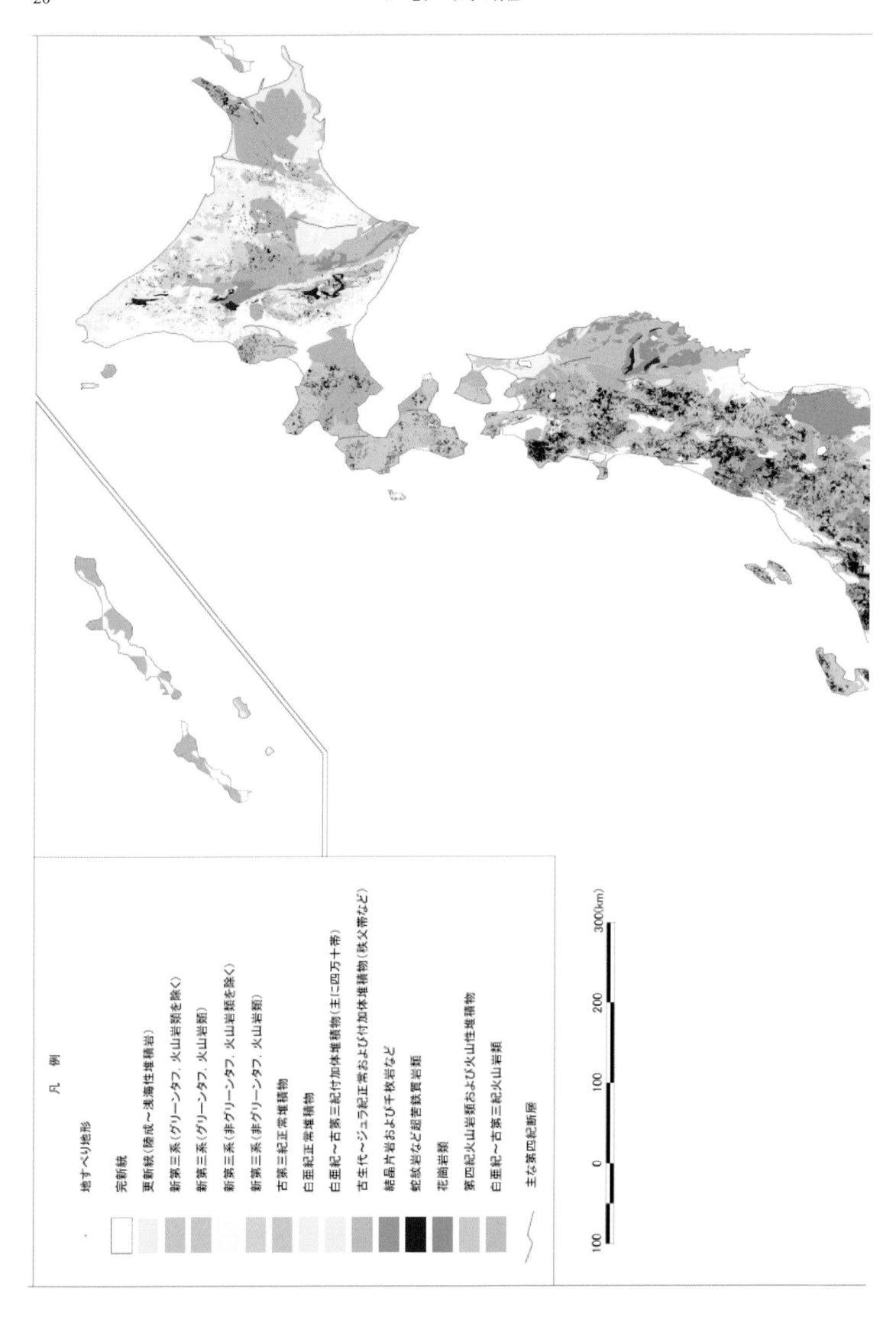

凡　例

地すべり地形

完新統
更新統（陸成～浅海性堆積岩）
新第三系（グリーンタフ、火山岩類を除く）
新第三系（グリーンタフ、火山岩類）
新第三系（非グリーンタフ、火山岩類を除く）
新第三系（非グリーンタフ、火山岩類）
古第三紀正常堆積物
白亜紀正常堆積物
白亜紀～古第三紀付加体堆積物（主に四万十帯）
古生代～ジュラ紀正常および付加体堆積物（秩父帯など）
結晶片岩および片枝岩類など
蛇紋岩など超苦鉄質岩類
花崗岩類
第四紀火山岩類および火山性堆積物
白亜紀～古第三紀火山岩類

主な第四紀断層

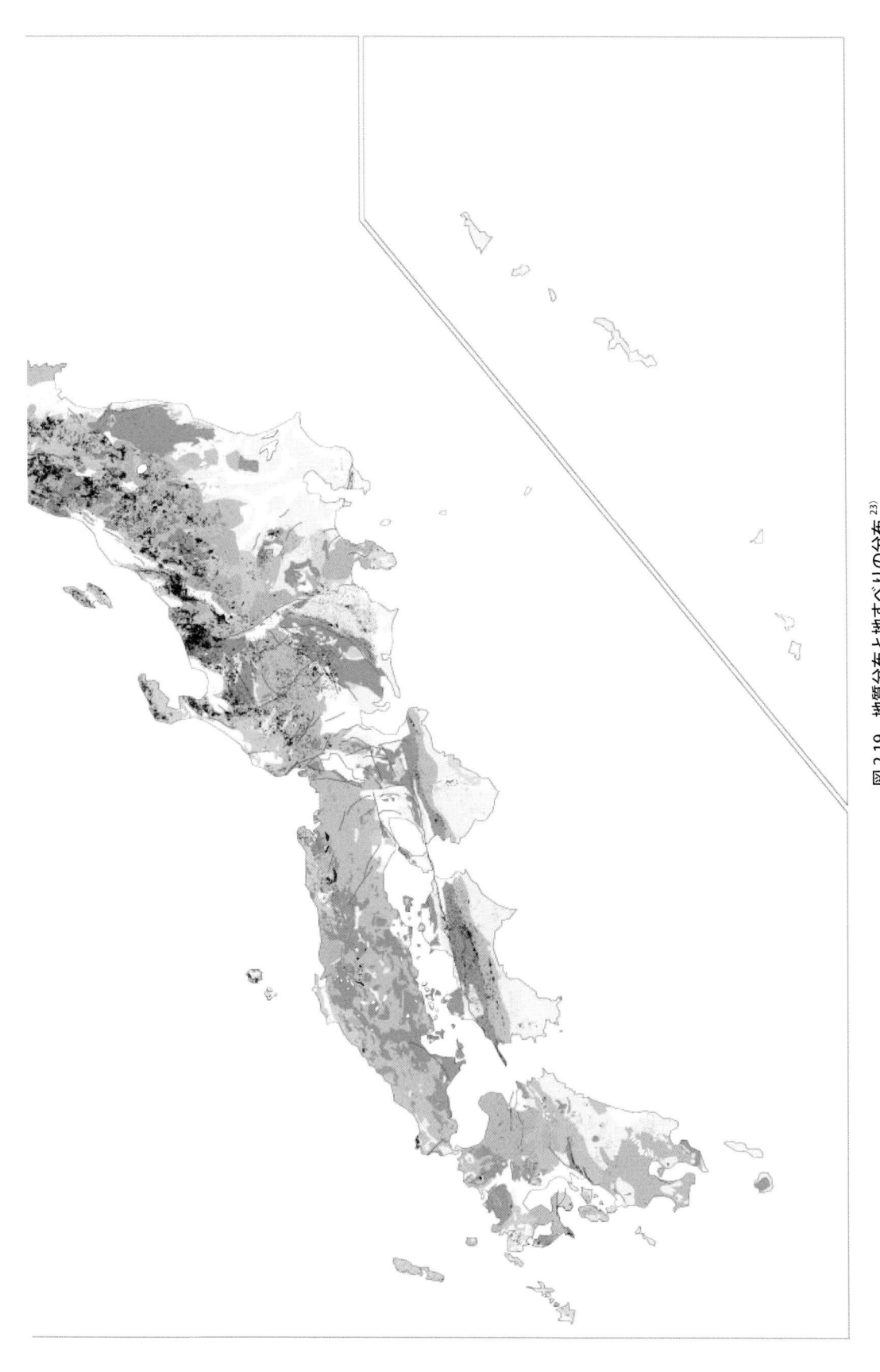

図 2.19 地質分布と地すべりの分布[23)]

日本の地質を表 2.2 の細区分に従って表し、それに地すべり[9)]分布を重ねた。付図参照。

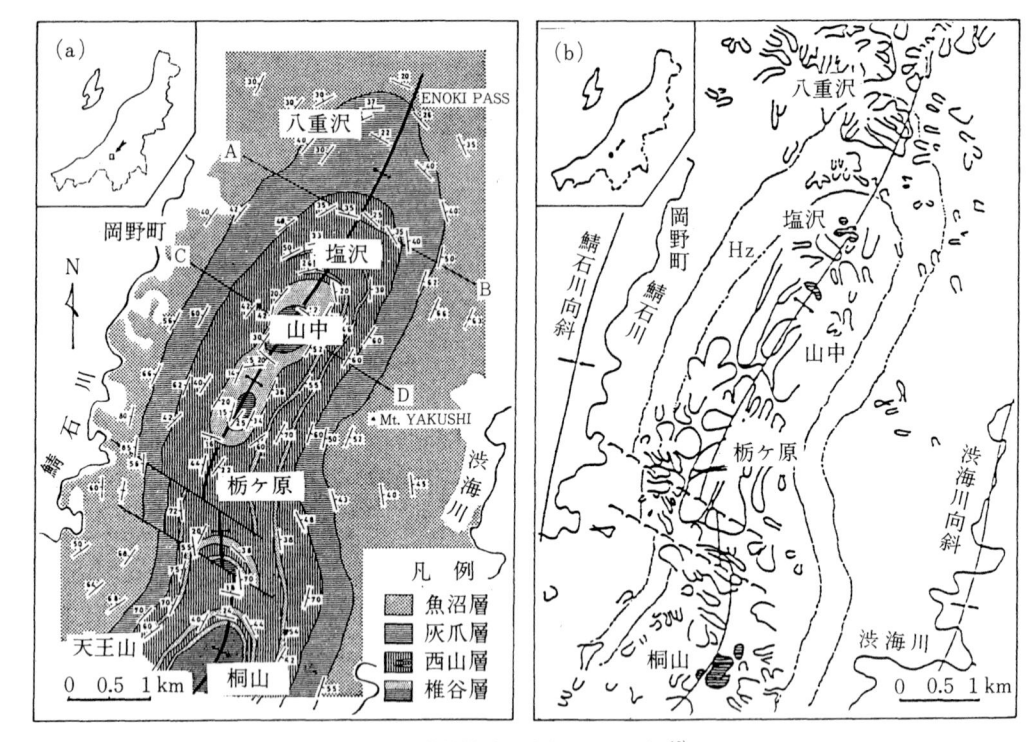

図 2.20 背斜構造と地すべりの関係[10]
a：山中背斜地質図　b：新潟県山中背斜と地すべり　Hz：灰爪層

層や魚沼層がその例である。

(2) 断層、破砕帯

断層またはこれに伴う破砕帯近くでは岩盤の破砕が著しく、また断層に沿って水が集まりやすい。特に、断層が地表の傾斜方向と直交または斜交して存在する場合には断層の上盤側は岩盤が緩み、流入粘土を挟在して地すべりが発生しやすい。また、断層面そのものが分離面として地すべりの頭部や側方を規制する場合が多い。富山県の胡桃地すべり、国見地すべり、山形県の赤松地すべりがその例である。

(3) 褶曲

地層が褶曲している軸部では一般に岩盤が破砕される。特に背斜軸付近における破砕が著しいため、背斜軸に沿って地すべりの分布が卓越していることが多い。**図 2.20**にはこのような構造的位置の違いによる地すべりの発達の差がよく示されている。新第三紀層地すべり、特に新潟地方の新第三紀層地すべりはこの傾向が著しく、新第三紀層の含油泥岩を主体とする寺泊層の松之山地すべりはその例である。

(4) 岩脈

安山岩やひん岩などの貫入岩と基盤岩との境界付近は岩体の貫入によって変質や破砕が生じており、地すべりを起こしやすい。特に貫入岩が塩基性岩の場合は貫入岩自体が変質し、剥離・吸水膨

張しやすい蛇紋石や滑石化していることがあり、このような場合には地すべりが発生する可能性が高い。

新潟県の猿供養寺地すべりはこの例である。また、糸魚川—静岡構造線に沿う姫川流域では新第三紀層中に流紋岩や安山岩の貫入岩体が多く、これら岩脈の貫入に起因する地すべりの例が多い。

(5) 活構造

第四紀断層、活褶曲沿いでは、岩盤の破砕が著しいと考えられ、地すべりが多く発生している。犀川擾乱帯と呼ばれる千曲川左岸側、嶺岡—葉山隆起帯なども活構造に関係している。

(6) キャップロック

第三紀層のような固結度の低い地層の上に玄武岩や硬質砂岩などの硬質岩がテーブル状に存在している（キャップロック）と、頭部の荷重により不安定化して地すべりが発生しやすい。さらに、キャップロックをなしている岩盤が崩落した山腹斜面では除荷作用により地山内部に緩みを生じていることがあり、このようなところでも地すべりが発生しやすい。また、岩盤中に亀裂が発達していると、地下水の流動経路になりやすい。

キャップロックの周辺は一般に崖または急斜面を形成し、その下方には緩斜面を形成する（**図 2.21**）。典型的な例は佐賀、長崎両県にまたがる北松型地すべりと呼ばれるもので、平山地すべり、鷲尾岳地すべり（**図 2.22**）がその例である。山形県月山周辺では軽石流をキャップロックとし、その下位の泥岩、凝灰質シルト岩の互層がすべり面となっている。

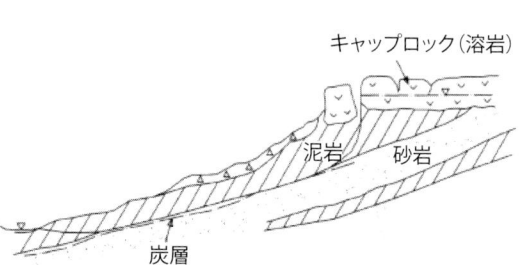

図 2.21 キャップロック構造と地すべり・崩壊の例

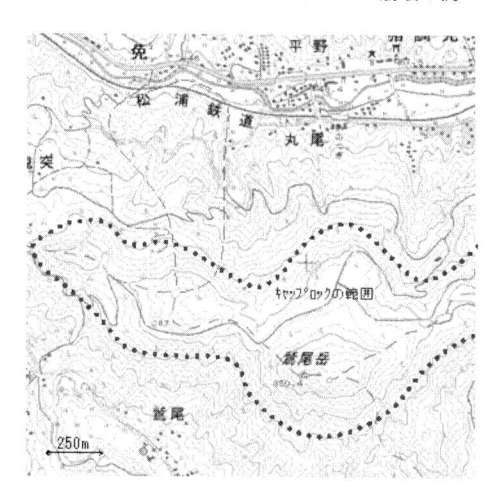

図 2.22 キャップロック構造の例
（国土地理院 1/25000　江迎）

(7) トップリング

受け盤のトップリングから地すべりに移行する例が中古生層などに多く見られる。地すべりの初生段階とも考えられるが、そのメカニズムは未だ解明されていない（**図 2.23、8.1** 参照）。

(8) その他

地すべりに関連するその他の地質構造として、火山噴出物等による埋没谷などが挙げられる。

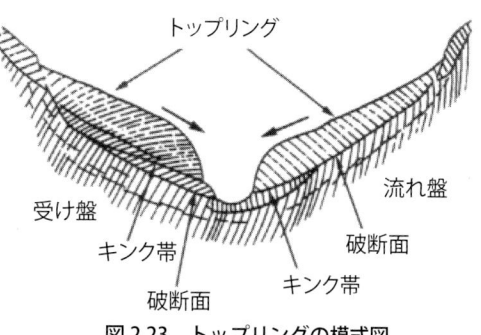

図 2.23 トップリングの模式図

表 2.3 地すべり発生形態と

山　地　名		地すべりに関係する主な岩質と地すべり形態	代表的地層名	時代	代表例
道東	知床半島	新第三紀の海成泥岩や変質火砕岩を第四紀の陸上火山岩が覆うキャップロック構造のところで多い。		第四紀	相泊地すべり
	北見山地	第三紀層中の流れ盤の凝灰岩や細粒堆積岩の上に熔岩が載っているようなところに見られる。	津別層、達媚層	新第三紀中新世、古第三紀	
	白糠丘陵	シルト岩や砂岩泥岩互層には流れ盤斜面で規模の大きい地すべりが見られる。 砂岩・泥岩からなり、炭層を挟み、炭層をすべり面としている。根釧台地の厚岸－釧路の根室層群中に見られる。	音別層群、浦幌層群	古第三紀	苫多地すべり
北海道中軸		南北に延びる神居古潭構造帯では破砕され、また構造帯に沿って分布する蛇紋岩に多発している。	蛇紋岩	神居古潭帯	
	天塩山地	泥岩主体のユードロ層と上部蝦夷層群に多い。	ユードロ層、上部蝦夷層群	新第三紀中新世、白亜紀	南幌加地すべり
	増毛山地	褶曲やドーム構造に規制され、火山活動による変質をうけたところに多く、規模の大きいものが多い。	西徳富・新十津川層群	新第三紀中新世	
	石狩山地	大雪山系の火山砕屑岩類に崩壊性地すべりやキャップロック構造型の地すべりが集中している。		第四紀	高嶺ヶ原地すべり
	日高山脈	蛇紋岩や緑色岩を除けば少ない。	蝦夷層群 日高累層群？ (中の川層群)	白亜紀？	
	夕張山地	古第三紀幌内・石狩層群、白亜紀後期の上部蝦夷層群に多く発生している。石狩層群は泥岩が優勢で砂岩と互層、炭層、炭質岩を挟む。脆弱性、緩い流れ盤地すべりが多い。	幌内・石狩層群 上部蝦夷層群	古第三紀 白亜紀	
道南	道南山地	道南山地では新第三紀の火山岩分布域でのキャップロック構造のところに多い。		新第三紀中新世	沼前地すべり
	渡島山地	渡島山地では八雲層と同時代の砕屑岩の変質部や風化帯に多い。	八雲・木古内層	新第三紀中新世	湯ノ岱地すべり
東北日本北部（東北）	北上高地	久慈周辺の古第三紀野田層群挟亜炭頁岩層で発生。頁岩部分で粘土化したところがすべっている。	野田層群	古第三紀漸新世	
	阿武隈高地	地すべりは少ないが、双葉破砕帯や棚倉破砕帯など破砕帯沿いに地すべりが発生している。	迫層、門ノ沢層 花崗岩・変成岩	新第三紀中新世 白亜紀およびそれ以前	
	奥羽山脈	新第三紀中新世の船川・女川層相当層に多い。黒色泥岩が優勢の緑色凝灰岩・砂岩が互層。安山岩の進入により変質をうけたところに多く、向斜軸に沿って多発している。	船川・女川層相当層	新第三紀中新世	谷地地すべり
	出羽山地	新第三紀中新世の船川・山内層相当層に多い。黒色泥岩が優勢の緑色凝灰岩・砂岩が互層。安山岩の進入により変質をうけたところに多い。また、向斜軸に沿う地すべりが多い。新第三系の上に分布するシラスも地すべりを起こしている。	船川・山内層相当層	新第三紀中新世	大網地すべり、豊牧地すべり
	朝日飯豊山地	山形盆地西部の中新世草薙・古口層に多い。褶曲構造の発達した泥岩・シルト岩の向斜軸に沿う地すべり。新第三系の上にシラスが分布する場合はシラスが貯水の役目を果たし、シラスそのものも地すべりを起こしている。 新潟県の津川層分布域には熱水変質によって泥岩や凝灰岩・真珠岩などが変質し地すべりを多発している。	草薙・古口層 津川層	新第三紀中新世	滝坂地すべり 赤崎地すべり

主な地すべり層準 (1) [23]

地質による地すべり区分																		
第四紀層地すべり	新第三紀層地すべり							古期堆積岩（古第三紀、中生代、古生代）地すべり			変成岩地すべり		火成岩地すべり		火山性地すべり		活構造地すべり
	非グリーンタフ			グリーンタフ													
浅海性堆積岩型	互層型（主に中新統の上部層～鮮新統）	挟炭第三系型	変朽安山岩型	第三紀火山岩型	硬質頁岩型	黒色泥岩型	砂泥互層型～凝灰岩型	挟炭型	互層型	メランジ型	黒色千枚岩型～互層型	緑色片岩型（御荷鉾緑色岩を含む）	蛇紋岩型	花崗岩型（片麻岩を含む）	火山砕屑物（シラス・ローム）型（熔岩を含む）	変質帯型	第四紀断層型
															○		
				○	○												
							○										
													○				
					○					○							
				○		○											
															○		
								○		○							
				○		○									○		
			○	○													
								○									
																	○
				○	○									○		○	
			○	○													
				○	○										○		

表 2.3 地すべり発生形態と

山地名		地すべりに関係する主な岩質と地すべり形態	代表的地層名	時代	代表例
中央日本東部（関東）	八溝山地	山地南部の新第三系分布地域では下部の中川層群の火山砕屑岩で、上部の荒川層群では砂岩泥岩からなる成堆積物で発生している。八溝層群の砂岩・頁岩互層で発生している。	中川・荒川層群 八溝層群	新第三紀中新世 中生代以前	
	房総・三浦丘陵	嶺岡―葉山隆起帯に多発している。珪質頁岩、硬質砂岩、凝灰岩などからなり、蛇紋岩や斑糲岩を伴う。	嶺岡・保田層群 葉山層群	古第三紀漸新世～中新世	八丁地すべり
	足尾山地	少ない。秩父層群の粘板岩、塩基性岩（戸倉オフィオライト）で見られる。また、越後山脈南端の三国山脈の流紋岩分布地域では熱水変質をうけ発生している。	秩父層群、戸倉オフィオライト	中生代以前	
	関東山地（秩父山地）	緑色片岩、緑泥片岩、石墨片岩等に多く見られる。また、秩父周辺の四万十累層群相当層に見られる。断層や層理・片理に規制され大規模なものが多い。	御荷鉾緑色岩、三波川変成岩、秩父層群、四万十累層群	中生代以前	譲原地すべり 金崎地すべり、少林山地すべり
	丹沢・御坂・天子山地	富士川沿いの脆弱な泥岩・砂岩の互層で多発している。	御坂層群	新第三紀中新世	
	伊豆半島	少ない。湯ヶ島層群の火山砕屑岩中に点在する。			
東北日本南部（北陸）	佐渡	相川層群の変質安山岩中に見られる。			
	越後山脈	新潟県の津川層や七谷層分布地には熱水変質によって泥岩や凝灰岩・真珠岩などが変質し大規模な地すべりを多発している。	津川・七谷層	新第三紀中新世	
	魚沼・東頸城丘陵	魚沼丘陵の新第三紀層は比較的安定した大規模な古い地すべりが多く見られる。背斜軸に規制されているものが多く見られ、一般に移動速度が速い。 東頸城丘陵は全国でも最も発生密度・頻度とも高い。新第三紀層には褶曲構造が発達し、断層・亀裂が発達して、地層が乱され、クリープ性の地すべりが発生している。上位の西山層は比較的少ない。	魚沼層群 椎谷・寺泊層	新第三紀鮮新世 新第三紀中新世	東竹沢地すべり 松之山地すべり
	（西頸城）・筑摩山地	東頸城丘陵の椎谷・寺泊層に比べて発生頻度は低い。火山岩類の周辺に多数の地すべりが見られる。 裾花川や犀川沿いの泥岩・凝灰岩分布地域で褶曲軸に規制されて多数見られる。褶曲地帯の地すべりは泥質岩分布域に集中している。	能生谷層 青木・小川・高府層	新第三紀中新世	棚口地すべり 地附山地すべり・茶臼山地すべり
中央日本西部（中部）	飛騨・木曽山脈	姫川以西の蛇紋岩分布域に大きな地すべりが発生している。 そのほかの地域は、地すべりの発生は少ない。ただし、火山性地すべりとして鳶崩れ等の移動速度の速い大規模崩壊が点在している。		第四紀	立山鳶崩れ・御嶽崩れ
	赤石山脈（伊那山地）	地域の第四紀隆起量が大きく、四万十累層群は褶曲構造が発達し、岩盤の破砕が進んでおり、大規模な地すべりや大規模崩壊が多発している。 中央構造線東側の三波川・御荷鉾変成岩類は泥質片岩や緑色片岩からなり、中央構造線などの断層によってもまれ、脆弱となり、大規模崩壊に近い地すべりを生じている。	四万十累層群 三波川・御荷鉾変成岩類	中生代～古第三紀 中生代以前	大谷崩れ・口坂本地すべり 小塩沢地すべり
	能登丘陵	能登半島基部の宝達丘陵には浅海性の泥岩・凝灰岩・砂岩・礫岩互層中に大規模なものが見られる。 日本海に面した丘陵斜面に多数発生している。風化や変質をうけた地層が褶曲や断層によって規制を受けて地すべりを発生している。	粟倉凝灰岩層、南志見泥岩層、柳田累層、東別所層、黒瀬谷層	新第三紀中新世	国見・胡桃地すべり 白米地すべり、惣領地すべり、五十谷地すべり 西谷地すべり
	飛騨高地	ドーム構造をなして分布する先第三紀の花崗岩や片麻岩を取り巻くように分布する岩稲層の緑色凝灰岩分布地域とその南の泥岩主体の黒瀬谷層に多く見られる。南部はすくない。	岩稲層、黒瀬谷層、東別所層	新第三紀中新世	栃本地すべり 金屋地すべり
	美濃三河高原	東濃地域に広く分布する瀬戸（東海）層群は、木節粘土などの陶土は軟質で、火山灰層や亜炭層を含み、地すべりを生じている。	瀬戸川層群	新第三紀鮮新世	
	両白山地・伊吹山地	少ない。手取層群中や福井周辺などの美濃帯の粘板岩・砂岩・混在岩中に点在する。また、海岸線沿いの新第三紀層中に点在する。	手取層群、美濃帯	中生代白亜紀	甚之助地すべり 東横山地すべり

主な地すべり層準 (2)

第四紀	新第三紀層地すべり				古期堆積岩		変成岩	火成岩		火山性	活構造
	○				○						
	○							○			○
					○	○				○	
						○	○				
				○							
										○	
			○								
			○			○			△		
				○	○						
			○	○	○						
								○	△	○	
					○	○	○				○
				○							
				○							
	○										
				○		○			△		

表 2.3 地すべり発生形態と

	山地名	地すべりに関係する主な岩質と地すべり形態	代表的地層名	時代	代表例
近畿	紀伊山地	三波川帯、御荷鉾帯の地すべりは緑色岩分布地で、規模が大きい。四万十累層群牟婁層群中に見られる。	三波川帯 御荷鉾帯 四万十帯	中生代以前	金剛寺の地すべり、和田地すべり、宇井地すべり
	鈴鹿・布引山地 高見山地 笠置山地	新第三紀一志層群や丹波帯の粘板岩・砂岩・混在岩中に点在する。一志層群中の地すべりはやや規模が大きく、凝灰質岩の層理面の流れ盤すべりである。笠置山地では少ない。	一志（曽爾）層群	新第三紀中新世	皿谷地すべり
	生駒・金剛・和泉山脈 淡路島	和泉山脈の和泉層群砂岩泥岩互層に流れ盤の地すべりが多い。また北部の生駒山地には大阪層群中に点在し、生駒・金剛山地境には亀の瀬地すべりがある。	和泉層群 大阪層群	白亜紀 新第三紀以降	亀の瀬地すべり
	丹波高地	北部の北但層群の黒色泥岩や照来層群では泥岩・凝灰岩で"北松型"の地すべりを生じている。南部の神戸層群（古第三紀層）は中部の吉川累層の凝灰質のはさみ層をすべり面としている。	北但層群、照来層群 神戸層群	新第三紀中新世 古第三紀	丹土の地すべり 藍那の地すべり
中国	中国山地	少ない。鳥取地方の新第三紀に"北松型"の地すべりが見られる。破砕の著しい領家帯の花崗閃緑岩で地すべりが生じている。	鳥取層群、領家帯	新第三紀中新世、中生代以前	坂本地すべり、畑地すべり
	吉備高原	吉備高原と中国山地境界部に分布する備北層群の泥岩・砂岩・凝灰岩中に多く見られる。	備北層群	新第三紀中新世	
	石見高原	日本海沿岸に分布する石見層群などの新第三紀層の泥岩・凝灰岩を主体とする地層や古代三紀末の日置層群に地すべりが多発している。安山岩をキャップロックとした"北松型"を示すものが多い。	石見層群、油谷湾層群 日置層群	新第三紀中新世 古代三紀	佐々布地すべり、油谷半島地すべり
四国	讃岐山脈 高縄山地	和泉層群の東に開く地質構造に関係して南部の徳島県側で多発している。この傾向は淡路島でも同じである。高縄山地にはほとんど無い。	和泉層群	白亜紀	
	四国山地	片理構造の発達した三波川帯の泥質片岩や塩基性片岩に多い。風化して厚い粘土層を形成しているため、多発している。特に、御荷鉾緑色岩類には多発し、大規模なものが多い。秩父累帯黒瀬川帯の蛇紋岩に多い。	三波川帯 御荷鉾帯 秩父累帯	中生代以前	善徳地すべり、木藤地すべり 怒田・八畝地すべり 長者地すべり、太合地すべり
九州	筑紫山地	"北松型"の地すべりといわれるもので、台地を作る玄武岩の下位の砂岩・泥岩互層中に炭層や凝灰岩を挟み、それらをすべり面としている。	佐世保層群	第三紀中新世	平山地すべり、石倉山地すべり
	耳納・筑肥山地	中九州のプロピライトや筑後変成岩中に点在する。別府、阿蘇などの温泉・熱水変質帯にも地すべりが発生している。	プロピライト 筑後変成岩	新第三紀鮮新世、第四紀	明礬地すべり、山際地すべり
	九州山地	大分地方の大野川層群や四万十帯に点在する。四万十帯の日南層群の地すべりは規模の大きいものが多い。	大野川層群 四万十帯	白亜紀 古第三紀	島戸地すべり
	琉球列島	四万十帯名護累層および新第三紀の島尻層群の泥岩分布域に多い。	名護累層、島尻層群	古第三紀、新第三紀	安里地すべり

△は花崗岩周辺の地すべり。周辺の変質によってすべっているもの

主な地すべり層準 (3)

第四紀	新第三紀層地すべり					古期堆積岩		変成岩		火成岩		火山性		活構造
							○	○	○					
	○						○							
○	○					○								
					○	○								
					○									
	○													
					○	○								
						○								
							○	○	○	○				
		○												
			○					○					○	
						○								
	○					○								

2.4 湛水前の地すべりの安定性

地すべりの安定性は、概査・精査を行い、地形・地質および各種の計測データを総合的に検討し、評価しなければならない。ここでは、主に地すべり地形・型分類と地すべりの安定性との関連性について一般的な傾向や考え方を述べる。

湛水前の地すべりの安定性は、次のようなことに関係がある。

① 地すべり地形の明瞭さ（地すべり地形の分化）
② 地すべりの型分類
③ すべり面の形状
④ その他

ただし、運動中の地すべりでは、新規の亀裂や段差および斜面末端部の崩壊発生などの地表面の変状および既設の道路・擁壁・水路・その他の構造物の変状が認められ、さらに地すべり地内の植生に根曲り、立木の傾動、幹割れなどの異常な成長状況が認められ、また湿地帯や湧水などが観察されることが多い。このような状況が認められる場合は最も不安定な地すべりと評価される。また、このような状況が観察されなくても、歴史的な運動記録や明瞭な運動痕跡が認められるもの（休止中）はこの範ちゅうに含めるものとする。

(1) 地すべり地形の明瞭さ（地すべり地形の分化）

地すべり地形の明瞭さは、地すべりの構成土塊の性状や過去の運動量に関連するほか、地すべり地が分化する現象とも関連が大きい。一般に、現在不安定な地すべりは既存の大きな地すべりがさらに分化した縁辺部のものであることが多い。これは次のような理由によるためである。

① 地すべり運動は地すべり移動土塊をさらに攪乱し、これは次の段階の地すべりの発生の素因となる。
② 地すべり地の縁辺部では土塊の劣化、破砕が著しい。またここは集水性の高いところでもある。
③ 地すべり運動が繰り返されることによって、土塊は細粒化、粘土化する。このため分化の進んだ場所では、地すべり運動は流動性を帯びてくる。

なお、地すべりの分化は**図 2.24** に示すように進行し、分化が進んだものほど細長い地すべりが

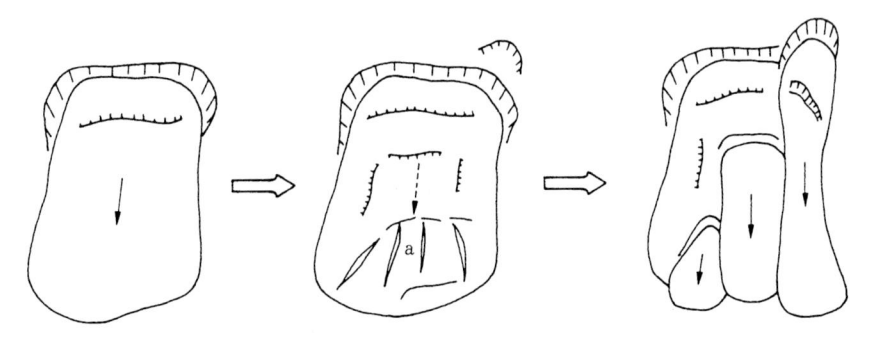

図2.24 地すべり地形の分化の模式図

多い。

　地すべり地形から得られる情報を用いた安定性の評価については、個々の技術者の知識・経験に依存しないような一般化された手法が求められている。このような評価手法として、多変量解析やAHP法を用いた地すべり地形の危険度評価手法（参考A参照）などがある。

【参考A】AHP法を用いた地すべり地形の危険度評価手法

（「空中写真判読とAHP法を用いた地すべり地形再活動危険度評価手法の開発と阿賀野川中流域への適用」、八木浩司・檜垣大助ほか、日本地すべり学会誌 Vol. 45, No. 5（187）を抜粋）

　地形図や空中写真の判読によって得られる地すべり地形の評価については、担当技術者の知識・経験に依存しないような一般化された手法が求められている。ここでは、意思決定支援システムの一つであるAHP（Analytic Hierarchy Process, Saaty, 1980）を用いた地すべり地形の危険度評価手法を紹介する。

　このシステムは、空中写真判読による地すべり危険度の判定で着目される地形的要因階層構造化と、それらの要因の中で見られる現象のいろいろなケースを選択項目とし、それを重み値として表現することで、地すべり危険度評価を定量化しようとするものである。要因と項目は、地形判読と地すべり調査の経験のある専門家間でのブレーンストーミングで決められた。その結果、

① 主滑落崖の明瞭さ、
② 移動体の表面形状、
③ 地すべり移動体の斜面上での位置、
④ 移動体における亀裂の位置、
⑤ 移動体末端部の状況、

の5つの要因が選択された。要因⑤は、移動体末端部の浸食されやすさ、移動体末端部の形状からみた不安定さからなる。

　危険度評価の点数は、AHP各階層を構成する要因の中で選択された項目の重みの積として得られる。危険度レベルは危険、やや危険、やや安全、安全の4つに分けられる。抽出されたすべての地すべり斜面に対するAHP評点を階級別に累積頻度分布として表し、その中の上位5％のものを危険とする。そして、上位から5-30％、30-60％、60-100％にあるものを、それぞれやや危険、やや安全、安全とする。

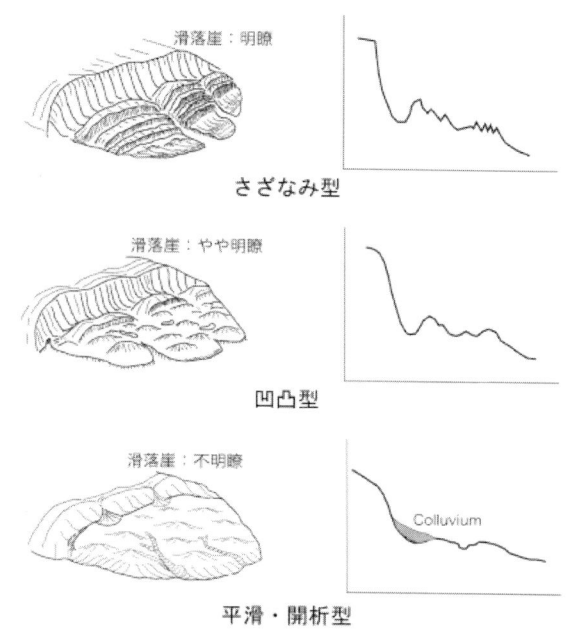

参考図A-1　滑落崖の明瞭度と地すべり移動体表面形状の模式概念図

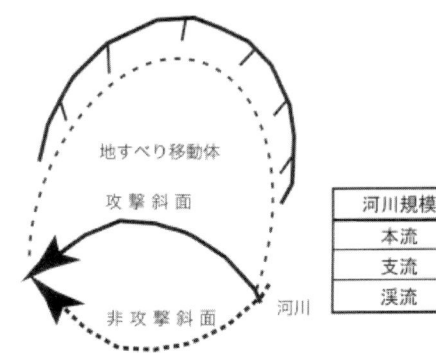

参考図 A-2　移動体末端の浸食の受けやすさ
地すべり移動体が接する河川規模と、河川が移動体に対して存在する位置を区分。

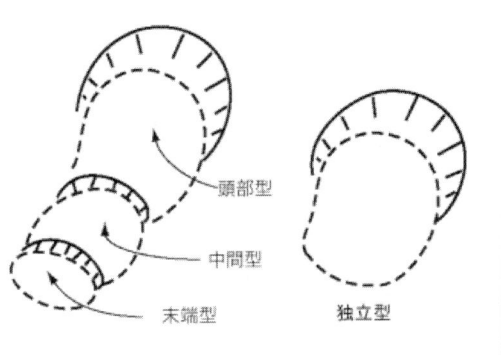

	本流	支流	渓流
攻撃斜面	強い	やや強い	弱い
非攻撃斜面	やや強い	弱い	弱い
河川に接しない	なし	なし	なし

参考図 A-3　移動体の位置
頭部型：末端が別の単位地すべり地形で切られているもの。中間型：上部の地すべり地形を切って発達し、下部が別の地すべり地形で切られているもの。末端型：上部の地すべりを切って最も下部に発達したもの。

　新第三紀層からなる阿賀野川中流域で抽出された 312 箇所の地すべり斜面をこの手法で評価した。その結果は、空中写真判読による総観的な評価結果とよく対応し、この評価システムが従来の空中写真判読による定性的な評価プロセスを良く表現していると言える。また、現地で確認された活動的な地すべり地での危険度レベルは高く評価された。

　以上より、当手法は熟練した技術者のみ可能であった総観的な地すべり地形の危険度評価をより一般化し、広範囲に迅速に評価することにも効果的と考えられる。なお、当手法を利用する際の留意点等を以下に示す。

・危険度評価が高いものは現地調査による確認が不可欠である。また、危険度評価ランクの閾値についても、地域の災害状況や行政的判断などを考慮することが必要である。
・地質・地質構造等が異なる地域では、AHP 階層や重みづけが異なる可能性がある。
・隣接する地すべり地形については、移動体の形成順序など地形発達史を考慮した判定が必要となる。
・あいまいな微地形などの区分については、講習会などを開催して判読する技術者ごとの判断基準の差を縮める必要がある。

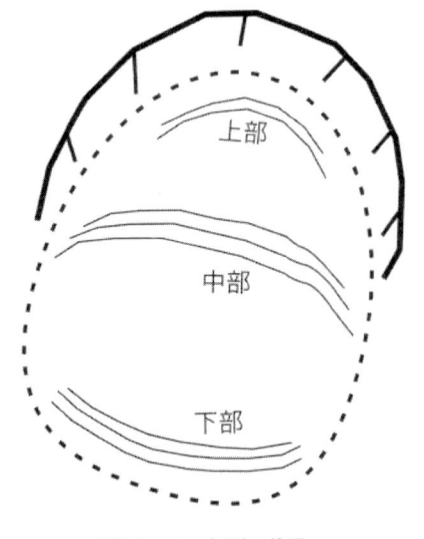

参考図 A-4　亀裂の位置

2 地すべり等の特性

地図名	新ID	滑落崖の明瞭度	移動体の表面形状	移動体の位置	亀裂の位置	侵食の受けやすさ	末端形状	得点率	危険度	備考	防止区域	区域番号
HD	24	明瞭	凹凸	中間	なし	やや強い	安定	20	安全	支流	1	R382-0004
HD	24.1	明瞭	凹凸	末端	なし	やや強い	不安定	46	やや危険	支流上	1	R382-0004
HD	25	やや明瞭	凹凸	独立	上部	弱い	やや不安定	28	やや安全	支流上	1	R382-0004
HD	26	やや明瞭	凹凸	頭部	上部	弱い	安定	19	安全		1	R382-0004
HD	27	やや明瞭	開析・平滑	頭部	なし	弱い	やや不安定	24	やや安全	末端の半分が不安定	0	
HD	27.1	やや明瞭	凹凸	末端	なし	弱い	不安定	41	やや危険	位置中下	0	
HD	28	明瞭	さざなみ	独立	なし	弱い	不安定	50	やや危険	支流上	0	
HD	29	やや明瞭	凹凸	独立	なし	弱い	やや不安定	23	安全	谷開析	0	
HD	30	やや明瞭	開析・平滑	独立	なし	弱い	やや不安定	22	安全	谷開析	0	
HD	31	やや明瞭	凹凸	頭部	下部	なし	安定	32	やや安全		0	
HD	31.1	やや明瞭	凹凸	末端	なし	弱い	不安定	41	やや危険	位置中下	0	
HD	32	やや明瞭	凹凸	独立	上部	なし	やや不安定	25	やや安全		0	
HD	33	やや明瞭	凹凸	頭部	なし	強い	やや不安定	37	やや安全	下方地すべり	0	
HD	33.1	明瞭	さざなみ	独立	なし	弱い	不安定	50	やや危険		0	
HD	33.2	明瞭	さざなみ	末端	中部	弱い	不安定	67	危険	末端崩壊可能	0	
HD	34	やや明瞭	さざなみ	頭部	上部	弱い	やや不安定	41	やや危険	支流上	0	
HD	35	明瞭	さざなみ	中間	下部	弱い	やや不安定	63	危険		0	
HD	36	明瞭	さざなみ	独立	なし	弱い	不安定	50	やや危険		0	
HD	37	やや明瞭	さざなみ	独立	なし	弱い	不安定	47	やや危険	支流上	0	
TK	15	明瞭	さざなみ	中間	上部	弱い	やや不安定	46	やや危険		1	R381-0001
TK	15.1	明瞭	さざなみ	末端	上部	弱い	不安定	63	危険		1	R381-0001
備考										0:防止区域なし 1:防止区域かかる		

参考表 A-1　AHP 評価採点表例

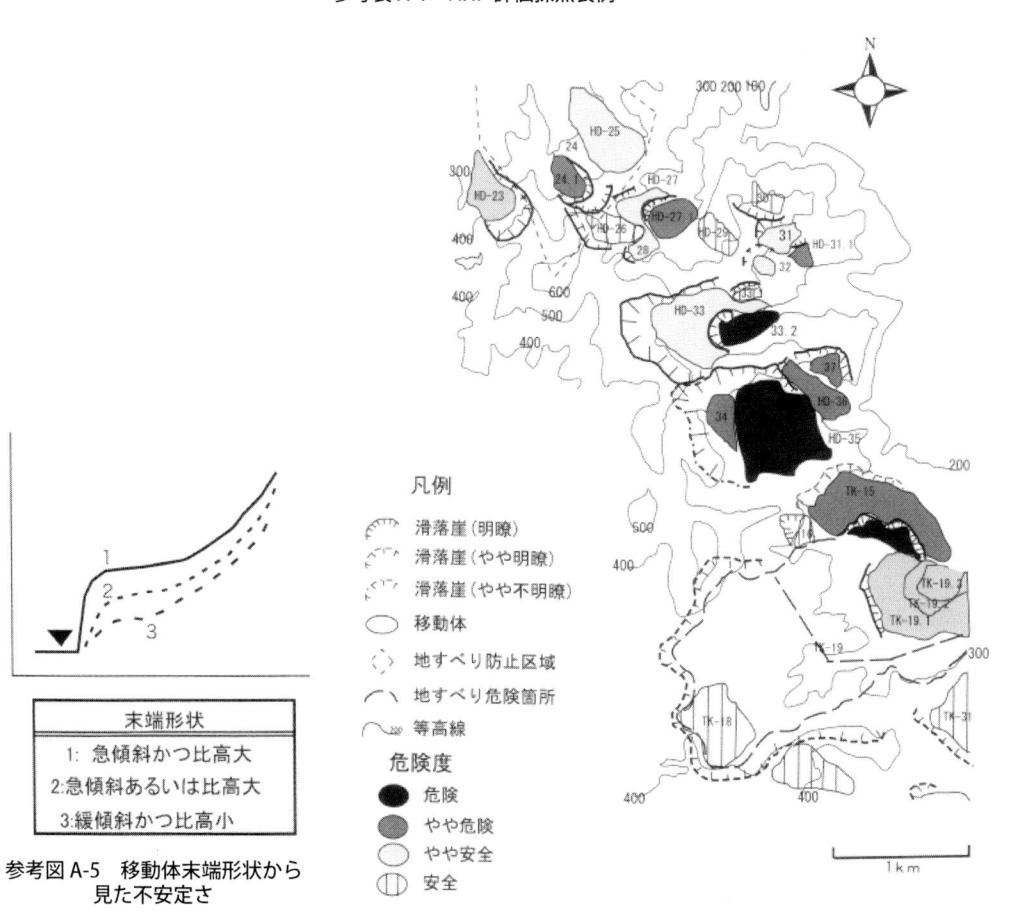

末端形状
1: 急傾斜かつ比高大
2: 急傾斜あるいは比高大
3: 緩傾斜かつ比高小

参考図 A-5　移動体末端形状から見た不安定さ

凡例
- 滑落崖（明瞭）
- 滑落崖（やや明瞭）
- 滑落崖（やや不明瞭）
- 移動体
- 地すべり防止区域
- 地すべり危険箇所
- 等高線

危険度
- 危険
- やや危険
- やや安全
- 安全

参考図 A-6　阿賀野川中流域の地すべり地形再活動危険度分布図

(2) 地すべりの型分類

　明瞭な地すべり地形を示す崩積土地すべりおよび粘質土地すべりは、過去に長い運動履歴があるため、すべり面の強度は残留強度まで低下している可能性が高い。一方、地すべりの履歴はあるものの明瞭な地すべり地形を示さない岩盤地すべりや風化岩地すべりは過去の運動量が小さいため、すべり面強度はピーク強度に近いと考えられる。一般に不明瞭な地すべり地形より明瞭な地すべり地形を示すほうが不安定で、運動しやすい状況にある。

　地すべりの型分類に従うと、**表 2.4** に示すように、地すべりの安定性は岩盤地すべり、風化岩地すべり、崩積土地すべり、粘質土地すべりの順に高いと考えられる。

表 2.4　地すべりの型分類による安定性

型分類	安定性
粘質土地すべり	運動しやすい
崩積土地すべり	↕
風化岩地すべり	
岩盤地すべり	運動しにくい

(3) すべり面の形状

　一般に、運動を繰り返して断面形状が下方に厚くなった形（ボトムヘビー）の地すべりは自然状態での安定性の高い場合が多い（**表 2.5**）。一方、断面形状が上方に厚い形（トップヘビー）を示す地すべりは運動しやすい。また、末端に隆起部分が伴うような舟底型は末端に隆起部のない椅子型（**図 2.5** 参照）に比較して安定性が高い。末端、側方の摩擦が大きく見込まれる断面形状の地すべりでは、相対的に摩擦抵抗が大きく、安定性が高い。

表 2.5　断面形状による安定性

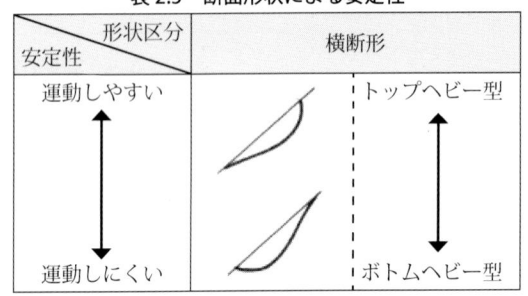

形状区分 安定性	横断形
運動しやすい	トップヘビー型
↕	↕
運動しにくい	ボトムヘビー型

(4) その他

　山地斜面には旧期（数万年程度以前）の大規模な地すべり地形が多く見られる。これらの地すべりは、その後の河川の下刻作用によって末端の位置が現在の河床よりかなり高い位置にあるものが多く、末端部の浸食や崩壊などの特に大きな変化がない限り、湛水前の安定性は高いと考えられる（**図 2.25**）。

　ただし、このような地すべりであっても、湛水後の安定性については、**2.6** に示す湛水に伴う影響に留意し、特に末端部の位置と貯水位との関係を十分に調査しておくことが重要である。

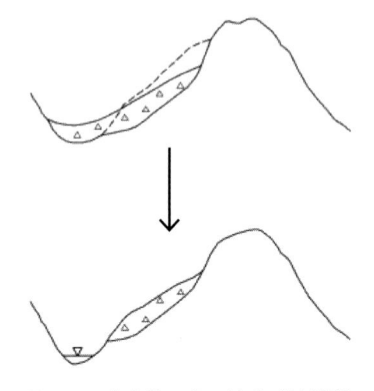

図 2.25　安定性の高い地すべり地形

　また、一般に河川の曲流部の攻撃斜面にある地すべりでは脚部を常に浸食されているため不安定であることが多い。逆に滑走斜面にある地すべりでは運搬土砂の堆積が行われているため比較的安定していると考えられる。

2.5 未固結堆積物からなる斜面の安定性

未固結堆積物からなる斜面は、**表 2.6** に示すように、運搬形態によって重力によるもの（崖錐斜面、崩積土斜面）と流水によるもの（土石流堆、沖積錐、扇状地）に区分される。このうち、土石流堆積物など流水により形成された斜面は、過去に水締めを経験していることから、崖錐などの重力によるものと比べて湛水により不安定化する可能性は一般に小さいと考えられる。

各々の斜面の特徴を**表 2.7** に示す。

表 2.6　未固結堆積物からなる斜面の分類

	主に重力に伴う （崖錐斜面、崩積土斜面）	主に流水に伴う （土石流堆、沖積錐、扇状地）
運搬形態		
構成物の性状	礫・砂・泥等雑多な物質から構成されるものが多い。 崖錐斜面は、主に岩屑・礫から構成され円錐状を呈する。	礫・泥が入り乱れた乱雑な堆積相を呈する。繰り返しの堆積物の重なりにより、層理状の構造が見られることがある。 土石流堆・沖積錐・扇状地の順に土石流堆積物の占める割合が減り、また土石流の土・石の割合がしだいに泥がちになる。
想定される斜面変状	表層崩壊・円弧すべり （未固結質堆積物内） 地すべり・クリープ （基盤岩との境界）	表層崩壊・円弧すべり （未固結物質堆積物内）
湛水の影響	大きい	小さい

表 2.7（1） 未固結堆積物からなる斜面の特徴

	崖錐斜面
形状	土砂供給の盛んな急崖・裸地・露岩部などの下方に円錐状または複合して形成され、30～40°程度の急傾斜をなすものが多い。日本のように温帯湿潤地域では大規模な崖錐の形成は顕著ではない。
成因	成因は土砂・岩屑生産の盛んな急崖・裸地斜面・崩壊地等の下部に、崩壊・転落した土砂が堆積して形成される。主として角礫質の粗粒物質からなる。普通はほとんどが分級作用を受けておらず、成層を示さない。
模式図	
平面図	
写真	

表 2.7（2） 未固結堆積物からなる斜面の特徴

	崩積土斜面
形状	斜面上方の崩壊地や沢部などからもたらされた土砂が斜面下部や中腹に堆積した地形。遷緩線で囲まれた地形を呈する。崖錐のように円錐形の地形を呈するものもあれば、沢を埋めるように分布し、下方で半円錐状を呈するもの、山腹の緩斜面として抽出されるものなどがある。崖錐に比べて規模が大きい。
成因	斜面上方の崩壊や雨洗などによって発生した土砂が下方に移動して堆積することにより形成される。旧期の地すべり土塊などが風化・侵食作用によって周囲から取り残された、いわゆる落ち残り土砂が分布する緩斜面などもこれに含まれる。
模式図	
平面図	
写真	

表 2.7（3） 未固結堆積物からなる斜面の特徴

	土石流堆
形状	土石流本体の地形は、横断形で中央部が凸形をなし、縦断形は、先端部が盛り上がった凸形をなす。地上に細長い楕円状（カマボコ状）〜舌状の高まりをなすことが多い。地形周囲とは遷緩線で境されることが多いが、必ずしも明瞭ではない。
成因	当地形の成因は、豪雨時に山腹が崩れ、その崩壊物や渓床の洗掘土砂が、渓流を流下する過程で渓床堆積物を巻き込み、水と泥と礫の混濁流となって谷口まで移動し堆積することによる。礫・泥が入り混じって乱雑な堆積相を呈し、不淘汰で逆級化構造を伴うことが多い。渓流における土砂運搬作用としては普通に見られるものである。土石流堆積物は渓床部での段丘や合流部での扇状地を形成することが多い。
模式図	
平面図	（国土地理院　1/25,000 越知面）
写真	（国土地理院 CSI-75-8 C20-6）

表 2.7（4） 未固結堆積物からなる斜面の特徴

	沖積錐
形状	扇状地より小規模で、斜面勾配がやや急な半円錐形状の地形。斜面傾斜は 10～15°程度であることが多いが、明確な基準は無く、崖錐斜面より緩い勾配であることが多い。源頭部に崩壊地を持つ一次谷の出口や山地の小流域の渓流沿いに形成されていることが多い。
成因	渓流からの土石流・掃流などによって運搬された土砂が扇状に堆積することによって形成される。土石流堆と掃流運搬物が入り組んで重なることが多い。
模式図	
平面図	（国土地理院 1/25,000 比良山）
写真	（国土地理院 CKK-75-7C21-44,45）

表 2.7（5） 未固結堆積物からなる斜面の特徴

	扇状地
形状	河川の山間地からの出口に扇形に広がる半円錐形状の地形。沖積錐より緩傾斜で 5～10°位であり、かつ大規模である。周囲は遷緩線で囲まれる。扇状地の最上流部を扇頂、中央部を扇央、末端部を扇端と称する。扇状地内の河川は、通常、扇頂では見られるが、扇央では伏流水となって消失することが少なくない。下流部の扇端では泉となって地下水が湧出することが多い
成因	成因としては山地から平地に流出する河川が、流速を減少するためこれまで運搬してきた岩屑・土砂の大部分を堆積して形成される。運搬形態は土石流・掃流による。扇状地堆積物は、斜面勾配に平行して堆積することが多く、層理も所々に発達している。
模式図	（国土地理院 1/25,000 梅津）
平面図	
写真	（国土地理院 CCB-75-24C48-24 ～ 26C49-24.25）

2.6 湛水に伴う地すべり等の原因

　湛水に伴う地すべりは降雨、融雪および河川の浸食などの原因に加えて、ダムの湛水という新たな要因が作用することによって、従来安定していた地すべりが再び運動したり、運動履歴の少ない所で新たに地すべりが発生することがある。

　これまでの事例によると、**図 2.26** に示すように、貯水池周辺で発生した地すべりの約 6 割が初期湛水で発生している。初期湛水では貯水位上昇時に、運用時では下降時に地すべりが発生する傾向がみられる。

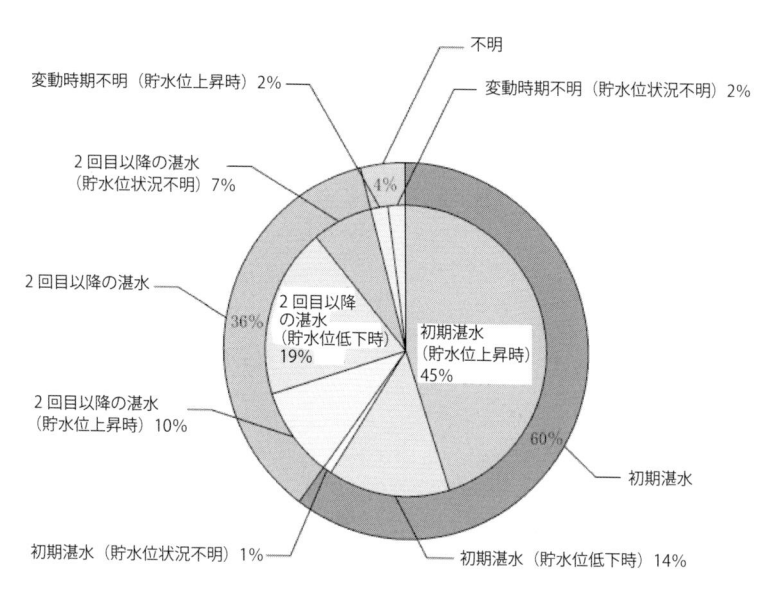

図 2.26　貯水池周辺で発生した地すべりの貯水位状態
2006 年までの事例（63 ダム 635 ブロック）の中から抽出された全 84 ブロック。
（　）内は初期湛水、2 回目以降の湛水のそれぞれの中での比較。

　湛水に伴う地すべりの発生原因としては、影響の大きい順に次のものが考えられ、これらについては安定解析で評価する。

　　① 地すべり土塊の水没による浮力の発生
　　② 貯水位の急速な下降による残留間隙水圧の発生
　　③ 水没による斜面上方部の地下水位の上昇（堰上げ）
　　④ 水際斜面の浸食・崩壊による受働部分の押え荷重の減少（末端崩壊）

なお、この他の発生原因として、水没によるすべり面強度の低下が考えられる（**8.2** 参照）。

(1)　地すべり土塊の水没による浮力の発生

　湛水によって、地すべり土塊のうちまず下部の受働部分が水没し、ここに浮力が作用する。地すべり土塊全体で見ると押え荷重に相当する部分が浮力を受けて軽くなるため、全体的に斜面の安定性が低下し、地すべりが発生する。特に、すべり面の勾配が末端部で緩くなっている場合には、水

没深が浅くとも影響が大きい（**図 2.27**）。

断面形状が椅子型の地すべりではこのような原因で地すべりが発生することが多い。また、地すべり土塊を構成する材料が比較的透水性の高い、岩盤地すべり・風化岩地すべりでもこのような原因で地すべりが発生しやすい。

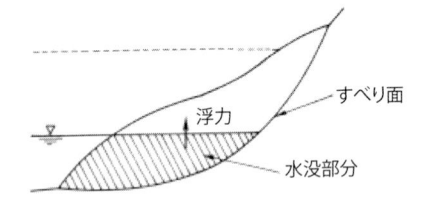

図 2.27　貯水位の上昇による浮力の発生

(2) 貯水位の急速な下降による残留間隙水圧の発生

貯水位が長期間一定に保たれた後に急速に下降すると、地山中の地下水の排水が追随できず、地下水面はやや遅れて低下する。地すべり土塊内では一時的に湛水前の自然の地下水位より高い所に

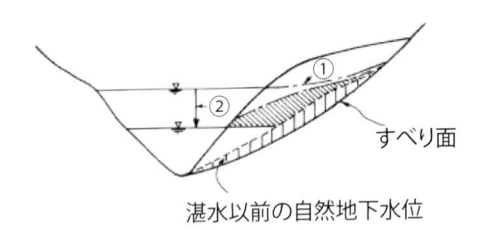

図 2.28　貯水位の急速な下降に伴う残留間隙水圧の発生

地下水が残留し、地すべり土塊に間隙水圧が発生する。このような残留間隙水圧によって斜面の安定性が低下して地すべりが発生する。特に地山の透水性が小さい場合にはその影響が大きい（**図 2.28**）。

地すべり土塊の透水性が低く、貯水位の下降に地下水位の下降が追随しにくい性質の材料で構成されている場合、すなわち崩積土・粘質土地すべりはこのような原因で地すべりが発生しやすい。しかし、湛水前の自然地下水位が高い場合には、このような原因による安定性の低下は比較的小さい。

(3) 水没による斜面上方部の地下水位の上昇（堰上げ）

貯水池の水位が上昇すると、水没した地すべり土塊内の排水条件が変化し、斜面上方部の地下水位が上昇する。さらに降雨が重複した場合には湛水前に比較して著しく地下水位が上昇する。地下水位の上昇に伴いすべり面に作用する間隙水圧が増加し、斜面の安定性が低下する（**図 2.29**）。

自然状態で地下水位の低い凸型斜面、すなわち岩盤地すべり、風化岩地すべりでは、このような原因で地すべりが発生しやすい。

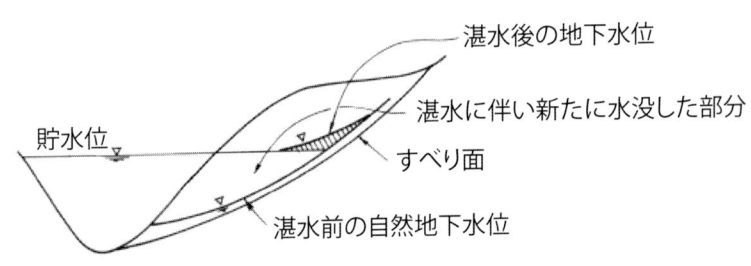

図 2.29　水没による地すべり土塊内の地下水位の上昇

【参考B】堰上げの事例

　水没後の堰上げや降雨に伴う地下水位の上昇によって変動する地すべりにおいては、それらの影響を地すべりの安定解析に反映させることが望ましい。ただし、堰上げや降雨に伴う地下水位の上昇は、地すべり土塊内の透水係数、地下水分布や地下水の流入量、貯水位、降雨強度等の様々な水理地質条件によって変化するものと考えられ、湛水前にそれらを正確に見積もり地すべりの安定解析に反映させるためには、類似事例や浸透流解析等を用いた詳細な検討が必要と考えられる。また、貯水位以高での地下水排除工の効果についても同様に詳細な検討が必要となる。

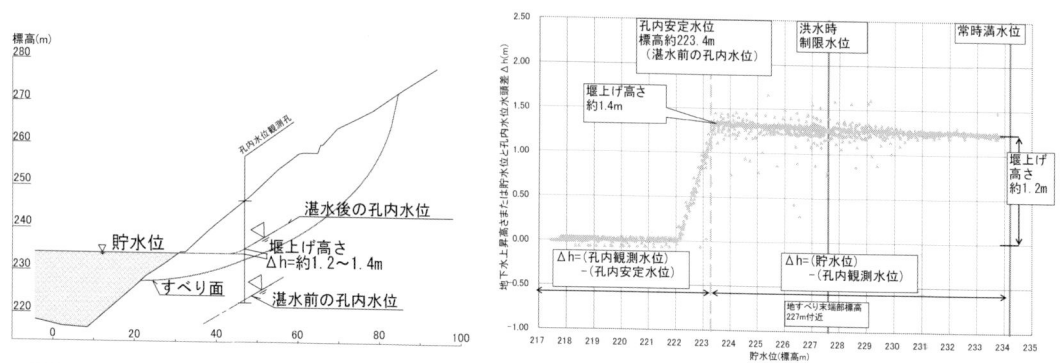

参考図 B-1　水没による孔内水位上昇の例（左）貯水位と水際付近の孔内水位、（右）貯水標高と孔内水位の関係

　参考図 B-1 は、貯水位と貯水池際の孔内水位について計測した事例である。孔内水位は、貯水位が孔内安定水位（標高約 223.4m）に近づくと貯水位とともに概ね一定の水頭差をもって上昇する傾向を記録した。これは、**2.6（3）**で述べた地すべり土塊内の排水条件が悪化したことによる水位上昇、すなわち地すべり土塊内の地下水の堰上げを捉えたものと考えられる。本事例の堰上げ高さは約 1.2〜1.4m であった。

　次に、参考図 B-2 は地すべりの一部が水没した状態で同時に降雨が発生した場合の貯水位と孔内水位の関係を示したもので、参考図 B-3 は対象地すべりの計測位置を、参考図 B-4 は斜面変動状況

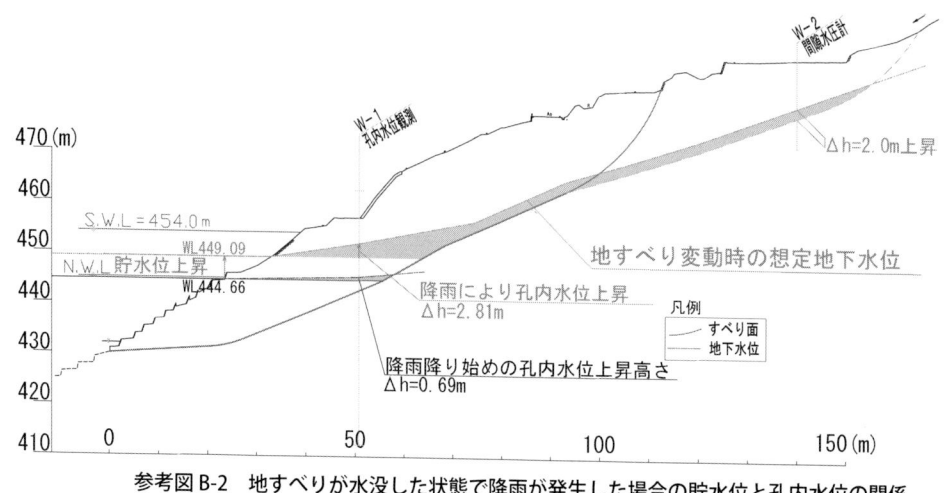

参考図 B-2　地すべりが水没した状態で降雨が発生した場合の貯水位と孔内水位の関係

を示したものである。降雨の降り始め直後の水際付近の孔内水位（W-1）は、堰上げにより 69cm の水位上昇を記録していたものの、降雨が累積するにつれて水際付近 W-1 の孔内水位は貯水位より早く上昇し始め、降り始めてから 8 時間後に貯水位との水位差 $\Delta h=2.81m$（堰上げ＋降雨による上昇が重複）を記録した。また、その時に地すべり上部斜面の間隙水圧計（W-2）で換算 2.0m の水位上昇を記録するとともに、地すべり頭部に設置した地盤伸縮計（S-1,S-2,S-2）において引張変動を記録した。

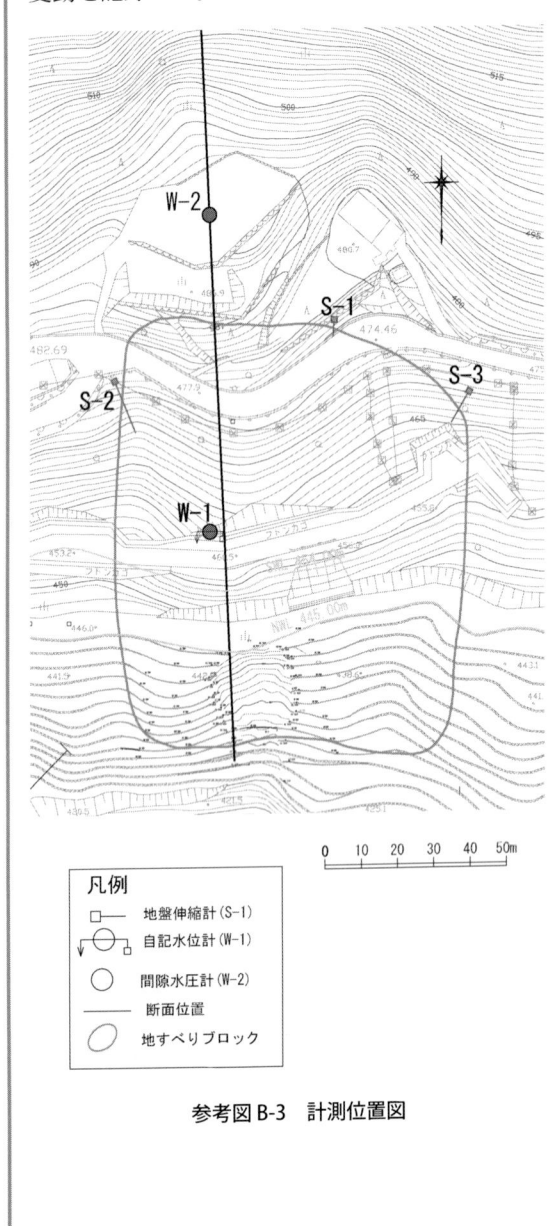

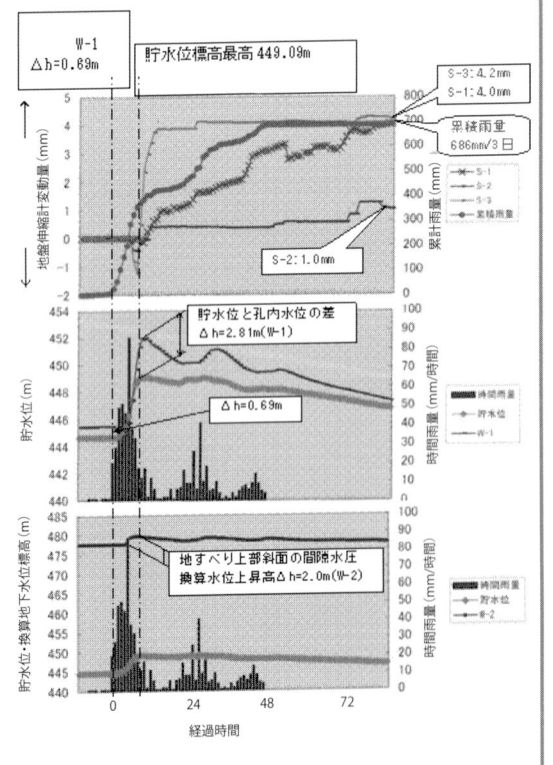

参考図 B-3　計測位置図

参考図 B-4　地すべり変動時の孔内水位と貯水位標高

（4）水際斜面の浸食・崩壊

　水没によって斜面の表層は飽和して強度が低下する。また風によって貯水池内に波浪などが生じると、貯水位上昇時の浮力や貯水位急下降時の地下水の浸出などと複合して、水際や水中斜面で浸食や崩壊が発生する。特に地すべりの末端部の土塊は過去の地すべり運動によって脆弱化しているため崩壊しやすい。地すべりの末端部となる水際での浸食や崩壊が進行すると、受動部の欠落により、地すべりが不安定化する（**図2.30**）。

　なお、水際での崩壊は背後の地すべりの変動による押し出し現象の可能性も考えられるため崩壊の原因には十分留意する。

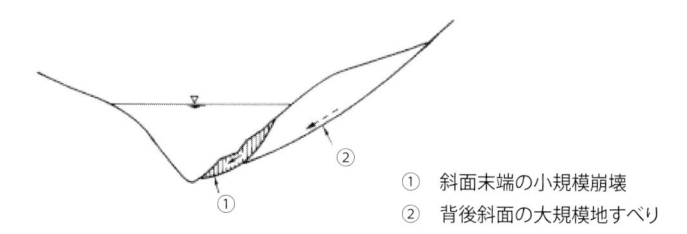

図2.30　水没斜面下部の小崩壊が誘因となる地すべりのモデル

① 斜面末端の小規模崩壊
② 背後斜面の大規模地すべり

2.7　湛水時の地すべり等の安定性

　湛水に伴う地すべりの安定性は、湛水前の状態と、前項に示した浮力、残留間隙水圧、堰上げおよび末端崩壊などの原因が加わるときの影響度により異なり、極めて複雑となる。このため、湛水時の安定性の評価については、概査・精査・機構解析結果を踏まえた上で各々の地すべりに応じて詳細に検討することが必要である。技術指針（案）・同解説では基準水面法による二次元安定計算を用いて浮力、残留間隙水圧の影響を評価する方法を示しており、本書ではこれらに加えて堰上げの影響についての考え方などを示している（5.3参照）。

　ここでは、これまでの研究結果から得られた湛水時の伴う地すべり地の安定性に関連する知見を示す。

（1）地すべりの運動時期および型分類と湛水時の安定性

　地すべりの型分類や運動時期によっても湛水の影響は異なり、一般的には次のように考えられる。
　① 現在運動中の地すべりでは、どのような地すべりの型であっても湛水した場合にその影響は大きく、著しく不安定化する。
　② 縁辺部に新たな地すべりが発生している地すべりは、現在は自然状態でかろうじて安定していると考えられ、湛水の影響を大きく受ける。
　③ 一般に旧期に運動した地すべりで、現在地すべり運動の徴候が見られない地すべりは、地すべり運動期以降に河川浸食で河床が低下しているため、すべり面末端部が斜面途中に存在することが多い。このような地すべりは現状では安定していると考えられるが、地すべり末端部の崩壊や湛水の影響により不安定化することがある。

④ 岩盤地すべりや風化岩地すべりは現状での安定性は相対的に高いと考えられるが一般に地下水位が低いので湛水の影響を大きく受ける。

(2) すべり面形状と湛水時の安定性

　一般に、自然状態ではトップヘビーを示す地すべりは運動しやすく、運動を繰り返してボトムヘビーの地すべりは安定性の高い場合が多い（**表 2.5 参照**）。貯水位周辺で変動した地すべりについても、トップヘビーのものが多い（**図 2.31**）。

　なお、ボトムヘビーであっても、水没部が平面的に広い地すべりや、水没深が浅くても受働部の水没量の大きい地すべりは地形的に地下水が溜まりやすく、不安定化しやすいと考えられる。貯水位の影響は平面形状、断面形状によって異なり、影響を受けやすい地すべりの形状は断面では椅子型、舟底型、平面では馬蹄形、角形と考えられる。

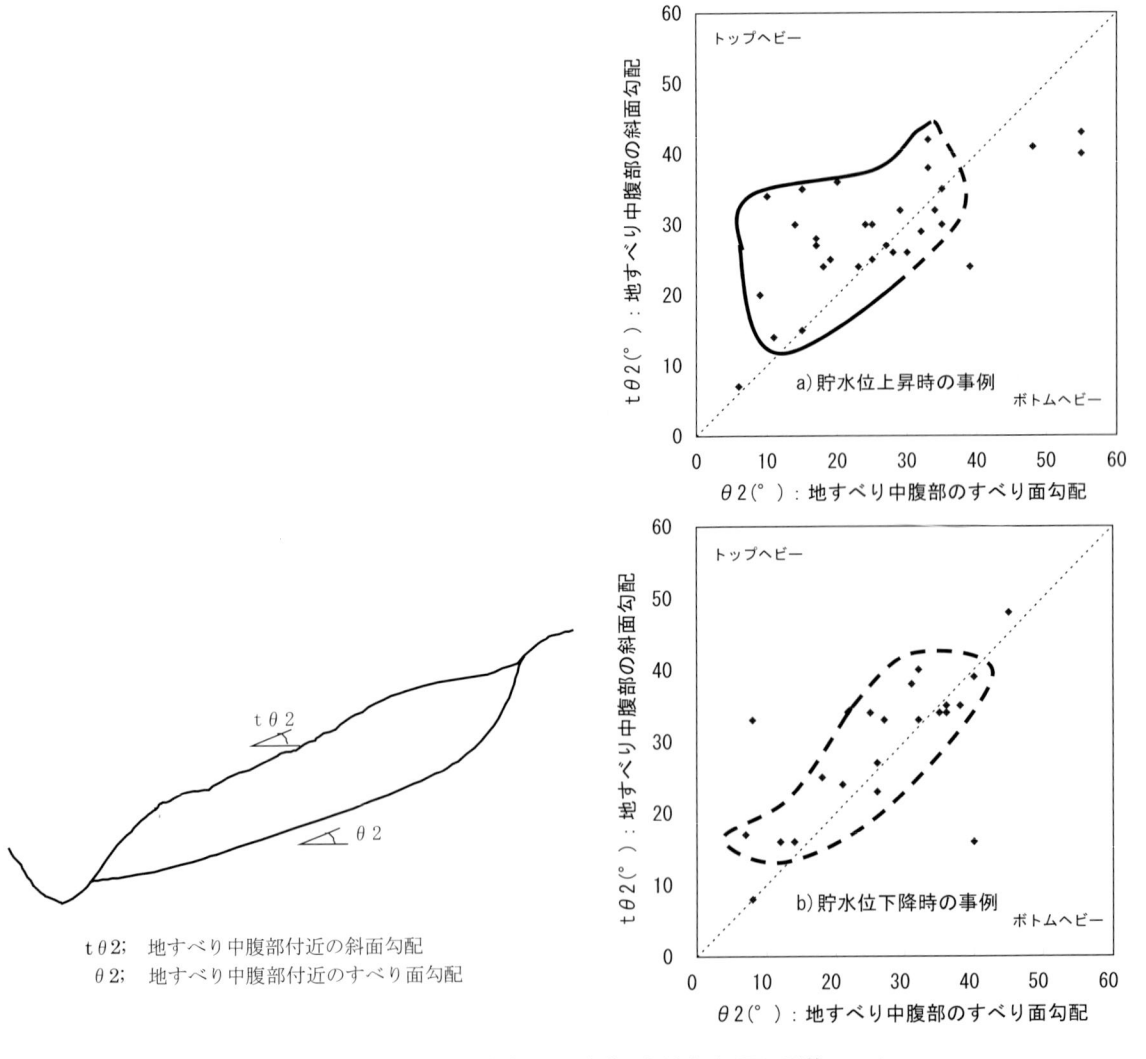

図 2.31　貯水池周辺で変動した地すべり面の形状

（3） 水没割合と湛水に伴う安定性

これまでの調査事例によれば、9割以上の地すべり等が50％以下の水没割合（**図2.32**）で発生しており、水没割合が70％を超えると地すべり等が発生していない（**図2.33**）。

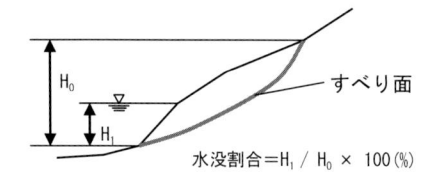

図2.32　水没割合

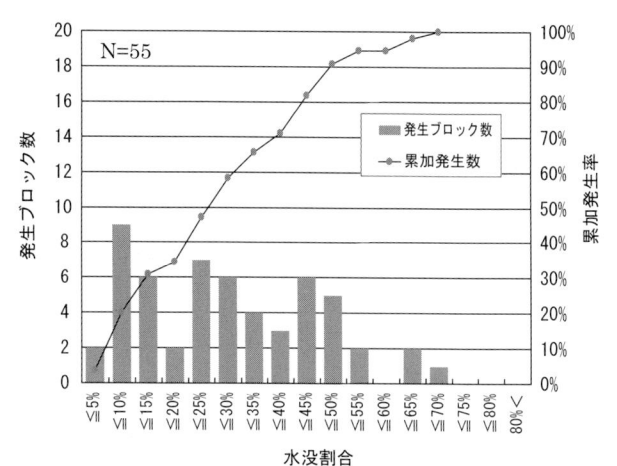

水没割合＝$H_1 / H_0 \times 100$（％）

図2.33　地すべりの発生率と水没割合

貯水位上昇時においては、水没割合が20％を超えると地すべり等の発生が顕著になり、約7割の地すべり等が20％～50％の間の水没割合で発生している（**図2.34**）。一方、貯水位下降時においては、貯水位が地すべり末端標高に近づくほど発生しやすい傾向にある。8割以上の地すべり等が45％以下の水没割合で発生し、約半数の地すべり等が20％以下の水没割合でも発生している（**図2.35**）。

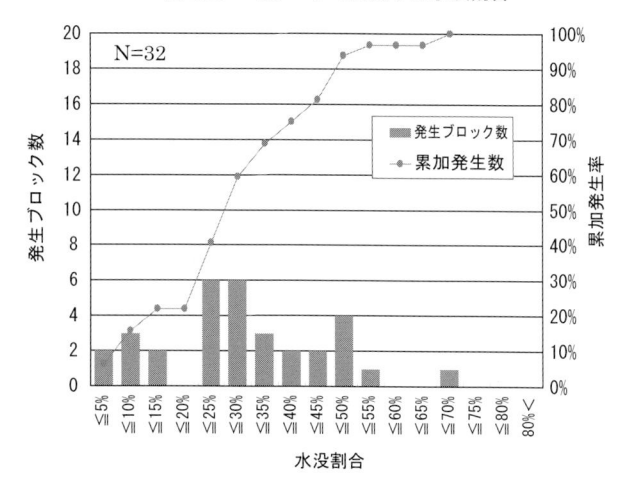

図2.34　貯水位上昇時における地すべりの発生率と水没割合

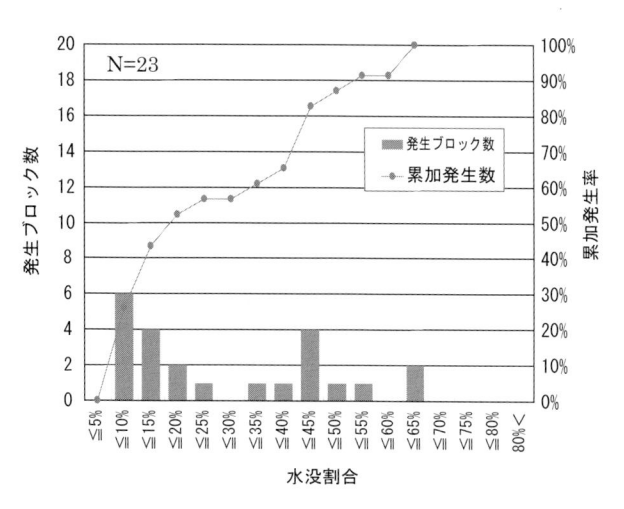

図2.35　貯水位低下時における地すべりの発生率と水没割合

3
概 査

3.1 目的

　概査は、ダムサイト下流も含めて貯水池周辺の広範囲にわたる地すべり等の懸念地の分布を明らかにし、この中から精査が必要な地すべり等を抽出することを目的として実施する。

　概査は、ダム事業の予備調査段階または実施計画調査段階で実施する。概査によって大規模な地すべり等が抽出された場合には、現地踏査やその後の精査、解析および対策工の計画・設計・施工等に時間を要し、ダムの位置、規模、型式などの計画に影響が及ぶ恐れがある。したがって、新第三紀層や変成岩および付加体堆積物からなる中古生層など大規模な地すべり等の多発地帯に計画されるダム、あるいは近傍と類似の地質で大規模な地すべり等の対策が行われているダムでは、できるだけ早期に概査を実施して大規模な地すべり等の有無やその影響を検討する必要がある。

3.2 概査の手順

　概査の手順を**図 3.1** に示す。概査においては、まず机上調査（既存の調査資料や文献等の収集・整理、地形図・空中写真の判読）によって地すべり地形等を抽出し、地すべり地形等予察図を作成する。次に、地すべり地形等予察図を用いて現地踏査を行い、空中写真を再判読した後に地すべり等分布図を作成する。得られた情報は地すべり等カルテに整理する。

　これらの結果をもとに、地すべり等への湛水の影響の有無と規模および保全対象の重要度を指標として、精査が必要な地すべり等を抽出するとともに評価図を作成する。

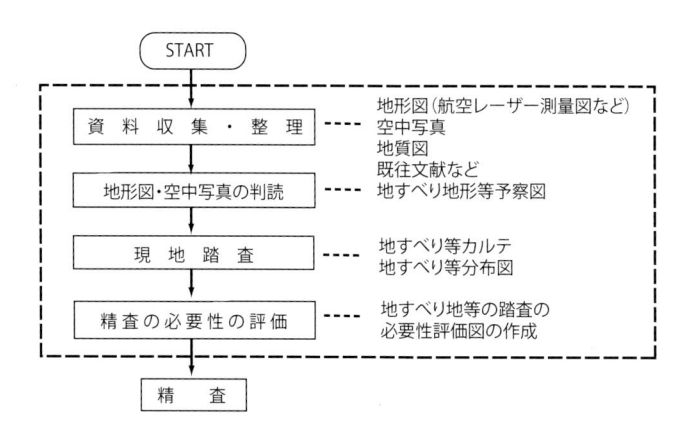

図 3.1　概査の手順[1)]

3.3 概査内容

3.3.1 資料収集・整理

　地すべり地形等予察図および地すべり等分布図を作成することを目的として、地形図・空中写真、地質図および地すべり等に関する既往文献などの資料を収集し、整理する。これらの資料は概査の精度を上げるために必要なものであり、これらを収集できない場合は必要に応じて作成する。

　なお、現在の地形図・空中写真に加えて、過去に作成された地形図・空中写真があれば、地形の変化を時系列的に読み取ることにより、地すべり等の形成過程を推定することができるので、併せて収集する。

(1) 地形図

(i) 国土地理院発行 縮尺 1/25,000 地形図

　地すべり等に関連した広域的な地形特性を把握するため、貯水池を含み両岸の尾根を越える広範囲のものを収集する。

(ii) 縮尺 1/2,500（入手できない場合は 1/5,000 〜 1/10,000）

　貯水池周辺の地形・地質上の特性や周辺整備計画および湛水の影響を及ぼす範囲等を考慮し、余裕をもった広い範囲とする（**図 3.2**）。

　地すべり等分布図の基図として、ダム事業で作成される地形図などを使用する。地すべり地形等

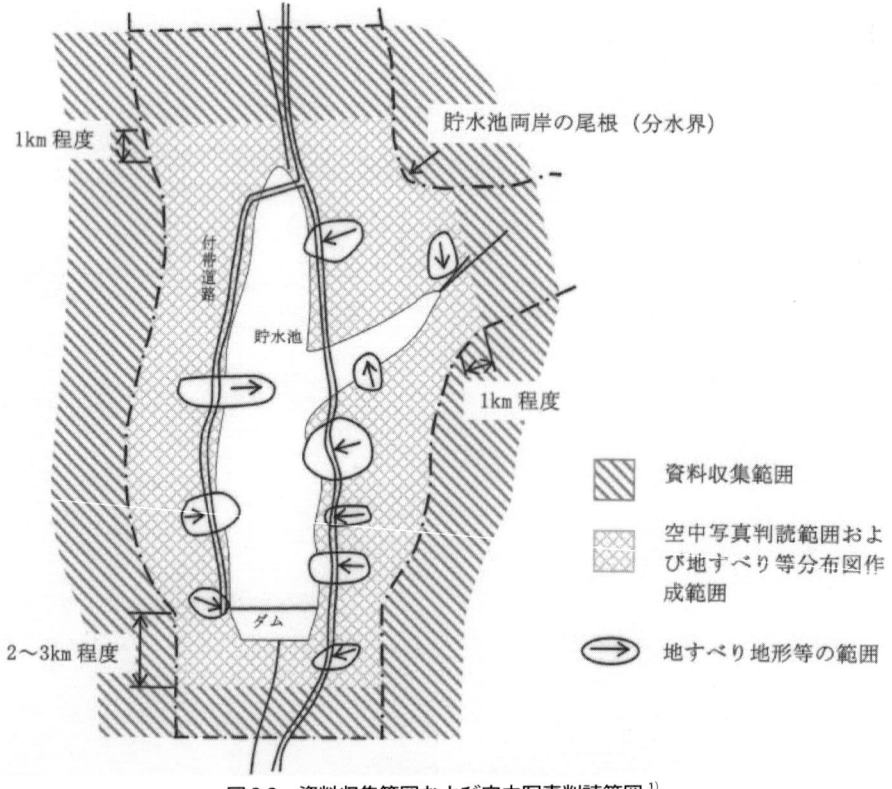

図 3.2　資料収集範囲および空中写真判読範囲[1)]

を正確に抽出するため、また、現地踏査結果を正確に表示するためには微地形が表現された精度の高い地形図が必要であり、なるべく初期の調査段階で航空レーザー測量（参考 C 参照）等により作成することが望ましい。

【参考 C】航空レーザー測量

航空レーザー測量とは、飛行機またはヘリコプターに搭載した航空レーザースキャナから地上に向けてレーザーパルスを発射し、反射して戻ってきたレーザーパルスを解析することで三次元データを取得する測量技術である（参考図 C-1）。

航空レーザー測量で得られる主なデータを参考表 C-1 に、精度を参考表 C-2 示す。

航空レーザー測量では、疎樹林や橋梁等に遮られることなく地面の標高を計測することができるため、広域的に精度の高い地形図が得られる。ただし、照葉樹など葉が密に茂っていたり下草が繁茂している場合は植生の上面が計測されてしまうため、地表面を精度良く計測するにはできる限り落葉期に実施することが望ましい。また、水面下の計測も不可能である。

なお、航空レーザー測量は、計測点毎の標高データから地表面の変化を捉えるものであ

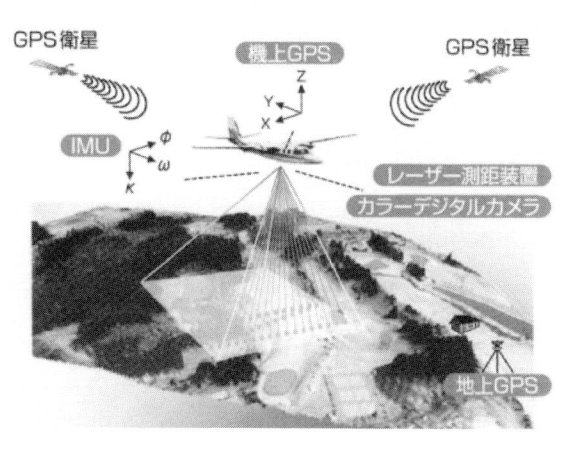

参考図 C-1　航空レーザー測量の図
（アジア航測株式会社パンフレットより）

参考表 C-1　航空レーザー測量で得られる主なデータ

データの種類	内　容
オリジナルデータ	調整用基準点等を用いて三次元計測データの点検調整を行った標高データ。オリジナルデータから作成した地表モデルを数値表層モデル（Digital Surface Mode；DSM）という。
グラウンドデータ	オリジナルデータから地表遮蔽物部分の計測データを除去（フィルタリング）した標高データ。
メッシュデータ	グラウンドデータを必要に応じた任意のメッシュ単位に整理した数値標高モデル（Digital Elevation Model；DEM）。メッシュ間隔は一般的に 0.5 ～ 5.0m。
等高線データ	グラウンドデータまたはメッシュデータから地形モデルを介して自動発生させてできる任意の一定間隔の等高線データ。
オルソフォト画像	写真画像に三次元計測データ等を与えて正射変換を行ったもの。必要に応じて作成される。

参考表 C-2　データの精度

データの種類		精度（標準偏差）
オリジナルデータ		0.25m 以内
メッシュデータ	1 メッシュ内にグラウンドデータがある場合	0.3m 以内
	1 メッシュ内にグラウンドデータがない場合	2.0m 以内

（「航空レーザー測量による数値標高モデル（DEM）作成マニュアル（案）」、平成 18 年 4 月、国土交通省国土地理院　から引用一部修正）

り、一般的に数値標高モデル（DEM）が用いられる。家屋や道路・橋梁等のように境界線をもつ構造物に関しては空中写真測量（デジタルマッピング）を併用することが望ましい。

参考図 C-2　航空レーザー測量図（上）と空中写真測量図（下）の比較

(2) 空中写真（垂直写真）

広域的な地すべり地等の地形特性を把握するとともに、地質構造を推定するため、以下の空中写真を収集または必要に応じて撮影する。

(i) 縮尺 1/20,000 ～ 1/40,000

微地形の判読には適さないが、大規模な崩壊や地すべり地等を抽出することができる。縮尺 1/25,000 の地形図と同じ範囲のものが望ましい。日本全国の範囲で国土交通省国土地理院により整備されている。

(ii) 縮尺 1/8,000 ～ 1/15,000

入手範囲は、地すべり地等の全容を把握し、また地すべり等の発生するおそれの大きな地域まで検討できるように、縮尺 1/2,500 ～ 1/5,000 の地形図と同じ範囲とする（**図 3.2** 参照）。日本全国の大部分が国土地理院により整備されている。

(3) 地質図

(i) 縮尺 1/50,000 ～ 1/200,000 の広域地質図（土木地質図などを含む）

地すべり等に関連した地質特性を広域的に把握するため、広い範囲のものを収集する。これらを貯水池周辺地質図の作成に活用する。土木地質図は、崖錐・崩積土の分布や風化・変質などの理工学的な地盤特性を把握するために有効である。

(ii) 縮尺 1/2,500 程度の地表踏査に基づく貯水池周辺地質図

貯水池周辺の地質分布や地質構造を把握し、地すべり等に関連した地質特性を把握するため、地すべり等調査以外の目的で実施された既存の地質調査資料も含めて収集または作成する。

(4) 地すべり等に関する既往文献

貯水池周辺および隣接地域での地すべり等の特性を把握するため、地すべり等に関する既往文献を収集する。広域的なものとして、（独）防災科学技術研究所の地すべり地形分布図データベースなどがある。

(i) 地すべり防止区域に関する資料
(ii) 地すべり分布図、地形分類図、土地条件図など（広域の地形特性や土地利用特性を把握するために有効）
(iii) 周辺部での地すべり等の発生事例（既存の調査報告書など）

(5) その他

(i) 斜め空中写真（単写真でも地すべり地形等の特徴を把握しやすく、特に急峻な地形に対して有効）
(ii) ダムサイト、原石山等の既存ボーリング調査資料など
(iii) 気象・気象データ（雨量・気温、地震等）

3.3.2 地形図・空中写真の判読

概査における地形図・空中写真の判読は、地すべり地形等を的確に抽出することを目的として、地すべり地形等の特徴から、斜面の発達過程や斜面の変動履歴を読み取って実施する。

(1) 目的

貯水池周辺の地すべり等調査においては、変動中の地すべり等だけでなく過去に変動したもので現在安定しているものも含めて、湛水によって地すべり等を起こすおそれのある不安定な斜面を明らかにしなければならない。そのためには地形上の特徴をとらえて斜面の発達過程や斜面の変動履歴を読み取る必要がある。

地形図・空中写真の判読は地形上の特徴から斜面の発達過程を読み取る最も有効な手段である。なお、航空レーザー測量により作成した地形図は微地形が表現されているので判読に有効である（**図3.3**）。

地形図・空中写真の判読によって、地すべり等の地形や地質について以下のような情報が得られる。

① 引張亀裂、圧縮亀裂、滑落崖など地すべり等の徴候を示す微地形
② 地すべり等の範囲、平面形状、断面形状および地すべりの型分類
③ 地すべりブロック区分
④ 過去の変動や浸食・開析の程度
⑤ 地質構造（地層の走向・傾斜、断層・破砕帯など）
⑥ 植生の状況

地形図の判読は①～⑤に有効であり、地形コンターから斜面勾配の変化を明確に区分することができる。空中写真の判読は①～⑥に有効であり、実体視することによって地形の特徴（緩急や凹凸など）を視覚的に把握しやすい。

ダムサイト、貯水位線、付替道路などの計画をあらかじめ記入した地形図に判読結果を整理し、ダムの建設計画と地すべり等との関係を検討するための資料とする。

(2) 判読範囲

地形図・空中写真の判読範囲は、ダムサイト下流の約2～3kmから貯水池周辺および貯水池上流約1kmまでとする（**図3.2**参照）。ただし、資料収集で対象地域に地すべり地等が多く分布する場合や尾根を越えた地すべり等が予想される場合には、湛水時の地下水状態の変化についても検討し、より広範囲での判読を行う。また、以下のダム事業の関連工事用地についても判読範囲に含める。

① 付替道路
② 工事用道路
③ 代替地
④ 原石山
⑤ 土捨場
⑥ 骨材プラント等の仮設備用地

隣接する他流域に大規模な地すべり等が存在する場合には、その形状、位置、規模、地質・地質構造との関連などを検討することによって、対象とする貯水池周辺の斜面での地すべり等の判読に有用な情報が得られることがある。

(3) 判読方法

判読は、地すべり地形等の地形的な特徴を読み取ることのできる技術者が行う必要がある。地す

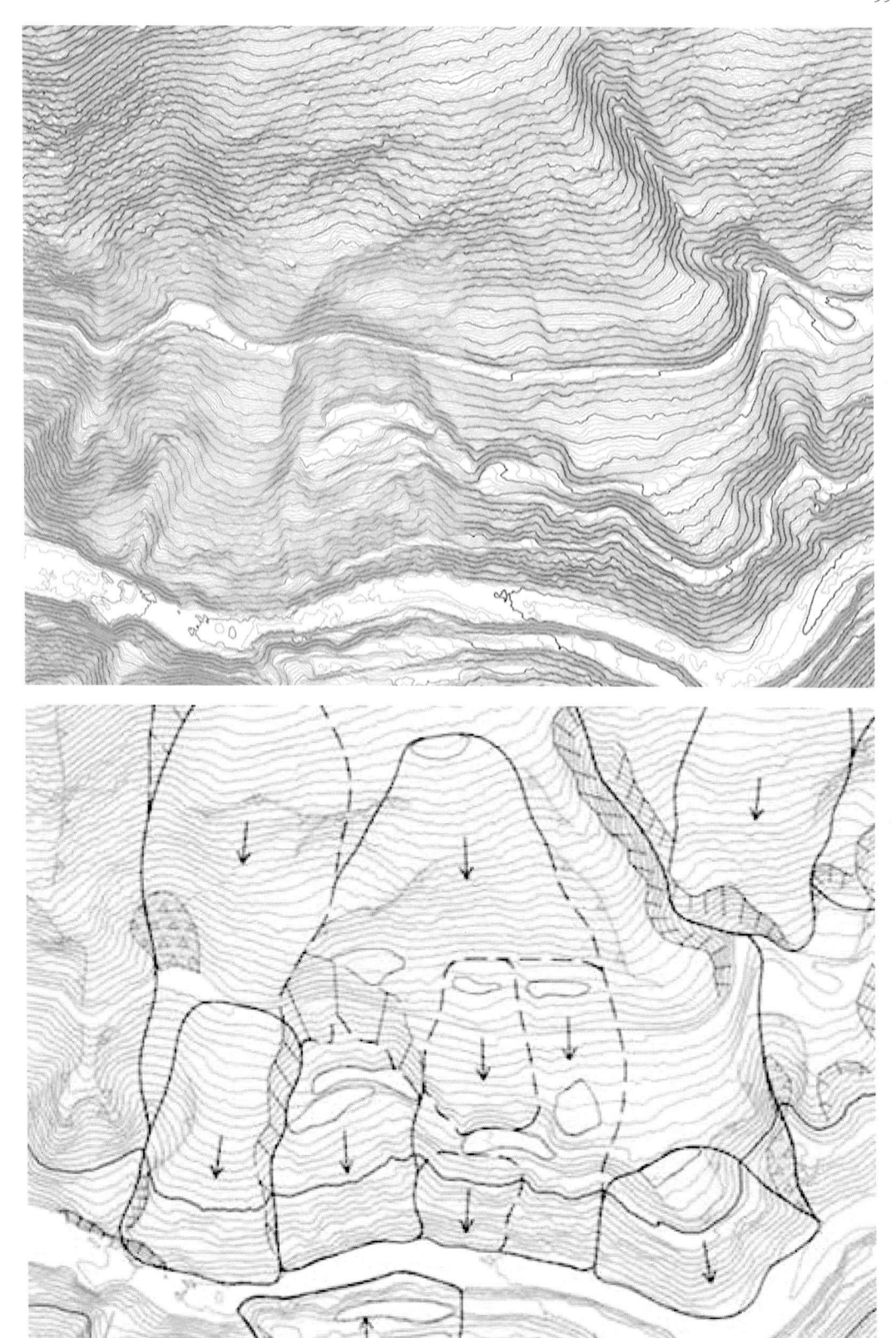

図 3.3 航空レーザー測量図（上）とこれに基づく地形判読図（下）の例

べり地形等の中には、過去の浸食・堆積や斜面変動の積み重ねにより地形が複雑化し、判読が難しいものも多い。このため、地すべり地形等の見逃しや地すべりブロック区分の見誤りがないように、斜面の発達過程や過去の斜面の変動履歴を推定しながら行うことが重要である。また、判読においては、地質図や既往文献等の収集資料も参考にする。

判読の結果は用いる地形図・空中写真の縮尺によって著しく異なり、一般に縮尺が大きいほど微細な判読が可能であるが、あまり大縮尺になると全体の判読が困難になることが多い。また、逆に小縮尺の地形図・空中写真では地すべり地形等を見落とすこともあるので注意が必要である。したがって異なる縮尺の地形図・空中写真について判読すると良い。大縮尺地形図を判読する場合には、全体が一見できるように縮小して判読するなどの工夫も必要である。

地形図・空中写真の判読の項目には次のようなものがあり、その判読にあたっては、地すべり等の地形的な特徴を十分理解したうえで行う（**表3.3**）。

(i) 沢（谷）、尾根（稜線）

　① 水系模様……………………谷密度
　② 河川の異常な屈曲……流向異常、屈曲異常、川底幅異常
　③ 斜流谷…………………………接峰面異常
　④ 谷の連続性……………………末無川
　⑤ 尾根（稜線）…………尾根形状、鞍部

地すべりの運動とともに地すべり土塊が緩み、雨水は地下水として流出するので地すべり地では沢（谷）の発達が悪くなる。すなわち、沢の発達が周辺に比べ不良な箇所は特殊な地質条件（例えば石灰岩地帯など）の場合を除き、地すべりの存在を反映している可能性がある。沢の異常な屈曲は何らかのマスムーブメントに起因していることが多い。沢地形は谷頭斜面のリルやガリを含めて判読する。特に1次谷の腕曲あるいは斜面に対して斜めに流れる斜流谷の存在を判読する。地すべり頭部の陥没地跡に末無沢が形成されている場合も多い。また、鞍部・尾根の異常な屈曲、二重山稜などの微地形を判読する。

(ii) 遷急線・遷緩線・山頂緩斜面・山腹緩斜面

　① 傾斜変換線（点）……………………遷急線（点）、遷緩線（点）
　② 山頂緩斜面（山頂小起伏面）…………山頂部の線状凹地（多重山稜）
　③ 山腹緩斜面（山腹小起伏面）…………小起伏面中の線状凹地
　④ 表層崩壊地……………………………発生位置
　⑤ 大規模崩壊地…………………………明瞭度、開析の程度
　⑥ ガリ、若い浸食谷

ほぼ一定の高度に連続する遷急線は主に河川の流水に伴う浸食により形成されたものであり、尾根に近い遷急線は古い時期に、また谷底に近い遷急線は新しい時期に形成されたものである。一方、連続性が不良で局部的に斜面上方まで発達している遷急線は崩壊や地すべりの滑落崖などの現われであることが多い。これらは、崩壊や地すべりが多発することや地質に応じた浸食に対する抵抗性の違いなどによって形成されたものもある。遷急線の下の斜面には崩積土が堆積していることが多く、地すべりや崩壊による移動土塊が残存している可能性を示している。

山腹緩斜面は、高位段丘や旧河道などの場合が多いが、過去の大規模な地すべり等の移動痕跡の

可能性があり、また岩盤のゆるみを表していることもあるので慎重に判読する。なお高位段丘は、ほぼ定高性を有して分布するので地すべり地等と区別することができる場合がある。

(iii) 山麓地形、崖錐・沖積錐などの未固結堆積物からなる斜面

押出し地形、山麓緩斜面、崖錐地形、崩積土堆積地形、土石流堆（土石流段丘）、沖積錐、扇状地、谷底平野（低地）、段丘（高位・中位・低位）などを判読する。

(iv) フォトリニアメント（線状模様）

水系・尾根や谷の折れ曲がり、鞍部などが直線状あるいは直線に近い形で並んだ地形。これらは、地質の弱線や不連続を反映していると考えられている。

(v) クラック地形（段差地形、二重山稜、線状凹地など）

斜面上に溝状の凹地が連続したり、凸状地形に層状の段差が見られる地形。地すべり等の発生に先立って形成される。

(4) 地すべり地形等の抽出

地すべり地形等には以下に述べるような特徴があるので、地形発達すなわち過去の斜面の変動履歴を推定しながら地形図・空中写真を判読し、地すべり地形等を抽出する。

なお、岩盤地すべりや風化岩地すべりは過去の運動量が少ないので地形的に不明瞭なことが多いため、地すべり地形として抽出することが難しい。しかし、貯水池全域の地形特性を明らかにしたうえで、地質・地質構造を反映し、周辺の斜面とは異なる地形を判読することによって抽出する（**2.2.2** 参照）。

(i) 明瞭な地すべり地に見られる微地形や植生等の特徴

① 滑落崖、クラック。

② 斜面の陥没地、池、沼、湿地の規則的な配列および（分離）小丘。陥没地は尾根に平行な方向の暗斑点として認められることが多い。湿地や地下水の浸出帯は写真上での色調の変化、すなわち高い含水状態を示す暗色調などからある程度推測可能である。例えば、伏流水や湿地植物の存在を反映するやや暗い部分の存在によって地下水浸出地が推定できる。

③ 斜面の不規則な凸凹地形、階段状地形、千枚田。

④ 水系異常、押出し地形、谷密度の低い箇所。

⑤ 地すべり発生後、植生がいまだ回復しない斜面、禿赫地。例えば、写真上で明色調を示す部分。

(ii) 明瞭な地すべり地の末端部に見られる微地形や植生等の特徴

① 隆起現象、圧縮亀裂さらには押出し、微小崩壊跡地の存在する箇所。

② 斜面中腹の小崩壊や湧水点が等高線に沿って連続的に存在する箇所。

③ 斜面中腹を境界として、上は沢密度が低く、下は谷頭のほぼそろった沢が何本か形成されている箇所（谷頭が地すべり末端となる）（**図 3.4**）。

④ 河川の迂回・湾曲、狭窄部。

⑤ 植生の繁茂状況に差のある箇所（斜面末端近くの植生の乏しい部分が末端部となる）。

⑥ 斜面中腹あるいは末端部での露岩の存在する箇所。露岩部は一般に不動地であることが多い。

(iii) 地すべりの可能性がある箇所に見られる微地形や植生等の特徴

① 地すべり地等の滑落崖背後の斜面における引張亀裂や線状凹地（派生すべりの存在範囲を示す）。

表3.3 空中写真判読項目一覧表 (1)[11]

	名　称	形　態	成　因（形成プロセス、構成物質、形成時代）	判読の意義	記号
①	稜線（山稜）	山地内の尾根線のうち、斜面の傾斜方向が不連続に変わり、両側に傾斜する部分。	段丘や小起伏面などの平坦面や緩斜面も、その形成後それぞれの地形条件に応じて浸食が進み、平坦面や緩斜面が消滅すると両側を急斜面で挟まれた尾根のみ残る。浸食に抵抗して残った部分は堅硬な基岩から成るが、偶然浸食され残った部分では風化が深く及んでいることもある。鞍部は、山腹斜面からの浸食が隣接箇所より速やかに進行した結果、形成されたものである。	山稜を境に表流水は別々の谷に流下する。分水界をなし、流域界となる。連続性の良否を確認することにより二重山稜やクラック地形判読の手段となる。鞍部の下方斜面に地すべり地形が認められる場合には、浸食に伴う崩落土砂が頭部載荷となり、より不安定な地すべりといえよう。	尾根の落ち込み　山頂　鞍部
②	水系（谷底）	谷の最も低い部分で相対する谷壁斜面に挟まれる。これを境に両側の斜面の傾斜方向が不連続的に変わる（V字谷、谷底）。時々なめらかに変わる場合があるので（U字谷底）状況に応じて、線または帯として表現する。谷の最上流部は、遷緩点を経て谷頭斜面に移行する。	地表に降った雨は最も低い部分を流下する。傾斜や谷底の形に応じたある程度以上の水量が集まると、流水過程で谷底の岩屑を動かし線状の浸食を行う。谷底はこうして形成される。通常基岩が露出するか、薄い堆積物（砂礫）に覆われる。現在も豪雨のごとに土砂が移動し、浸食されつつあるものが多い。水系異常は地質構造の現われと考えられ、これには斜面上部で形成されている沢が、中腹部以下の斜面で途切れたり、不明瞭となる場合も含む。	山地内の最低所であり、崩壊などにより生産された土砂が集まり、一時的に貯留し、流水する経路となる。谷底（渓床）勾配が急な場合（約15°）で堆積物が多いときは、土砂流発生の場となる。地すべり地では、土塊移動のため沢が埋没されるなどの地形の回春が進むため一般に谷密度が低い。安定した地すべり地であれば地すべり地塊内の水系は発達する。水系密度によって地すべり現象の相対的な年齢と安定性の指標となりうる。	破線は水無川
③	遷急線（点）	斜面の上方から下方に向かって傾斜が緩から急に変化する点を遷急点といい、これを連ねたものを遷急線という。谷底平野にあって谷底を囲むように続き、所々山稜に向かって突出するものや、山頂緩斜面・段丘面を縁取るように分布するものなどがある。表層崩壊地・地すべり地・大規模崩壊地の頭部ガリの縁辺などにも特徴ある形態の遷急線が残される。山稜から谷底までの間に数本分枝・合流を繰り返しながら分布する。また、これとは別に尾根や谷と無関係に連なる遷急線もしばしば見られる。局所的な傾斜変換点を含む。	崩壊や地すべりなどにより物質が除去されるとその頭部に短い遷急線が形成され、時間の経過とともに横方向に連なり長い遷急線が形成される。遷急線より下部は表層物質が失われているのに対し上部は表層物質が残っており、下部がより急傾斜なこともあって不安定である。したがって遷急線直上はいずれ崩壊し、遷急線は少し上方へ移動する。この繰返しにより山地の浸食が進むため、浸食前線とも呼ばれる。浸食地形の現われといえる。日本の山地は、過去何回か訪れた氷期には、貧弱な植生と活発な機械的風化作用により斜面全域で岩屑生産が盛んになり、大量の砂礫の移動のため谷は埋まりなだらかな山容を呈していたが、温暖期には植生が復活して斜面での砂礫の移動が止むと同時に雨が多くなり、谷底を線状に深く刻んだ。そのため渓岸では崩壊や地すべりが発生し、遷急線形成のきっかけとなったと考えられる。山稜に近い遷急線は古い時期に、谷底近くの輪郭の鈍いものは最近（約1万年間）に形成されたものである。尾根や谷と無関係な遷急線は、地質の抗浸食性の違いや地殻変動、火山運動等により形成されたものが多い。これらは、組織地形、変動地形、火山地形として区別される。	左に述べた成因からも知られるように、遷急線より下はすでに崩壊・地すべりなどが発生した部分であり、直上は近い将来発生の予測される場所である。崩壊現象には反復性が認められる場合も多く、直上も含めて遷急線より下は侵食などが起こりやすく注意を要する。付近一帯はほぼ定高性を有する連続性の高い遷急線は、河川の浸食に伴うもの。一方、連続性の不良な遷急線は、滑落崖などの局部的なもの。	遷急線（浸食前線）　遷急線　✱ 遷急点

3　概査

表 3.3　空中写真判読項目一覧表（2）

	名　称	形　態	成　因（形成プロセス、構成物質、形成時代）	判読の意義	記　号
④	遷緩線（点）	斜面の上方から下方に向かって傾斜が急から緩に変化する点を遷緩点といいこれを連ねたものを遷緩線という。斜面と谷底の境には顕著なものが見られる。　上記の遷急線・尾根・谷底とともに、純形態的に地形を分析・記述するうえで最も基本的なものである。	ある場所に物質が運ばれ、運搬力の減衰により堆積すると、周囲に対し若干盛り上がる。同じ場所でこれを繰り返すと後述する堆積地形を形成する。波や風により運ばれたものを除けば、物質は一般により急傾斜な部分から運ばれ、運搬様式に応じてある傾斜より緩いところに、それより急な表面傾斜で堆積するから、堆積地形の上・下端は遷緩線となる。重力による転落、匍行、すべり、水と重力による集合運搬（土石流）、水流により転動、渓流など運搬様式の違いにより堆積場所、表面傾斜、構成物質が異なり、緩傾斜な場所には細粒物質が緩い表面傾斜で、急な場所には細粒物質が急な表面傾斜で堆積する。一般には上方から下方にしだいに緩傾斜堆積地形となるため、遷緩線はこれらの境界線ともなる。堆積地形の現われといえる。	左に述べた成因からも知られるように、上方から運ばれてきた土砂の流下範囲を、堆積物の性質に応じて示す。　遷緩線以下の山腹斜面には、地すべりや崩壊の堆積物が存在する。また、これらが初期に堆積した後、時間の経過に伴い沢などの浸食が進行するため不明瞭となる。一般的に遷急線よりは連続性が不良である。	
⑤	山頂緩斜面（小起伏面）	山地斜面の上部に広がる緩斜面〜平坦面、周囲は遷急線、凸形斜面を経て開析斜面に移行する。全体として緩い凸形を呈し、なだらかな尾根をなすもの、一方向に緩く傾くものなどがある。	古い段丘面や準平原などが浸食の進行により失われ、部分的に残ったものが多い。成因の不明なものも見られる。一般にその形成から、かなりの年月（少なくとも数万年）を経過しているので、風化は深く及んでいる。このため表面は軟弱になっている。浸食残地形、高位平坦面もこの一部である。	軟弱な風化層が厚く発達している。また多大な位置エネルギーを有しているため、周辺部での河食の進行に伴い、大規模崩壊発生の場となることもある。また、古い時代の基準面であるので、地形発達史を考える場合の指標として重要である。	

表 3.3 空中写真判読項目一覧表（3）

	名　称		形　態	成　因（形成プロセス　構成物質　形成時代）	判読の意義	記　号
⑥	山腹緩斜面（小起伏面）		山地傾斜面の中腹部に広がる緩斜面～平坦面。周囲は山側に遷緩線、川側に遷急線を経て他の開析斜面に移行する。全体として緩い凸形を呈し、なだらかな分離尾根状となることが多い。	古い段丘面や、大規模崩壊、地すべり後の緩傾斜台地などが、浸食の進行により失われ、部分的に残ったものが多い。成因の不明なものも見られる。	地すべり移動層が残存していることが多く、また多大な位置エネルギーを有しているため、周辺部での河食の進行に伴い、大規模崩壊発生の場となることもある。	（点線で囲まれた領域）
⑦	開析斜面		山地内の谷頭斜面、谷壁斜面を開析斜面といい、上記の山稜、谷底、山頂緩斜面を除いた部分にあたる。上部には山稜、山頂緩斜面、段丘等が、下部には谷底、山麓堆積地、各種の平野、段丘等が遷急線・遷緩線を境に続く。浸食地形。	山地の浸食は、流水による谷底の線状削剥とこれに誘発された斜面崩壊などのいわゆるマスムーブメントとの組合せで進行する。この作用により形成された斜面を開析斜面という。上記の作用は浸食基準面や気候条件の変化により活発度を変え、それぞれの条件に対応した形態を残す。これにより開析斜面形成期の環境や新旧を知ることができる。	新期開析斜面は現在の主要な土砂生産領域であり、災害の原因となる地形変化現象の活発に起きる部分である。	旧　新
	開析斜面中の微地形	表層クリープの著しい地域	極めて微細なシワや凹凸が見られるほかには特徴がない。写真では判読が難しい。	斜面の表層物質が重力の作用により徐々にずり下がってくる地域。クリープの進行に伴い、小起伏面中の谷型凹地、亀裂の発生に至る。	表層崩壊などはその発生により表層物質が失われ免疫性をもつといわれるが、表層クリープが著しいと免疫性が失われやすい。また、落石頻発の原因ともなる。	
		表層崩壊地	斜面の一部には所々スプーンでえぐったような楕円形の浅い凹形の窪みが見られ、周囲に比べ植生が貧弱か、またはない部分がある。規模は、長さ幅共に数十ｍで斜面の最大傾斜に沿った方向がやや長いことが多く窪みの深さは最深部でも２ｍを超えることはまれである。これを崩壊源という。しばしば下方に線状にえぐられた、あるいはまた単に植生が貧弱なだけの部分が続き、斜面下端にこんもりした高まりが見られる。これらは流送・堆積域にあたる。	崩壊源は斜面表層の脆弱な物質が豪雨・地震などをきっかけとして崩落したため形成され、流送・堆積域は崩落土砂が移動する過程で浸食・堆積して形成された地形、堆積域は崩落土砂の乱雑な堆積物から構成される。	表層崩壊の分布は、その地域の土地条件が表層崩壊の発生に適していることを示す。1 回の表層崩壊による土砂移動量はせいぜい数千ｍ３で、土地条件を大きく変えることはない。したがって表層崩壊分布地では今後も発生することが予想される。また、大規模崩壊の前兆として、そのすべり面先端付近で背後からの圧力により表層崩壊が頻発することがある。また、尾根先部における表層崩壊は風化岩が移動層となることが多く、この場合は初生的な岩盤すべりの前駆現象となることもある。	崩壊跡地形　崩壊地

3 概査

表 3.3 空中写真判読項目一覧表（4）

	名称	形態	成因（形成プロセス 構成物質 形成時代）	判読の意義	記号
⑦ 開析斜面中の微地形	大規模崩壊地（地すべり性崩壊、基盤崩壊）	急傾斜の直線〜円弧状の急崖と、前面の比較的緩傾斜な部分とが組み合わさっている。前者を滑落崖、後者を運動土塊という。運動土塊中には大小さまざまな崖や割れ目、陥没地や小丘があり、これらを指標に数個の移動ブロックに分割することも可能である。	山地を構成する基岩（基盤岩）には、多かれ少なかれ古い断層や節理などの弱線（面）が存在する。地中深く埋もれている場合にはそれらは強大な地圧に押えられているが、浸食の進行につれて地表付近に出ると、地圧から解放され、地震動、割れ目に沿う風化などさまざまな作用も手伝って、弱線（面）の成長が始まる。長い年月の間にこれら弱線（面）が連なると１つのせん断面を形成し、その上部の物質が豪雨・地震・地下水位の上昇などをきっかけとして滑落する。せん断面形成の過程で山腹斜面のはらみ出し、斜面上部でのクラックや小崖の形成などの前兆地形が形成されることも多い。運動土塊は破砕され脆弱になっている。	滑落崖の比高の小さい未発達なものは運動土塊が落ちきっておらず多くのエネルギーを秘めており、再運動の危険性がある。これに対し運動土塊が落ちきったものはその発生に適した土地条件を失っている。この場合、古くなると小谷やガリが侵入し末端は段化する。運動土塊は移動過程で破砕され脆弱化しており、後述の地すべり発生地となりやすい	明瞭な地すべり地形
	地すべり地	円弧〜馬蹄形の崖と、頭部をこれに囲まれ、楕円〜舌状に延びた周囲と不調和な凹凸の多い不整地形との組合せからなる。大規模崩壊のように数個の移動ブロックに分けることは難しいことが多い。	風化の進んだ未固結泥岩や、大規模崩壊の運動土塊のように脆弱な物質からなり、地表面がある程度の傾斜をもつ斜面では、豪雨や地下水位の上昇のたびに表層物がずり下がる現象が見られ、これを地すべりという。	急激に動くことは少ないので災害は予測しやすい。	不明瞭な地すべり地形
	ガリ	急で深い谷壁に囲まれた溝状の小規模な谷、集水域が狭い。谷壁上端は極めて明瞭な遷急線を形成している。	地質が脆弱で水流による浸食に弱い場所では、いったん谷が形成され地表流が集中するようになると谷底の浸食が急速に進みガリが形成される。谷壁斜面の崩壊は谷底の浸食に追いつかないので、深い溝状の谷ができる。植生が貧弱なところや、粗壁な地質からなるところにできやすい。	ガリからは少しの雨でも土砂が流出する。また、ガリの存在は地質の脆弱なことを知らせてくれる。	
⑧	山麓緩斜面	斜面下部に形成された表面傾斜約15°以下の緩斜面。周囲との境界は不明瞭な遷緩線であることが多い。	斜面や、崖錐などの表面物質が、匍行、雨洗等で徐々にずり下がり、下端部に堆積した地形。まれに成因不明な浸食性緩斜面が存在する。	比較的災害の少ない部分。	Ta

表 3.3　空中写真判読項目一覧表（5）

	名称	形態	成因（形成プロセス　構成物質　形成時代）	判読の意義	記号
⑧ 山麓地形の細分類	崖錐堆積物 落石堆 崩積土	斜面下部または中腹の緩傾斜部に分布する遷緩線で囲われる地形、表面傾斜は約15°以上の急斜面からなる。	岩屑生産の盛んな急崖・裸地斜面・崩壊地等の下部に、転落した土砂が堆積して形成される。礫・砂・泥等雑多な物質から構成されるものは崩壊により生産され、礫を主体とし細粒の充？物の少ないものは急崖からの落石により生産されたものであることが多い。これらの区別が可能であれば、それぞれ崩壊土堆・落石堆として区別する。古い時期に形成。	崖錐の分布範囲は、その上部の過去に発生した崩壊・落石による土砂の到達範囲を示す。自然条件が大きく変化しなければ今後もこの傾向が続くので地形変化現象の影響範囲を推定するための地形要素となる。構成物質と勾配とにより安定度の評価が可能である。	
	土石流堆	渓口部から前面に広がる扇状地上に細長い楕円状（カマボコ状）の高まりをなす。地形周囲とは遷緩線で境されることが多いが、必ずしも明瞭ではない。	豪雨時に表層崩壊や渓床の洗掘により生産された土砂が、渓流を流下する過程で渓床堆積物を巻き込み、水と泥と礫の混濁流となって渓口まで移動し堆積したもの。礫・泥が入り混じって乱雑な堆積相を呈する。渓流における土砂運搬作用としては普通に見られるものである。	この分布範囲は過去にその渓流で発生した土石流の最大到達範囲を示す。	
	沖積錐	渓口に扇状に広がる円錐形の堆積地形。表面傾斜は10°～15°程度が多い。周囲は遷緩線で境される。	渓流から、土石流・掃流により運ばれた土砂が堆積したもの。土石流堆と掃流運搬物が入り組んで重なる。	土石流堆と同様に、渓流からの流出土砂到達範囲を示す。	
	扇状地（段丘）	河川の山間地からの出口に扇形に広がる下流側にやや緩傾斜で大規模、周囲は遷緩線で囲まれる。一部が河川により侵食され、段丘化している例も多い。この場合、段丘崖上端は遷急線となる。	河川の土砂流送力が、山間地を出ると急に衰え、運搬土砂を堆積したため形成される。土石流・掃流による運搬物からなる。土石流堆、沖積堆、扇状地の順に土石流堆積物の占める割合が減り、また土石流の土、石の割合がしだいに泥がちになる。	土石流の到達範囲を示すが、左記の理由により、土石流自体の破壊力は、土石流堆、沖積錐堆分布範囲より小さいと考えられる。しかし、扇状地上には集落・道路等が多いため災害となりやすい。	扇状地　Te　段丘
⑨	谷底平野（低地）（段丘）	谷底において、周囲の斜面と明瞭な遷緩線で境され、表面傾斜の緩い平坦な部分、普通は農耕地として利用されている。扇状地と同様段丘化しているものも多い。一般の地形分類図では表面傾斜、構成物質および自然堤防、砂堆などの微高地や後背湿地などの配列・分布などから 谷底平野、氾濫平野、三角州、海岸平野などに分類するが、本調査では山地災害を主要な調査対象としており、調査地域に見られるものは谷底平野であることがほとんどである。	河川の掃流運搬物質が堆積した地形。砂、シルト、粘土等細粒物質がほとんどを占める。平坦な地形は、土石流や崩壊土砂の堆積など急激に多量の土砂が供給されたことのないことを示している。	土石流、崩壊等のいわゆる土砂災害を被ることはまれである。水害は多い。	

表 3.3 空中写真判読項目一覧表 (6)

	名称	形態	成因（形成プロセス 構成物質 形成時代）	判読の意義	記号
⑩	湧水点	空中写真での直接的な判読は困難であるが、間接的には1次谷の谷頭部が湧水点であることが多い。	湧水点は地下水面の露頭であり、この付近で地下水面が浅くなっていることが推定される。	湧水点以上の斜面には比較的透水性の高い帯水層が厚く堆積しており、湧水点付近では、難透水性の岩盤（地層）が浅く分布していることが推定される。地すべり地の場合、湧水点付近が地すべり面末端部と一致することが多い。	↻
⑪	線状模様	水系の異常や山稜高度の急変点、同じ方向を向いた斜面などが広域的な直線状あるいは緩い弧状に配列した地形的特徴。	岩脈や断層破砕線のように周囲に比較して硬いか軟らかい物質が、垂直に近い板状体として分布すると、しばしば形成される。浸食に対する抵抗性の違いを反映した組織地形である。また、断層活動による変位が原因とされる地形もある。	主に地質の弱線や不連続を示す。地震活動によって生じた変動地形の場合は、特に注意を要する。	明瞭な線状模様 不明瞭な線状模様 線状模様の補助区間
⑫	クラック地形	斜面上に溝状の凹地が連続したり、尾根型斜面に眉状の段差が見られる地形。山頂部で山稜方向の凹地と、これに伴う二重（多重）山稜が形成されている場合もある。	地すべりや大規模崩壊の発生に先立って、形成される地割れ（亀裂）。凸型斜面に多く認められる。断層などの地質的弱線に沿うものが多い。変形が進行すると、凸型斜面側方部でのガリや、クラック地形先端部の崩壊・小地すべりが発達する。最も不安定と推定されるクラック地形は、ガリが上方へ延び、崩壊がガリの頭部に発生し、眉状の段差が新鮮で、斜面裾部で河川の下刻・側刻が進んでいるなどの場合である。	建設工事による人工改変（切土や湛水）によって大規模な崩壊を誘発する可能性もある。河川に面したものは、先端が河川浸食によって洗掘されると不安定化することもある。	線状凹地 凸地（隆起部分） 凹地（陥没部分）

② 斜面上の線状凹地（斜流谷を含む）や尾根型斜面での眉状の段差などのクラック地形（岩盤地すべりの頭部を示すことがある）。
③ 遷急線や遷緩線の不調和な分布（過去に地すべり等変動を生じた可能性がある）。
④ 河川の攻撃斜面に当たる緩斜面およびその背後の緩斜面や表面に段差地形を有する斜面。
⑤ 山腹斜面を取り囲む腕曲した水系（特定の弱層や透水層が存在する場合がある）。
⑥ 土石で覆われた急傾斜面（湛水後、変形を生じやすい）。
⑦ 沢や谷中の厚い岩屑の堆積地形（岩屑の供給源となる斜面は不安定化していることが多い）。
⑧ 植生分布の極端な変化（地表近くの地下水状況、例えば地山の含水量の相違を示すこともある）。

　なお、緩斜面の背後に急勾配の斜面や段差を伴う地形等が存在する場合も、地すべりの頭部となる可能性があるので留意が必要である。

(iv) 崖錐等の未固結堆積物からなる斜面に見られる微地形や植生等の特徴

　崖錐等の未固結堆積物からなる斜面の性状・形状・成因等については **2.5** に示した。ここでは、特に判別が困難である崖錐斜面と崩積土斜面の地形的な特徴を以下に示す。

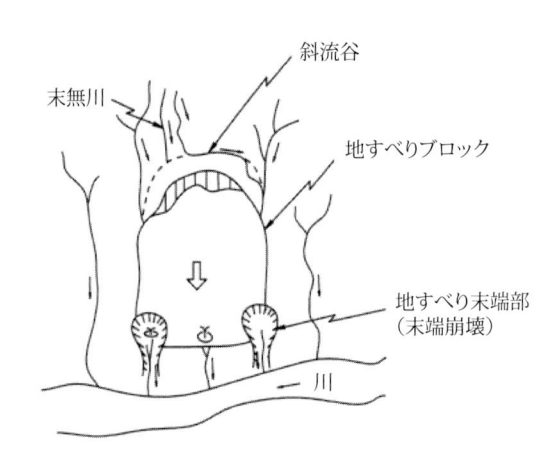

図 3.4　沢密度の違いによる地すべり末端部の推定

(a) 崖錐斜面

　崖錐斜面は、土砂供給の盛んな崩壊地や裸地、露岩部等の下方に風化岩屑や礫などが重力の直接作用によって落下し形成された円錐状の斜面をなす。岩屑などの大きさや形は多様であるが、岩屑などが大きいほど、また、角ばっているほど崖錐の斜面勾配は大きく、植生は少ない。

(b) 崩積土斜面

　斜面上方の崩壊地や沢などから供給された土砂が斜面下部や中腹に堆積して形成された地形である。周囲を遷緩線で囲まれた地形を呈するが、広域にわたる場合必ずしも明瞭とはならない。崖錐斜面のように円錐形を呈するものもあれば、沢を埋めるように分布し下方で半円錐状を呈するもの、山腹の緩斜面として抽出されるもの等がある。崖錐斜面に比べて規模が大きく、また、植生が回復している場合が多い。

3.3.3　地すべり地形等予察図の作成

　地すべり地形等を抽出した結果を地すべり地形等予察図として作成する。地すべり地形等予察図に用いる地形図は縮尺 1/2,500 を基本（入手できない場合は 1/5,000 〜 1/10,000）とし、地すべり等の位置、平面形状、滑落崖などの地すべり地形等の特徴や関連する微地形を記入する。地すべり地形等予察図の例を図 3.5（口絵参照）に示す。

　地すべり地形等としては、明瞭な地すべり地形と地すべりの可能性のある地形、その他、崖錐等の未固結堆積物からなる斜面などを判別して記入する。すなわち、空中写真の判読によって地すべり地形等を示す徴候が1つでもあれば必ず地すべり地等であるわけではなく、地形の明瞭度や地すべり発生に関係する微地形の組合せとその相互関係、周辺の地形状況との関連などによって判別する必要がある。

　まず、稜線部の線状凹地、分離峰、遷急線、遷緩線などの地すべり等の頭部を示す地形、浸食状況を把握することのできる地形単位を記入し、これらの地形単位の明瞭度についての区分を行う。明瞭な地すべり地形等であれば末端部を含む地すべり等の範囲を記入する。この際、地すべり地等の可能性のある地形はその抽出根拠を併記する。

　さらに、典型的な地すべり地形だけではなく、斜面中の局所的な緩斜面や平坦面、鞍部、凹地や

凸地といった微地形についてもその成因を地形・地質学的に考察し、不明瞭な地すべり地形の可能性がないかどうか周辺を比較して詳細に検討する。特に緩斜面や遷緩線は不明瞭であっても地すべり地等を示していることが多い。これらの不明瞭な地すべり地形についても規模の大小にかかわらず抽出・整理することが必要である。

また、地すべり地形等予察図にダムサイト、貯水位線、付替道路等の計画を記入し、ダムの建設計画と地すべり等が予測される地区との関わりを明確にする。地すべり指定地がある場合や公刊文献に地すべり地形等が示されている場合は、その範囲についても整理する。

なお、地すべり地形等の抽出にあたっては、必要に応じて現地踏査を行い、地形図・空中写真判読結果を確認する。

3.3.4　現地踏査

地すべり等の分布および性状等の把握並びに精査が必要な箇所を抽出するための資料を得ることを目的として現地踏査を実施する。

(1)　目　的

現地踏査では、地すべり等について次の点を把握し、精査が必要な箇所を抽出するための資料を入手する。

　① 地すべり等の位置、範囲、平面形状および断面形状
　② 地すべり等およびその周辺の地質、地質構造および地下水状況
　③ 地すべり等の変動の有無
　④ 地すべり等の機構

現地踏査には空中写真と地すべり地形等予察図を携帯し、現地状況と照合する。

現地踏査では、地すべり等の範囲、特に地すべり等の末端部の位置を明らかにすることが重要であり、このために地形、地質、地表の変状、植生、湧水箇所など現地でなければ確認できない事象について調査する。

また、地すべり等の範囲を把握するため、資料収集・整理（**3.3.1** 参照）で収集した地質図や既存の貯水池地質図および必要に応じてダムサイトの地質図などを参考にするとともに、地質地帯区分ごとの地すべりの特徴などを念頭に、地すべりの機構を推定しつつ調査を行う。

現地踏査に用いる地形図は、その後に行う精査の際にも必ず使用するものであり、地形から地すべりブロック区分を行ったり、調査計画の立案、対策工計画を作成するためにも必要であるから、1/2,500 を基本とし、必要に応じて 1/1,000 〜 1/5,000 の航測図を使用する。等高線間隔は 1 m 間隔（少なくとも 2 m 間隔）であることが望ましい。空中写真測量図の代わりに航空レーザ測量図を用いると、微地形が詳細に表現されており、地すべり地の特定や、地すべりブロックの区分に役立つ。現地踏査結果は踏査平面図（ルートマップ）として取りまとめる。

(2)　範　囲

現地踏査の範囲は地すべり地形等予察図の作成範囲と同一とするが、特に以下の斜面に重点をおいて現地踏査を実施する。

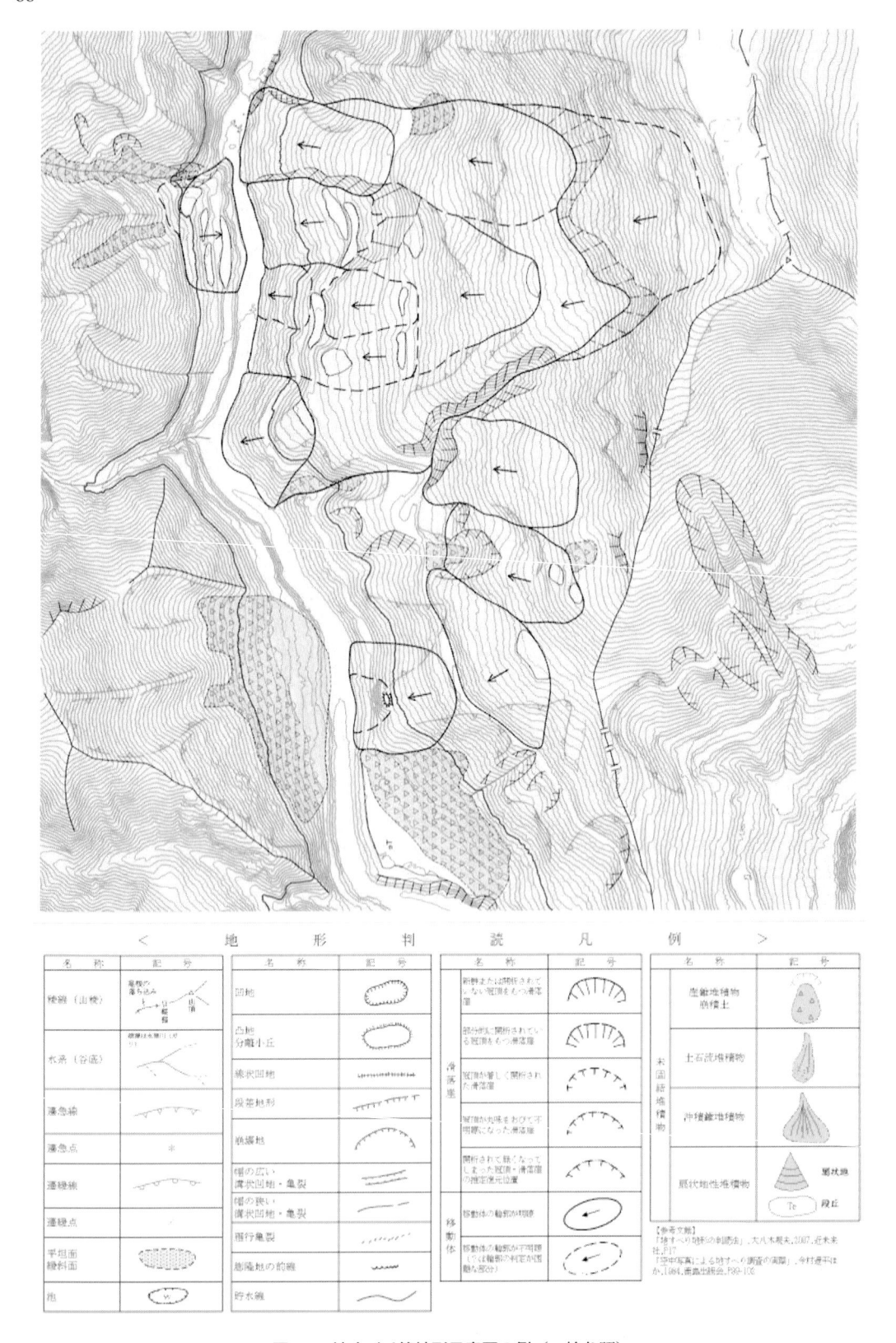

図 3.5　地すべり等地形予察図の例（口絵参照）

① 地すべり等
　② 判読が困難で不明瞭な場所
　③ 調査地域の特性（地すべりの素因となる地質特性など）を把握する上で重要な地区

　例えば、四万十帯や新第三紀のグリーンタフ地域などの地すべり多発地帯では、地すべりの分化が進み、尾根の頂部から河床付近まで複数の地すべり等が連続して分布することがある（**図 3.6**）。この場合、斜面下部の地すべり等ほど活動度が高く、斜面下部の構造物ほど変状が現れやすいため、地すべり規模を小さく見誤る可能性がある。上部斜面の大規模な地すべりは往々にして古く、地形が不明瞭となっている場合もあるため、地形判読結果や既往資料を十分に活用し、現地踏査の範囲を決定する必要がある。

　崖錐・崩積土などの水を含まない岩屑が移動した未固結堆積物からなる斜面は、いわゆる"水締め"を経験しておらず、また構成材料も軟弱であることから湛水の影響を受け不安定化し易い特徴がある。現場踏査は空中写真判読で抽出された崖錐・崩積土の分布域ならびに、斜面勾配が 30°以下の緩い斜面については、崖錐・崩積土の有無を把握するために現地踏査行うことが必要である。

(3) 項　目

　現地踏査は、地すべり等の機構を明らかにすることを念頭におき、地形、地質状況および地すべり等の運動に伴う現象について調査する。

(i) 地形状況の調査

(a) 全体の地形の把握

　斜面勾配、緩斜面、遷急線、遷緩線および段差地形などについて対岸から観察する。この際、地すべり等の位置および範囲、平面形状、断面形状を確認し、斜面の最急傾斜方向などを考えて地すべり等の変動方向を推定する。

(b) 微地形の確認

　地すべり等に関する微地形を現地で確認し、地すべり等の範囲や地すべりブロック、変動状況等を推定する。特に下記のような微地形に留意する。

　① 地すべりに関する微地形：滑落崖、小段差、陥没帯、緩斜面、沢筋や谷地形の変化等
　② 未固結堆積物に関する微地形：崖錐、崩積土による地形等
　③ 地すべり等の浸食・開析に関する微地形：崩壊地（跡地）、河川の攻撃斜面等

　貯水池周辺の地すべり等では、ダムの湛水によって地すべり等の土塊の一部または全部が水没し、水没した部分の土塊は浮力を受け、また地山中の地下水位は上昇してその安定性が変化する。したがって、すべり面の位置、特に地すべり等の末端の位置を明らかにすることが重要である。

　地すべり等の位置および範囲を把握するために、地すべり等の頭部、末端部、側部、内部にそれぞれ見られる特徴的な地形の分布や連続を現地踏査により確認することが必要である。地すべり頭部は末端部に比べ運動量が大きいため、地すべり特有の地形も現れやすい。滑落崖や頭部緩斜面の分布に着目して現地踏査を実施すると、地すべり等が把握しやすい。

(c) 地すべりに特徴的な地形
　① 頭　部：滑落崖、頭部緩斜面（**写真 3.1**、**写真 3.2**）、分離小丘、鞍部、多重山稜、稜線の不連続、池、沼、湿地、引張亀裂

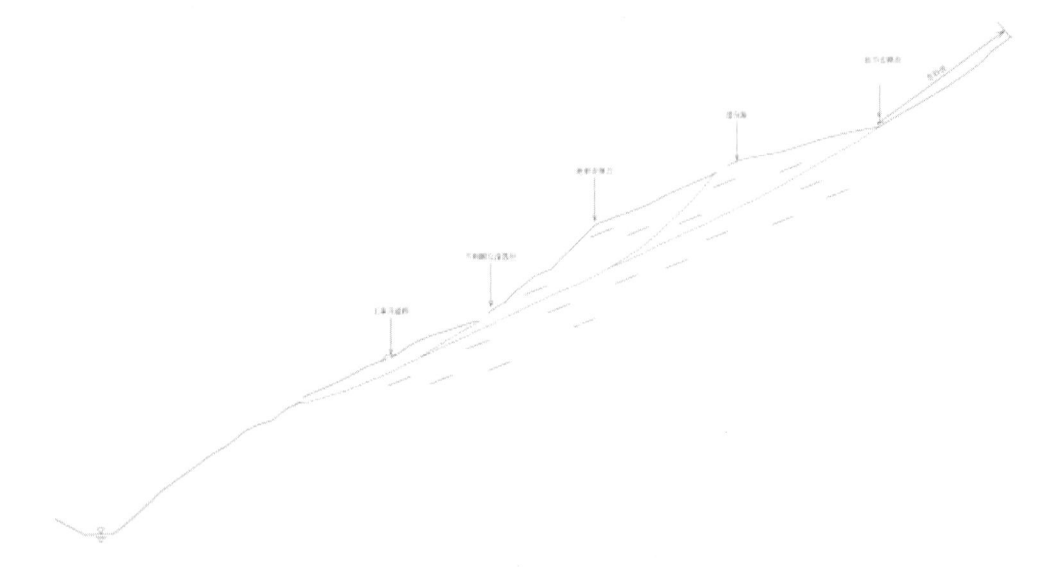

図 3.6 尾根(分水嶺)付近まで複数の地すべり等が分布する事例
上図の凡例は図 3.5 と同じ。

② 末端部：押出し（**写真 3.6**）、河川屈曲、水系の始まり、湧水（**写真 3.8**）、末端崩壊（**写真 3.7**）、圧縮亀裂
③ 側　部：沢（**写真 3.4**）、湧水、開析地形、側部崩壊、せん断亀裂
④ 内　部：凸地、凹地、階段状地形（**写真 3.3**）、陥没（**写真 3.5**）、溝、ガリ

(ii) 地質状況の調査

(a) 地質分布と岩盤性状の確認

現地踏査範囲における地質分布を把握するとともに、岩種・岩質、不連続面（層理・片理・節理・亀裂・断層）の状態（開口の状態、流入粘土の有無など）、風化の程度、変質の程度、破砕の程度等を確認する。

(b) 構成土塊の性状の確認

地すべり土塊（岩塊）や未固結堆積物等の分布（**写真 3.9**、**写真 3.10**、**写真 3.11**）および礫（径・形状・岩種等）・基質（硬さ・色調・粘性等）の状態、すべり面の性状などを確認する。

(c) 地質構造の把握

不連続面の走向傾斜、断層・破砕帯の分布や走向傾斜を調査し、それらから、流れ盤・受け盤、褶曲および断層・破砕帯などの地質構造を把握する。また、地形、地質、地質構造等と地すべり等の関係から、地すべり等の機構を推定する。広域的な地質構造の傾向をとりまとめて地すべり地等の地質構造と比較することが有効である。なお、地質構造が複雑な場合などには、地表踏査によって見いだされた地質的不連続面についてシュミットネットを作成する。

(d) 湧水、湿地等の分布の確認

湧水、表流水、池、湿地等の分布を調査し、地下水の状態を推定する。

温暖多雨気候のもとにあるわが国では、風化の進行や植生の繁茂によって一般に良好な露頭は少ないが、地質構造、地層、割れ目、小断層等の分布、走向・傾斜、構成土塊の性状、連続性および岩盤の劣化（緩み、風化）の状況を詳細に記載し、周辺の地質、地質構造との違いを確認することによって、地すべり等の可能性を明らかにすることができる。

大規模な風化岩すべり・岩盤すべり地内では、移動土塊を構成する風化岩が露頭として分布していることがある。「露頭＝不動岩盤」ではないので注意が必要である。不動岩盤と移動土塊の露頭を見分けるには以下の点に着目する。

① 露頭の分布・連続性。不動岩盤の露頭であれば、斜面全体に連続良く分布することが多いが、移動土塊の中の岩塊（露頭）であれば、一見良好な露頭であっても連続性に欠ける。崩積土が広く分布する斜面中に、単独で分布する露頭については特に注意して判断することが必要である。

写真 3.1　滑落崖と頭部緩斜面

写真 3.2　二次滑落崖

写真 3.3　階段状地形

写真 3.4　地すべりブロック境界の沢

写真 3.5　陥没状の溝地形

写真 3.6　末端部の押出し地形

写真 3.7　末端側部の崩壊

写真 3.8　地すべり末端部の湧水
　右下の露岩上部に湧水が見られる

写真 3.9　移動土塊と不動岩盤の性状

写真 3.10　移動土塊中の岩塊

写真 3.11　流れ盤構造と崖錐堆積物

② 露頭の風化程度。地すべり地内の露頭は、周辺の同様な標高に分布する露頭に比べ、風化や緩みが進行している場合が多い。露頭の風化程度をルートマップに記載し、周辺斜面や **3.3.2** に示した地すべり地特有の地形情報と対比して総合的に判断する。
③ 露頭毎の地質構造（走向・傾斜、節理、片理等）の乱れや開口亀裂。特に運動量が大きい地

写真 3.12　擁壁の亀裂

写真 3.13　地表面の段差

写真 3.14　道路上の雁行状の亀裂

写真 3.15　地表面の開口亀裂

写真 3.16　構造物（橋梁基礎）の変状とすべり面

　すべり地においては、移動に伴う回転運動が土塊内で発生している場合があり、地質構造が乱れていることがある。また、地質構造に大きな乱れがない場合であっても、岩盤に開口亀裂が散見されるなどの特徴が認められることがある。露頭毎に地質構造を把握し、ルートマップに記載する。

　貯水池周辺の地すべり地について、地下水・表流水の状態を把握することが極めて重要である。現地踏査では、湧水、沢、ガリ、池、湿地等について、位置と量を出来るだけ正確に把握し、ルートマップに記載する。渇水・豊水時の湧水・表流水の状況を把握するために、現地踏査を渇水期と豊水期の2期行うことが必要である。

(iii) 地すべり等の変動に伴う現象の調査
(a) 地表の変状の確認（**写真 3.13、写真 3.15**）
　　滑落崖、陥没帯、亀裂・段差、崩壊地および立木の状況などを確認する。
(b) 構造物の変状の確認（**写真 3.12、写真 3.14、写真 3.16**）
　　構造物の変形・亀裂・目地の開きおよび用水路での漏水などを確認する。
(c) 聞き取り調査
　　周辺住民等の体験や伝承などを聞き取り、また、古文書などにより調査する。

（4）　地すべりの末端部の推定

　地すべりの末端部は主として現地踏査から判断される。**図 3.7** に示すように、地すべりの末端部には湧水が見られることが多く、比較的運動の新しい地すべりの末端部では微地形、例えば沢筋の変化、沢密度の変化、斜面勾配の変化（緩斜面に続く急傾斜面）、植生の変化などが明瞭であることが多い。また、活発に運動している地すべりでは末端部に崩壊が見られることが多い。

　まず、河川の浸食作用によって、すべり面と河川との位置関係は **図 3.8** のように変化する。すなわち、地すべりが発生すると、すべり面の末端は一般に河床付近に存在し、発生後の地形は **図 3.8b** のようになる。その後の河川の下刻に伴って斜面の形状は変化するが、地すべり土塊が河川の浸食を受けた後も安定している場合は、**図 3.8c** のように地すべり土塊の一部が斜面上に残存する。さらに、下刻に伴う不安定化によって地すべりが再び運動した場合には、すべり末端部が崩壊し、**図 3.8d** のように河床付近には岩盤が露出しない。

　新第三紀層は比較的岩盤の固結度が低いため、河川の下刻後、短い時間経過のうちに深部の地層がクリープしたり弱層面を形成したりして地すべりが運動することが多い。したがって、すべり面の末端は、**図 3.8b** のように河床に一致することが多い。これに対して、中・古生層では、下刻後すぐに岩盤内に新たな弱層が形成されることが少ないので、すべり面の末端は、**図 3.8c** のように河床よりかなり高い位置にあることが多い。古い地すべりでは、地形が開析されて末端部が不明瞭であるが、末端が浸食されて遷急線の直下付近に位置することが多い。なお、すべり面の末端が河床より高い場合には時間が経過し、すなわち、地すべりも進行し、そのため滑落崖の開析も進んでいることが多い。

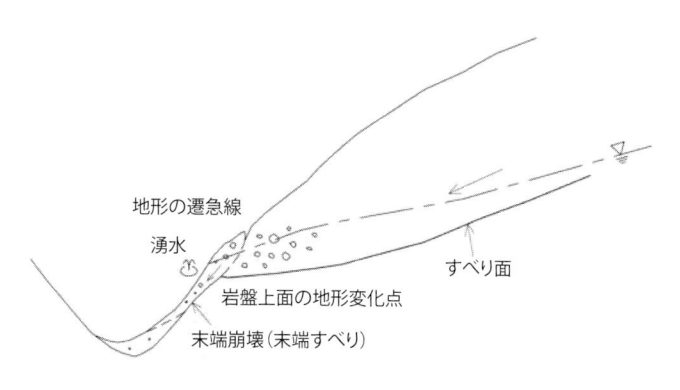

図 3.7　地すべりの末端部の状況

河川による浸食 ↓

　　　　　　　　　　　　　　　a. 地すべり発生前

山地の隆起

　　　　　　　　　　　　　　　b. 地すべりの発生

地形の遷急線

　　　　　　　　　　　　　　　c. 河川の下刻

岩盤上面の地形変化点

　　　　　　　　　　　　　　　d. 地すべりが再び運動している場合

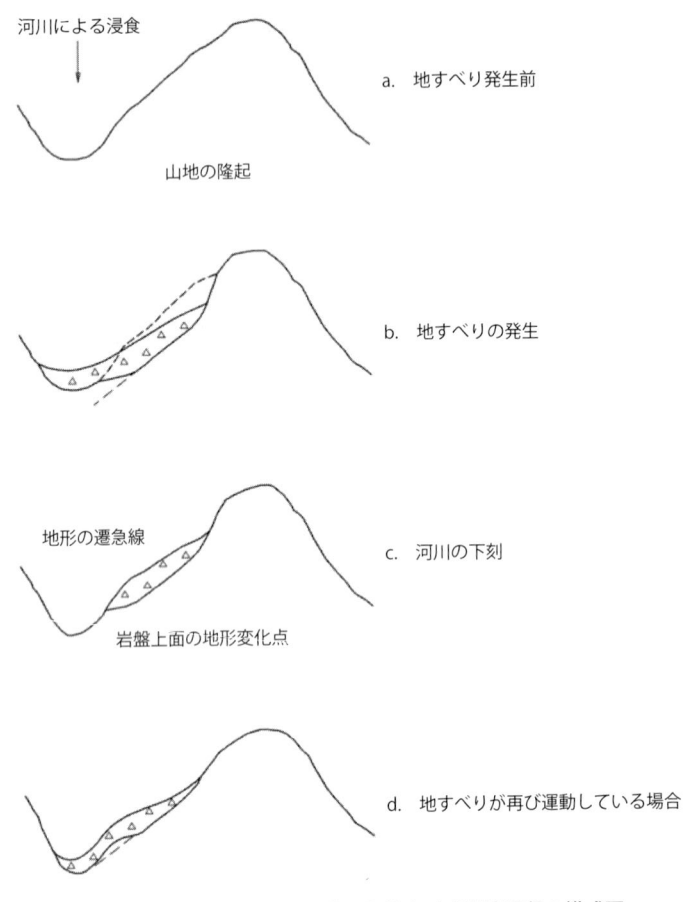

図 3.8　山地の成長と地すべり発達過程の模式図

（5）取りまとめ方法

現地踏査結果は踏査平面図（ルートマップ）としてまとめる。踏査平面図の記載は、地形情報の場合、表 3.3 に準ずると空中写真判読結果との対比が容易である。得られた地質情報の記載例を、図 3.9（口絵参照）に示す。現場の地質状況に応じて問題点や課題が読み取れるように表現方法を工夫する。

3.3.5　地すべり等カルテの作成

現地踏査が終了した時点で、各々の地すべり等および地すべりブロック等に対する概査結果をまとめた地すべり等カルテを作成する。地すべり等カルテは斜面の情報を整理・記録したもので、変動履歴や調査結果、工事の状況等を一元的にまとめた台帳である。図 3.10 に例を示す。また、カルテ様式の詳細な例を巻末に添付する。

これにより、事業の進捗や各段階での検討・解析の条件、経緯などが把握でき、対策の最適化を図ることが可能となる。さらにダム湛水後の斜面管理の際の基礎資料としても利用できる。

概査段階での地すべり等カルテには、概査で検討した地形状況、地質状況、地すべり等の状況（地すべりの型分類、地すべり等の変動に伴う現象、湛水に対する安定性等）および精査の必要性など

図 3.9　現地踏査平面図の例（口絵参照）
図 3.5 の地形判読図に現地踏査結果の情報を加えて地すべりブロックを修正している。（凡例は図 3.5、図 3.11 を参照）

を記載する。この際、それぞれの根拠を明確に記載する。

　地すべり等カルテは、精査、解析、対策工の計画・設計・施工および湛水時の斜面管理等の各段階に応じて得られた新たな情報をもとに随時、更新する。更新する場合には、調査等の経緯の記録として更新前のカルテも保存しておく。

3 概査

| 貯水池周辺斜面調査結果概要 | | 地区名 | R-□ 地区 |

項目		内容	備考
ブロックの概要	位置	堤体から 1100 m 上流　（ ）右岸　（○）左岸	調査ボーリング
	規模	a) 最大幅 75 m　b) 最大長 50 m　c) 最大層厚 10 m 面積(a×b) 3,750 m2　移動土塊量（面積×c×0.5） 19,000 m3	
	斜面区分	（○）地すべり　（ ）崖錐・崩積土堆積斜面　（ ）その他〔　　〕	
	地すべり地形等	型分類：　（ ）粘質土すべり（○）崩積土すべり（ ）風化岩すべり（ ）岩盤すべり 平面形状：（○）馬蹄形（ ）角形（ ）沢形（ ）ボトルネック形（ ）不明瞭 地形形状：（ ）凸状尾根地形（○）凸状台地地形（ ）単丘状台地地形 　　　　　（ ）多丘状凹状台地地形（ ）多丘状凹状緩斜面地形（ ）不明瞭 断面形状：（○）椅子形（ ）船底形（ ）階段状（ ）層状（ ）不明	
	地質状況	移動層：（ ）粘質土　（○）崩積土　（ ）風化岩　（ ）新鮮岩 不動層：岩相〔安山岩質凝灰岩〕走向傾斜〔N35E20S〕 地すべりに関連する断層・破砕帯：（ ）有り　（○）無し	計器観測
	水文状況	地表水（ ）有〔　　　〕（○）無 湧　水（ ）有〔　　　〕（○）無	
	植生状況	針葉樹（自然・植林）、（広葉樹）、竹林、水田、畑地、草地、その他	その他調査
	運動に伴う現象	頭部：（ ）滑落崖　（ ）亀裂・段差　（ ）その他〔　　〕 側方部：（ ）崩壊跡　（ ）沢・谷　（ ）その他〔　　〕 中腹部：（ ）緩斜面　（ ）亀裂・段差　（ ）その他〔　　〕 末端部：（ ）崩壊跡　（ ）湧水　（ ）その他〔　　〕	
	滑動履歴	（ ）滑動中　（○）休止中　（ ）初生的	
	湛水の有無	（ ）湛水する…水没割合　％　（ ）湛水しない	安定解析
	地すべり範囲の根拠	以下の地形状況から地すべりとして抽出した。 ・頭　部：段差地形　・側　部：古い崩壊跡 ・末端部：川側に押し出したはらみだし形状 このほか、両側にも地すべり地形が存在する。	
	すべり面深度の根拠	・岩質は安山岩質凝灰岩であり、熱水変質を受け全体として軟質と考えられる。 ・すべり面は変質岩の酸化帯境界と想定されるが、ボーリング調査で確認する必要がある。	
	地すべりの素因・誘因等	・素因：斜面下方に厚い崩積土層が分布する。この層の下位に軟質な強風化岩帯が分布する。 ・誘因：斜面の末端が河川侵食によって欠損 　　　　降雨による間隙水圧の上昇（湛水時は残留間隙水圧の発生）	
保全対象	a.ダム施設に関わるもの	（ ）あり〔施設名：　　　〕　（○）該当なし	対策工法
	b.貯水池周辺の施設	（ ）家屋　（ ）国道　（○）主要地方道　（ ）鉄道 （ ）橋梁　（ ）トンネル　（ ）地方道（迂回路なし）（ ）地方道（迂回路あり） （ ）その他〔　　　　〕　（ ）該当なし	
	c.貯水池斜面	（ ）地すべり防止区域　（ ）その他〔　　　〕　（○）該当なし	
概査時の評価		概査時ブロック名　△　｜　地すべり規模：小　保全対象の重要度：b　｜　総合評価 精査の優先度　Ⅱ	
特記事項		崩積土が厚さ約10～15mで地形沿いに分布する斜面。変質岩内の酸化帯境界が流れ盤を呈し、湛水により不安定化する可能性が高いと判断した。	

図3.10（1）　地すべり等カルテの例

3 概査

	地区		分布図ブロック番号		△ ブロック	精査時ブロック名	R-□ 地区	△ ブロック
		孔 番	削孔長(m)	孔口標高(m)	埋設計器	現地確認の可否	コア写真・柱状図	備考
調査ボーリング								
計器観測								
その他調査								
安定解析	解析測線		測線					
	単位体積重量		$\gamma_t =$	kN/m^3				
	粘着力		$c' =$	kN/m^2				
	内部摩擦角		$\phi' =$	°				
			($\tan\phi' =$)					
	残留間隙水圧の残留率		$\mu =$	%				
	湛水前安全率		$Fs_0 =$					
	計画安全率		$P.Fs =$					
	貯水位変動による最小安全率		$Fs_{min} =$ 最小安全率出現時貯水位条件：					
	必要抑止力		$Pr =$ kN/m 最大必要抑止力出現時貯水位条件：					
対策工法	工種・規模							
	今後の方針		斜面下方の崩積土層について確認が必要と考えられ、今後、精査を実施する。					
		作成日	○○年○月○日	会社名	○○○○	管理技術者	○○○○	

（概要表；概査段階での作成例）

3 概査

貯水池周辺斜面調査結果概要		地区名	R-□ 地区

分類	項目	内容
ブロックの概要	位置	堤体から 1100 m 上流　（ ）右岸　（○）左岸
	規模	a)最大幅 75 m　　b)最大長 50 m　　c)最大層厚 10 m 面積(a×b) 3,750 m2　　移動土塊量（面積×c×0.5） 19,000 m3
	斜面区分	（○）地すべり　（ ）崖錐・崩積土堆積斜面　（ ）その他〔　　〕
	地すべり地形等	型分類：（ ）粘質土すべり（○）崩積土すべり（ ）風化岩すべり（ ）岩盤すべり 平面形状：（○）馬蹄形（ ）角形（ ）沢形（ ）ボトルネック形（ ）不明瞭 地形形状：（ ）凸状尾根地形（○）凸状台地地形（ ）単丘状台地地形 　　　　　（ ）多丘状凹状台地地形（ ）多丘状凹状緩斜面地形（ ）不明瞭 断面形状：（○）椅子形（ ）船底形（ ）階段状（ ）層状（ ）不明
	地質状況	移動層：（ ）粘質土（○）崩積土（ ）風化岩（ ）新鮮岩 不動層：岩相〔安山岩質凝灰岩〕　走向傾斜〔N35E20S〕 地すべりに関連する断層・破砕帯：（ ）有り　　（○）無し
	水文状況	地表水（ ）有〔　　　　〕　　　　（○）無 湧　水（ ）有〔　　　　〕　　　　（○）無
	植生状況	針葉樹（自然・植林）、広葉樹、竹林、水田、畑地、草地、その他（　　）
	運動に伴う現象	頭部：（ ）滑落崖（ ）亀裂・段差（ ）その他〔　　〕 側方部：（ ）崩壊跡（ ）沢・谷（ ）その他〔　　〕 中腹部：（ ）緩斜面（ ）亀裂・段差（ ）その他〔　　〕 末端部：（ ）崩壊跡（ ）湧水（ ）その他〔　　〕
	滑動履歴	（ ）滑動中　　（○）休止中　　（ ）初生的
	湛水の有無	（ ）湛水する …水没割合　　％　　（ ）湛水しない
	地すべり範囲の根拠	以下の地形状況から地すべりとして抽出した。 ・頭　部：段差地形　　・側　部：古い崩壊跡 ・末端部：川側に押し出したはらみだし形状 このほか、両側に地すべり地形が存在する。
	すべり面深度の根拠	・7m以上の厚さの崩積土層の下位に2〜3mの層厚を持つ強風化帯が分布する ・岩質は安山岩質凝灰岩である。熱水変質を受け全体として軟質 ・調査ボーリングBV-1孔の○m、BV-2孔の△mに厚さ1cmの粘土層（スリッケンサイドあり）、BV-3,4孔では3cm程度となっている。
	地すべりの素因・誘因等	・素因：斜面下方に厚い崩積土層が分布する。この層の下位に軟質な強風化岩帯が分布する。 ・誘因：斜面の末端が河川侵食によって欠損 　　　　降雨による間隙水圧の上昇（湛水時は残留間隙水圧の発生）
保全対象	a.ダム施設に関わるもの	（ ）あり〔施設名：　　　　〕　　（○）該当なし
	b.貯水池周辺の施設	（ ）家屋　（ ）国道　（○）主要地方道　（ ）鉄道 （ ）橋梁　（ ）トンネル　（ ）地方道(迂回路なし)　（ ）地方道(迂回路あり) （ ）その他〔　　　　〕　（ ）該当なし
	c.貯水池斜面	（ ）地すべり防止区域　（ ）その他〔　　　　〕　（○）該当なし
概査時の評価		概査時ブロック名　△　　地すべり規模：小　　総合評価 精査の優先度　Ⅱ 保全対象の重要度：b
特記事項		崩積土が厚さ約10〜15mで地形沿いに分布する斜面。変質岩内の酸化帯境界が流れ盤を呈し、湛水により不安定化する可能性が高いと判断した。

右側欄：調査ボーリング／計器観測／その他調査／安定解析／対策工法

図 3.10 (2)　地すべり等カルテの例（概要表）

3　概査

	地区	分布図ブロック番号		△　ブロック	精査時ブロック名	R-□　地区　△　ブロック	
調査ボーリング	孔番	削孔長(m)	孔口標高(m)	埋設計器	現地確認の可否	コア写真・柱状図	備考
	H☆BV-1	21.0 m	392.14m	－	否	○	
	H☆BV-2	15.0 m	411.45m	－	否	○	
	H☆BV-3	23.0 m	430.08m	－	否	○	
	H☆BV-4	10.0 m	457.28m	－	否	○	ブロック外

計器観測	R□△-W1	17.0 m	416.8 m	地下水位計	可	ノンコア	
	R□△-2	22.0 m	428.0 m	垂直伸縮計	可	ノンコア	孔内傾斜計
	R□△-W2	20.0 m	428.0 m	地下水位計	可	ノンコア	
	観測期間中変位なし						

その他調査
<弾性波探査>
2測線：L=350m

安定解析

解析測線	2　測線
単位体積重量	γ_t = 18.0 kN/m³
粘着力	c' = 12.0 kN/m²
内部摩擦角	ϕ' = 18.3° （$\tan\phi'$ = 0.330）
残留間隙水圧の残留率	μ = 30 %
湛水前安全率	Fs_0 = 1.050
計画安全率	P.Fs = 1.200
貯水位変動による最小安全率	Fs_{min} = 0.945 最小安全率出現時貯水位条件：下降時 401.0 m
必要抑止力	Pr = 1545 kN/m 最大必要抑止力出現時貯水位条件　下降時 401.0 m

グラフ：SWL=413.3m、NWL=409.0m、RWL=392.0m、貯水位上昇時／貯水位低下時

対策工法

工種・規模	押え盛土工天端標高：EL=415m 規模　V=20万m³ 計画安全率を満足している。Fs=1.219（盛土湛水時）

今後の方針

盛土の天端高さ415mで計画安全率に到達。対策工により計画安全率を満した。試験湛水時監視対象。

更新日	○○年○月○日	会社名	○○○○	管理技術者	○○○○
作成日	○○年○月○日	会社名	○○○○	管理技術者	○○○○

湛水時の斜面管理段階での作成例)

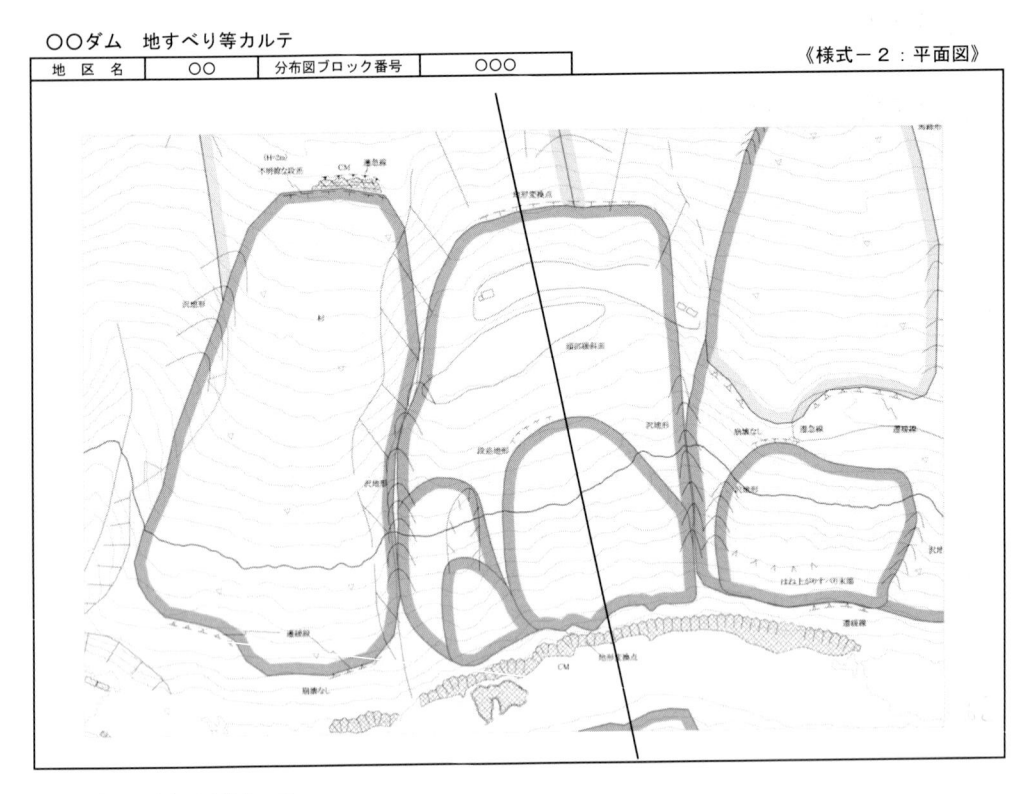

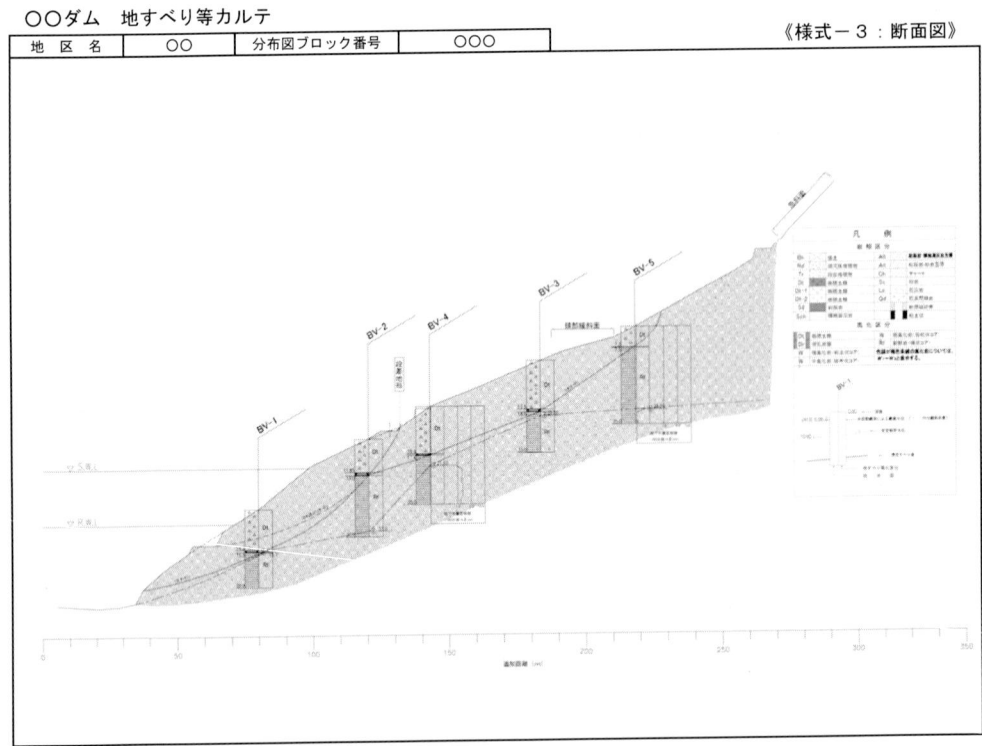

図 3.10（3） 地すべり等カルテの例（平面図・断面図：精査段階での作成例）

3.3.6 地すべり等分布図の作成

地すべり地形等予察図をもとに実施した現地踏査等で明らかとなった地形、地質、地すべり等の特性および現地踏査によって判明した地形等について空中写真等の再判読結果等に基づき、地すべり等分布図を作成する。地すべり等分布図には不安定化する可能性のある地すべりブロックおよび未固結堆積物等の範囲、保全対象および貯水位線を明示し、相互の位置関係を明らかにする。

地すべり等分布図の作成範囲は地すべり地形等予察図の作成範囲と同様とし、その縮尺は 1/2,500 を基本（入手できない場合は 1/5,000 ～ 1/10,000）とする。

地すべり等が発生したとき影響が大きいと予想される場合や、地すべり等の末端部が不明確な場合には、概査段階でも必要に応じてボーリング調査や弾性波探査などを行って、より詳細な地質情報を収集することが望ましい。

地すべり等分布図の例を**図 3.11**（口絵参照）に示す。これは**図 3.5**の地すべり地形等予察図をもとに現地踏査の結果を反映して作成されたもので、貯水池周辺の斜面保全だけでなく貯水池周辺の道路や仮設備等のダム事業に関連する地すべり地形等の範囲を示したものである。

図 3.11 に示すように、地すべり等分布図には地すべりの他、不安定化の可能性のある崖錐地形等を地すべり地形と区別できるように明示する。

なお、地すべりの中には、地形・地質的に不明瞭で、概査のみでは地すべりかどうか判定し難いものもある。このような斜面についても地すべり地等として抽出し、精査の必要性の評価を行う。

3.4 精査の必要性の評価

精査の必要性の評価は、地すべり等分布図をもとに、地すべり等への湛水の影響、地すべり等の規模、保全対象への影響などを総合的に検討して実施する。

精査の必要性の評価は、**図 3.12** の手順に従って進める。隣接斜面や下部に位置する地すべり等の不安定化によって、間接的に影響を受ける地すべり等についても同様に評価する。

なお、湛水の影響を受けない地すべり等は本書の対象外とするが、湛水の影響を受けない地すべり等のうち、ダム事業の関連工事に伴い不安定化が懸念される地すべり等については、本書によらず別途検討する。

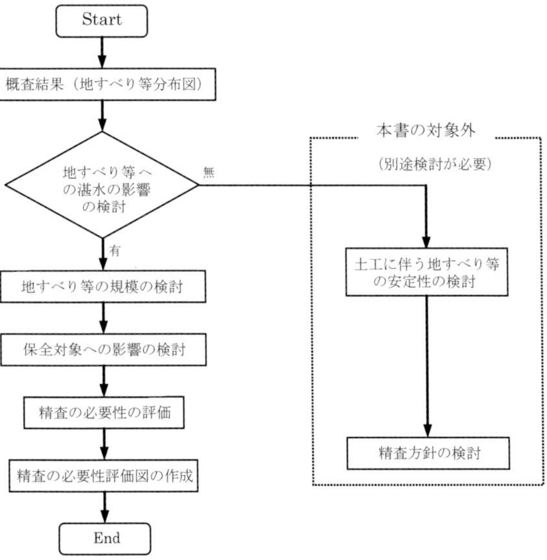

（1） 地すべり等への湛水の影響の検討

図 3.12 精査の必要性の評価の手順[1]

湛水により地すべり等の末端部が多少でも水没する場合には、地すべり等への湛水の影響を検討する。末端部が水没しない場合でも、湛水時に地山の地下水位が上昇（堰上げ、**2.6** 参照）し、地すべり等へ影響を与える場合があり、また、

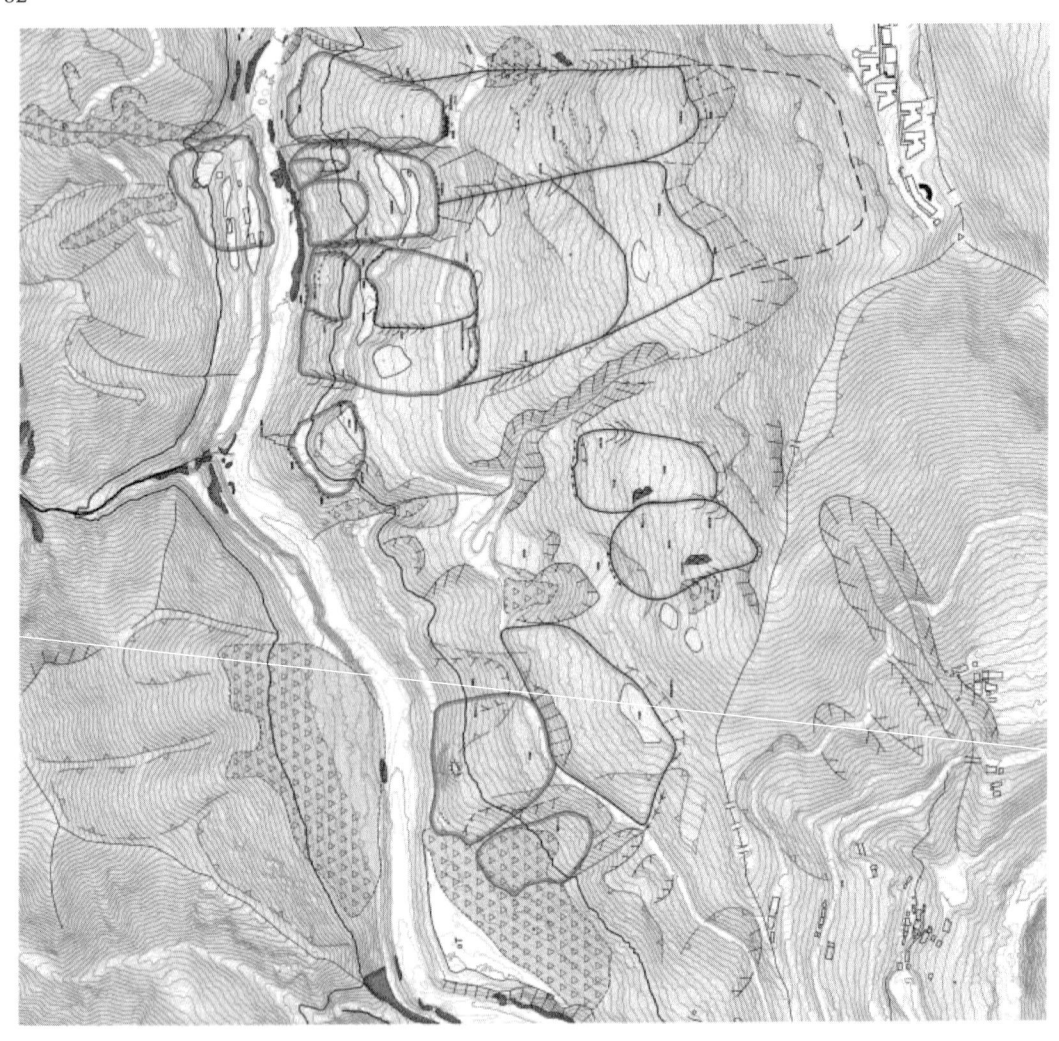

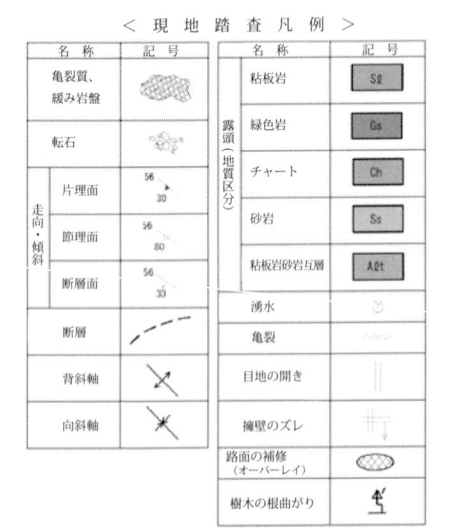

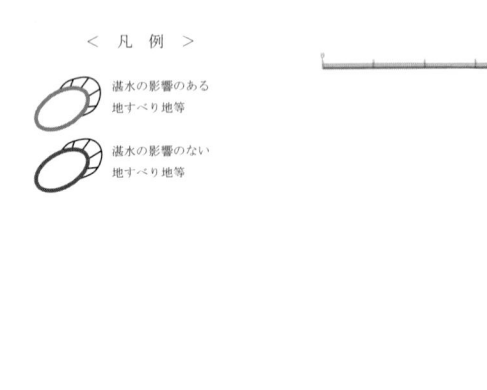

図 3.11　地すべり等分布図の例（口絵参照）
図 3.5 の地形判読図に現地踏査結果の情報を加えて地すべりブロックを修正している。地形判読凡例は図 3.5 参照。

隣接斜面や下部に位置する地すべり等が不安定化することによって、間接的に影響を受ける地すべり等についても留意する必要がある。これらの斜面については、斜面状況や末端部の位置等を考慮した上で必要に応じて湛水の影響を検討する。

なお、未固結堆積物からなる斜面のうち、土石流堆積物などの流水により運搬された未固結堆積物からなる斜面は、過去に水締めを経験していることから、崖錐などの重力による運搬形態をとるものと比べて一般に湛水により不安定化する可能性は小さいと考えられる（**2.5** 参照）。

(2) 地すべり等の規模の検討

規模の大きな地すべり等は、不安定化した場合の対策工の費用が嵩み、長期間を要することとなるため、精査の必要性が高い。

地すべり等の規模の区分の目安を**表3.4** に示す。

表3.4 地すべり等の規模の区分の目安[1]

地すべり等の規模	区分の目安
小	3万 m^3 未満
中	3万 m^3 以上　40万 m^3 未満
大	40万 m^3 以上　200万 m^3 未満
超大	200万 m^3 以上

(3) 保全対象への影響の検討

貯水池周辺の保全対象は、ダム施設、貯水池周辺の施設、その他の貯水池周辺斜面の3つに大別される。

なお、保全対象への影響は、地すべり等が発生した場合の直接的な影響だけでなく、背水域における河道閉塞と決壊による氾濫等のような間接的な影響も含めて評価する。

(i) ダム施設

ダム施設には、堤体、管理所、通信施設、取水設備、放流設備（副ダム、減勢工を含む）および発電設備等がある。これらのダムの機能に直接関わる施設が地すべり等の影響を受けた場合は、社会的にきわめて大きな影響を生じるおそれがあるため、精査の必要性が高い。

なお、ダム施設のうち、係船設備、流木処理施設および貯砂ダムなどは貯水池周辺の施設に含めるものとする。

(ii) 貯水池周辺の施設

貯水池周辺の施設には、家屋（代替地を含む）、道路、鉄道、送電鉄塔等がある。その中でも家屋や、国道、主要地方道、迂回路のない地方道、橋梁、トンネル、鉄道などの公共施設が存在する斜面は、精査の必要性が高い。一方、迂回路のある地方道、林道、管理用道路、ダムの機能に直接関わりのない係船設備、流木処理施設および貯砂ダム等が存在する斜面は、精査の必要性は相対的に低い。

(iii) その他の貯水池周辺斜面

保全対象としてダム施設や貯水池周辺の施設を有さないその他の貯水池周辺斜面のうち、貯水池周辺の山林保全上あるいは景観保全上重要である斜面などは、地すべり等が発生した場合の影響を考慮して精査の必要性を検討する。

(4) 精査の必要性の評価

湛水の影響を受ける地すべり等を対象に、「地すべり等の規模」および「保全対象への影響」をもとに精査の必要性を総合的に評価する。必要性の評価は、Ⅰ：精査を実施する、Ⅱ：必要に応じ

表 3.5　湛水に伴う地すべり等の精査の必要性の目安 [1]

保全対象	地すべり等の規模	超大	大	中	小
ダム施設にかかわる斜面	堤体、管理所、通信施設、取水設備、放流設備等、発電設備等	I	I	I	I
貯水池周辺の施設にかかわる斜面	家屋、国道、主要地方道、迂回路のない地方道、橋梁、トンネル、鉄道等	I	I	I	I
	迂回路のある地方道、公園等	I	I	II	II
	林道、管理用道路、係船設備、流木処理施設、貯砂ダム等	I	II	II	II
その他の貯水池周辺斜面		II	II	II	III

I：精査を実施する。
II：必要に応じて精査を実施する。
III：原則として精査を実施しない。

て精査を実施する、III：原則として精査を実施しない　の 3 段階に区分する。湛水に伴う地すべり等の精査の必要性の目安を**表 3.5** に示す。**表 3.5** は概査結果をもとに評価された精査の必要性の目安であり、最終的には貯水容量および環境への影響といった地域特性などを踏まえて精査の必要性を評価しなければならない。

　なお、地すべり防止区域にかかる斜面、貯水池とは接しない斜面上方や上流端等の地すべり地等については、道路、代替地を含めて保全対象への影響に応じて別途同様な検討を行う必要がある。

　精査の必要性の評価結果は、評価根拠を明確に記録した総括表（**表 3.6**）や地すべり等分布図を基図とした精査の必要性評価図（**図 3.13**、口絵参照）としてまとめる。この際、評価の判定根拠を明確に記録しておく。また、地すべり等の範囲の根拠、すべり面深度の根拠、上部斜面への影響の有無、既往文献に示されている地すべり等の有無等について必要に応じて記載する。

　なお、概査終了後に新たに得られた地質情報などをもとに、必要に応じて評価結果の見直しを行う。

　精査が必要と評価された地すべり等については、ダム事業の目的、工事工程および地域特性等を考慮して、事業への影響が大きいものから優先して精査を進める。特に、ダムサイト近辺や生活再建地の地すべり、道路計画や原石山など施工計画に大きく影響する地すべりについては最優先で精査することが必要である。

3 概査

表 3.6 総括表の例

(地すべりの例)

地区	既往文献等の地すべり等	規模 最大幅 W (m)	規模 最大長さ L (m)	規模 最大厚さ D (m)	規模 面積 S (10²m²)	規模 体積 V (10³m³)	地形 型分類	地形 平面形状	地形 地形形状	…	地質 基盤地質	地質 層理面と移動方向の関係	…	運動に伴う現象 湧水	運動に伴う現象 斜面内の変状	…	貯水位との関係 頭部標高 (m)	貯水位との関係 末端標高 (m)	…	湛水の影響	保全対象物	精査の必要性 評価	精査の必要性 コメント
R-21	有	120	130	16	156	125	崩積土地すべり	馬蹄形	凸状台地	…	粘板岩	流れ盤	…	無	無	…	584	513	…	有	貯水池周辺施設	II	斜面内の変状は認められず、現在滑動の…
R-22	無	190	190	17	361	125	風化岩地すべり	角形	凸状尾根	…	粘板岩	流れ盤	…	多	有	…	583	565	…	有	貯水池周辺施設	I	地すべり滑動履歴があり、斜面内の変状も認められ…
:	:	:	:	:	:	:	:	:	:	:	:	:	:	:	:	:	:	:	:	:	:	:	:

(未固結堆積物の例)

地区	既往文献等の地すべり等	規模 最大幅 W (m)	規模 最大長さ L (m)	規模 最大厚さ D (m)	規模 面積 S (10²m²)	規模 体積 V (10³m³)	地形 斜面区分	地形 平面形状	地形 地形形状	…	地質 基盤地質	地質 層理面と移動方向の関係	…	運動に伴う現象 湧水	運動に伴う現象 斜面内の変状	…	貯水位との関係 頭部標高 (m)	貯水位との関係 末端標高 (m)	…	湛水の影響	保全対象物	…	精査の必要性 評価	精査の必要性 コメント
r-23	無	200	140	21	280	294	崖錐斜面	馬蹄形	不明瞭	…	粘板岩	流れ盤	…	少	有	…	650	565	…	有	ダム施設	…	I	斜面内の変状が認められ…上部斜面への影響が…
r-24	無	100	160	21	160	168	土石流堆	沢形	不明瞭	…	粘板岩	流れ盤	…	多	無	…	630	580	…	無	貯水池周辺施設	…	III	斜面内の変状は認められず、現在滑動の…
:	:	:	:	:	:	:	:	:	:	:	:	:	:	:	:	:	:	:	:	:	:	:	:	:

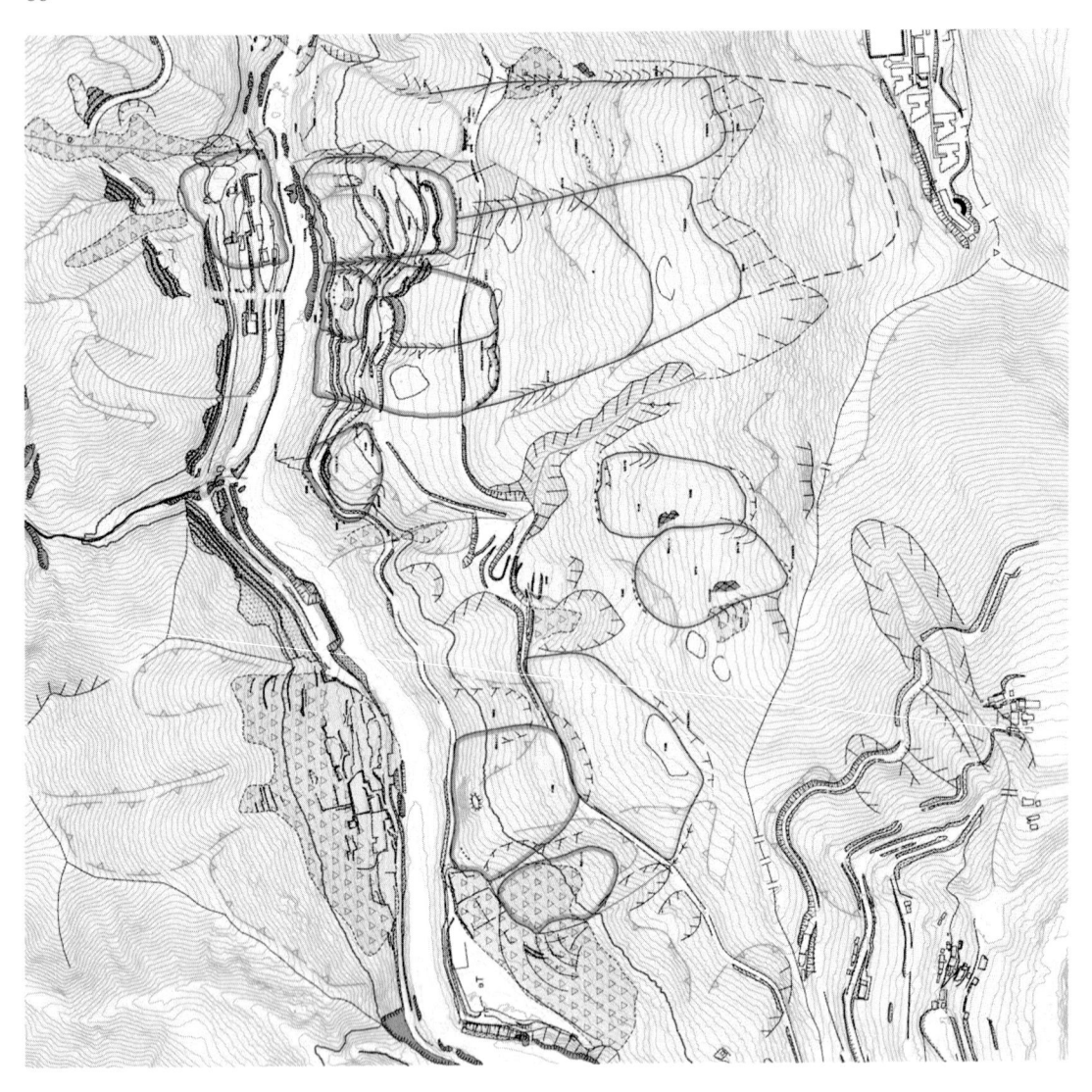

< 凡 例 >

- 精査を実施する
- 必要に応じて精査を実施する
- 原則として精査を実施しない
- 湛水の影響のない地すべり地等

図 3.13　地すべり等の精査の必要性評価図の例（口絵参照）

図 3.11 の地すべり等分布図に精査の必要性の評価結果の情報を加えている。（地形判読凡例は図 3.5 を参照）
（現地踏査凡例は図 3.11 を参照）

4 精査

4.1 目的

　精査は、地すべり等の規模、性状、安定性について詳細な調査・試験を行い、地すべり等の機構解析、安定解析、対策工の必要性の評価および対策工の計画などに必要な資料を得ることを目的として実施する（**図 4.1**）。

　精査に際しては、適切な位置で精度の高い調査を行い、地形・地質の調査結果を平面図、断面図、地すべり等カルテにとりまとめるとともに、計測データを図表に分かりやすく整理し、地形・地質による地すべり等の構造および変動状況による地すべり等の変動機構について総合的に解釈する。

　また、精査で得られた資料は、対策工の計画・設計・施工および斜面管理にも用いることがあることを考慮してとりまとめる。

　精査に際しては、地すべり等の分化状況を考察し、地すべりブロックに区分することが重要である。特に、大規模地すべりを抱える河川沿いの斜面は重点的に精査を行い、背後の地すべりを不安定化させるような小規模すべり・崩壊等の可能性についても検討する。

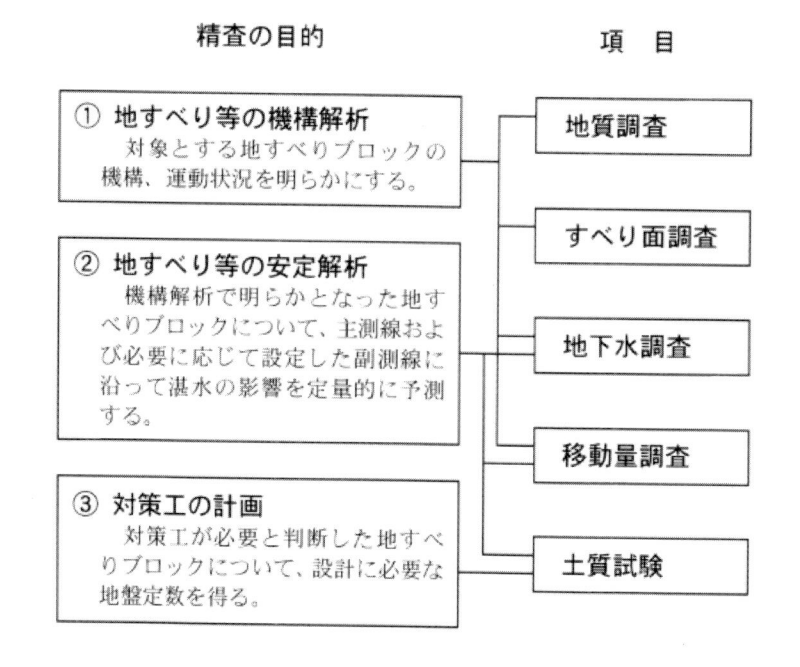

精査の目的	項　目
① 地すべり等の機構解析 　対象とする地すべりブロックの機構、運動状況を明らかにする。	地質調査
② 地すべり等の安定解析 　機構解析で明らかとなった地すべりブロックについて、主測線および必要に応じて設定した副測線に沿って湛水の影響を定量的に予測する。	すべり面調査
	地下水調査
	移動量調査
③ 対策工の計画 　対策工が必要と判断した地すべりブロックについて、設計に必要な地盤定数を得る。	土質試験

図 4.1　精査の目的と項目

4.2 精査の手順

精査の手順は、**図 4.2** に示すように、精査計画の立案とこれに基づく精査の実施(地質調査、すべり面調査、地下水調査、移動量調査および土質試験)、解析の必要性の評価の順とする。

(1) 精査計画の立案
概査結果をふまえて精査計画を立案する。まず、地すべり等およびその周辺の地形図を作成し、地すべりブロック区分を行うとともに、調査測線・調査位置・調査内容を計画し、それらの結果を精査計画図にまとめる。

(2) 精査の実施
次に、地すべりブロックと調査測線に応じた地質調査、すべり面調査、地下水調査、移動量調査および土質試験を実施し、それらの結果を平面図や断面図等にとりまとめる。

(3) 解析の必要性の評価
主に地質調査およびすべり面調査の結果、得られた地すべり等の位置および規模並びに地すべり等と保全対象との関係から、解析の必要性の評価を行う。

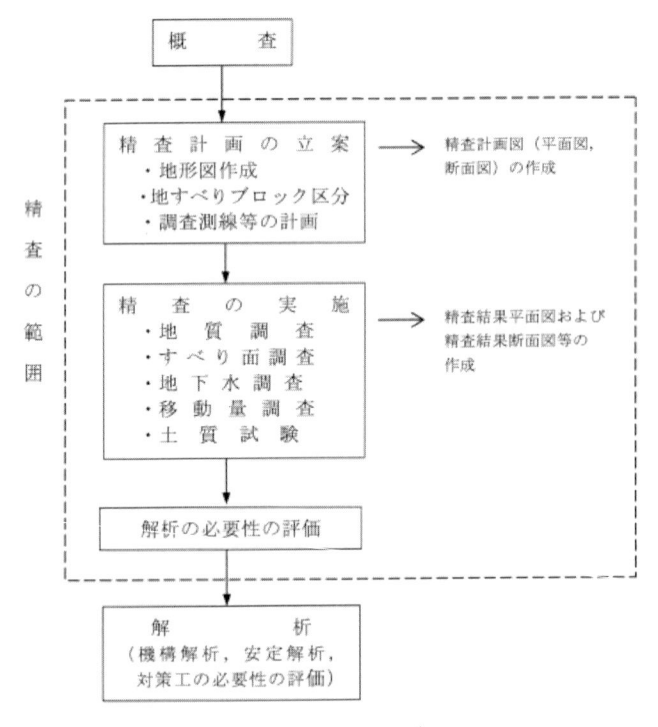

図 4.2 精査の手順[1]

4.3 精査計画の立案

精査計画の立案は、地形図の作成、地すべりブロック区分、調査測線・調査位置・調査内容の計画、精査計画図の作成について行う。

(1) 地形図の作成

精査が必要と判断された地すべり等は周辺区域を含めて地形図を作成する。その縮尺は、地すべり等についての詳細な現象を記録し、精査計画立案から対策工計画段階までの基図として用いるため、大縮尺（1/200～1/1,000程度）とする。地形図の縮尺の目安を**表4.1**に示す。

表4.1　地形図の縮尺の目安[1]

地すべり規模（幅）	縮尺	等高線間隔
100m以内	1/200～1/500	1m
100～200m	1/500	
200m以上	全体1/1000（部分1/500）	

(2) 地すべりブロック区分

精査が必要と判断された地すべり等は地すべりブロックに区分する。

地すべりは、変動の進行に伴って分化し、いくつかの地すべりブロックに分かれて運動することが多い。このため、地すべりの調査、安定性の評価、対策工の設計は基本的にこの地すべりブロックごとに検討する。概査時点では精度の高い地形図が作成されていないこともあるため、新たに作成された精度の高い地形図、必要に応じて実施する航空レーザー測量図、大縮尺の空中写真、補足的な現地踏査の結果などをもとに、地すべりブロックの区分を再度実施する。地すべりブロックの区分にあたっては、これまでに得られた地形状況および地質状況に基づき推定される地すべりの型分類や地すべり機構などを参考に慎重に行う。

なお、崖錐等の未固結堆積物からなる斜面についても同様に、運動単位毎に区分して検討する。また、地すべり等カルテを修正・追記し、精査以降の情報は地すべりブロック毎にとりまとめる。

(3) 地すべり等の調査測線・調査位置・調査内容の計画

現地踏査等によって得られた地すべり等の範囲、地すべりブロック区分、変動方向、地表に現われた亀裂などの位置を考慮して、調査測線（**図4.3**）を設定する。また、設定された測線上で、**4.4**を参考にボーリング等の調査位置および調査内容を計画する。なお、地すべり等の安定解析にあたって三次元的な安定解析を導入する場合は、要求される精度のすべり面の縦断面および横断面が得られるよう調査測線を設定する。

(i) 主測線

主測線は地すべりブロック等の地質、地質構造、地下水分布、地表変状、すべり面などが具体的に確認でき、安定計算を行って対策の基本計画・基本設計を行うのに適した位置および方向に設定

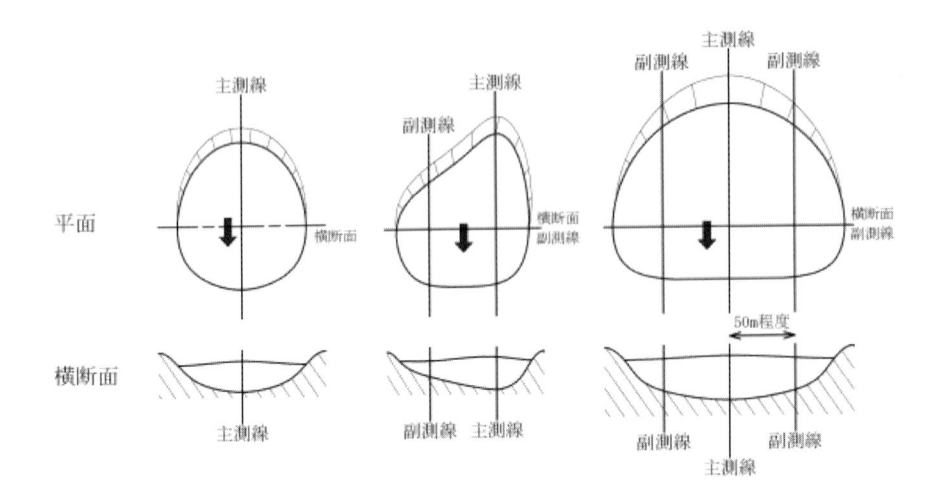

図 4.3 平面・横断面における主測線・副測線の位置[1]

する。一般に、主測線は横断面で見た場合の最深部を通るように設定するが、最深部は地すべりブロック等の中央部とは限らず、側部寄りが最深部となる非対称の地すべりブロック等も存在することから、慎重にこれを定める。斜面上部と下部の変動方向が異なる場合には主測線を折線とすることもある。

(ii) 副測線

地すべり等の地質分布が複雑な場合および平面形・横断面形が非対称な場合や、地すべりブロック等の規模が大きい場合には、機構解析、安定解析および対策工の計画のため副測線を設定する。

副測線は、主測線と同方向のほか、必要に応じて横断方向に設定する。また、地すべりブロック等の幅が 100m 以上にわたるような広域の場合は、主測線の両側に 50m 程度の間隔で副測線群を設ける。

(4) 精査計画図の作成

精査計画をとりまとめ、精査計画図（平面図および断面図）を作成する。

4.4 精査内容

精査は、**表 4.2** に示すように、目的に応じてボーリング等の地質調査、すべり面調査、地下水調査、移動量調査、土質試験などを実施する。精査の結果は平面図、断面図などにとりまとめるとともに、地すべり等の規模、地すべり等発生の素因、誘因などについても明らかにする。なお、各々の調査は相互に補完し関連しているため、これらを適切に組み合わせて系統的に行うことが重要である。精査の際には、ダム本体や貯水池周辺道路および代替地などの建設に伴う地質情報も参考にする。

また、岩盤・風化岩地すべりと崩積土・粘質土地すべりでは若干精査の内容が異なる。すなわち、岩盤・風化岩地すべりではかなり深部にも上部と同様の劣化部が存在していることが多く、長尺ボー

表 4.2 精査方法一覧表

項　目	目　的	方　法	得られる情報
地質調査	地質・地質構造の把握、すべり面形状の推定	現地踏査	地質分布、地質構造など
		ボーリング調査	地質、岩級、緩みの程度、漏水、逸水、すべり面の位置・特性など
		物理探査（弾性波探査など）	弾性波速度分布など
		調査坑調査	地質、岩級、緩み程度など
すべり面調査	すべり面の位置、連続性および移動量の把握	孔内傾斜計	地中の変位（傾斜）方向と量
		パイプ歪計	地中の変形（歪）程度
		多層移動量計	地中の変位量
地下水調査	地下水変動と降雨・貯水位変動との相関等の検討	孔内水位計測	孔内水位の変動
		間隙水圧計測	間隙水圧の変動
	地すべり地等の透水性の把握	透水試験	透水係数
	地下水流動層の把握	地下水検層（電気検層）	孔内水の比抵抗の変化
	地下水流動方向・流速の推定	地下水追跡	トレーサー試薬検出量
	地下水の性質の把握、地下水の流入・流出経路の推定	水質分析	水質組成
	地下水分布の把握	物理探査（電気探査など）	比抵抗分布など
	揚水量の把握	揚水試験	揚水量
移動量調査	変動状況の把握、今後の変動性の予測、地すべりブロック区分および対策工の必要性の判断	測量（光波、GPS など）	地表の変位量、変位方向
		地盤伸縮計、クラックゲージ	段差・クラックの変位量
		地盤傾斜計	地表面の傾斜方向と量
土質試験（地盤調査を含む）	土塊の工学的性質の把握	土質試験（物理試験）	単位体積重量、粒度組成など
	すべり面強度の把握	土質試験（三軸圧縮試験、リングせん断試験、繰返し一面せん断試験など）	せん断強度
	地盤の強度・変形特性の把握	標準貫入試験	N 値
		孔内水平載荷試験	地盤の変形係数など
		アンカー引抜き試験	周面摩擦抵抗など

リングを先行して行うなどにより、劣化部の有無、位置を確認することが特に重要である。さらに、コア観察のみではすべり面の確認が困難である場合も多く、すべり面調査では調査坑調査を採用することも考慮する。

精査を実施した後に、想定外の事象や施工時に新たな問題が生じた場合などには、ダム本体や貯水池周辺道路および代替地などの建設に伴う地質情報も参考にして、解析結果や設計の細部の検討のために補足調査を行う。

なお、精査後工事等によって新たに地質情報等が得られた場合は、これらを参考に調査結果を検証し、必要に応じて解析結果を見直す。

4.4.1　地質調査

地質調査は、詳細な現地踏査とボーリング調査を主体とし、必要に応じて物理探査、横坑・立坑等の調査坑調査を行う。これらの結果をもとに、地すべり等の地質やその構造を把握し、すべり面

の形状を推定する。

　地質調査を行う際には、すべり面の形状等を高い精度で推定するために、概査までに得られた地形状況および地質状況などから、地すべり等の形態（範囲、ブロック区分、型分類、すべり面の断面形状、すべり面の傾斜方向）および地すべりの地形・地質的素因、地下水の状況などに関する仮説を立て、これらを検証することを念頭に適切かつ効果的に調査を行う。地質調査は、すべり面調査以降の調査・解析・対策工の計画および湛水後の斜面管理を適切に行うための基礎情報となるため、これらの仮説は調査の進展とともに随時見直し、より正確なものにすることが必要である。このため、見直しの結果によっては、調査測線の再設定も検討する。

　なお、これらの仮説の検証にあたっては、過去の地すべり調査により得られた類似地質における地質調査上の知見を参考にする。たとえば、**図 4.4** のような流れ盤状の地質構造を呈している場合、泥質岩（頁岩、粘板岩）や断層などの周囲の地質よりもせん断強度が低い層があると、それらをすべり面と想定した岩盤すべりが仮説として立てられる。次に、この岩盤すべりのすべり面形状として椅子型が想定されるが、この地域では複数の節理系が発達しているため、頭部のすべり面の位置は図の節理系①あるいは節理系②の可能性が仮説として立てられる。したがって、このような留意点を参考にし、地質調査も頭部のすべり面形状が適切に把握できるように実施しなければならない。

　また、地質調査にあたっては、類似地質における対策工の事例も念頭におき、適切な対策工が計画できるように配慮する。

　地質調査結果は平面図・断面図にとりまとめ、地質やその構造を空間的に把握する。特に、地すべり末端部等におけるブロック境界を規制するような地質やその構造の分布については詳細に確認することが必要である。

(1)　詳細な現地踏査

　概査の結果をもとに必要に応じて再度現地踏査を行って、地すべり等の微地形、地質、地質構造、不連続面の走向・傾斜、緩み層厚などを把握し、地すべり等の形態（範囲、地すべりブロック区分、型分類、すべり面の断面形状）、地すべりの地形・地質的素因、地下水の状況などの地すべりの誘

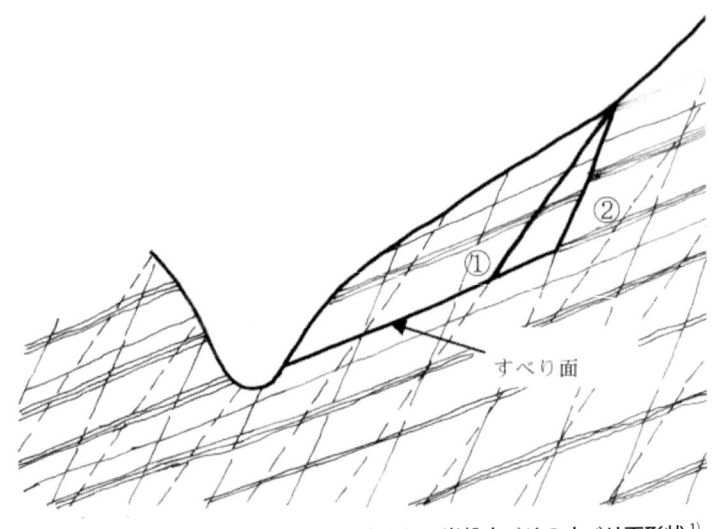

図4.4　流れ盤構造において想定される岩盤すべりのすべり面形状[1]

因などの推定の精度を高める。

　現地踏査は、概査時より綿密に行い、ボーリング等の地質調査結果と併せて、地すべり等の機構解析、安定解析を行う際の資料を得る。このとき、地すべり等の末端部の位置、末端部の形状は、安定解析を実施する上で特に重要である。

(2)　ボーリング調査

　ボーリング調査は、詳細な現地踏査までの調査で推定された地すべり等の形態（範囲、ブロック区分、型分類、すべり面の断面形状）、地すべりの地形・地質的素因、地下水の状況などの地すべりの誘因などの推定精度を向上させ、その後の調査・解析・対策工の計画および湛水後の斜面管理をより適切に行うために実施する。なお、地すべり等の地質構成やすべり面の位置や性状が確定しない段階では、標準貫入試験等のコア採取に影響する孔内試験は実施しない。

(i) ボーリングの配置

　ボーリングは調査測線に沿って計画する。ボーリングの配置は地すべり等の範囲、地すべりブロック区分、すべり面の断面形状などによって適宜適切な箇所を選定する。また、先行したボーリングの結果により、配置計画は適宜見直しをする。以下に述べるボーリングの配置は、必要最低限の配置を示したものである。

　地すべり地形等、露岩状況および貯水位変動域などを念頭に、主測線に沿って、30～50m程度の間隔で、地すべりブロック内で3本以上および地すべりブロック外の上部斜面内に少なくとも1本以上の計4本以上のボーリングを配置する（**図 4.5**）。また、副測線でも50～100m間隔程度で必要に応じて配置する。

　地すべりブロックの面積が小さい場合等には、地すべり等の地質を把握するのに適切な位置に1～2本以上配置する（**図 4.6**）。

　また、基盤内に断層、破砕帯が存在している場合、地質構造が複雑である場合、すべり面形状が複雑な場合には、別途補足のボーリングを行う。

(ii) ボーリングの順序

　一般に、調査測線上のボーリングのうち、概査結果によって地すべりブロックの中腹部～末端部と推定される位置のボーリングを優先し、すべり面と地下水位を確認する。特に、湛水面付近に地すべりブロックの末端部が位置することが疑われる場合は、末端部を確認するボーリングを優先することが重要である。

(iii) ボーリングの深度

　ボーリングの深度は、すべり面下の不動領域と考えられる新鮮な岩盤を確認するのに十分な長さとする。例えば、新鮮な岩盤10m程度以上を目安にすることが多い。掘止めは、地すべり等の層厚や対策工の定着層などを考慮し、ボーリングの進行に応じてコア性状を観察しながら判断することが重要である。また、脆弱層が深部まで現れ不動領域を判断し難い場合は、河床標高等を考慮し地形的にすべり面の可能性のある深度以深まで掘削する。

　すべり面の位置の推定が困難な場合、岩すべりや風化岩すべりで断層破砕帯などの基盤岩中の不連続面をすべり面の起源としている場合、大規模な地すべりの場合は、少なくとも地すべりブロックの末端部付近では主測線上での長尺ボーリングを河床標高以深まで先行し、この結果に基づいて

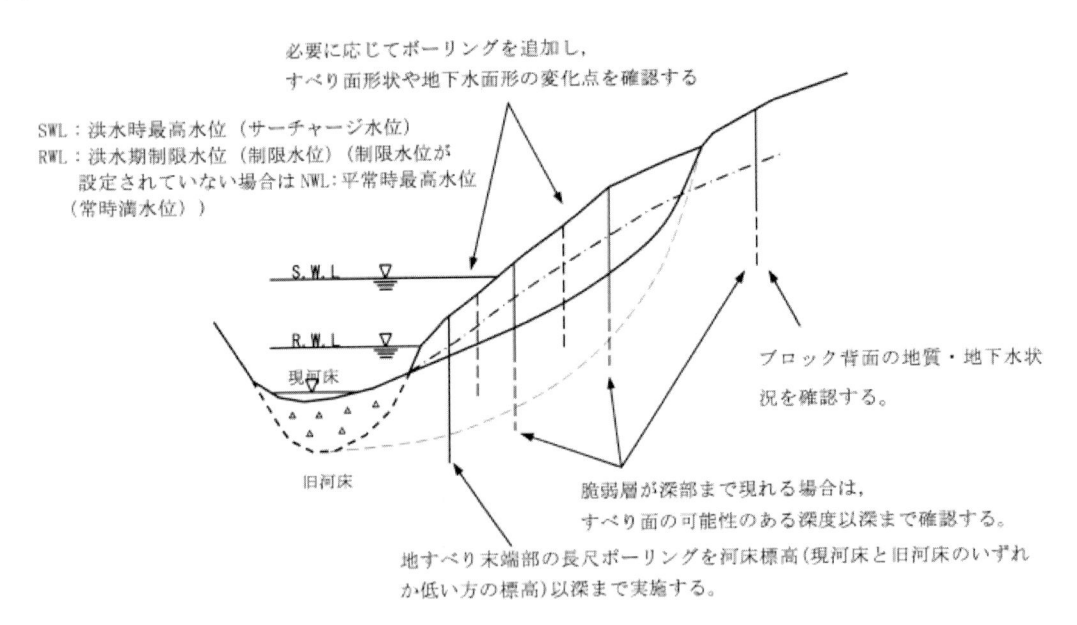

図4.5 ボーリング配置の例[1)]

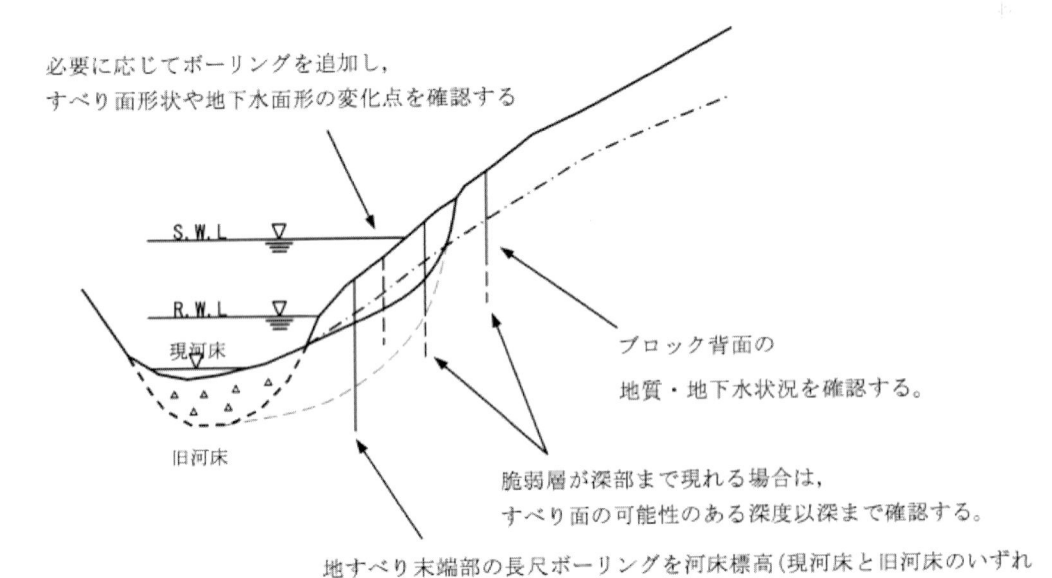

図4.6 ボーリング配置の例（地すべりブロックが小さい場合）[1)]

その他の地点のボーリング深度を決定することが望ましい。

　ボーリングの深度は、地すべりブロック幅と地すべりの層厚（最大鉛直層厚）の比から推定することも1つの方法である。建設省（現国土交通省）土木研究所の地すべり実態統計[12)]によれば、一般的に地すべり幅/地すべり層厚の比は主に2～12の間にあるが、湛水により貯水池周辺で発

生した地すべりの場合においては地すべり幅/地すべり層厚の比は主に2〜10の間にある。この理由の一つとして、湛水による地すべりは岩盤地すべりが多いことがあげられる（**図4.7**）。

(iv) ボーリングの方法と孔径

ボーリングに際しては、循環流体に気泡等を用いてコアを採取する方法を採用したり、孔径・ビットを工夫するなどして高品質のボーリングコアを得るように努めることが必要である。また、ボーリングコアからすべり面・地質構造などの判定が困難な場合には、ボアホールカメラ等により、孔壁の亀裂・破砕状況を把握することも有効である。

ボーリングの孔径は66mmまたは86mmが一般的であり、ボーリング孔を用いた試験や計測の実施を考慮して決定する（**表4.3**）。

なお、標準貫入試験を実施する場合は、試験区間の試料から地盤の性状を詳細に観察することが難しいため、必要に応じて別孔でボーリング調査を実施する。

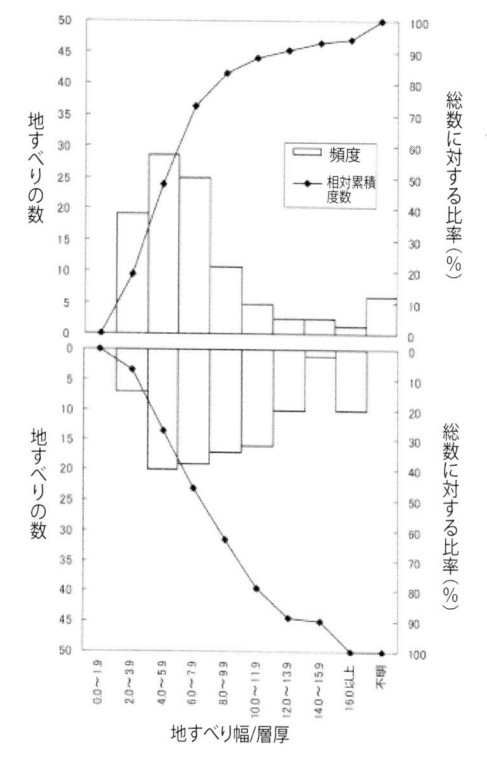

図4.7　地すべりの幅と層厚の関係 [12) に加筆]
（上）はダム湛水によって発生した地すべり
（下）は一般の自然発生的な地すべり

表4.3　各調査試験に必要なボーリング孔径

調査試験項目		掘削孔径(mm)	備　考
すべり面調査	パイプ歪計	86	（歪ゲージ付塩ビ管＋コード）を埋没
	孔内傾斜計	86	（ガイド管＋グラウト用ホース）を埋没
孔内水位計測	手動式	66	
	自記式	66	水圧式水位計の場合
地下水検層（電気検層）		66	有孔塩ビ管を埋没
地下水追跡調査		66	有孔塩ビ管を埋没
標準貫入試験		66	試験区間のボーリングコアが採取されない
揚水試験		86	ベーラーでの揚水を行う
土質試験		86以上	ボーリングコアでの試験

(a) 高品質ボーリング

近年、ダムの地質調査では、合理的な設計・施工のためのD〜CL級岩盤や弱層の評価や、貯水池内での岩盤地すべりのすべり面の把握を目的として乱れが少なく100%のコアの採取を行うボーリングが求められている。このためのボーリング技術の例として、気泡式ボーリング工法がある。

気泡式ボーリングは、圧縮空気の中に界面活性剤などの発泡剤を注入して循環流体とするものである。気泡を循環流体とするため、過大な送水圧が発生することなく、乱れの小さい高品質なコア

普通工法Φ66mm

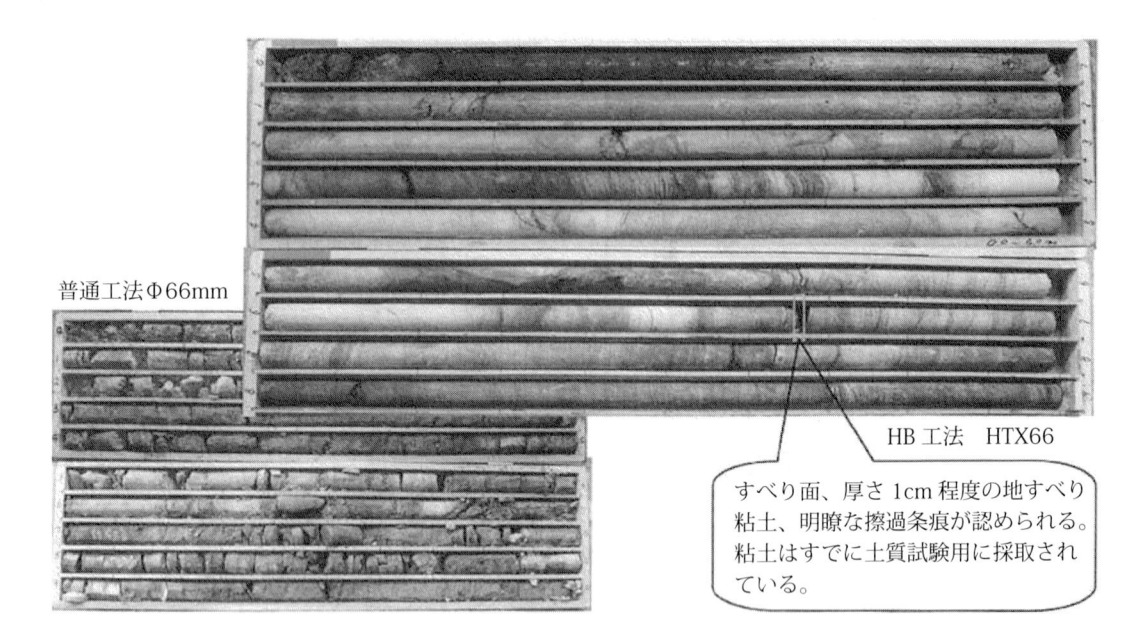

HB工法　HTX66

すべり面、厚さ1cm程度の地すべり粘土、明瞭な擦過条痕が認められる。粘土はすでに土質試験用に採取されている。

図4.8　サンプリング技術の違いによるコアの対比例
(「気泡式ボーリングから高品質コア採取システムへ」, 土と基礎, 54-4(579), 2006, p18 より抜粋)

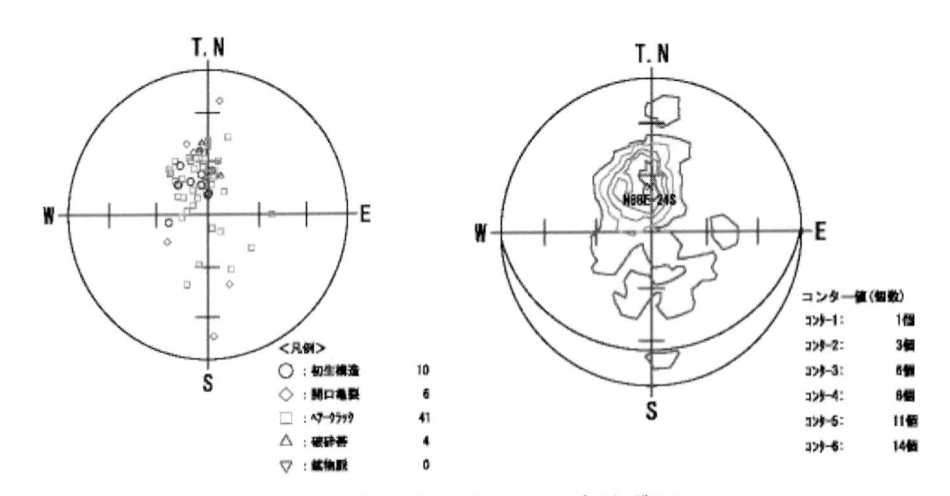

凡例		
○	初生構造	10
◇	開口亀裂	6
□	ヘアークラック	41
△	破砕帯	4
▽	鉱物脈	0

コンター値（個数）	
コンター1:	1個
コンター2:	3個
コンター3:	6個
コンター4:	8個
コンター5:	11個
コンター6:	14個

図4.9　πダイヤグラムとコンターダイヤグラム
πダイヤグラム（左）は面構造の極をシュミットネットにプロットしたもの。
コンターダイヤグラム（右）はシュミットネット上で同面積にある極の個数をもとに等分布図を描いたもの。

の採取が可能となっている。

サンプリング技術の違いによるコアの対比例を**図4.8**に示す。

(b) ボアホール観察

岩盤地すべり等で、ボーリングコアからすべり面・地質構造などを判断することが困難な場合には、ボアホールカメラ等を孔内に挿入し、岩盤中の割れ目（地質的不連続面）の走向傾斜や状態（流入粘土の有無、色調、開口等）を孔壁の画像から解析する方法が有効である。この際、特に地すべ

り土塊のような脆弱な地盤については、孔壁が自立する深度までの掘進の都度、ボアホール観察を行わなければならない。

孔壁の画像から抽出された面的な構造要素（面構造）のデータは、シュミットネットにプロットし、πダイヤグラムやコンターダイヤグラム（**図 4.9**）で表現する。また、移動層と不動層における割れ目の密度や構造特性を比較し、地すべり機構解析に活用する。

(3) ボーリング掘削時の留意点

地すべり地の地質は一般に脆弱であり、特にすべり面付近では周辺地質の硬軟や地下水圧の変化が著しいため、掘削時には細心の注意が必要である。

ボーリング掘進中には、次のようなことを記録し、地山状況の判断に役立てることが大切である。

① 孔内水位の変動、有無（作業開始・終了時等の地下水位測定）
② 逸水箇所（送水量・排水量）
③ 送水圧の急上昇（粘土の挟在）
④ 排水色
⑤ ケーシングの施工状況、セメンテーションの位置
⑥ その他の情報

(4) コアの見方

地すべり等の移動土塊やすべり面の性状は、地すべり履歴、構成地質、調査位置（頭部または末端部など）等に影響される。また、ボーリングコアの性状はコア採取技術等に影響される。これらに留意して地すべり土塊やすべり面を推定する。

高品質のボーリングコアや調査坑内を観察し、地質性状（色調、硬軟、コア形状、割れ目に挟在する土砂・粘土あるいは鏡肌の有無等）に着目し、すべり面を推定する。

なお、調査ボーリング結果は、採取されたコアの地質記載だけでなく、ボーリング時の掘削状況、コアの採取状況、周辺の露頭で見られる地質状況との関連など総合的な視点での観察が重要となる。

(i) 地すべりの構成からみた着眼点

地すべり履歴がある斜面では、斜面内部にすべり面が存在し、これより上部が地すべり土塊（移動領域）となる。風化岩地すべりの模式断面をみると、**図 4.10** のようにすべり面付近を除いて、大局的には地すべり土塊が一体となってほぼ一様な速度で運動をしている[13]。基岩は未変質で原岩色を呈し、地すべり土塊は過去の地すべり運動に伴い透水性が大きく酸化が進んでいる。地すべり土塊下面の粘土の薄層からなるすべり面ではせん断変形が生じている。

また、地すべり履歴があるすべり面の位置は、**図 4.11** のように地すべり土塊の性状に応じて、崩積土や強風化岩の下面あるいは過去の地すべり運動に伴う破砕の程度が異なる境界、すなわち岩盤内部の層理面沿いの粘土化した部分に存在する例が多いとされている[14]。

図 4.11 のうちⅠ～Ⅳの各型は移動領域が崩積土の地すべり（崩積土地すべり）で、すべり面は崩積土中や基盤岩の上面に形成されている。これらの崩積土層の上位にある赤褐色層は、地下水位面の変動が激しい部分で土層が酸化され、下位の青色層は土中水が動かないで還元土層となっている。

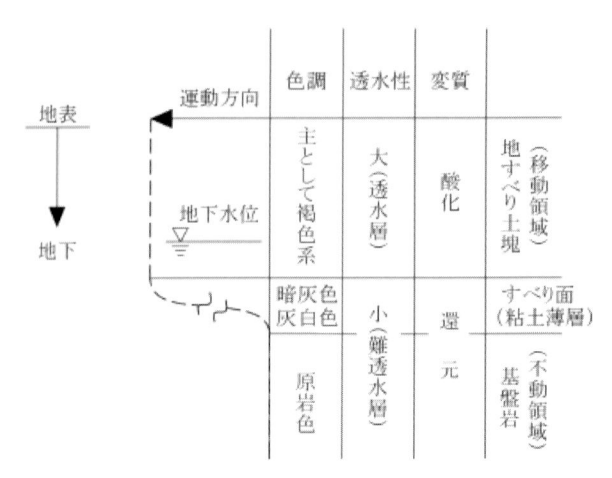

図4.10 地すべり土塊・すべり面・基盤岩の概念図 [13) を元に作成]

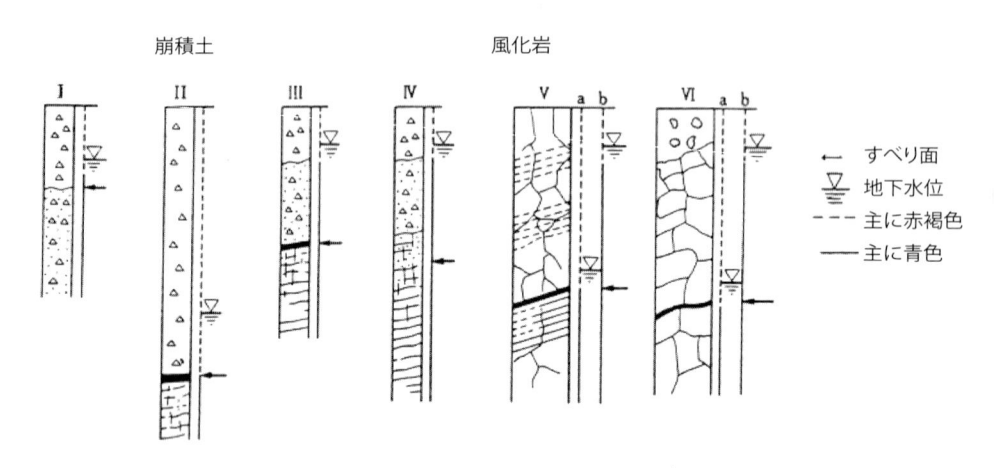

図4.11 すべり面位置の模式図 [14)]

Ⅰ型：崩積土中の褐色層と青色層の境界にすべり面が形成されるもので、豪雨、融雪時にしばしば浅い流動状のすべりを起こすことが多い。
Ⅱ型：厚い褐色層の崩積土が、基盤岩上をすべるもので、地下水位の変動が大きく、突発的なすべりを起こすものが多い。
Ⅲ型：移動層は褐色・青色の2層よりなる崩積土層で、基盤岩上をすべる。地下水位は高く緩慢な動きのものが多い。
Ⅳ型：Ⅲ型に類似するが、すべり面が風化岩の中の風化度の差異による境界面にある。
Ⅴ型：層理面、地層の境界にすべり面が形成される風化岩層のすべり。
Ⅵ型：岩盤中の割れ目にすべり面が形成されるもの。

　岩盤斜面の地すべり（風化岩地すべり，岩盤地すべり）は、すべり面やそれに先立つ破壊面が岩盤中に存在するもので、**図4.11**のⅤ型，Ⅵ型はその形態の一つとして層状岩盤の層理面沿いにすべり面が形成されたものである。移動領域は褐色酸化した風化岩やゆるんだ岩盤からなり、無降雨時の地下水位は基盤岩上面付近にあるが降雨時には移動領域中を急激に上昇することが多い。**図4.12**（口絵参照）に岩盤斜面の地すべりのすべり面の事例を示す。いずれもすべり面には粘土を介在している。
　地すべりの始まりの初生地すべりでは、もともとの地質構造や岩石組織、あるいは土質構造をほとんど残し、運動とともに亀裂や緩み、風化、分解、土砂化が進行していく。地すべり土塊は運動

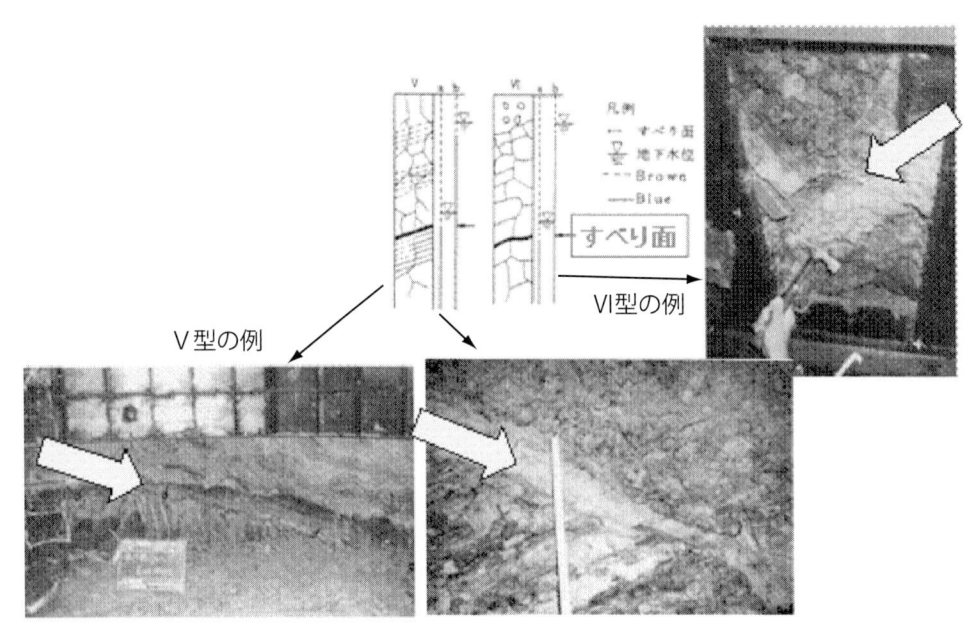

図 4.12 すべり面位置の模式図と岩盤斜面の地すべりのすべり面の事例（口絵参照）[14]

と停止を繰り返しながら細分化して形状や性状を変え、地すべりの型分類が遷移していく。このとき、地すべり土塊の分布形状や性状は、三次元的に変化していくので、深度および平面方向の連続性を意識したコア観察が必要である。すなわち、調査位置（頭部、中央部、側部、末端部など）や深度によって、移動層の性状が異なる点に着目して綿密なコア観察を行う必要がある。

(a) 地質性状区分

強風化した粘土〜角礫質と、弱風化した硬質な岩盤が浅部から深部に混在するような地質では、すべり面となりうる弱層の評価・確認が困難である。

地すべり運動等による物理的風化作用に着目した「風化の度合いによる地すべり地質区分」（藤原，1976）をもとに、強風化層（W1層）を細区分した例を**表 4.4**（口絵参照）に示す。強風化層（W1層）の細区分にあたっては、原位置での風化作用にによるもの（W1a）と地すべり等の破砕・せん断によるもの（W1c、W1d）を明確に区分する。特に、風化が弱くても破砕・せん断が見られる箇所は、すべり面の可能性が考えられるため、薄い層であっても見逃さずに記載することが重要である。

(b) 地すべり土塊（移動領域）

ここで、地すべりの型分類における移動領域の調査の主な着眼点は以下のとおりである。

イ）岩盤地すべり・風化岩地すべり

岩盤地すべりは、地すべりとしてのはじめの段階にあると考えられることから、緩み、破砕、風化があまり進行しておらず、周囲の安定した斜面との地形・地質的差異も大きくない。地すべり土塊から、10m以上も連続する新鮮な棒状コアが採取されることもあり、コアの風化や破砕状況だけでは判断できないことが多い。したがって地形図および空中写真判読や現地踏査と合わせて総合的な判断が必要となるが、地すべり土塊の下位のすべり面の存在が決め手となる。

調査の主な着眼点は以下のとおりである。
・岩盤地すべりの素因となりやすい地質構造

表 4.4 地質性状区分のコア写真例（口絵参照）

区分	名称	コア形状・色調		コア写真例
Dt	崩積土	土砂状 褐色系		いわゆる広義の崩積土にて、礫混りローム・礫混り粘土など。色調は褐色を基調とする。
W1	強風化岩・強破砕岩	土砂状〜粘土状 褐色系 原岩色系	a	概ね岩組織を残して角礫化あるいは軟質化（土砂〜粘土化）が進行したもの。
			b	コアが乱れた状態で採取され、判定不能なもの。
			c	原岩組織を残さず、角礫（亜角礫を含む）を主体とする。基質の割合は約30%未満で、砂質土（やや粘質なものも含む）を主体とする。粘性は低くコアは容易に割れる〜崩れる。鏡肌・条線を伴う場合はW1csとして区分する。
			d	主に淡褐色を呈し、原岩組織を残さない細礫混じりの粘土（基質の割合は30%以上）を主体とする。鏡肌や条線を伴う場合が多い。礫形状は亜角礫が多い。湿潤状態で粘性が高く割れにくい（粘り強く伸びて引きちぎれない）。鏡肌・条線を伴う場合はW1dsとして区分する。
W2	中風化岩・中破砕岩	細片〜破片状 褐色系 原岩色系		褐色〜原岩色系統で、割れ目が発達して細片〜破片状(岩片〜礫状)コアとして採取されたもの。一部、軟質化の進行した柱状コアを含む。
W3	弱風化岩・弱破砕岩	円板状〜塊状 原岩色系		原岩色系統の円板状〜塊状(短柱状〜岩片状)コア。
Rf	新鮮岩	棒状（完全コア）原岩色系		新鮮な棒状(完全)コアとして採取され、全般的に硬質なもの。

表 4.5 コア観察による原位置風化物と崩積土地すべりの地すべり土塊の特徴 [15] を一部修正

性状		種別	原位置風化生成物	地すべり土塊
構成物			基盤岩の風化生成物（原位置風化）である。風化状況によって土質は異なる。	多種多様の撹乱土質および後背地・周辺地区に分布する基盤岩の風化生成物に起因する堆積物。
粗密（硬軟）			全般的に締まり、表層部から深層部へ漸移的によく締まる。コアの採取率は良好。	全般的に空隙に富み、粗密（硬軟）の変化が著しい。コアの採取率は一般に不良。
礫の状態	礫径		ほぼ一定。	径数 mm の細礫から、径 250mm 以上の巨礫までを含み一定しない。
	礫質		基盤岩と同一。	一般に基盤岩と同一のものが多いが、異質のものも一部存在。
	形状		角礫・亜角礫が多い。	角礫が一般的であるが、円礫を一部混入する場合もある。
	含有量		比較的少ない。	比較的多い。
充填物			基盤岩起源。	基盤岩に無関係、多種多様。
色調			褐色系統を主色調とするが、基盤岩の色調に規制され、ほぼ一定の色調を成層的に示す。	一般に褐色系統であるが、黒色・赤灰色・青灰色などの数種の色が雑然と混入。
その他			基盤岩の風化に無関係な表層土類は、いわゆる成層状であり、土質・色調ともに整然と変化する。堆積構造、節理構造が残っている。	崩積土の下位に分布する河床礫・段丘礫などの場合は、ほとんど円礫で礫径もそろい、礫の含有率が高い。

・開口割れ目や空洞の存在（角張った不規則な壁面を持つ縦亀裂は、地すべり運動による引張りによって生じた可能性が高い）
・割れ目沿いの流入粘土や表層物質の混入（地表につながる開口性割れ目の存在が窺われる）
・周辺地山と調和しない地質構造、地質構成（運動の大きな岩盤地すべり、例えば、断層部の熱水変質によって著しく軟質化した平滑なすべり面に沿い一体となって運動したブロック）
・節理系、小断層系の食い違い（横坑調査や掘削面調査による）
・風化や緩みの急激な変化（急変部がすべり面となっている可能性がある）

ロ）崩積土地すべり

かつては、ボーリング技術も高くなかったことから、コア採取率が低かったり、激しく撹乱されていたりして、コア観察においては基盤岩の原位置風化物と崩積土地すべり土塊との判別が困難であった。

近年、コア採取技術の向上は著しく、高品質のコアが採取可能となり、乱れのほとんどないコアが観察できるようになり、両者の判別も比較的容易となってきた。コアの地質性状観察による原位置風化物と崩積土地すべりの土塊の一般的な特徴について参考までに**表 4.5** に示している。

(c) すべり面

すべり面は、地すべりの原岩の地質構成や規模、型分類などによって多様な性状を示すが、典型的な特徴は次のようなものである。すなわち、すべり面は、これまでの運動の繰り返しによるせん断破壊の累積によって形成された岩石の微粒子からなる厚さ数 mm〜数 cm の粘土帯を挟み、粘土帯の上下の境界面には鏡肌（スリッケンサイド）や条線などが見られることが多い。また、すべり面の直上位の移動層には数 10cm〜数 m にわたって地すべり運動の引きずりによる脆弱部が見られることが多い。すべり面の直下位の基盤岩は、新鮮な堅岩となっていることが多いが、特に、結

晶片岩や細互層などの板状岩などでは、地すべり運動の引きずりによって亀裂を生じたり、脆弱化したりしやすく、また、局部的に透水性が高くなり、風化が認められることがある。

未乾燥のコアのすべり面の粘土帯や脆弱部は、指で押して土質や硬軟を確認する必要がある。また、コアを割ると光沢や条線の見られる鏡肌が現れることがある（**写真4.1**）。ただし、鏡肌は、断層など構造運動による不連続面に見られる一般的な特徴でもあるので注意が必要である。

不均質で不連続な材料からなる地すべり土塊が運動するとき、構成材料の硬軟、既存の不連続面、変動時の拘束や変形量の差によって、地すべり土塊の下底や側面（地すべりのすべり面となる）および土塊内にずれを生じて、光沢や条線をともなう鏡肌が形成されていることが多い。

写真4.1　すべり面にみられる鏡肌と条線の例

すべり面の粘土帯とその周囲は、原岩の地質構成、地下水位、風化、破砕の程度などによって様々な色調を呈する。原岩が粘板岩や頁岩など泥質岩の場合は地下水位以下であれば、還元色を呈し暗灰色を示すことが多い。花崗岩や流紋岩、酸性凝灰岩などでは、灰白色を呈し、熱水変質を素因とするすべり面は白色で著しく含水比の高い軟質な粘土帯を形成していることがある。連続性のある粘土帯をともなうすべり面は難透水層を形成し、被圧が認められる場合がある。

変動が進んでいない岩盤地すべりなどでは、すべり面の素因となった断層や層理面の性状が残され、すべり面がきわめて薄く粘土帯もほとんど見られない場合がある。

写真4.2（口絵参照）は、付加体堆積物（砂岩・泥質岩の混在岩）の地すべりにおけるすべり面の判定の事例である。新鮮な緩みのない基盤岩の直上位にみられる緩傾斜の褐色

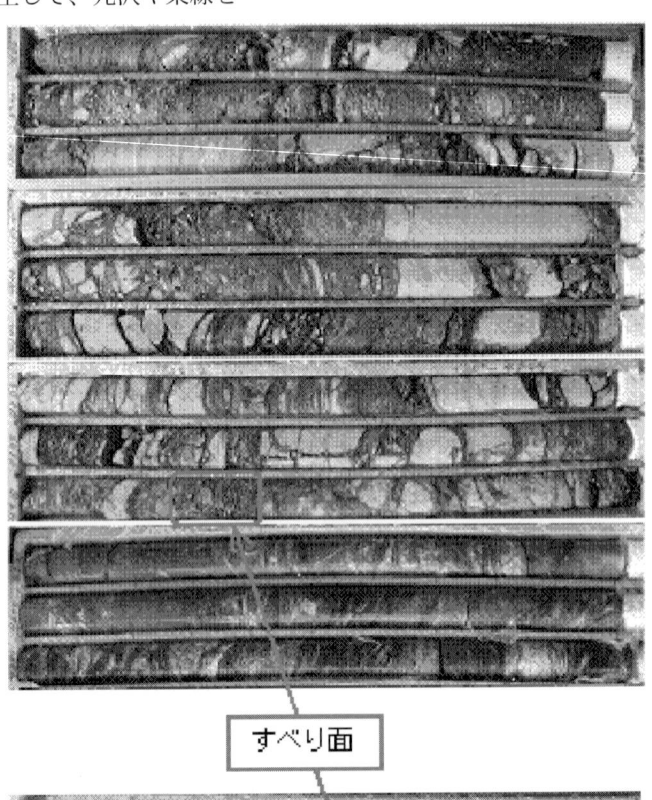

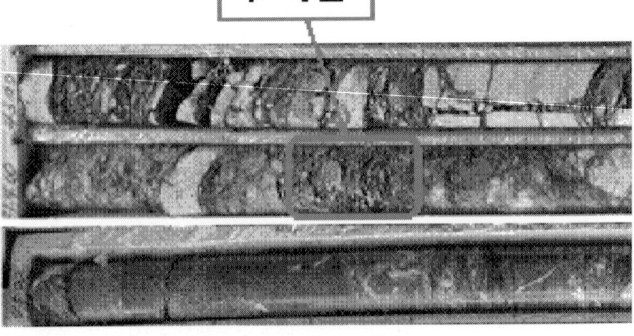

写真4.2　付加体堆積物（混在岩）における地すべりのすべり面の例
（口絵参照）

の粘土質部分についてすべり面と判定し、合わせて、その上位の、頻繁に脆弱部を挟み、縦亀裂や緩み、泥質岩の若干の風化が認められ、幅広い破砕をともなう緩み領域について移動領域と判定したものである。

同じく、**写真4.3**（口絵参照）は、結晶片岩の流れ盤地すべりにおけるすべり面の判定の事例である。結晶片岩の流れ盤では、斜面浅部に存在する無数の片理面が潜在的なすべり面となる可能性がある。新鮮な緩みのない基盤岩の直上位にみられる緩傾斜の粘土混じりの脆弱部について、すべり面と判定し、合わせて、その上位の、脆弱部を頻繁に挟み、凹凸に富む引張性の縦亀裂や緩み、空隙が認められる岩盤様の領域について移動領域と判定したものである。

しかしながら、コア観察によってすべり面を判定する場合、岩盤地すべりや風化岩地すべりでは、脆弱化した部分が何層も挟在し、すべり面を判定することが困難な場合がある。すべり面の判定に難儀するときは、孔内傾斜計などによる地中変位計測データ、あるいは地すべり規模が特に大きい場合には横坑調査などを併用するとよい。また、地形図および空中写真判読や現地踏査など概査結果、類似の地すべりにおける経験的・統計的な推定も目安となる。

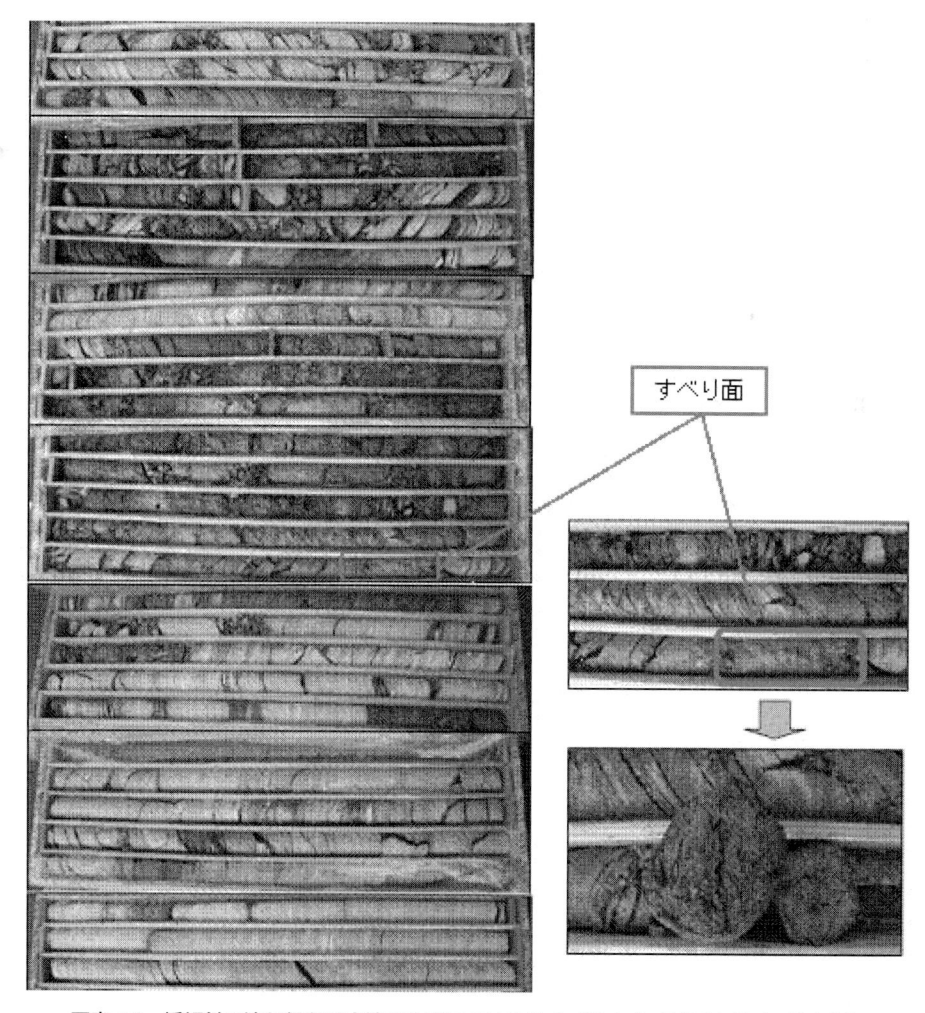

写真4.3　緩傾斜の流れ盤を示す結晶片岩における地すべりのすべり面の例（口絵参照）

(ii) コア観察の留意点

　コア観察を単なる柱状図作成として捉えると、前述（i）のような着眼点にもとづいた的確なデータ取得はできない。熟練技術者の豊かな知識と経験、当該地すべりの地域特性、調査目的と課題を踏まえた的確なコア観察が不可欠である。観察結果は綿密な文章記載を行い、「柱状図は、盛り込むことのできる一部の地質情報を記入するもの」という基本的スタンスが必要である。

　貯水池周辺の地すべり調査は、段階的に行われるために、相当過去に採取されたコアを観察する場合もある。低品質のコアや過去のコアは、採取率の低い掘削や観察・保管時の人為的要因によって激しく乱される。このため、コアの再観察や既存の柱状図の記載事項、掘進記録などのデータを利用することになるが、評価や解釈は、直接取得できる範囲のデータによって行う必要がある。低品質のデータの利用は、あり方によっては有害ともなるので、再掘削して高品質コアを採取するのが望ましい。

　孔内傾斜計などの深度方向の計測データがあれば、コア観察結果と合わせて、地すべり移動層、すべり面、基盤岩などの判定に活用する。コア観察と計測データが対応しないときは、双方の深度データ、コアの品質、計器の設置状況などを検証する必要がある。

　コア観察の留意点を以下に示す。

(a)　概査・先行調査のデータ

　コア観察に当たっては、①概査や先行ボーリング調査などによって得られている当該地域の地質構成や地質構造、風化・浸食など広域的な地形・地質特性、②地すべりの地形・地質的特徴や型分類、地すべり土塊（移動領域）と基盤岩（不動領域）の土質・地質構成、すべり面の特定と性状、連続性、③地すべりブロック区分、変動の素因と誘因、メカニズムについての諸データや評価をレビューし活用する必要がある。

(b)　周囲の安定斜面との比較

　地すべりの影響を受けていない地すべりブロック背後斜面のコア観察データとの比較は、地すべりの地質的素因や変動によるコア性状変化を把握し、運動履歴を解明する上で非常に有効である。

(c)　地すべりの履歴と型分類

　コア観察に当たっては、地すべりの履歴と型分類を踏まえたコア観察が必要である。一般に、岩盤地すべり・風化岩地すべり、特に岩盤地すべりは、崩積土地すべり・粘質土地すべりに比較して、過去の運動履歴も少なく、変位量も小さいために、地すべり土塊の材料や構造もあまり破壊、分解されずに、すべり面も不明瞭で顕著な粘土もともなわず、また、地形的にも周囲の安定な斜面との違いが不明確なことが多い。このため、岩盤地すべり・風化岩地すべりは、調査が難しく、より詳細かつ慎重な調査と評価が必要となる。

(d)　基岩の地質構成と構造

　日本列島の地質帯や地質区分に応じて特徴な地すべりが分布する（**2.3.1 参照**）ことからわかるように、岩盤内部には緩みや風化、脆弱化、さらにはすべり面の素因となりやすい不連続面がある。その成因や性状は、例えば、新第三紀の凝灰岩や炭層を挟む軟岩の地すべり、潜在的に劈開や小断層が発達する付加体の地すべり、流れ盤の火山噴出物層や熱水変質を受けた火山岩地帯の地すべり、節理や熱水変質、深層風化が発達する花崗岩の地すべりなど、もとの地質構成や構造によって、潜在的にすべり面となりやすい不連続面の成因や性状が異なる。コア観察に当たっては、岩種・岩質

や地質構造に特徴的な不連続面に着目して、その成因や性状、地質構造と斜面方向との関係（流れ盤、受け盤）も考慮して、すべり面の可能性について検討する必要がある。

(e) 地すべり機構

地すべり土塊の部分によって応力条件と破壊形態が異なっている。大局的には地すべり土塊の頭部は引張り応力場、末端部では圧縮場となる。すなわち、地すべり土塊頭部では滑落崖に沿う引張亀裂が発達し、緩んだコア性状を示し、末端部では地すべり土塊の破砕が進み、土砂化したコア性状を示す傾向がある。また、移動量が大きくなると、末端部は地表に乗り上げ、コアでは段丘面や旧河道の円礫や表土や木片が認められことがある。しかし、円礫や旧表土、木片などが認められたとしても地すべり土塊に巻き込まれて移動したものである可能性があり、それらの下部のコアが基盤岩と判定できるかが観察のポイントとなる。

また、明瞭なすべり面の下部の基盤岩に引きずりによって変形したキンク帯や亀裂帯などの漸移部が見られることがあるので留意が必要である。

(5) 物理探査

大規模な地すべり等の調査においては、広い範囲における地層の分布状況を把握するために、必要に応じて弾性波探査や電気探査などの物理探査を用いる。

物理探査の範囲は、地すべり等の規模やすべり面深度を考慮して設定する。また、探査測線はボーリング調査測線を基準に設定し、その測線長は河床を含み想定される地すべりの深度以深の速度値が得られるよう十分な延長を確保する。調査結果は、ボーリング調査等の結果と併せて整理・解析する。

【参考D】弾性波探査の解析

（斎藤秀樹他（2001）：岩盤すべりを対象とした屈折法弾性波探査のトモグラフィ解析（その1）、平成13年度シンポジウム予稿集、pp.8-15、日本応用地質学会　を編集）

弾性波探査の解析は一般的に剥ぎ取り法（萩原の方法およびその拡張法）で行い速度構造を求めていたが、近年コンピュータの発達によりトモグラフィ的解析法が開発された。このトモグラフィ的解析法は、解析地盤をセル分割したモデルを用いて、計算走時と観測走時との残差が小さくなるように反復計算を行い速度モデルを得る方法である。これまでのトモグラフィ的解析の研究成果によると、岩盤地すべりの場合には、速度2.5km/sec層付近とすべり面が概ね一致することが多い。

剥ぎ取り法の解析結果は階段状の速度構造で示され、トモグラフィ的解析では緩やかな曲線状の速度分布が得られる。両者で得られたモデルの理論走時は後者がより観測走時に近く、より正確な解析結果であると思われるが、工学的には岩盤分類等岩盤の工学的性質に結びつくために、速度構造の方が理解しやすい。このような観点から、剥ぎ取り法とトモグラフィ的解析両方を行って解釈することが望ましい（図D-1）。

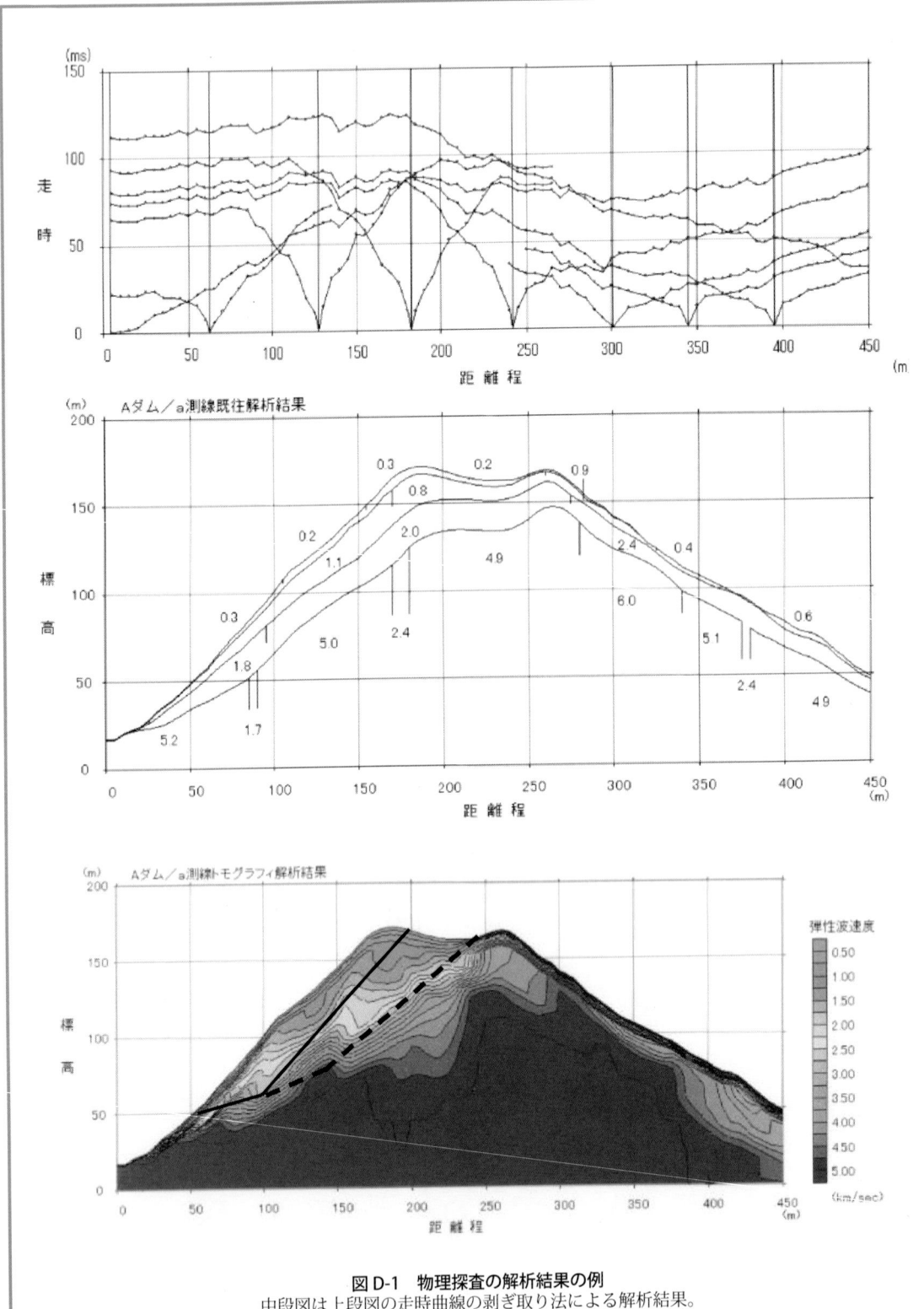

図 D-1　物理探査の解析結果の例
中段図は上段図の走時曲線の剥ぎ取り法による解析結果。
下段図は同じ走時曲線を用いたトモグラフィ的解析結果。
下段図の実線はボーリング等による調査によって確定されたすべり面の位置。破線はゆるみ岩盤の下面。

(6) 調査坑調査

　調査坑調査は地すべり等の土塊、すべり面、不動領域などが直接肉眼で観察できるため、すべり面の形成が不完全な地すべり等ではきわめて有効な調査方法である。なお、調査坑、特に立坑は湛水後地下水排水のための集水井としても利用できることから、対策工の計画も考慮して配置する。

　地すべり等はダムサイトに比較し一般に地質が不良であることから、調査坑の掘削時には十分安全に留意して実施しなければならない。

(7) その他の調査

　その他の調査として、すべり面の疑いのある弱層の方向性や開口亀裂の確認のためのボアホールカメラ、地盤物性を把握するための物理検層などがあり、これらを必要に応じて実施する。

　なお、物理検層の一種である地下水検層（電気検層）は、地下水流動層を把握することを目的としてよく用いられている（**4.4.3** 参照）。

4.4.2　すべり面調査

　すべり面調査は、すべり面の位置、連続性および移動量を把握することを目的として、ボーリング調査や調査坑調査等の地質調査と各種機器を用いた計測により実施する。

　すべり面は、地質調査結果や各種機器を用いた計測結果をもとに、地形状況や地すべりの現象などを総合的に検討して決定しなければならない。

　なお、すべり面の判定を確実に行うため、短期間の観測ですべり面での変動が把握できない場合には、対策工設計前に複数年の計測調査を行って、すべり面深度における累積変動の有無を、軽微な変動も含めて確認することが必要である。

　すべり面調査における計測調査の特性を**表 4.6** に示す。

表 4.6　すべり面調査における計測調査の特性

調査法＼特性	測定量	分解能	耐用年数	備　考
パイプ歪計	歪み	10μ	2年程度	ダム湛水による地すべりを対象とするような長期的観測が必要な場合には、耐用年数に問題がある。
孔内傾斜計	変位	0.01mm	変動状況によって数年～数十年程度と異なる	長深度の計測を行う場合には、孔底付近に、地すべりの変位と類似の変位が生じることがあるので留意が必要。軽微な移動量のとき有効。
多層移動量計	変位	1mm	変動状況によって数年～数十年程度と異なる	年間数cm以上の移動量のとき有効。

(1) 地質調査によるすべり面の推定

　地質調査によるすべり面の推定は、高品質のボーリングコアや調査坑内の観察等により、地質性状（色調、硬軟、コア形状、割れ目に挟在する土砂・粘土またはスリッケンサイドの有無等）に着目して行う。（**4.4.1 (4)** 参照）

(2) 計測によるすべり面調査

計測によるすべり面調査は、変動の有無、変動方向および変動量と降雨・地下水位等との相関性等を整理し、地すべり等のすべり面深度、移動土塊の層厚、地すべりブロック区分、変動方向、変動時期および発生原因等の機構解析や安定解析に関する資料を得る目的で行う。

計測調査に用いる機器は、現在の変動状況等を考慮して孔内傾斜計（**図 4.14**、**図 4.15**）、パイプ歪計（**図 4.16**）および多層移動量計等から選定する。貯水池周辺の湛水に伴う地すべり等では、ダム事業の調査段階のみならず建設および管理段階に至る長期間の計測が必要な場合もあるため、耐用年数も考慮して選定する。

なお、計測管周囲の間詰め不良による計測精度の低下を防ぐため、すべり面調査孔は地下水調査孔とは併用せず、計測管周囲をグラウチングし地山と一体化させることが必要である。

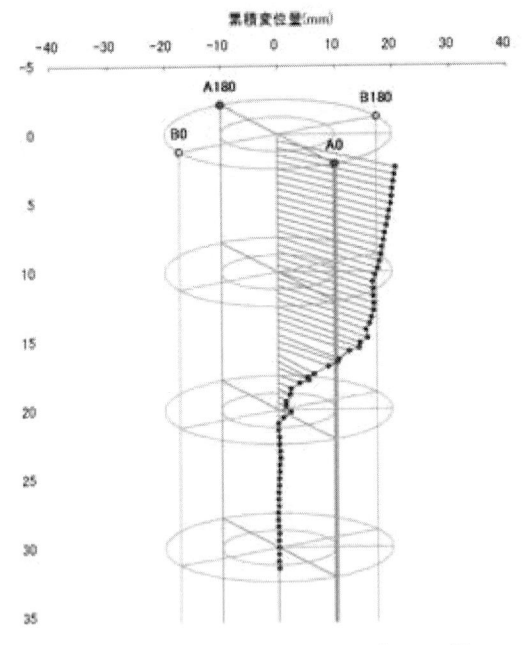

図4.14　孔内傾斜計3次元グラフの例

計測にあたっては、累積傾向のないものは測定値の変動が著しくても必ずしもすべり面とは判定できない。一方、変動量が少なくても累積傾向が認められる場合には、すべり面である可能性が高い。孔内傾斜計を用いて長深度の計測を行う場合には、孔底付近に、地すべりの変位ではないが、類似の変位が生じることがあるので、すべり面の判定には留意する必要がある。

一般に、数 mm ～数 cm/ 年程度で運動する地すべり等に対しては、変動量の精度が高く耐用年数が長い孔内傾斜計が有効である。ただし、活発な地すべり等では、孔曲がりにより短期間で深部の計測ができなくなるため、他の調査法を併用する等の対応が必要となる。

また、孔内傾斜計をグラフ化した際に、倒れ込み、深度に対して変位がS字状に出る等の不良な計測データが示されることがある。不良計測データの発生には、ガイドパイプ設置時の間詰め不良や丁寧でない測定の他に、ケーブルのねじれやプローブの温度変化などの計測機器の不具合など、多数の要因が考えられる。すべり面を的確に判定するためには、このような不良データの発生原因を解明し、不良データの発生を防ぐ、あるいはデータの補正を行うことが必要となる。

4.4.3　地下水調査

地下水調査は、地すべり等の土塊内の定常状態や降雨および貯水位などの影響を受けた地下水位を把握することを目的として行う。原則としてボーリング孔を利用した自記水位計、間隙水圧計等による連続計測によって、試験湛水前には複数年観測し、試験湛水時には貯水位変動に伴う地山地下水位の経時変化、浸透の影響範囲、残留範囲を確認する（**図 4.17**、**図 4.18**）。また、試験湛水時および運用の初期段階には降雨・貯水位変動と地下水位変動との関係を把握するとともに、堰上げについても検討する。

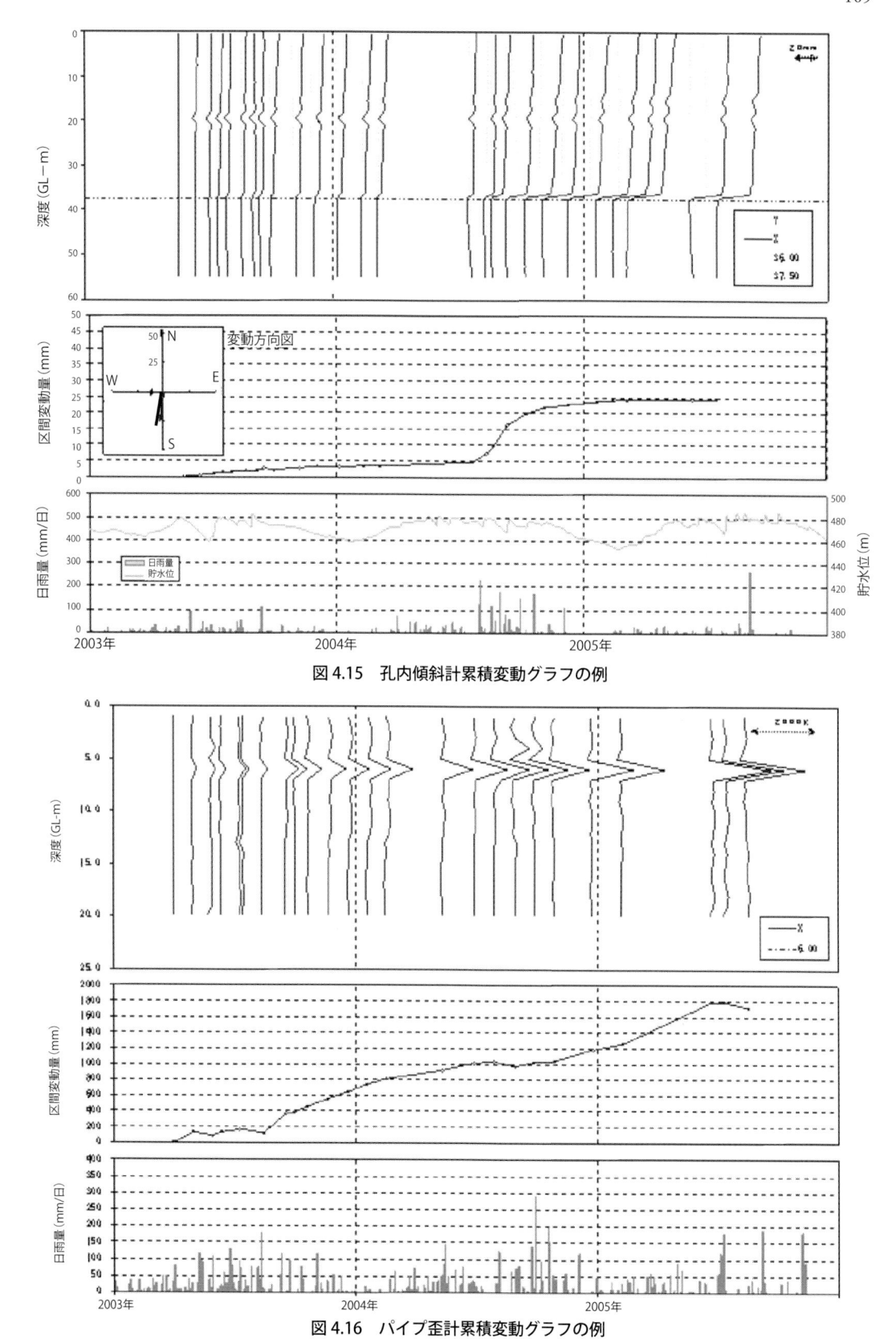

図 4.15　孔内傾斜計累積変動グラフの例

図 4.16　パイプ歪計累積変動グラフの例

110　　4　精査

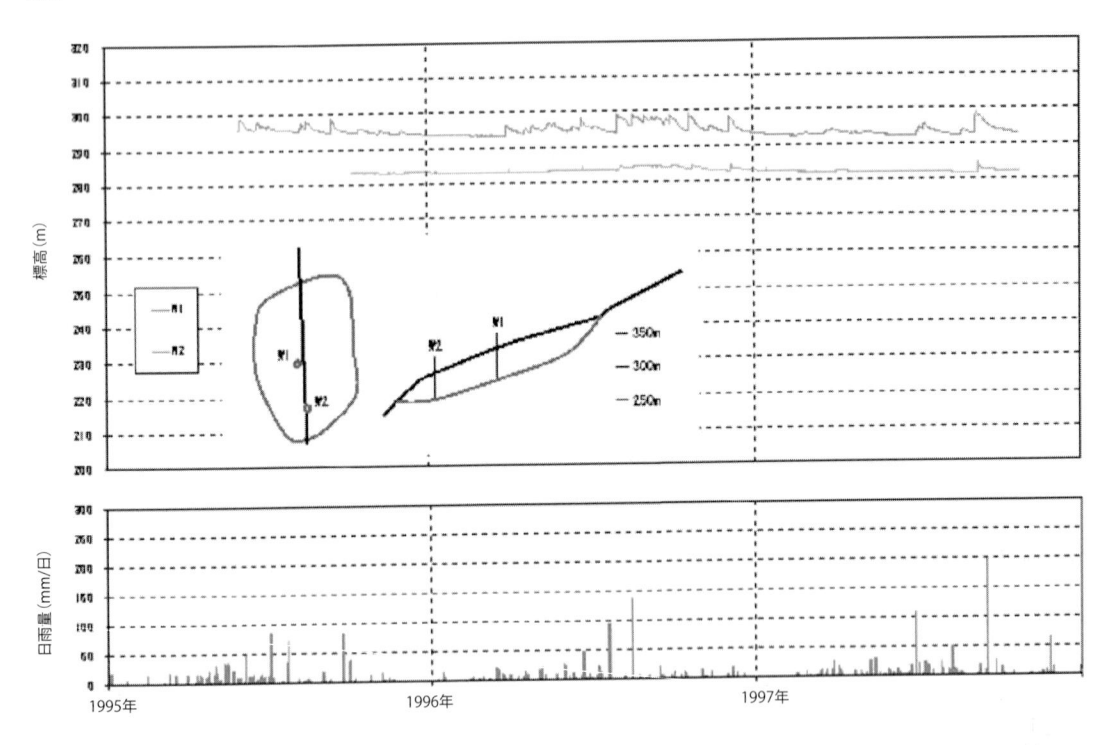

図4.17　地下水位グラフの例　【湛水前】

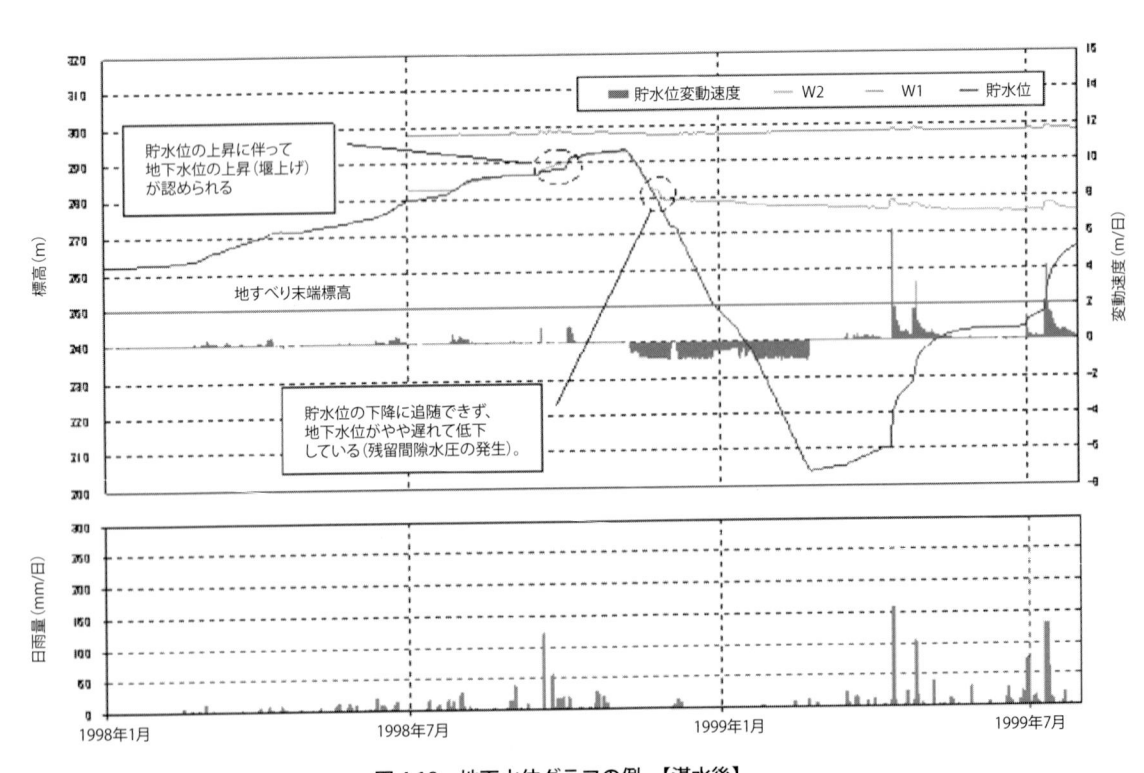

図4.18　地下水位グラフの例　【湛水後】

貯水位より上に地下水が存在する場合には、その排水対策も有効となるため、地下水の流動方向、流動層についても把握しておくことが必要である。ただし、平面的な地下水調査（地下水流動調査、地下水追跡調査、水質分析）はブロックが大規模な場合で、ボーリング孔が多くある場合でないと有効な解析結果が得られないことがあるので、調査を実施する際には、ボーリング配置計画の段階から十分に検討することが必要である。

孔内水位を高い精度で計測するため、地下水調査孔とすべり面調査孔は併用しないことが望ましい。地下水調査を行う孔内水位計測孔の孔底は原則として対象とするすべり面付近～数 m 上とし、漏水・逸水することのないよう留意する。

一般に粘質土地すべりは地下水位が浅く、逆に岩盤地すべりでは、地下水位が深いことが多い。また、地下水面は 1 枚ではなく、宙水となって複数の地下水面が存在する場合もある。岩盤地すべり・風化岩地すべりでは最下位の地下水位を地下水面とするのが安全側の対応となる。

地下水調査の留意点を**表 4.7** に示す。

このような地下水調査のほか、ボーリング掘削中の孔内水位の変化、漏水・逸水の状況等を記録し、これらの状況と地質との関係も検討する。

表 4.7 地下水調査の留意点[1]

目　的	調査方法	留　意　点
地下水位変動と降雨・貯水位変動との相関等の検討	孔内水位計測 間隙水圧測定	少なくとも主測線沿いの地下水調査孔では一定期間必ず実施する。
地すべり等の透水性の把握	透水試験	浸透流解析等を実施する場合には、主要な地下水調査孔において実施する。
地下水流動層の把握	地下水検層	
地下水流動方向・流速の推定	地下水追跡	地下水位や透水性が特異な状況を示す場合等に、必要に応じて実施する。
地下水の性質の把握 地下水の流入・流出経路の推定	水質分析	地下水位や透水性が特異な状況を示す場合等に、必要に応じて実施する。

4.4.4　移動量調査

移動量調査は、地すべり等の変動状況の把握、今後の変動性の予測、地すべりブロック区分および対策工の必要性の判断などを目的として、測量や変動計測により実施する。

移動量調査は、試験湛水時以降の斜面管理にも引き継がれるため、精査段階からその調査位置について十分に検討する。

表 4.8 に移動量調査方法の適用性を示す。移動量調査の目的と方法を以下に示す。

(1)　測量（水準測量、移動杭測量、ＧＰＳ測量、空中写真測量等）

(ⅰ) 目的
　　① 地すべりブロックの変動量・範囲・方向等の把握
　　② 地すべりブロックの変動量と気象条件との相関の検討

(ⅱ) 方法
　　① 各測点の移動方向・移動量の計測
　　② 各期間（梅雨、台風、融雪等）別の移動量の比較

表 4.8 型分類に応じた移動量の調査方法の適用性[12)を一部修正]

調査方法		型分類	岩盤・風化岩地すべり	崩積土地すべり	粘質土地すべり	備　　考
地すべりが運動している場合		測量調査	△	○	○	測量機器の精度を考慮する
		地盤伸縮計	◎	◎	○	計器精度 0.2mm 必要
		地盤傾斜計	△	○	○	
地すべりの運動予測の場合		地盤伸縮計	△	△	△	滑落崖が浸食されて消失している場合などは、亀裂・段差をまたいで設置することが困難な場合が多い。
		地盤傾斜計	◎	◎	△	計器精度 1～2 秒必要 粘質土地すべりでは、土塊が小さく分割されているので全体の動きを捉えるのは不適

◎　効果の高い計測方法である。
○　ほぼ効果が期待できる計測方法である。
△　良好な計測結果が得られないこともある。

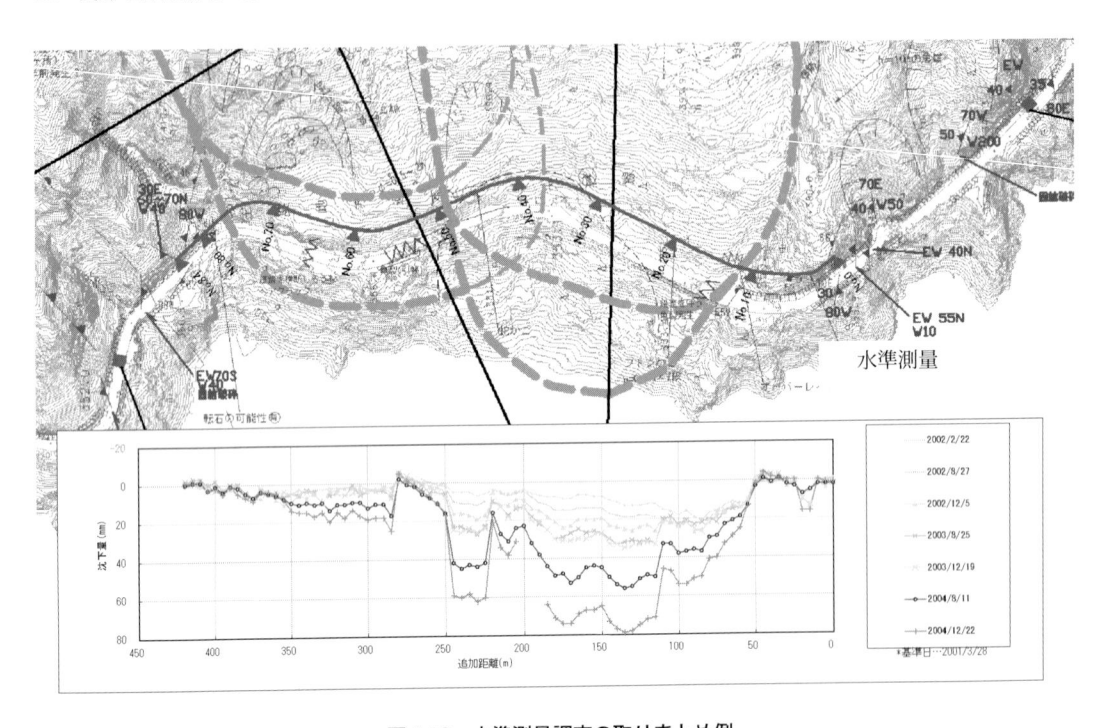

図 4.19　水準測量調査の取りまとめ例

　測量結果は**図 4.19** に示すようなグラフや平面図等に取りまとめる。

(2) 地盤伸縮計、クラックゲージ等

(i) 目的
　① 地すべりブロックの境界（頭部、側部、末端部）の把握
　② 地すべりブロックの変動量と降雨、地下水位および貯水位等との相関の検討
　③ 変動状況の区分、監視・計測体制の管理基準値の設定

(ii) 方法
(a) 亀裂や段差の変動量と変動の向き（引張または圧縮）の計測

　調査計画の段階で、変状が地表に現れずに地すべり境界部の位置を特定することが困難な場合には、主測線に沿って地盤伸縮計を連続的に設置する（**図 4.20**）。

(b) 亀裂や段差の変動量と降雨量、地下水変動量および貯水位変動量等との時系列比較

　計測結果は**図 4.21** に示すようなグラフに取りまとめる。

　なお、地盤伸縮計の計測データは、運動状況の区分や監視・計測体制の管理基準値として利用することができる（**5.3.2**、**7.1.3** 参照）。

(3)　地盤傾斜計

(i) 目的
　① 地すべりブロックの範囲（頭部、末端部）の把握
　② 地すべりブロックの変動量と降雨、地下水位および貯水位等との相関の検討
　③ 変動状況の区分、監視・計測体制の管理基準値の設定

(ii) 方法
(a) 地盤傾斜量、傾斜方向の計測

　温度変化の影響を著しく受けるところでは計測値の誤差が非常に大きくなることがあるため、設置環境に留意するとともに必要に応じて計測値の補正等を行う。

(b) 地盤傾斜量と降雨量、地下水変動量および貯水位変動量等との時系列比較

　計測結果は**図 4.22** に示すようなグラフに取りまとめる。

　なお、地盤傾斜計の計測データについても、運動状況の区分や監視・計測体制の管理基準値として利用することができる（**5.3.2**、**7.1.3** 参照）。

(4)　変動総括図

　すべり面調査、地下水調査および移動量調査の結果は、必要に応じて複数の調査結果を一覧できる変動総括図を作成し、複数計器での斜面全体の時系列変化の関連性の把握に努める。変動総括図は降雨・貯水位や各調査における変動の時期、変動量・速度等を対比することにより、変動が生じた時の原因、変動の範囲、変動の形態等の地すべり発生・運動機構を考察する際に効果的である。一方、過去の降雨、地下水位、掘削等と各調査における変動量等との相関性を把握しておくと、その後の予測の信頼性が向上する。変動総括図の例を**図 4.23** に示す。

4.4.5　土質試験

　土質試験（地盤調査を含む）は、地すべりブロックや崖錐等の未固結堆積物の単位体積重量、すべり面の土質強度定数および対策工の設計に必要な地盤の強度を把握することを目的として、室内試験または原位置試験により実施する。

　これらの試験を適切に行うことにより、地すべり等の機構や安定性を高い精度で把握し、対策工の安全性と設計の合理化に寄与することができる。

　地すべり土塊やすべり面の物性値は、同一の地すべりブロックであっても変化に富むため、限ら

114 4 精査

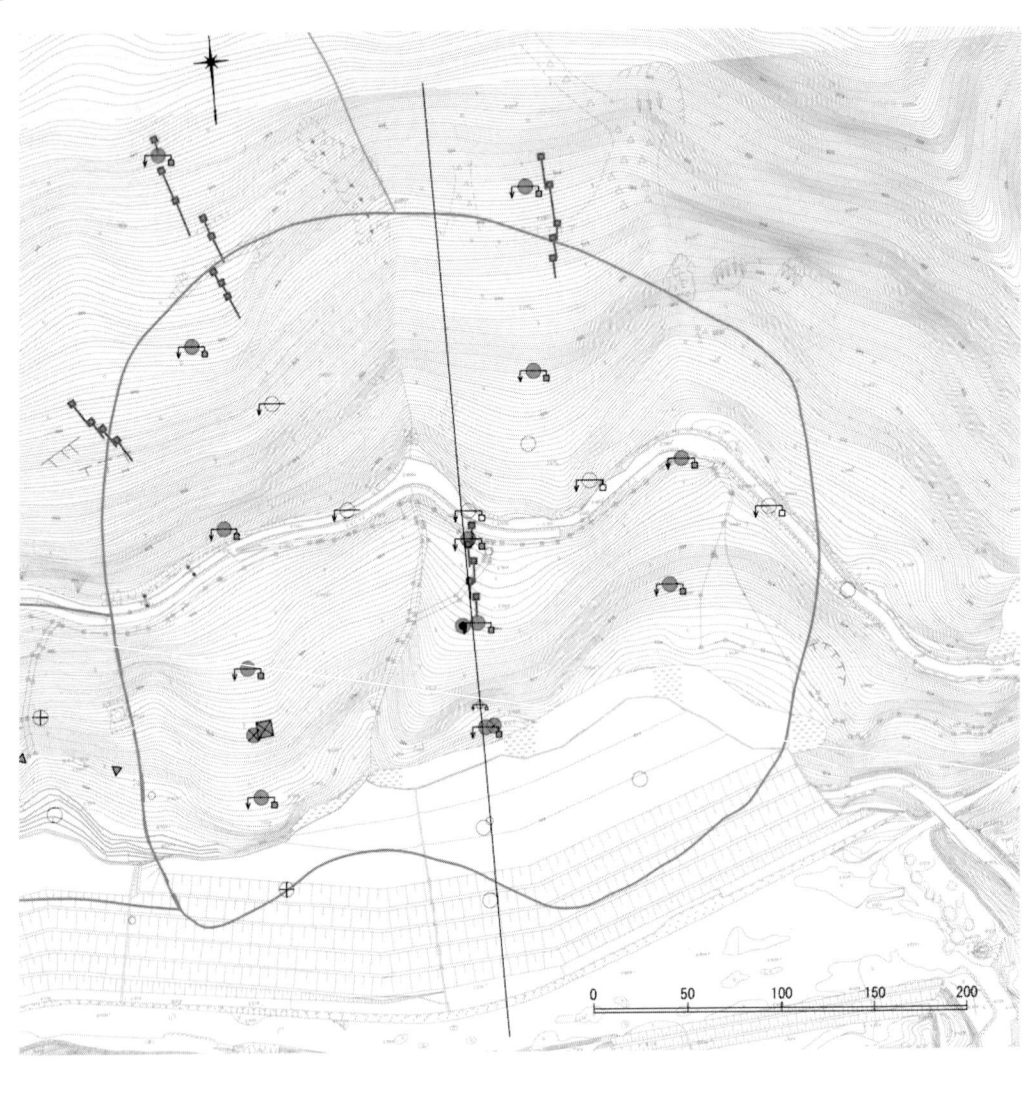

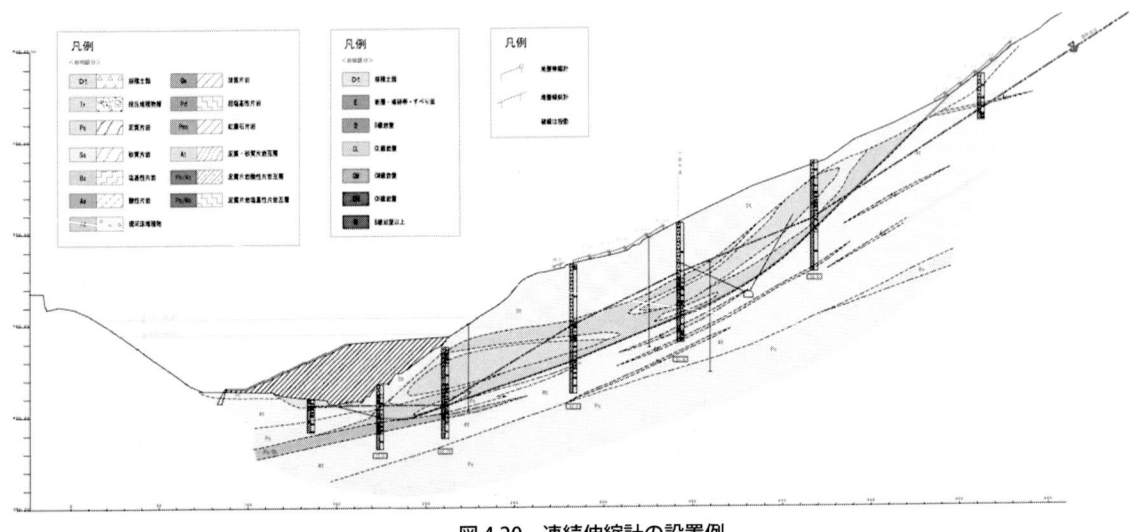

図 4.20 連続伸縮計の設置例

4 精査

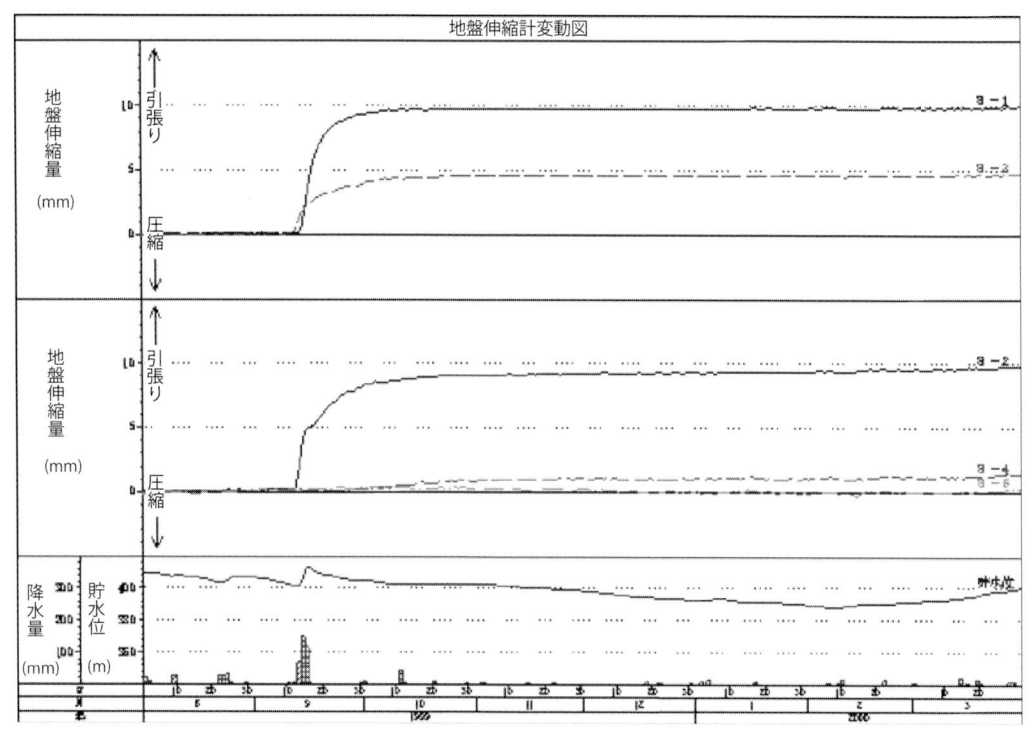

図 4.21 地表伸縮計グラフの例

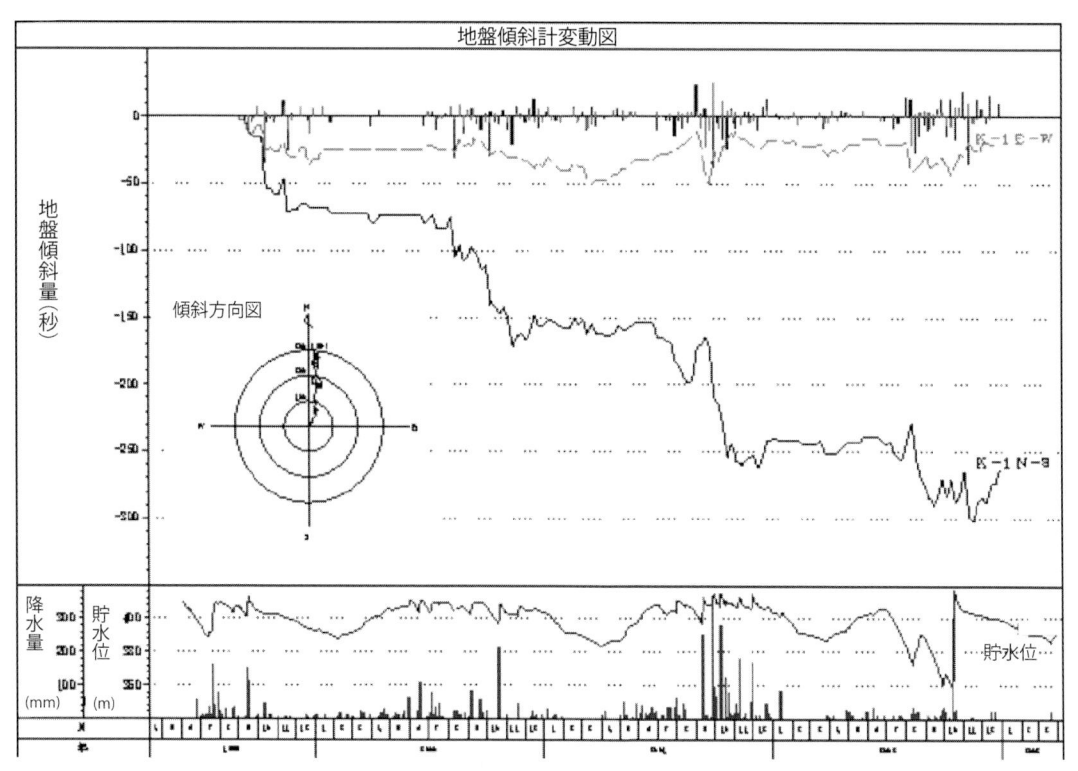

図 4.22 地盤傾斜計グラフの例

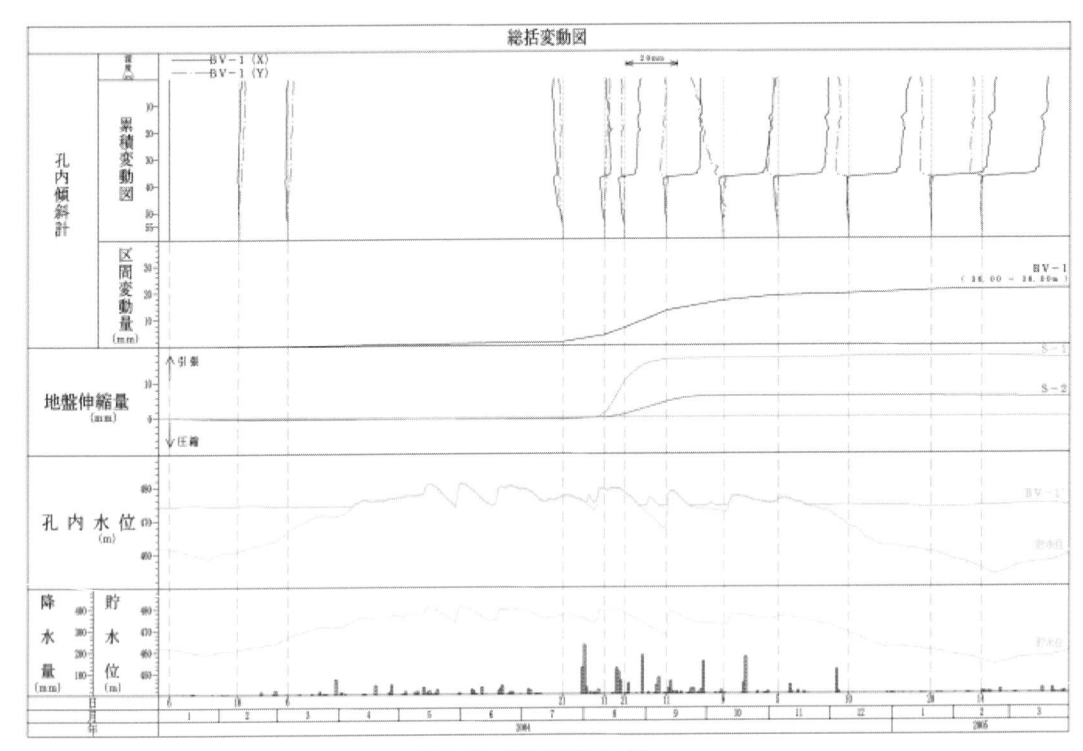

図 4.23 変動総括図の例

れた位置の試験結果だけでなく、過去の実績データ等を参考に設定する。

(1) 単位体積重量や透水性などを把握するための試験

　地すべり等の安定解析に必要な地すべりブロックの単位体積重量を把握するための試験は、コアサンプルまたはブロックサンプルを用いた湿潤密度試験のほか、高品質のボーリングコアの重さと寸法を直接計量する方法がある。

　安定計算の際に移動土塊の単位体積重量の実測値を用いることで、より精度の高い解析結果が得られるとともに対策工の安全性と設計の合理化に寄与することができる。このため、具体的な単位体積重量を把握することが望ましい。地すべり等の斜面上方では引っ張りが働きゆるみが進行するため単位体積重量が小さいのに対し、斜面下方では圧縮を受けるため単位体積重量が大きくなることが考えられ、実測の場合は複数箇所で測定することが望ましい。

　また、浸透流解析を行う場合には、地すべり土塊の透水性を把握するため、室内・原位置透水試験を行う（**4.4.3** 参照）。

(2) すべり面の土質強度定数（c'、ϕ'）を把握するための試験

　すべり面の土質強度定数（c'、ϕ'）を把握するための試験は、極力、乱さない試料の採取を行い、一面せん断試験、三軸圧縮試験、リングせん断試験等によって行う。

　なお、すべり面の土質強度定数の添字「'」は、有効応力解析に基づくことを意味するが、地すべ

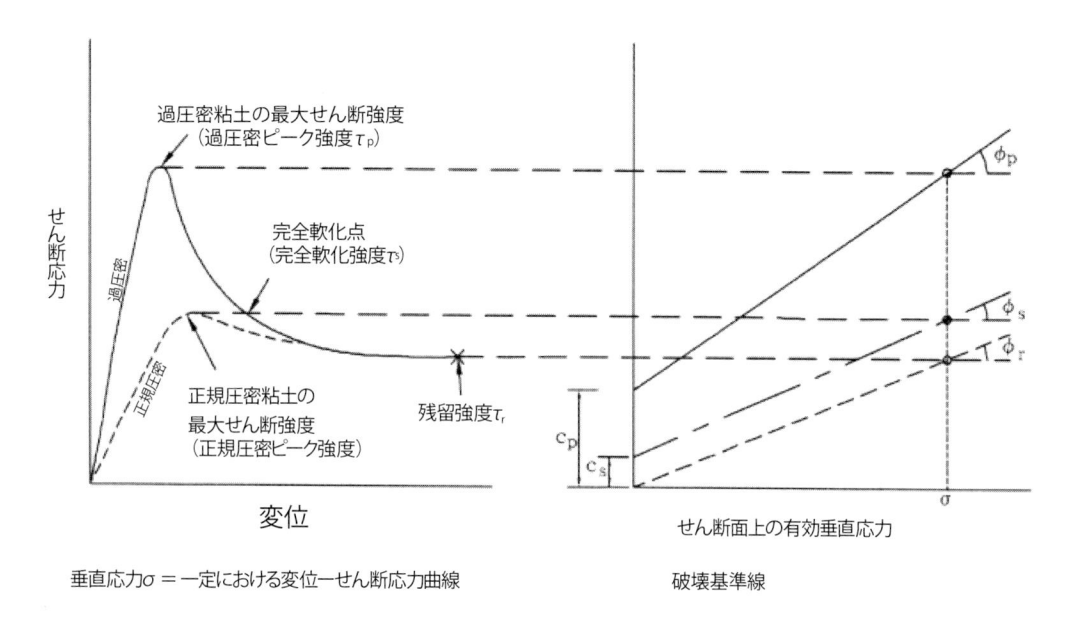

図4.24 正規圧密粘土および過圧密粘土のせん断特性 [16) に加筆]

りの安定計算で逆算法（**5.3.4** 参照）を用いる場合には、すべり面の平均的な強度定数となることに留意する。

すべり面のせん断強さを把握するための土質試験は、一般的に逆算法によって求めた粘着力 c'、内部摩擦角 ϕ' の妥当性を確認する補助手段として実施されている。しかし、すべり面のせん断強さの特性は極めて重要なため、試験を行い照査することが望ましい。また、今後その解明に向けた研究が必要であり、試験方法、条件、結果等をデータベースとして蓄積することが望まれる。

正規圧密粘土と過圧密粘土を排水条件下で試験した場合に得られる応力―ひずみ曲線を**図 4.24**に示す。運動量の少ない岩盤地すべり、風化岩地すべり、また粘質土地すべりや崩積土地すべりで長時間運動していない地すべりにおけるすべり面のせん断強さはすべり面粘土のピーク強度に近い値を有しているものと考えられる。また、一般に激しく（繰り返し）運動している地すべりのすべり面のせん断強さは、完全軟化強度と残留強度の中間にあるといわれている。しかし、どのような状態のときに完全軟化強度、残留強度を用いるのかはいまだ研究段階にある。参考までに種々の試験方法の適用性を**表 4.9**に示す。

(3) 対策工の設計に必要な地盤の強度を把握するための試験

対策工の設計に必要な地盤の強度を把握するための試験としては、アンカー工を用いる場合には、抵抗力を求めるための引抜き試験、鋼管杭工およびシャフト工を用いる場合には、地盤反力係数を求めるための孔内水平載荷試験がある。

なお、粘性土や砂質土などの土質地盤に対しては、地盤反力係数を標準貫入試験から求めたN値から推定することもできる。

表 4.9 ピーク強度、完全軟化強度および残留強度を求める試験方法 [17) に加筆]

強度	試験方法	試験内容	試料の種類			
			不撹乱	スラリー	プレカット	含すべり面
ピーク強度	三軸圧縮試験	−	○, $\overline{CU}$	×	×	△, $\overline{CU}$ or CD
	リング回転せん断試験	−	△, CD, Ⅲ	×	×	△, CD, Ⅱ
	繰返し一面せん断試験	−	△, CD, Ⅲ	×	×	△, CD, Ⅱ
完全軟化強度	三軸圧縮試験	ピーク応力到達後、体積変化増分が生じなくなるまでせん断を行い、そのときの最終強度とする。	×	○, $\overline{CU}$	×	△, $\overline{CU}$ or CD
	リング回転せん断試験	試料をスラリー状にしてから所定の圧密圧力で圧密した後、せん断する。このときのピーク強度を採用する。	△, CD, Ⅱ	△, CD, Ⅲ	×	△, CD, Ⅱ
	繰返し一面せん断試験	ピーク応力に達する前に体積増分が零になるせん断応力、もしくは間隙水圧が零となるときの応力状態を採用する。	△, CD, Ⅲ	△, CD, Ⅲ	×	○, CD, Ⅱ
残留強度	三軸圧縮試験	ピーク応力到達後、せん断を続け、そのときの最小主応力差もしくは最小主応力比となる点をもって残留強度とする。	×	×	×	△, $\overline{CU}$ or CD
	リング回転せん断試験	十分吸水をさせた試料について、せん断方向を変えて繰返しせん断を行う。最大せん断応力が一定値となるところをもって残留強度とする。	○, CD, Ⅰ	○, CD, Ⅰ	○, CD, Ⅱ	○, CD, Ⅱ
	繰返し一面せん断試験	前もってせん断面をつくった(プレカット)供試体をせん断する。このとき、プレカット角度は三軸圧縮試験の場合、数種類変化させる必要がある。	○, CD, Ⅰ	○, CD, Ⅰ	○, CD, Ⅱ	○, CD, Ⅱ

強度 { ○:利用可能　△:場合によっては利用可能　×:利用不可能

試験条件 { CU:圧密非排水(残留間隙水圧測定)　CD:圧密排水

せん断変位量 { Ⅰ:かなり大きくする　Ⅱ:大きくする　Ⅲ:少なくてよい

4.5 精査結果図の作成

精査の結果は、以下に示す内容についてとりまとめ、精査結果平面図および精査結果断面図等を作成する。また、これらの情報をもとに、地すべりカルテを更新する。

　① 地形・地質、すべり面、地下水、移動量および土質試験等の結果
　② 保全対象等の整理
　③ 地すべりブロックの区分、範囲、すべり面深度等の推定根拠の整理
　④ 地すべり等分布図の更新

4.6 解析の必要性の評価

地質調査およびすべり面調査等の精査の結果、得られた地すべり等の位置および規模並びに地すべり等と保全対象との関係から、解析の必要性の評価を行う。以下の場合には、湛水に伴う地すべり等としての解析は不要である。

　① 地すべり等の末端部の位置および湛水時の地下水状態の変化を考慮しても湛水の影響がないと判断される場合(**3.4** 参照)
　② その他の貯水池周辺斜面(**3.4** 参照)で、地すべり等の規模が貯水池容量と比べて小さい場合

5 解析

5.1 目的

　地すべり等の解析は、地すべり等の発生・変動機構を明らかにするための機構解析、湛水に伴う地すべり等の安定性を評価するための安定解析、安定解析の結果をもとにした対策工の必要性の検討からなる。

　機構解析では、概査および精査の結果に基づき、地すべり等の発生の素因・誘因に分けて分析し、発生・変動機構について検討する。

　安定解析では、地すべり等の湛水前の安定性について定量的に評価するとともに、安定計算により湛水による安定性の変化を評価する。

5.2 機構解析

　機構解析は、地すべり等の発生の素因および誘因を分析し、地すべり等の発生・変動機構を明らかにすることを目的として実施する。機構解析では以下の検討を行う。

(1) 地すべり等の発生の素因

　地すべり等の発生にかかわる素因には、地形、地質、地質構造、地下水などがあり、地すべりブロックごとに特有の条件について検討する。

(i) 地形、地質的素因

　斜面の傾斜、遷急線との関係、移動土塊の地質、地層の走向・傾斜、断層・破砕帯、変質、風化、緩みとの関係など、地形、地質、地質構造と地すべり等との関係について検討し、地すべり等地形が形成された素因について考察する。

(ii) 地下水の状態

　地下水調査結果をもとに、地下水位または間隙水圧の変化の状況、地下水の流動方向、流動面（層）の位置、水質による地下水の区分と分布などと地すべり等との関係を総合的に検討する。

(2) 地すべり等の発生の誘因

　地すべり等の発生にかかわる誘因には、降雨、河川の浸食および湛水がある。湛水に伴う地すべり等の発生原因としては次のものがある。

　① 浮力の発生：地すべりブロックの水没による間隙水圧の増加

② 残留間隙水圧：貯水位の急速な下降による残留間隙水圧の発生
③ 地下水位の堰上げ：水没による地すべりブロック内の地下水位の上昇
④ 末端崩壊：水際斜面の浸食・崩壊（末端部の崩壊）に伴う受働部分の押え荷重の減少

(3) 地すべり等の発生・変動機構の検討

　精査の結果に基づき、地すべりブロックの範囲（平面）およびすべり面の形状（断面）を決定し、湛水時の変動の可能性等について総合的に検討する。特に、湛水に伴う地すべり等ではすべり面末端部の位置（末端部の水没の割合など）、形状（末端部の斜面勾配など）および地質性状（崩積土状であるかどうか）が重要であり、末端崩壊（末端すべり）の可能性を含めて慎重に検討する。

　また、地すべりブロックが変動した場合の移動土量・到達範囲・変動範囲の拡大などを想定し、保全対象への影響を検討する。

(i) 地すべりブロック範囲の決定

　地形、地質、移動量などの調査結果に基づいて、精査時のブロック区分（4.3 参照）を再検討し、地すべりブロックの範囲を決定する。

　地すべりブロックの決定は平面図および断面図に基づいて行うが、隣接するブロック間の因果関係やブロック内での地形の分化状況を十分に検討し、地すべり等の発生・変動機構を推定することが重要である。すなわち、ダム湛水による地すべり等の運動が発生し波及・拡大について検討する。具体的には、末端地すべりが生じるか、末端地すべりの運動がなければ主ブロックの運動はないのか、直接主ブロックは運動するか、あるいは主ブロックの拡大があり得るのか、などについて検討する。また、複数の地すべりブロックからなる場合、最初にどの地すべりブロックが運動して、さらに隣接する地すべりブロックと力学的に作用し合いながら運動が波及・拡大するかなどについても検討する。

　このような検討により決定した地すべりブロック区分は、安定解析に利用するとともに、安定解析結果によって得られた各ブロックの安定性の対比などにより検証する。

(ii) すべり面形状の決定

　地形、地質、すべり面、移動量等の調査結果から得られる情報を入念に整理し、想定される様々なすべり面の形状および分布について検討することが重要である。特に、湛水に伴う地すべり等ではすべり面末端部の形状や位置が重要であり、これについては十分な検討を要する。

　貯水位上昇に伴う安定性が実際よりも安定であると評価されやすいすべり面形状の例を**図 5.1** に示す。貯水位上昇時の運動実績と安定解析結果を比較すると、**図 5.1** のようにすべり面末端の形状が薄いため、計算上はブロック全体の安定性（安全率 Fs）の低下が極めて小さいものの、実際にはまず末端部が崩壊し、それに影響されて本体が運動する場合がある。

　また、すべり面勾配が、**図 5.2** のように末端付近で急に変化している場合、もしくは、すべり面勾配が急で斜面末端部に崩積土類や強風化岩が分布する場合は、この部分で末端崩壊（末端すべり）の可能性があるので、斜面全体だけでなく末端すべりの検討も行う。

(iii) 湛水時の変動の可能性の検討

　変動総括図を用いて、湛水前の運動状況の把握、湛水中による地すべり等の安定性に与える影響などを踏まえて、湛水時の変動の可能性を総合的に判断する。

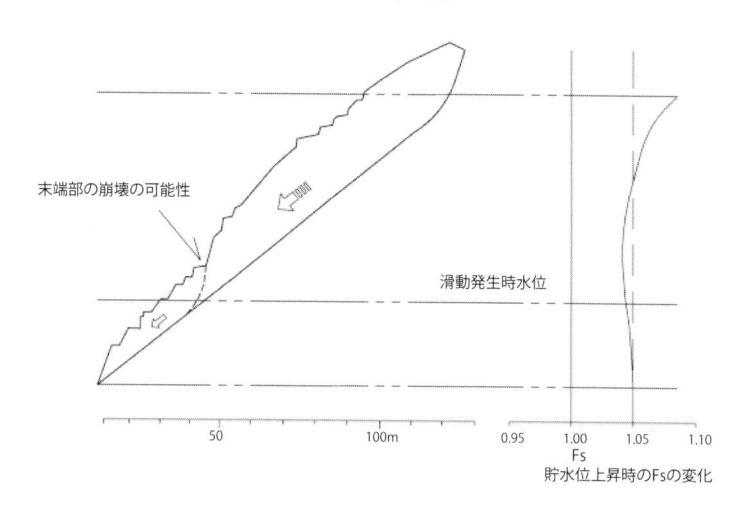

図5.1　貯水位上昇に伴う安定性の低下が実際よりも安定であると評価されやすいすべり面形状の例

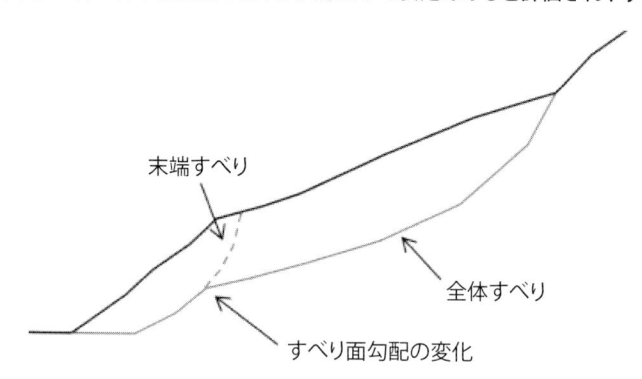

図5.2　末端付近ですべり面勾配が変化している形状の例

　地すべり等が運動したときの移動土量・移動範囲を想定し、ダム堤体やその他の施設への影響を検討する。この際、地すべりブロックが変動した場合の移動土量・到達範囲・変動範囲の拡大などを想定し、保全対象への影響を検討する。

(4)　機構解析結果のとりまとめ

　機構解析の結果は、各々の地すべり等または地すべりブロックについて平面図および断面図などにとりまとめる。平面図および断面図には、機構解析の結果に基づき以下の事項を記載する。

(i) 平面図
　　① 基盤岩（不動領域）の分布
　　② 基盤岩（不動領域）の層理面などの走向・傾斜
　　③ 断層、破砕帯の位置
　　④ 崖錐等の未固結堆積物からなる斜面の分布
　　⑤ 亀裂、隆起、陥没等の地表面の変状、湧水などのコメント
　　⑥ 地すべりブロックの範囲
　　⑦ 地すべりブロックの変動状況（計測結果）

⑧ すべり面等高線
⑨ 貯水位線

(ii) 断面図（副測線を含む）
① 地層区分、ボーリング結果、原位置試験結果など
② 地下水位、地下水流動状況など
③ すべり面（計測結果）
④ 亀裂、隆起、陥没等の地表面の変状、湧水などのコメント
⑤ 貯水位線

5.3 安定解析

5.3.1 安定計算方法

湛水の影響を受ける地すべり等の安定解析方法は、原則として二次元極限平衡法の「簡便 (Fellenius) 法」とし、水没部の取扱いには「基準水面法」を適用することを基本とする。

(1) 解析条件

安定解析にあたっては、**表 5.1** の解析条件を設定する。

表 5.1 安定解析条件と内容[1]

解析条件	内　容
地すべり等の湛水前の安全率（Fs_0）	地すべり等の湛水前における計測調査等によって現状の変動状況を評価し、これを安全率 Fs_0 で示す。地下水位は長期間にわたり安定して存在する地下水位とする。
地すべり等の湿潤状態における土塊の単位体積重量	地すべり等の土塊の構成材料を考慮した土塊の単位体積重量とする。
地すべり等の土質強度定数（c'、ϕ'）	土質試験によって求めた値または湛水前の安全率（Fs_0）を用いて逆算法で求めた値とする。ただし、崖錐堆積物等の未固結堆積物の土質強度定数は既往事例または土質試験によって求めた値とする。
残留間隙水圧の残留率	地すべり等の地形、地質、地下水位、貯水池操作、対策工の種類などに応じて適切に設定する。
貯水位変動範囲	貯水池運用計画に基づく貯水位の変動範囲とする。

(2) 安定計算

貯水池周辺の地すべり等の安定解析手法を**表 5.2** に示す。貯水池周辺の地すべりブロックの安定性の評価には、原則として二次元極限平衡法の「簡便 (Fellenius) 法」を用いる。

明確なすべり面が形成されていない崖錐等の未固結堆積物からなる斜面の安定性の評価は、「円弧すべり法」を用いて数多くの想定すべり面に対して安定計算を行い、最小の安全率を与える円弧と値で行う。また、未固結堆積物と岩盤との境界面をすべり面とした安定計算も行い、得られた安全率を「円弧すべり法」による最小安全率と比較する必要がある。なお、「円弧すべり法」は、「試行円弧法」や「繰り返し円弧法」と呼ばれることもある。

安定計算における水没部の取扱いには、「基準水面法」を適用することを基本とする。基準水面

5 解析

表 5.2 貯水池周辺の地すべり等の安定解析手法[1]

変動現象条件	地すべり	崖錐等の未固結堆積物の変動
すべり面	移動領域と不動領域の境界面	円弧すべり法によって得られる最小の安全率を与える円弧
計算式	二次元極限平衡法「簡便（Fellenius）法」	
水没部の取扱い	基準水面法	

法は、**図 5.3** に示すように貯水位に等しい基準水面を設定し、これより下の部分の単位体積重量を水中重量（土塊の飽和単位体積重量から水の単位体積重量を差し引いた重量）とし、地すべり等の土塊に作用する間隙水圧は基準水面より上の水頭分のみとする方法である。間隙水圧は直接間隙水圧計等によって測定することが望ましいが、これによりがたい場合は、ボーリング孔内の地下水位をもって代えるものとする。

なお、すべり面の形状から末端崩壊（末端すべり）の可能性がある場合には、移動領域と不動領域の境界面だけでなく、移動領域内で円弧すべり法などを用いて数多くの想定すべり面に対して安定計算を行い、その安定性を確認することが望ましい。また、対策工として排土・盛土など土荷重バランスを変化させた場合や鋼管杭背面の土塊についてもその安定性を安定計算によって確認することが望ましい。

安定計算は式 (5.1) によって行う。

$$Fs = \frac{\sum (N-U) \cdot \tan\phi' + \sum c' \cdot L}{\sum T} \quad \cdots\cdots (5.1)$$

ここに、

W：各スライス（分割片）に作用する単位幅あたりの自重（kN/m）
N：各スライス（分割片）に作用する単位幅あたりの自重のすべり面法線方向分力（kN/m）
T：各スライスに作用する単位幅あたりの自重のすべり面接線方向分力（kN/m）
U：各スライスに作用する単位幅あたりの基準水面より上の間隙水圧（kN/m）
L：各スライスのすべり面の長さ（m）
ϕ'：すべり面の内部摩擦角（°）
c'：すべり面の粘着力（kN/m^2）
b：各スライスの幅（m）
h：各スライスの平均高さ（m）
h_1：各スライスの地下水位から地表までの平均高さ（m）
h_2：各スライスの基準水面から地下水位までの平均高さ（m）
h_3：各スライスのすべり面から基準水面までの平均高さ（m）
θ：各スライスのすべり面の勾配（°）
γ_t：土塊の重量（地下水位以上は湿潤単位体積重量、地下水位以下は飽和単位体積重量）
γ_w：水の単位体積重量

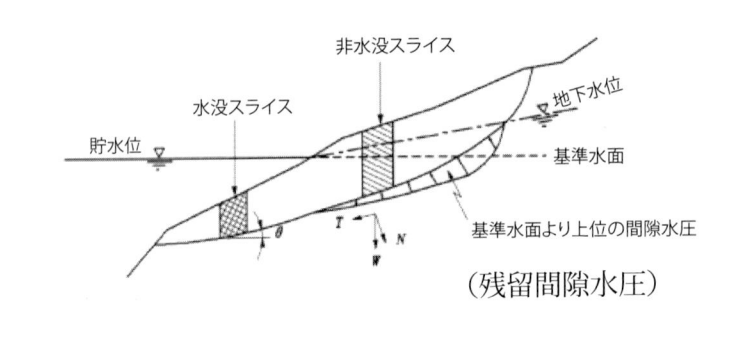

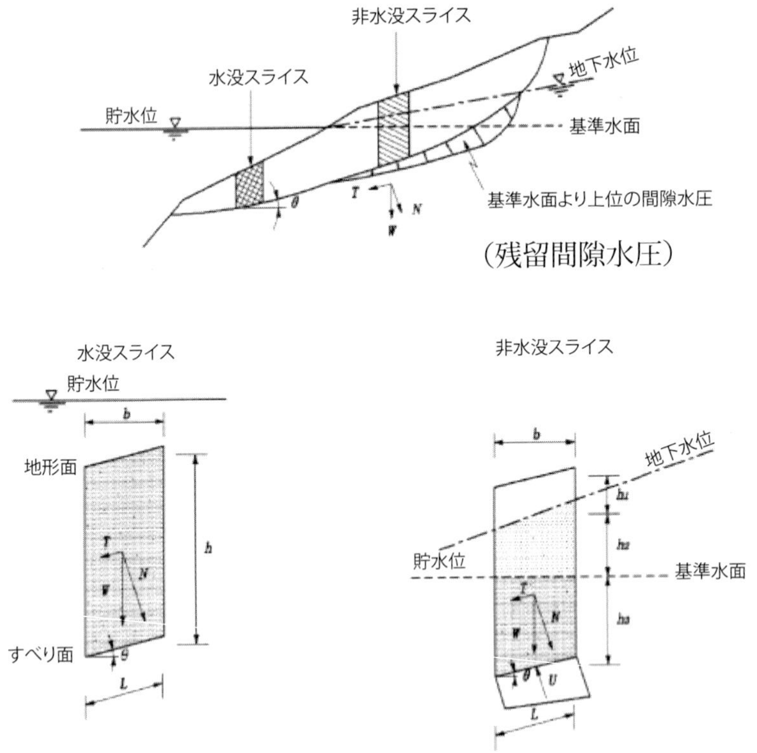

水没スライス

$$N = W \cdot \cos\theta$$
$$\quad = (\gamma_t - \gamma_w) \cdot h \cdot b \cdot \cos\theta$$
$$U = 0$$
$$T = W \cdot \sin\theta$$
$$\quad = (\gamma_t - \gamma_w) \cdot h \cdot b \cdot \sin\theta$$

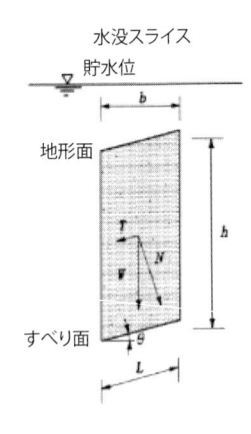

非水没スライス

$$N = W \cdot \cos\theta$$
$$\quad = \left(\gamma_t \cdot (h_1 + h_2) \cdot b + (\gamma_t - \gamma_w) \cdot h_3 \cdot b\right) \cdot \cos\theta$$
$$U = \gamma_w \cdot h_2 \cdot b / \cos\theta$$
$$T = W \cdot \sin\theta$$
$$\quad = \left(\gamma_t \cdot (h_1 + h_2) \cdot b + (\gamma_t - \gamma_w) \cdot h_3 \cdot b\right) \cdot \sin\theta$$

図5.3　基準水面法の考え方

(3) 三次元的な安定解析

　貯水池周辺の地すべり等の安定解析は、主測線を用いた二次元解析で行うことを原則としている。しかし、地すべり等の側部ですべり面が浅い場合や、すべり面の横断形状が左右非対称である場合もある。特に大規模な地すべり等においては、主測線を用いた二次元解析だけの検討では安定性の評価や対策工の計画が合理的でない場合がある。**図5.4**は、三次元的なすべり面形状の例であり、すべり面の横断形状を見ると実際のすべり面は、主測線断面では二次元解析のモデルすべり面と一致するが、側部ではモデルすべり面よりも浅くなっている。**図5.5**は、主測線断面に表現されない地形改変の例である。左右非対称の切土や盛土を行う場合、地すべり等の安定性や運動方向などに対し三次元的に影響すると考えられるが、主測線断面による二次元解析では評価することができない。このような場合には、すべり面や地下水位を三次元的に捉える調査を実施し、地すべり等の機構を明らかにした上で、測線を複数設定した準三次元的な安定解析や三次元安定解析を行うことがある。(参考E参照)

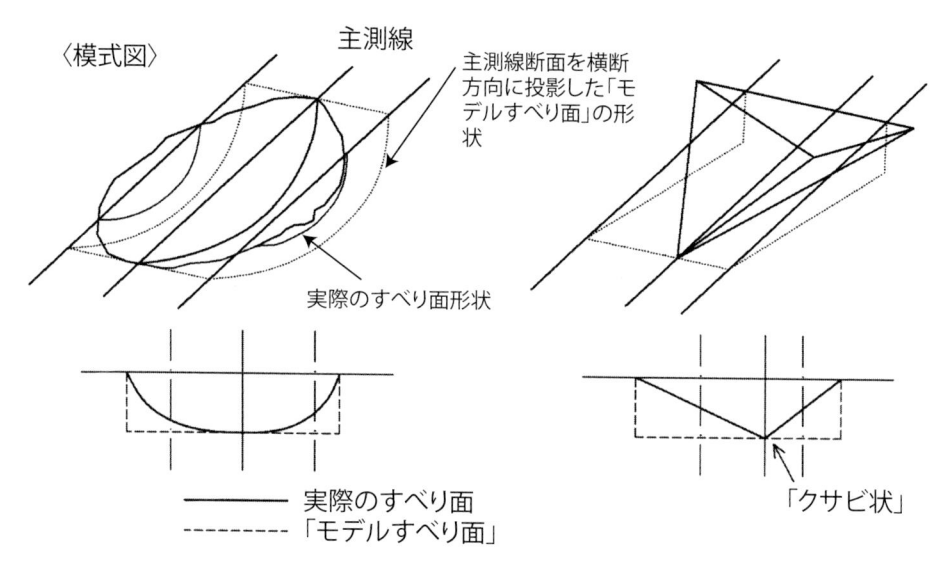

図 5.4 三次元的なすべり面形状の例

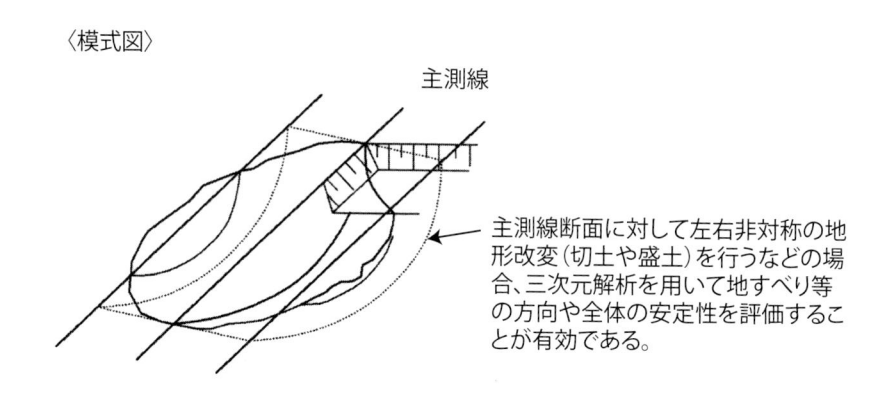

図 5.5 主測線断面に表現されない地形改変の例

　三次元的な安定解析を用いる際には、初期安全率や計画安全率およびすべり面強度等の設定について十分に考慮する必要がある。

【参考 E】地すべり等における三次元的な安定解析の課題

(中村浩之（2007）：地すべり斜面安定解析における三次元解析の問題点　砂防と治水 40-1　pp.75-76 を編集)

(a) 安定解析の経緯

　地すべり等は三次元的な現象であるが、いままで一般的に主断面に対する二次元解析が行われている。この主な理由として以下①〜③が挙げられる。

　① 複雑な自然現象を単純化して考える。
　② 主断面をもとに防止対策を安全側に計画できる。
　③ 調査費を軽減できる。

　特に①については、斜面安定解析手法は歴史的に土質力学の分野で発展し、盛土や構造物等の検討において幅方向は無限延長とした二次元断面の解析が実用的であった。また、岩盤力学の分野では、物体として層理面、節理面などの弱面をすべり面とした三次元的取り扱いが一般的であるが、解析理論は土質力学を基礎としている。このため、斜面安定解析手法は二次元解析を主体とした研究（分析・検証等）が積み重ねられてきたのである。

(b) 三次元的な安定解析の課題

　三次元的な安定解析の一例を以下に示す。**参考図 E-1** に示す地すべり地の運動状況から現状の安全率を 1.00 と設定し、三次元ヤンブ法による安定解析を行った結果、すべり面の平均的な土質強度定数は c' = 22.627kN/m^2、φ' = 23.30°となった。この c'、φ' を用いて**参考図 E-1** に示す A〜H 断面の二次元安定解析の結果が**参考図 E-2** である。**参考図 E-2** によれば、二次元安定解析による安全率は側面に近いほど大きくなり、最小値 0.876（D 断面）〜最大値 1.366（H 断面）まで、各測線で異なる値となっている。

　すなわち、すべり面の土質強度定数が同一すべり面上では一定とした場合、二次元断面の安全率はそれぞれ 1.0 を下回ったり上回ったりするが、全体として三次元的には安全率が 1.0 となっている。また、中心測線に近い断面の安全率は概して低く、三次元的な安定解析は現象に即しているものの、やや危険側の解析と考えられる。逆に、従来の主測線における二次元解析は安全側の解析との見方もできる。

　このように、三次元安定解析を用いる場合の安全率やすべり面の土質強度定数の設定に当たっては、十分な検討が必要と考えられる。

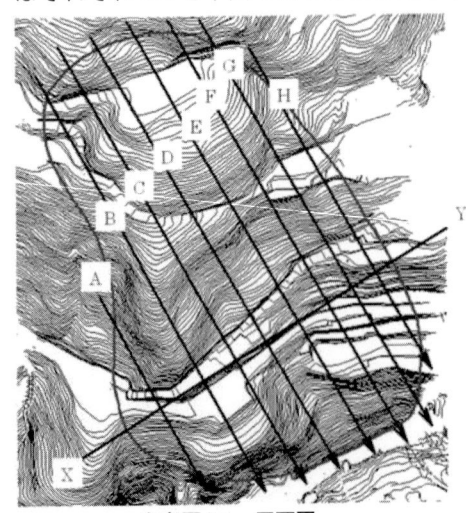

参考図 E-1　平面図　　参考図 E-2　二次元安定解析結果

5.3.2 地すべり等の湛水前の安全率

地すべり等の湛水前の安全率（Fs_0）は、計測結果および変状の有無・状態、または 4.4.5 の土質試験によって得られた土質強度定数に基づいて設定する。

（1）安全率による湛水前の安定性の評価

地すべり等の湛水前の安定性は、安全率 Fs_0 によって評価する。すなわち、湛水前に変動している地すべりブロック等の安全率は $Fs_0 < 1.00$ と評価し、湛水前に変動の兆候が認められず安定している地すべりブロック等の安全率は $Fs_0 \geqq 1.00$ と評価する。

（2）湛水前における変動状況の区分と安全率の設定

湛水前における地すべり等の安全率 Fs_0 は、計測器による複数年以上の計測結果、地すべり等の変状の有無・状態等に基づき設定する。変動状況の区分と安全率の目安を**表 5.3** に、地盤伸縮計および地盤傾斜計による変動種別の判定を**表 5.4** および**表 5.5** に示す。なお、計測等により地すべり等の変動の開始時期が把握された場合には、変動開始直前時点の地下水位を用いて $Fs_0 = 1.00$ とする。

表 5.3 変動状況の区分と安全率の目安[1]

地すべり等の変状	計測調査による変動種別[*1]	湛水前の安全率の目安
現在変動中、主亀裂・末端亀裂発生	変動 A：活発に変動中	$Fs_0 = 0.95$
	変動 B：緩慢に変動中	$Fs_0 = 0.98$
地表における変動の徴候（亀裂の発生等）は認められない	変動 C：変動量は非常に小さい[*2]	$Fs_0 = 1.00$
変動の徴候は認められない	変動 D	$Fs_0 = 1.05$

＊1）**表 5.4**、**表 5.5** による。
＊2）計測値が変動C未満であっても、長期の計測によって累積性が認められる場合変動Cに準じる。

表 5.4 地盤伸縮計による変動種別の判定[15] をもとに作成

変動種別	日変位量（mm／日）	月変位量（mm／月）	一定方向（引張りまたは圧縮方向）への変位の累積傾向
変動 A	1 より大	10 より大	顕著
変動 B	1.0 以下 0.1 以上	10 以下 2 以上	やや顕著
変動 C	0.1 未満 0.02 以上	2.0 未満 0.5 以上	ややあり
変動 D	0.1 以上	なし（断続変動）	なし

表 5.5 地盤傾斜計による変動種別の判定[15] をもとに作成

変動種別	日変位量（秒／日）	月変位量（秒／月）	傾斜量の累積傾向	傾斜変動方向と地すべり地形との相関性
変動 A	5 より大	100 より大	顕著	あり
変動 B	5 以下 1 以上	100 以下 30 以上	やや顕著	あり
変動 C	1 未満	30 未満	ややあり	あり
変動 D	―	―	なし	なし

現在までに安定解析が行われた貯水池周辺の地すべり等の事例（湛水に伴って変動した事例も含む）によると、湛水に伴う安全率の低下量が 0.05 に達しない地すべり等では安定が保たれている（**参考表 F-1**）。このため、逆算法によって土質強度定数を求める場合は、一般的に、湛水前における変動していない地すべり等の安全率は、長期間にわたり安定して存在する地下水位（複数年以上の豊水期を通じてそれ以上となる地下水位；**図 5.6** 参照）の状態において $Fs_0 = 1.05$ とする。

なお、地すべり等の計測結果には局所的な地盤の変動が含まれることがあるため、計測データを分析、評価する場合には十分な注意が必要である。

また、安全率の設定後（湛水後も含む）も継続して地下水位等の計測データを蓄積し、これらをもとに安定性を検証し、必要に応じて湛水前の変動状況とそれに対応した安全率の設定を見直すこととする。

ただし、道路工事に伴う切土や盛土等により地すべり等の安定性が切土前より低下または上昇したと想定される場合等の湛水前の安全率 Fs_0 は、別途検討することが必要である。

【参考 F】湛水前の安全率 Fs_0 について

貯水池周辺でダム湛水時に運動した地すべりは約 80 確認されている。これらの中から湛水時の計測により地すべり運動時の状況が明確な 13 例について安全率の低下量を算出した。

安全率の算定結果を参考表 F-1 に示す。地すべり運動時における安全率の低下量は 0.051 〜 0.25 の範囲にある。

このことから、湛水により地すべり運動が生じた事例では、安全率が 0.05 以上低下していることがわかる。

参考表 F-1　湛水前および地すべり運動時における地すべりブロックの安全率推定値

地区番号*	①湛水前の安全率 Fs_0	②地すべり運動時の安全率 Fs	③安全率の低下量（①－②）
1	1.055	1.000	0.055
2	1.105	1.000	0.105
3	1.096	1.000	0.096
4	1.072	1.000	0.072
5	1.089	1.000	0.089
6	1.107	1.000	0.107
7	1.051	1.000	0.051
8	1.00	0.92	0.08
9	1.00	0.75	0.25
10	1.00	0.86	0.14
11	1.00	0.93	0.07
12	1.00	0.85	0.15
13	1.00	0.84	0.16

＊ 1 〜 7 は、地すべり運動開始時期が明瞭であり運動開始時の安全率を 1.00 として湛水前の安全率を求めた。
＊ 8 〜 13 は、運動開始時期が不明確なため、湛水前の安全率を 1.00 として地すべり運動時の安全率を求めた。
＊ 湛水前の運動状況を計測器で把握している事例は 4 および 5 のみである。

（3） 土質強度定数に基づく湛水前の安全率の設定

4.4.5の土質試験によって適切な土質強度定数が得られた場合には、地すべり等、特に崖錐等の未固結堆積物の湛水前の安全率は、安定計算（**5.3.1** 参照）によって設定する。

（4） 地すべり等の湛水前の地下水位

湛水前の地下水位の設定は、対策の要不要、対策の規模を決める重要な要素となるため、地下水位計測の精度向上に努めなければならない。

湛水時の安定性をできる限り精度良く評価するため、安定計算に用いる湛水前の地下水位は、原則として複数年以上の計測結果に基づいて明らかとなった長期間にわたり安定して存在する地下水位として決定する（**図 5.6**）。また、湛水までに十分な計測データが得られない場合には設計上安全側の判断として、地すべり等の土塊内に地下水位の無い状態（地すべり面より下に地下水位を設定した状態）で安定計算を行う。

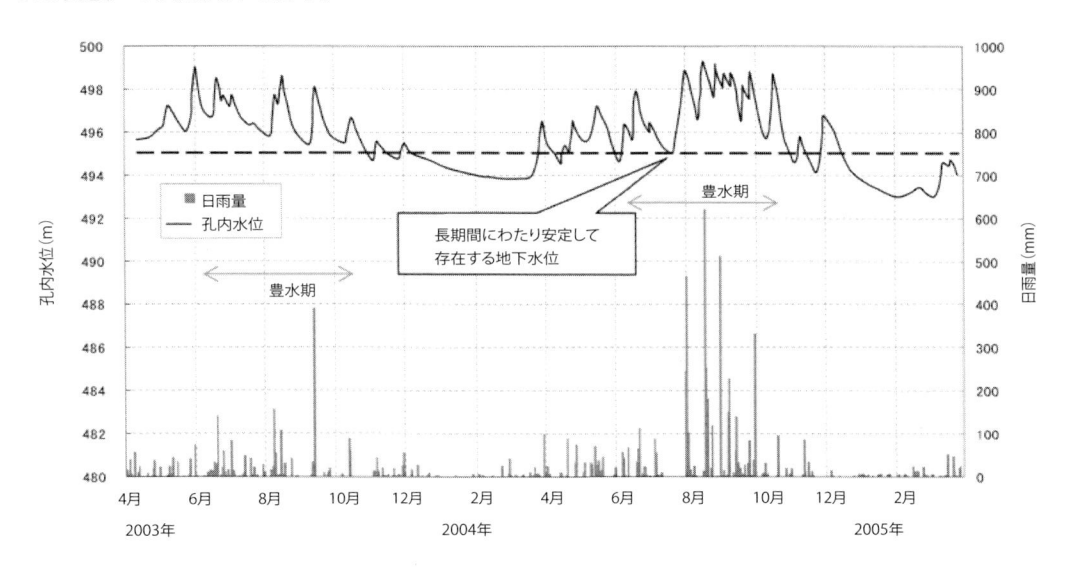

図 5.6　長期間にわたり安定して存在する地下水位の例[1]

図 5.7はそれぞれ貯水位の上昇時、下降時に地すべりの運動が発生した3例について、ボーリング調査時点または調査後の水位を現状水位として安全率 Fs の変化を計算したものである。図に明らかなように一時的に上昇した高い地下水位を用いた場合には、実際に運動が生じた貯水位でも Fs ＞ 1.00 となって、実際と合致しない。このように一時的に上昇した水位を現状水位として用いると、湛水時の安全率 Fs の変化を過小に評価することになるため、現状の地下水位は、長期間にわたって安定して存在する地下水位を用いることにする。

なお、調査期間中の最高地下水位のときにも運動していない場合には、最高地下水位のときに Fs ＝ 1.00 とするという考え方もあるが、上に述べたように、一時的に上昇した地下水位と貯水池の水が浸透して上昇した地下水位とを同一に評価してはならないと考えられるので、十分な観測データがある場合を除いて、原則として長期間にわたって安定して存在する地下水位を用いる。

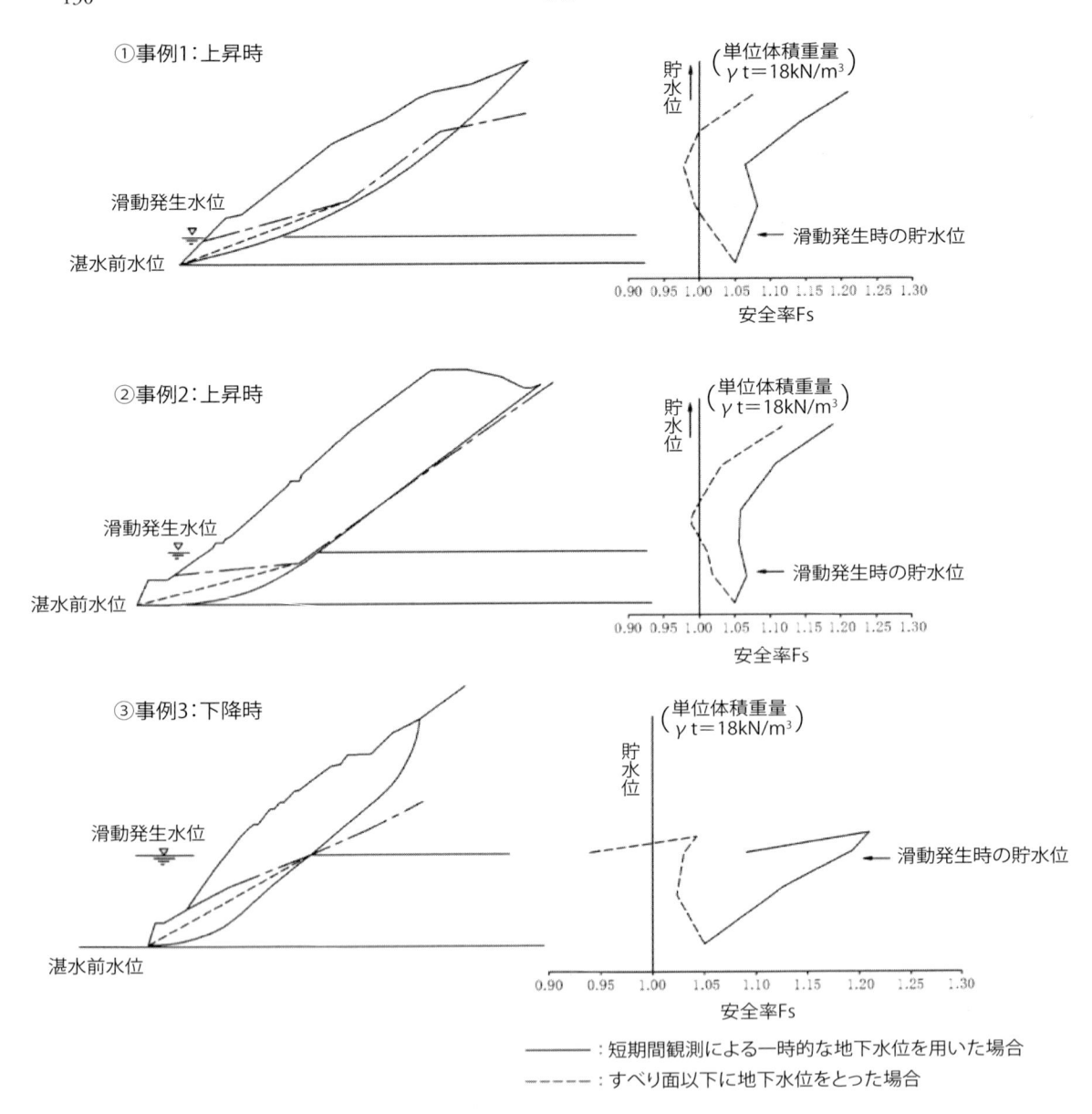

図 5.7　地下水位のとり方による安全率 Fs の変化例

5.3.3　地すべり等の湿潤状態における土塊の単位体積重量

　地すべりの土塊や崖錐等の未固結堆積物の湿潤状態における単位体積重量は、それらの構成材料を考慮して事例や試験値に基づき決定しなければならない。特に、岩盤すべりや風化岩すべりにおいては、硬質な原岩起源の砕屑物あるいは土砂化している変質岩等が構成材料となっていることが多く、それらの湿潤状態の単位体積重量は、平均的な地すべり土塊の単位体積重量（一般的には $\gamma_t = 18\text{kN/m}^3$）に比べて大きいことが一般的であり、このことが安定解析や対策工の必要抑止力算定の結果などにも大きな影響を与える場合があるので注意が必要である。

凡　例	型　分　類	土塊の平均 単位体積重量 （kN/m³）
○―○	岩盤 風化岩 地すべり	18.4
×----×	崩積土地すべり	17.3
△-･-△	粘質土地すべり	17.0

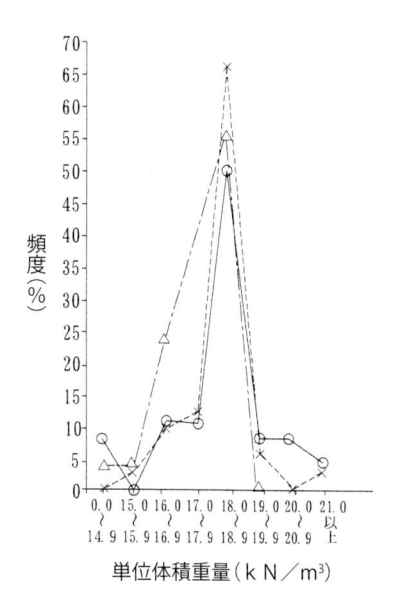

図 5.8　土塊の湿潤状態の単位体積重量（実測）[12]

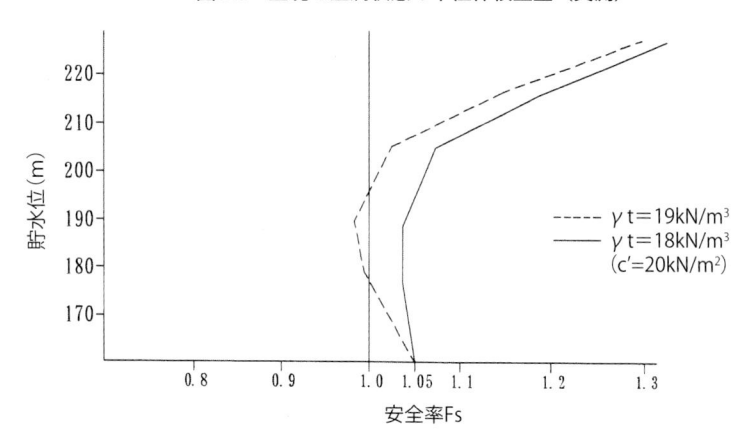

図 5.9　単位体積重量による安全率 Fs の違い

参考として自然要因で発生した地すべりの土塊の単位体積重量の頻度分布を**図 5.8**に示す。**図 5.9**は同一の事例について$\gamma_t = 18, 19 \mathrm{kN/m^3}$とした場合の Fs の違いを示したものである。このように、γ_t のとり方によって、計算される安全率 Fs にかなりの差がでることもあり、それによって必要とされる対策工の規模も大きく変化する。

また、湛水時の安定計算では水没部では飽和単位体積重量（γ_{sat}）が必要になるので、これについても事例や試験値に基づき設定することが望ましい。

5.3.4　地すべり等の土質強度定数

地すべりのすべり面の土質強度定数は、**4.4.5** の土質試験によって得られた値や **5.3.2** の湛水前の安全率を用いて逆算法によって求めた値から最適な値を設定する。

崖錐等の未固結堆積物の土質強度定数は、事例や土質試験の結果をもとに十分に検討して設定す

(1) 地すべりのすべり面の土質強度定数

すべり面の土質強度定数（c'、ϕ'）を土質試験によって求める場合、すべり面の乱さない試料の採取が困難であること、せん断強度としてピーク強度、完全軟化強度、残留強度のどの値を地すべりの安定解析に用いるべきかについて明確に解明されていないこと、すべり面の強度は1つのすべり面でも変化に富み、限定された地点での試料採取による土質試験の結果をそのまま平均的なすべり面の強度としては使用できないことなどの問題がある。

このため、一般にはすべり面の土質強度定数は、すべり面の湛水前の安全率 Fs_0 を推定し、逆算法によって求められている。安定計算式において湛水前の安全率 Fs_0 が定まれば、c'、$\tan\phi'$ の関係は1次式で与えられ、**図 5.11** に示すような $c' - \tan\phi'$ 図が得られる。そこで**表 5.6** から c' を定めれば、ϕ' を求めることができる。ただし、c' の値をあまり大きくとると湛水に伴う安全率 Fs の変化を過小に評価するおそれがある（**図 5.12**）ので、採用する c' の値の上限は 25kN/m² 程度とし、それ以上の値をとる場合には土質試験等を行い総合的に検討することが必要である。また、逆算法によって求めた土質強度定数の妥当性を、土質試験によって求められた値、他地域の類似地質の地すべりにおける逆算法から求めた値などから検証しておく必要がある。なお、**表 5.6** は主に地すべり層厚が一様である地すべり等（**図 5.10**）に対して適用するものであり、最大鉛直層厚の代わりに平均鉛直層厚を用いる（道路土工指針）場合もある。また、ϕ' については斜面勾配とほぼ同じ

表5.6　地すべりの最大鉛直層厚と粘着力 [5]

地すべりの最大鉛直層厚 (m)（**図5.10**を参照）	粘着力 c' (kN/m²)
5	5
10	10
15	15
20	20
25	25

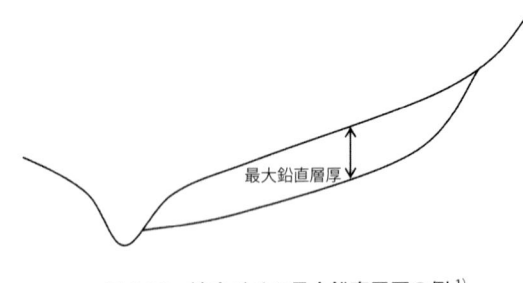

図 5.10　地すべりの最大鉛直層厚の例 [1]

図 5.11　$c' - \tan\phi'$ 図の例 [1]

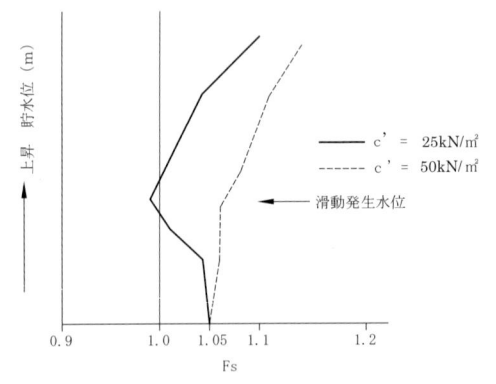

図 5.12　粘着力 c' の違いと貯水位上昇時の安全率 Fs の変化（運動の生じた例）

貯水位上昇時に運動した層厚約50mの地すべりの貯水位上昇時の安全率 Fs の変化を示したもの。$c' = 50$kN/m² とした場合には、実際に運動したにもかかわらず安全率 $Fs > 1.00$ となっている。一方、$c' = 25$kN/m² とした場合には貯水位の上昇により $Fs < 1.00$ となっている。このように c' の値を大きく設定すると安全率 Fs の変化を過評価する場合がある。

であるという研究結果もある。

ここで、すべり面の形状が変わればすべり面の強度も変わるので、同じ断面上であってもある1つのすべり面の強度定数をそのまま別のすべり面に使用して安定性を判断してはならない。

なお、逆算法の妥当性の検証も含めて、より合理的な地すべり等の安定解析を行うためには、すべり面の土質強度定数を土質試験によって求めるべきであり、今後、土質試験を積極的に行いデータの蓄積に努める必要がある。

貯水池の水位上昇以外の要因で発生した地すべりの実態統計による土の強度定数を**図 5.13**に示

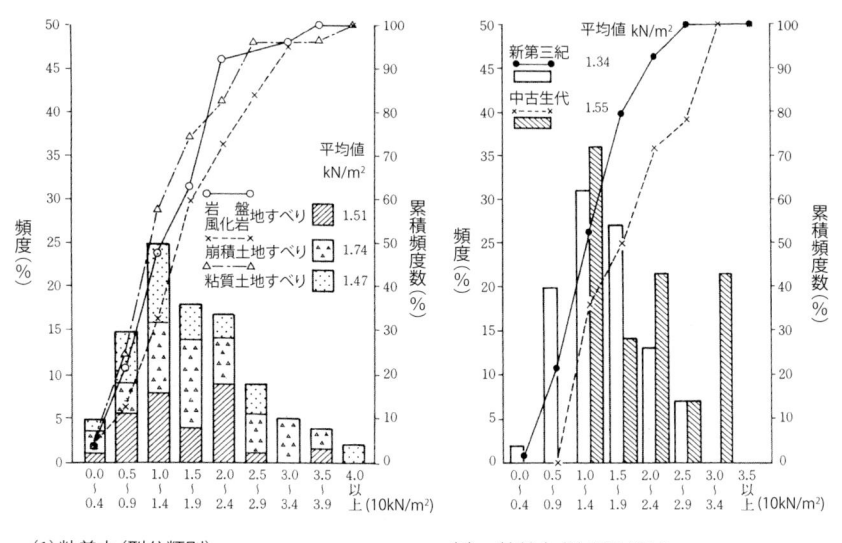

(1) 粘着力(型分類別)　　(2) 粘着力(地質時代別)

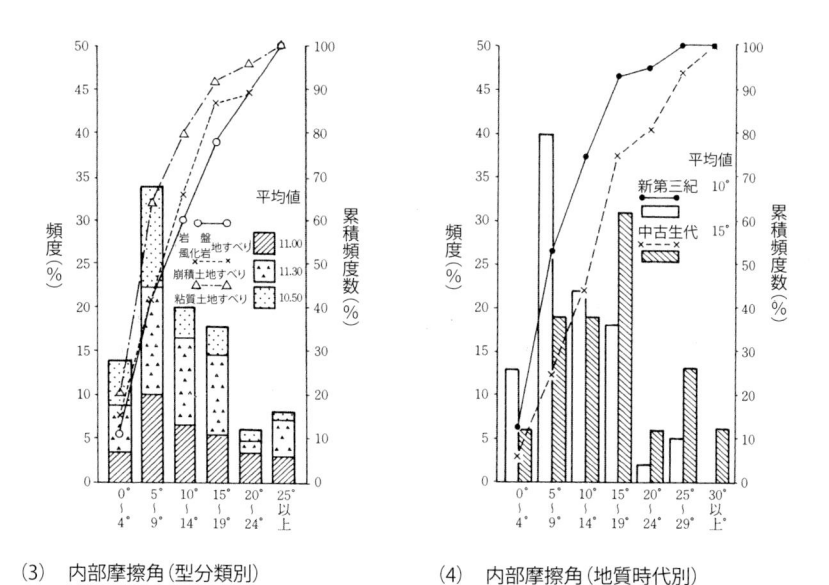

(3) 内部摩擦角(型分類別)　　(4) 内部摩擦角(地質時代別)

図 5.13　地すべりの実態測定によるすべり面の強度[12) に加筆]

す。
　一般に土は含水することにより強度が低下するため、湛水によって含水比が増加し、安定性が低下することも考えられる。しかし、地すべりのすべり面粘土の飽和度に関する資料は少ないが、地下水位がすべり面以浅にあるすべり面は飽和しており、また、不飽和地帯であっても、一般に多かれ少なかれ地下水が存在するので、すべり面粘土は飽和に近い状態にあるのではないかと推察される。さらに、少なくとも過去の降雨時にはそのような履歴があるため、湛水によるすべり面の強度低下は逆算法で強度定数 c'、ϕ' を求める段階で概ね考慮されていると考えられる。

(2) 崖錐等の未固結堆積物の土質強度定数

　逆算法は、地すべりのすべり面の土質強度定数を求める方法であるため、明瞭なすべり面が存在しない崖錐等の未固結堆積物には適用できない。したがって、崖錐等の未固結堆積物の土質強度定数（c'、ϕ'）は、類似斜面の事例や土質試験の結果をもとに十分に検討して設定する。

　なお、崖錐等の内部の地質性状は不均質と考えられるので、土質強度定数設定にあたっては、十分な地質調査および試験等によって設定する。崖錐等の未固結堆積物の土質強度定数の設定例を**図5.14**に示す。

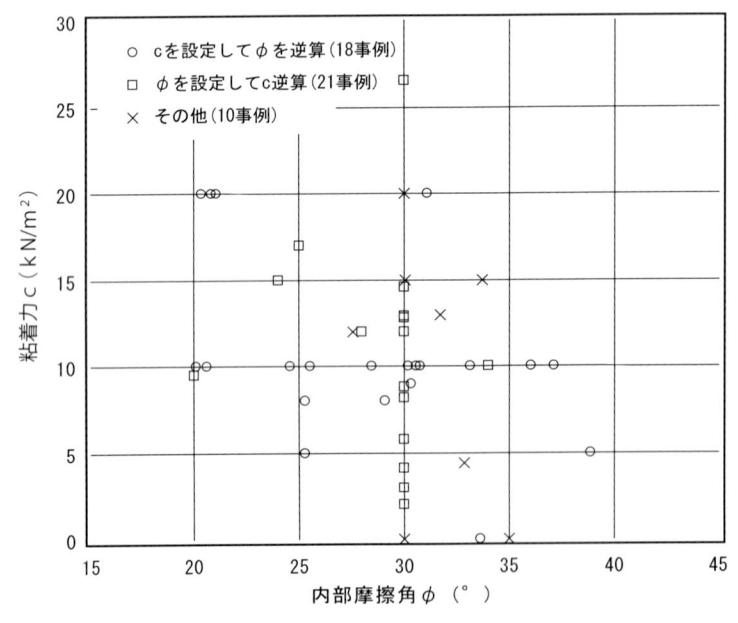

図5.14　崖錐等の未固結堆積物の土質強度定数の設定例
全16ダム49ブロックの事例を整理した事例では、
粘着力 0.0～26.5kN/m²、内部摩擦角 20.0～38.9°の範囲で設定されている。

【参考 G】臨界すべり面から得られる土質強度定数（c'、φ'）

("A new method for estimating the shear strength parameters at the critical slip surface",Teuku Faisal FATHANI and Hiroyuki NAKAMURA, 日本地すべり学会誌 42-2（166） から抜粋)

調査によって得られたすべり面を臨界すべり面と考えて、土質強度定数（c'、φ'）を決定する方法を以下に示す。臨界すべり面とは安定解析を行っている断面における複数のすべり面形状の中で最小の安全率を示すものである。

この手法では、層厚からc'を設定してφ'を逆算する方法とは異なり、調査結果等によりすべり面の形状などを把握している地すべりに対して、すべり面の土質強度定数c'、φ'を決定する。

調査結果によるすべり面について現状の安全率を1.00としたときの逆算のc'－φ'の関係図を**参考図G-1**に示す。このc'－φ'線上で任意のc'、φ'の組み合わせ1～14を設定し、各組み合わせの臨界すべり面を求めると**参考図G-2**のようになる。例えば、1の組み合わせによる臨界すべり面は①のようになり、実際のすべり面とは異なったところとなる。

c'、φ'1～14の組み合わせによる臨界すべり面の安全率を求めると**参考図G-3**のようになる。当斜面の現状の安全率は1.00としているため、1.00を下回る⑤以外のすべり面は存在しないと考えられる。したがって、土質強度定数の組み合わせは5に設定される。

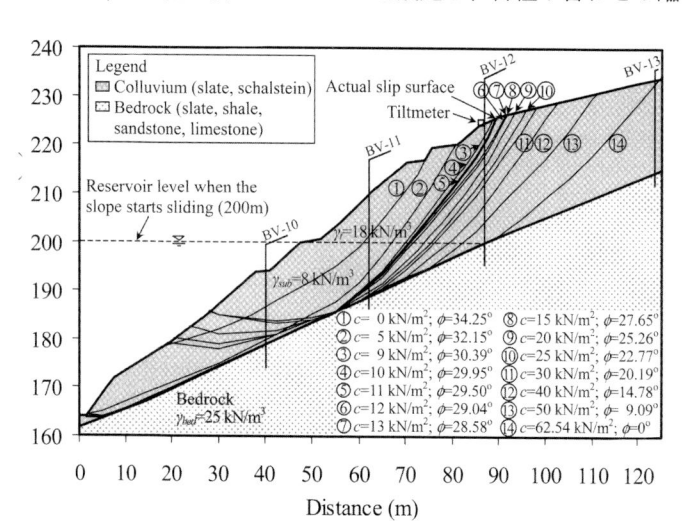

参考図 G-2　土質強度定数の組み合わせに対応する臨界すべり面

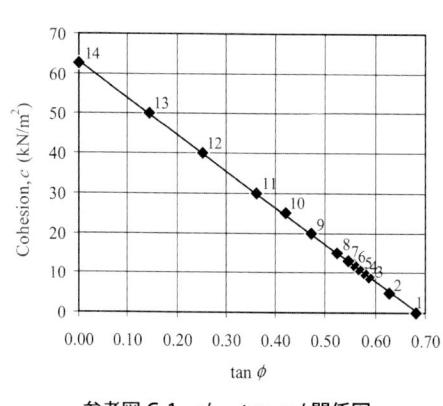

参考図 G-1　c'－tan φ'関係図

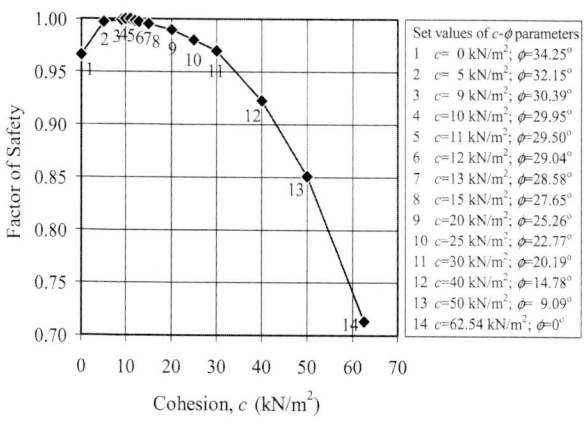

参考図 G-3　土質強度定数の組み合わせと安全率

5.3.5 残留間隙水圧の残留率

貯水位下降時の安定解析では、貯水位が下降した標高部分（貯水位変動域）の地すべり等の土塊中に発生する残留間隙水圧を評価しなければならない。残留間隙水圧の影響を安定計算の中で見込むために、地すべり土塊内の貯水位下降前の貯水部分に対する下降後に残留した地下水部分の面積比率を用いており、この比率を残留間隙水圧の残留率と呼んでいる。

従来より、残留間隙水圧の残留率は、十分なデータがない場合には、安全側の判断として、50%とすることが一般的である。

ただし、残留間隙水圧の残留率は、対象斜面の地形、地質・地質構造、透水性、水際から湛水前の地下水位までの距離、上部斜面からの地下水の流入量および貯水位下降速度等の水理地質条件によって異なる [18) 19) 20) 21)]。したがって、残留率の決定にあたっては、地すべりの場合は**図 5.15**、崖錐等の未固結堆積物からなる斜面の場合は、**図 5.16** を参考に、湛水前の調査・試験・計測など

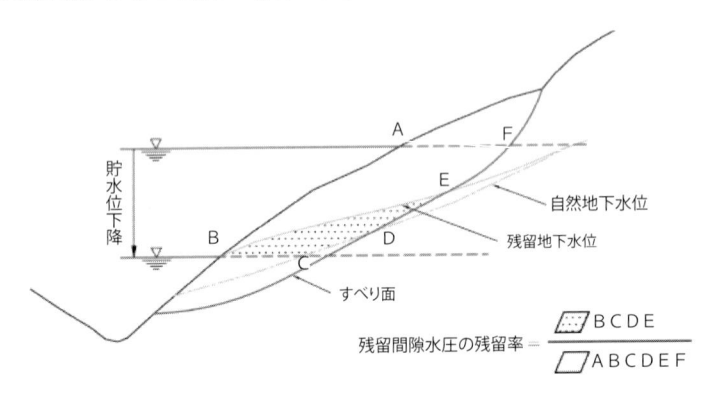

図 5.15　地すべりにおける残留間隙水圧の残留率の算定 [1)]

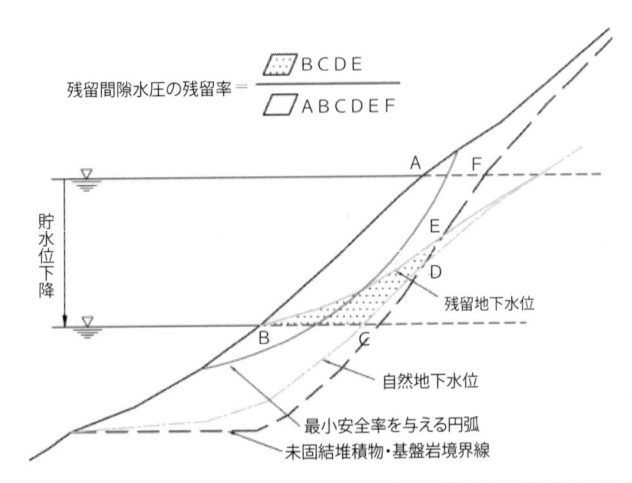

図 5.16　未固結堆積物からなる斜面における残留間隙水圧の残留率の算定 [1)]

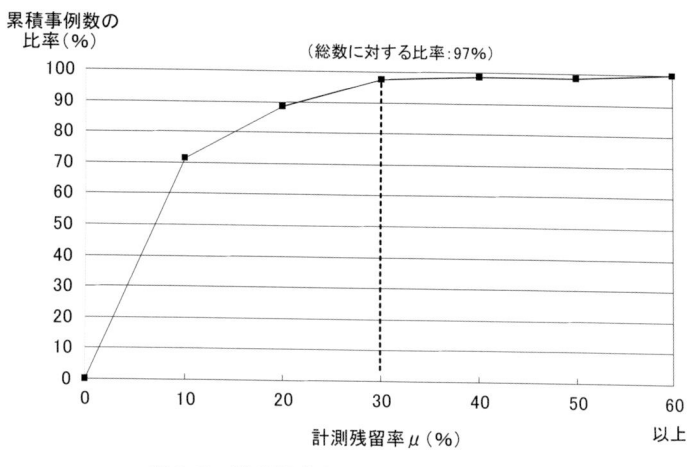

図5.17 残留間隙水圧の残留率の実測事例

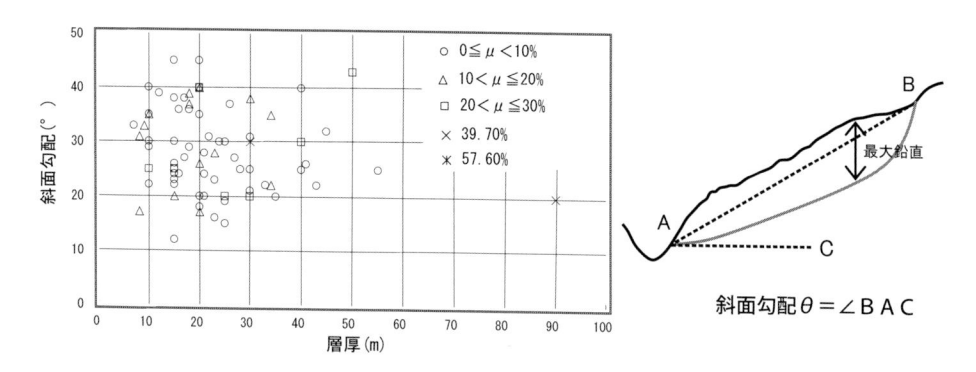

図5.18 地すべり層厚・斜面勾配と残留率μの関係

から対象斜面の水理地質条件を検討し、既往事例や浸透流解析結果等を参考にして個別に設定することが望ましい。

近年、蓄積されてきた知見によると、短時間で貯水位を急激に変化させるような貯水位の運用を行わない場合で、以下のいずれの条件にも該当しない場合は、貯水位下降時の残留間隙水圧の残留率を、水際斜面の地下水位の上昇（堰上げ）も含めて30％とすることができることが明らかになってきている（**図5.17**）。

① すべり土塊層厚や未固結堆積物の堆積層厚が非常に厚く（30m以上）かつ斜面勾配がきわめて緩い（30°以下）場合（**図5.18、図5.19、図5.20**）
② 地すべりブロック周辺が集水地形で地すべり土塊への地下水流入が多い場合
③ 地すべり土塊の透水性が低い場合

また、地すべり対策工として押え盛土を施工する場合は、排水性の良い材料を用いるなど、対策工施工後の残留間隙水圧の上昇防止に留意する必要がある。

なお、浸透流解析実施にあたっては、対象斜面の水理地質条件（降雨と地下水位との相関、透水係数、有効間隙率等）が必要である。このため、事前の長期にわたる地下水位観測を実施するとと

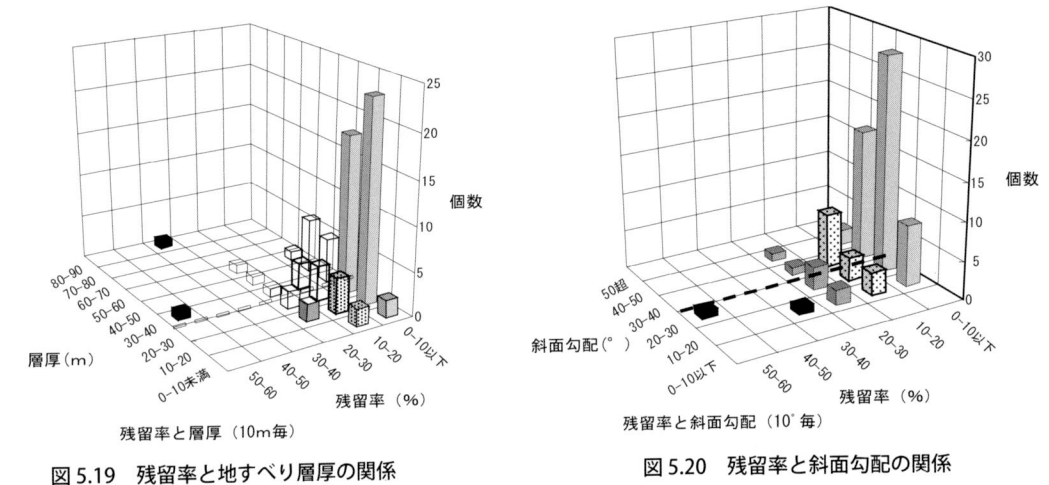

図 5.19　残留率と地すべり層厚の関係　　　　　図 5.20　残留率と斜面勾配の関係

もに、これらの水理地質情報を用いた浸透流解析による地下水位の再現性の確認を行った上で解析モデルを修正し、解析精度の向上を図る必要がある。

また、崖錐等の未固結堆積物からなる斜面においては、一般に透水性が高く地すべりに比べて残留間隙水圧の残留率は低いことが予測されるが、斜面を構成する土質には粘性土が混入する場合もあるため注意を要する。

浸透流解析では貯水位操作に応じた残留率を求めることができるとともに、将来予測される豪雨時の降雨を考慮した地下水状況を推定することができ、地すべりの長期的な安定性の解析・評価に役立てることができる。ただし浸透流解析の実施に際しては、対象斜面の水理地質情報（降雨に対する地下水位の応答状況、飽和透水係数、不飽和浸透特性等）が必要であり、事前の長期にわたる地下水位観測と浸透流解析による地下水位の再現性の検証を行わなければならない。

浸透流解析には様々な手法があるが、貯水池地すべりのように複雑な対象領域、境界条件を有する場合には差分法や有限要素法で代表される数値解析的な手法を用いる。浸透流解析では被圧帯水層のような飽和領域のみ解析する飽和浸透流解析と、不飽和領域も取り扱うことで降雨時の地下水面の変化も解析できる飽和―不飽和浸透流解析があるが、貯水池地すべりの解析では貯水位操作や降雨に伴う不飽和領域の変化を扱うため、飽和―不飽和浸透流解析で実施する必要がある。

浸透流解析を用いた残留率推定のフローを**図 5.21** に示す。なお、貯水位降下時の残留率の算定の際には、安定解析おける安全率の最小値が的確に把握できるように貯水位を刻んで浸透流解析を行っておく必要がある。

```
地下水モデルの構築
①解析モデル（メッシュ）の作成
       ↓
②再現解析（透水係数の分布の同定）
 1) 自然地下水位の再現
 2) 観測地下水変動の再現
       ↓
③透水試験結果との比較による
  再現解析結果の妥当性の検証
       ↓
④貯水位降下時の残留率の推定解析
```

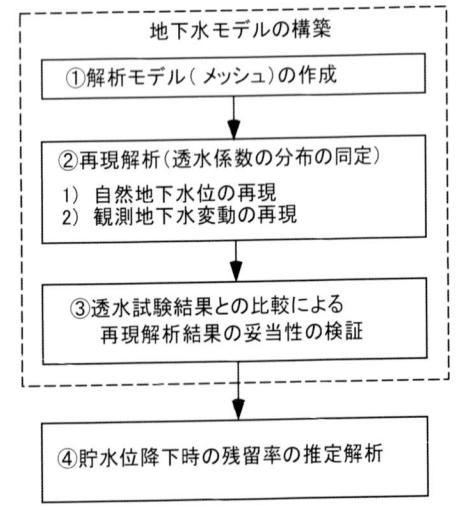

図 5.21　浸透流解析を用いた残留率推定のフロー

【参考 H】浸透流解析の事例

(牧野孝久他(2007):先行降雨を考慮した貯水池周辺地すべりの残留間隙水圧の残留率の評価 こうえいフォーラム 16 pp.41-46 を編集)

貯水位操作によるダム貯水位の低下に伴う斜面の残留間隙水圧について、2 次元 FEM 浸透流解析を用いて検討した事例を以下に示す。

解析モデルは、地すべりブロックの上部・下部斜面を十分に含む領域について作成した。また、水理特性の区分については既往の地質調査や透水試験の結果を参考に初期設定し、孔内水位の実績データをもとに再現解析を行って最も再現性の良いモデル(**参考図 H-1**)に修正した。実際の観測結果と再現解析結果の孔内水位変動は類似した傾向を示している(**参考図 H-2**)。

残留間隙水圧は貯水位降下前までの降雨の影響を受けると考えられる。そこで、本解析ではある 2 パターンの先行降雨(**参考図 H-3、参考図 H-4**)を与えた後に貯水位降下を行って残留間隙水圧の残留率を推定し、先行降雨および貯水位低下速度との関係を整理した(**参考図 H-5**)。解析結果の概要を①〜④に示す。

① 先行降雨を与えた場合、先行降雨がない場合と比較して、残留率は最大約 10%程度大きくなる。
② 累積降雨型(先行降雨 1)の方が、短期集中型の豪雨(先行降雨 2)より、若干ではあるが残留率が大きい。
③ 貯水位降下速度が大きいほど先行降雨の影響が大きい。
④ 貯水位降下速度が大きくなるほど残留率も大きくなる。

このように、先行降雨や実際の貯水位操作を考慮した解析を実施し、その時の残留率や地すべりの安定性を評価することが望ましい。

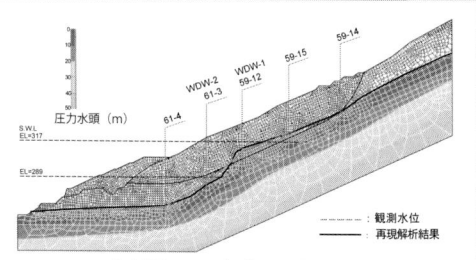

参考図 H-1 解析モデル図

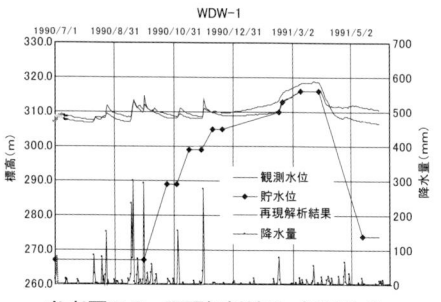

参考図 H-2 再現解析結果(WDW-1)

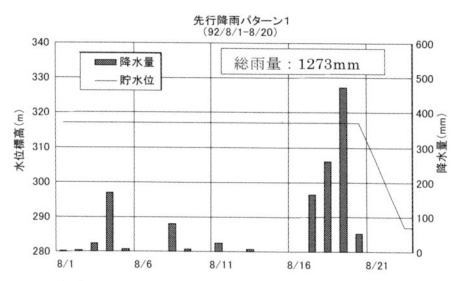

参考図 H-3 先行降雨 1(累積最大降雨)

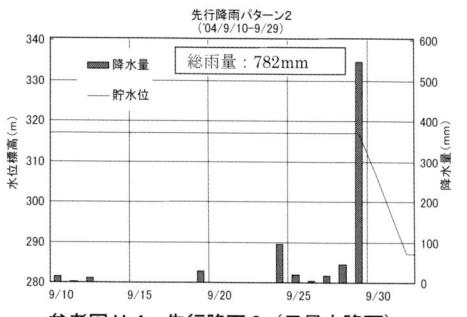

参考図 H-4 先行降雨 2(日最大降雨)

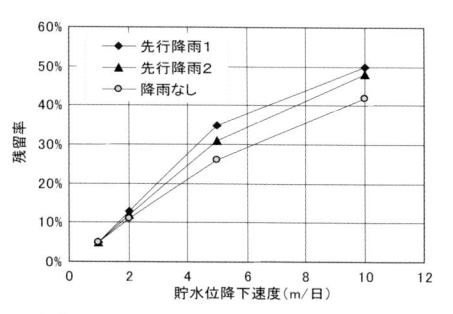

参考図 H-5 貯水位降下速度と残留率の関係

5.3.6 貯水位の変化に伴う安全率の評価

貯水位の変化に伴う安全率の評価は、湛水後に通常想定される貯水位操作の範囲で、貯水位の上昇時と下降時について行うことを原則とする。

貯水位上昇時の貯水位の変化に伴う安全率 Fs の評価のための安定解析は、河床標高あるいは地すべり面の末端標高からサーチャージ水位（SWL）までの範囲について行う。

一方、貯水位下降時の貯水位の変化に伴う安全率 Fs の評価のための安定解析は、洪水期に急速な貯水位下降が予測される場合を対象とし、洪水時最高水位（通常サーチャージ水位）（SWL）から洪水期制限水位（制限水位）（RWL）までの範囲について行う。なお、制限水位（RWL）が設定されていない場合には平常時最高水位（常時満水位）（NWL）までとする。

ただし、洪水調節、流入土砂の排砂等の目的で急速な貯水位下降操作が計画されている場合は、安定解析における貯水位の変動範囲はその状況に応じて設定する必要がある。

なお、異常渇水時等の利水補給やダム堤体の点検等の場合には、制限水位（RWL）あるいは常時満水位（NWL）から最低水位（LWL）まで連続して貯水位下降することが想定されるが、その際には下降速度を制御することができるため、急速な貯水位下降を想定した安定解析の対象とはしない。

安定解析は、地すべり面の勾配変化位置等を考慮し、安全率 Fs の最小値（Fs_{min}）が的確に把握できるように貯水位を小刻みに設定して実施する。

図 5.22 に、地すべりの安定計算の事例を示す。

貯水位が 210 m、水没深が 0.00 m、つまり湛水前の A 点で地すべりブロックの安全率 $Fs = Fs_0$ を 1.05 とし、貯水位下降時の残留率は 30% として計算した。また、すべり土塊厚が約 20 m であるので $c' = 20 kN/m^2$ とし、$\tan \phi'$ を逆算した。この事例では、貯水位低下時の B 点で最小安全率（$Fs_{min} = 0.98$）を示している。

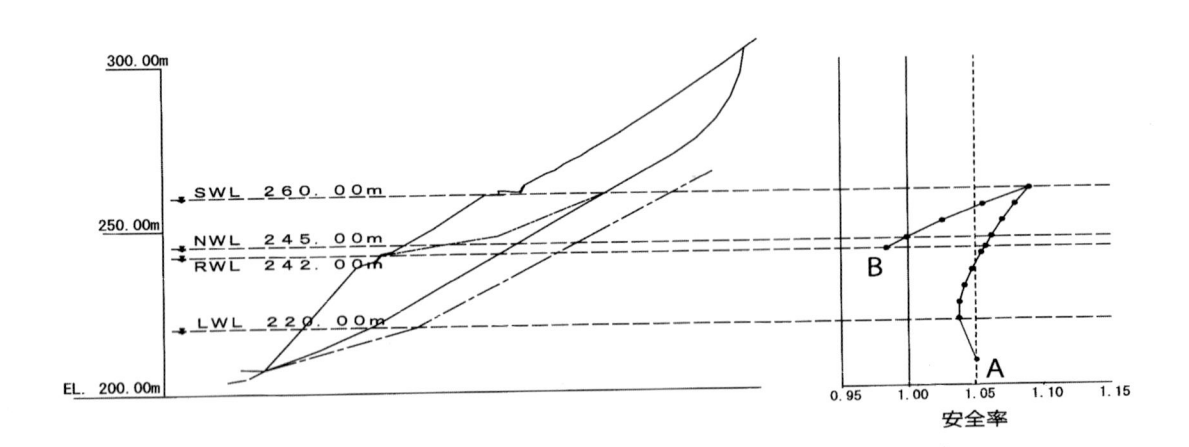

5.4 対策工の必要性の評価

　対策工の必要性は、原則として二次元安定解析により湛水後に通常想定される貯水位操作時の最小安全率を用いて評価する。

　湛水時の最小安全率（Fs_{min}）が 1.00 を下回る地すべり等については対策工が必要である。なお、対策工を施工した地すべり等については、巡視を行うとともに、地盤伸縮計・地盤傾斜計・孔内傾斜計等による計測を行って、その挙動を監視し、湛水時の対策工の効果や地すべり等の安定性について確認する（**図 5.23**）。

　一方、現在、安定している地すべり等で、湛水時の最小安全率（Fs_{min}）が 1.00 以上と評価される地すべり等についても、巡視を行うとともに、必要に応じて地盤伸縮計・地盤傾斜計・孔内傾斜計等による計測を行って、その挙動を監視し、湛水時の安定性について確認する（**図 5.23**）。

　なお、精査結果を踏まえて「地すべり等の規模」や「保全対象物への影響」等（**3.4** 参照）を適宜修正する。対策工の必要性は、これらを含めて総合的に評価する。

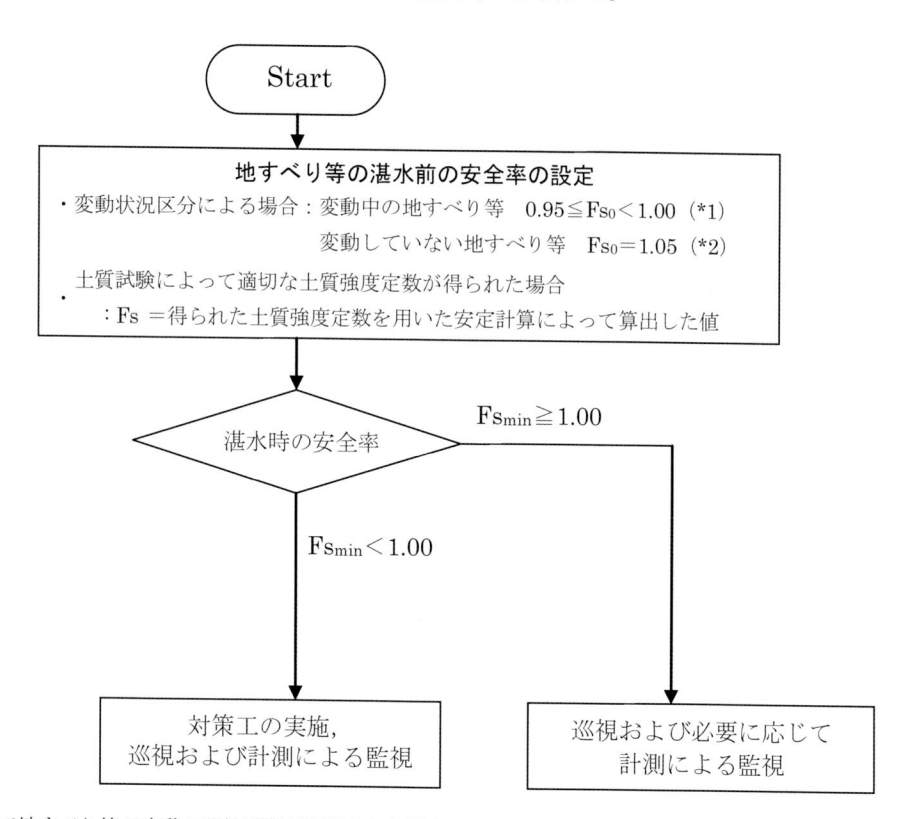

```
                    ┌─────────┐
                    │  Start  │
                    └────┬────┘
                         ↓
┌─────────────────────────────────────────────┐
│     地すべり等の湛水前の安全率の設定           │
│ ・変動状況区分による場合：変動中の地すべり等    │
│                         $0.95 \leq Fs_0 < 1.00$ (*1) │
│                   変動していない地すべり等     │
│                         $Fs_0 = 1.05$ (*2)    │
│ ・土質試験によって適切な土質強度定数が得られた場合 │
│     ：Fs = 得られた土質強度定数を用いた        │
│          安定計算によって算出した値            │
└──────────────────┬──────────────────────────┘
                   ↓
              ◇────────────◇    $Fs_{min} \geq 1.00$
              │ 湛水時の安全率 ├──────────────┐
              ◇────┬───────◇              │
                   │ $Fs_{min} < 1.00$       │
                   ↓                         ↓
         ┌──────────────┐          ┌──────────────┐
         │  対策工の実施、 │          │ 巡視および必要に応じて│
         │巡視および計測による監視│   │   計測による監視      │
         └──────────────┘          └──────────────┘
```

*1　計測で地すべり等の変動の開始時期が把握された場合には、変動開始直前の安全率を $Fs_0 = 1.00$ とする。
*2　湛水前の変動していない地すべり等の安定性は、複数年以上の長期間にわたり安定して存在する最も高い地下水位（豊水期の最低地下水位）を用いて $Fs_0 = 1.05$ とする。

図 5.23　対策工の必要性の評価手順[1]

6
対策工の計画

6.1 目的

　対策工の計画は、貯水池周辺の湛水に伴う地すべり等の安定性を確保し、地すべり等による被害の防止または軽減を図ることを目的として立案する。

　安定解析の結果、貯水位の変動によって最小安全率（Fs_{min}）が 1.00 を下回り、湛水によって不安定になるおそれがあると判断された地すべり等については、対策工によって安定性の向上を図るための計画を立案する必要がある。

6.2 対策工の計画の手順

　対策工の計画の手順は、**図 6.1** に示すように、「計画安全率の設定」、「対策工の選定」、「必要抑止力の算定」の順とする。

　対策工の計画は、まず、地すべりブロックに対する計画安全率を設定し、発生・変動機構に応じた対策工を選定する。次に、必要抑止力を算定して対策工の規模を決定する。計画にあたっては、複数の比較案を検討し、最も効果的かつ経済的な案を詳細設計の対象として採用する。

　なお、本書では、湛水に伴う地すべり等の対策工の設計・施工上の方針と留意点を示し（**6.6、6.7** 参照）、対策工の設計・施工の詳細な内容については触れていない。

（1） 計画安全率の設定

　計画安全率（P.Fs）は、対策工の規模を決定するための所要安全性の程度の目標値であり、保全対象の種類に応じた重要度により 1.05 〜 1.20 の範囲で設定する。

　一般に、対策工の計画安全率は、地すべりの変動状況に応じて現状の安全率を仮定して設定されることが多い。「河川砂防技術基準・同解説　計画

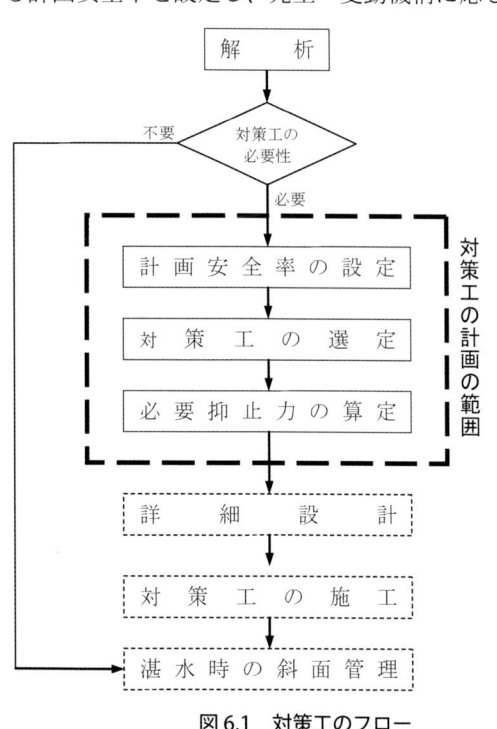

図 6.1　対策工のフロー

編」[2]では「計画安全率は防止工事による相対的な安全率の向上を示すものであり、必ずしも工事実施後の斜面の安定度そのものを示すものではないことに注意する必要がある」と示されている。

貯水池周辺の地すべり等においても、地すべり変動状況に応じて湛水前の安全率（Fs_0）を仮定し、これに対して計画安全率を設定している。したがって、計画安全率は必ずしも工事実施後の斜面の安定度そのものを示すものではなく、湛水前の安全率（Fs_0）に対する安全度の相対的な向上の程度を示すものであることに注意する必要がある。

(2) 対策工の選定

対策工の選定にあたっては、地すべり等の特性、貯水位面と地すべり等の位置関係などについて十分検討し、また各々の対策工の特徴を十分考慮して効果的かつ経済的な一つまたは複数の対策工の組み合わせを選定する。

(3) 必要抑止力の算定

必要抑止力は、計画安全率を満足するように算定する。

6.3 計画安全率の設定

対策工の計画安全率（P.Fs）は、保全対象の種類に応じた重要度により設定する。

(1) 保全対象の種類に応じた重要度

保全対象の重要度は、保全施設の種類および保全する斜面に応じて決定し、目安として「大」、「中」、「小」に三区分する。

なお、保全対象の重要度は、地すべり等による直接的な被害だけでなく、背水域における河道閉塞と決壊による氾濫などの間接的な被害も含めて検討する。

(i) ダム施設

ダム施設（**3.4** 参照）が地すべり等の変動の影響を受けた場合は、社会的にきわめて大きな影響を生じるため、重要度は大とする。

(ii) 貯水池周辺の施設

貯水池周辺の施設（**3.4** 参照）のうち、家屋（代替地を含む）、国道、主要地方道、迂回路のない地方道、橋梁、トンネル、鉄道等は、地すべり等の変動の影響を受けた場合、社会的影響が大きいものまたは復旧に時間を要するものであるため、重要度は大とする。

迂回路のある地方道、公園等は比較的公共性が高く、重要度は中とする。

林道、管理用道路、ダムの機能に直接関わりのない係船設備、流木処理施設および貯砂ダム等については比較的公共性が低く、重要度は小とする。

(iii) その他の貯水池周辺斜面

その他の貯水池周辺斜面のうち、貯水池周辺の山林保全上あるいは景観保全上重要である斜面などは、地すべり等が発生した場合の影響を考慮して重要度を検討する。

（2） 対策工の計画安全率

計画安全率は、保全対象の種類および保全する斜面に応じた重要度によって設定されるもので、地すべり等の規模や地すべりの型分類によって設定されるものではない。

計画安全率は**表 6.1** に示す値を基準として保全対象への影響を勘案して決定する。なお、この値は標準的な値を示したものであり、計画安全率の設定は、ダムごとの事情を考慮して慎重に行わなければならない。

表 6.1 対策工の計画安全率と保全対象の重要度一覧[1]

保全対象			計画安全率				備考
種類と具体例		重要度	1.05	1.10	1.15	1.20	
ダム施設	堤体、管理所、通信施設、取水設備、放流設備、発電設備等	大				■■	ダム機能が著しく低下するとともに、社会的に極めて大きな影響を生じるもの。
貯水池周辺の施設	家屋、国道、主要地方道、迂回路のない地方道、橋梁、トンネル、鉄道等	大				■■	社会的な影響が大きいもの又は復旧に時間を要するもの。重要度の区分に当たってはダム個別の事情を十分考慮する。
	迂回路のある地方道、公園等	中			■■		
	林道、管理用道路、係船設備、流木処理施設、貯砂ダム等	小		■			
その他の貯水池斜面			■■				上記以外で貯水池周辺の山林保全上又は景観保全上重要である斜面。

6.4 対策工の選定

対策工は、地すべり等に応じた効果的かつ経済的な対策とすることを目的として、地すべり等の特性、貯水位面と地すべり等の位置関係および各々の対策工の特徴を考慮して選定する。

（1） 工法選定の要素

対策工の選定にあたっては、地すべり等の特性、貯水位面と地すべり等の位置関係などについて十分検討し、また各々の工法の特徴を十分考慮して効果的かつ経済的な一つまたは複数の対策工の組み合わせを選定する。なお、工法選定にあたって考慮すべき要素を具体的に示すと以下のとおりである。

① 地すべりの型分類
② 地形形状（斜面状況）
③ 規　模
④ 地すべり等の機構（素因・誘因）
⑤ すべり面の形状（特に貯水位面との関係）
⑥ 基盤岩の状況
⑦ 保全対象の種類、位置
⑧ 施工性

⑨ 経済性
⑩ 環境等の要素

(2) 対策工の種類

湛水に伴う地すべり等の対策工の分類を**図 6.2** に示す。

湛水に伴う地すべり等では、移動土塊の一部が水没するため、本来抑制工の主たる工法である地下水排除工の配置が難しく、比較的高価な抑止工が用いられることが多い。ただし、**5.3.6** に示したように、近年、比較的高い貯水位時に台風等の豪雨が発生した場合に地山の地下水位の堰上げが顕著となって地すべりが運動した事例が認められることから、堰上げや降雨等による地下水位の上昇が懸念される場合には貯水位以上の標高部での地下水排除工は有効な対策である。

押え盛土工は、盛土による貯水容量の減少分を別途確保できる場合には、確実な効果が得られる工法であり、ダム本体基礎や原石山の掘削土を利用できるなどの利点があるが、反面、貯水位面下の盛土荷重は水中重量で作用するため、土量に比較して効果が低い難点がある。また、大規模な盛土では、斜面の排水性が低下するため、残留間隙水圧の増大に影響を与える可能性も考慮する必要がある。

地すべり対策工を実施する際には貯水による波浪浸食、貯水位の下降時に生ずる土砂流出に注意を払う必要がある。特に、対策工施工位置より下方の土塊の浸食は地すべり対策工に大きな影響を及ぼすため、その洗掘や崩壊を防止する法面工の施工が重要である。

これらを考慮し、効果的かつ経済的な対策工を計画する必要がある。

最近の新しい対策工法として、CSG（Cemented Sand and Gravel）を用いた押さえ盛土工や φ 1000mm 前後の大口径の鋼管杭工が導入され始めている。

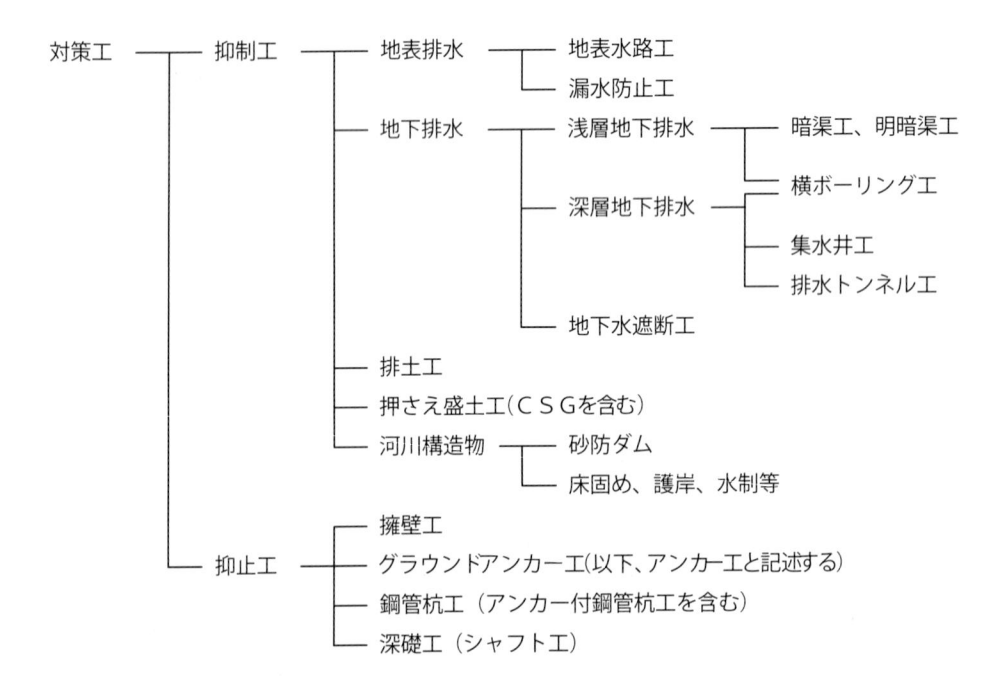

```
対策工 ─┬─ 抑制工 ─┬─ 地表排水 ─┬─ 地表水路工
        │           │             └─ 漏水防止工
        │           ├─ 地下排水 ─┬─ 浅層地下排水 ─┬─ 暗渠工、明暗渠工
        │           │             │                 └─ 横ボーリング工
        │           │             ├─ 深層地下排水 ─┬─ 集水井工
        │           │             │                 └─ 排水トンネル工
        │           │             └─ 地下水遮断工
        │           ├─ 排土工
        │           ├─ 押さえ盛土工（ＣＳＧを含む）
        │           └─ 河川構造物 ─┬─ 砂防ダム
        │                           └─ 床固め、護岸、水制等
        └─ 抑止工 ─┬─ 擁壁工
                    ├─ グラウンドアンカー工（以下、アンカー工と記述する）
                    ├─ 鋼管杭工（アンカー付鋼管杭工を含む）
                    └─ 深礎工（シャフト工）
```

図 6.2　対策工の分類

（3）対策工の概要

地すべり対策工として用いられる各種の対策工の一般的な施工位置を**図 6.3** に、長所・短所を**表 6.2** に示す。

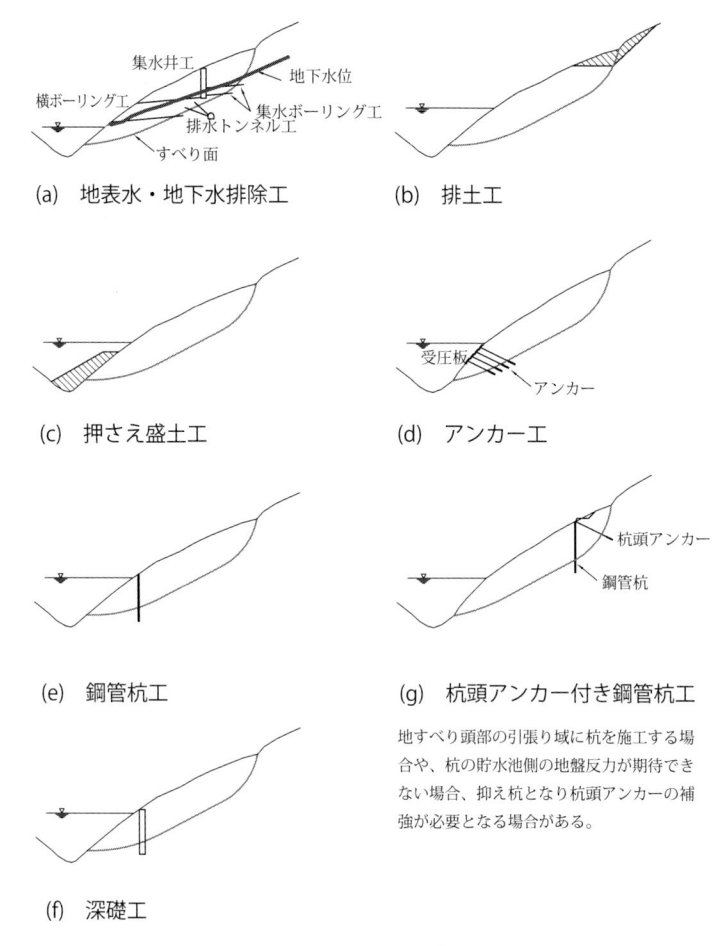

図6.3　湛水に伴う地すべり対策工の一般的な施工位置

各対策工の概要と計画上の留意点を以下に示す。なお、地すべり地の側部周辺は運動により乱されて地盤が脆弱なことが多い。このため、対策工の範囲は、地すべり地の側部周辺に分布する不安定斜面までを十分に含んだ幅が必要となる。

(i) 地表水・地下水排除工

地表水排除工と地下水排除工は、地すべり土塊内に地下水を貯溜させないための工法である。湛水に伴う地すべりでは、貯水位より上部土塊内に自然地下水位がある場合、湛水や降雨に伴い堰上げが生じる場合にはその排除のために地下水排除工が施工される。ただし、水没部分の多い地すべりでは施工範囲が限定され、施工効果が小さい。

地下水排除工には集水井や排水トンネルからの集水ボーリングがあり、集水井や排水トンネルは

表 6.2　対策工の主な長所・短所

対策工	長　　　所	短　　　所
地表水・地下水排除工	1. 貯水位より上位斜面の排水能力を高める。	1. 水没部分の多い地すべりでは施工範囲が限定される。
排土工	1. 抑止に対する確実性が高い。 2. 施工が容易である。	1. 背後の地すべり運動を誘発することがある。 2. 土捨て場を確保しなければならない。
押え盛土工	1. 抑止に対する確実性が高い。 2. 施工が容易である。	1. 盛土材料の確保が必要。 2. 貯水容量に影響を与える。 3. 河道の付替えが必要な場合がある。
アンカー工	1. 仮設が比較的簡易である。 2. 急傾斜地でも施工が可能である。 3. 地盤条件の変化に比較的処しやすい。 4. 地中に広範にわたりプレストレスを与えることができる。 5. 機械掘削のため施工速度が速い。	1. 長期時には緊張力の減少が予想され、再緊張が必要となる場合がある。 2. 地山の状態によっては緊張力のバランスがくずれ、ある部分に応力が集中する。 3. 設置の方向が適切でないと十分な効果が発揮されない。 4. 耐久性を確保するには十分な防錆が必要である。
鋼管杭工	1. 機械掘削のため施工速度が速い。 2. 効果が設置の方向にあまり影響されないため、どのような方向からの外力に対しても均一の効果を発揮する。	1. 泥水の処理が必要となる。 2. 仮設が大規模となる。 3. 一般に急傾斜地では、杭径や仮設が大きくなるため適さない。 4. 杭頭部へのはね上げ、杭前面すべりなどの逐次破壊の対処が必要である。
深礎工	1. 抑止に対する確実性が高い。	1. 主に人力掘削となり、施工速度が遅い。 2. 仮設が大規模となる。

それ自体が変形破壊しない地盤に施工することが原則である。したがって、集水井は頭部陥没地近くの地表面変動が活発な位置に設置すべきでない。また排水トンネルは、すべり面に近づけすぎないように注意する。なお、排除工の計画にあたっては地盤の透水性、地下水と地すべり運動との関係について十分に調査することが必要である。

(ii)　排土工

　排土工は、地すべり頭部の土塊を排除して安定化を図る工法で、最も確実な対策工の1つである。ただし、対象とする地すべり背後に別の地すべりが存在もしくは推定される場合には、土塊の排除によってそれらの地すべりの発生を誘発することがある。そのため、背後の地すべりが不安定化すると予想される場合には排土工は採用できない。

　排土後の法面は浸食や風化を防止するために植生や構造物で法面を被覆するとともに、法肩部や小段には表面排水路を設けて水はけを良くしなければならない。

(iii)　押え盛土工

　押え盛土工は、地すべりの末端部に擁壁（法枠工、ふとん籠、蛇籠などによるものが多い）と盛土を施工して末端部の抵抗を付加し地すべり地全体の安定化を図るものである。確実な効果の得られる工法であり、ダム本体等の掘削土を利用できるなどの利点があるが、反面、盛土荷重は水中重量で作用するため、土量に比較して効果が低い難点がある。また、規模の大きな地すべりでは、押え盛土量がかなり大きくなり、貯水池の容量に影響を及ぼすことがある。このような場合には、他の工法と併用して用いられることが多い。また、すべり面の末端位置が河床より高いところにあったり、ボトルネック形の地すべりでは効果の得られない部分の土量が多くなり、不経済となる。なお、本工法を用いた場合、盛土斜面で地下水位を上昇させる可能性もあるので、盛土部分の排水性には

十分留意しなければならない。

　CSG は、現場付近で比較的容易に入手できる河床砂礫や掘削土砂等の発生材料にセメントを添加・混合した材料である。CSG は、通常の盛土材料に比べて強度が大きいため、法面を急勾配にすることが可能である。そのため、特に押え盛土規模が大きくなるような場合、貯水池周辺においては減少する貯水容量が小さいという点で有利である。また、盛土断面が小さくなることで、セメント混合工程は増えるものの、全体としてコスト縮減が図れる可能性が高い。なお、現地発生材料を有効利用する CSG では、母材の特性により透水性が大きく異なるので、排水性については注意が必要である。

(ⅳ)　アンカー工

　アンカー工は、プレストレスを付加して、すべり面に対する垂直応力を増大してせん断抵抗力を増大させたり（締付けアンカー）、鋼材の引張強さによって地すべりの運動力を減殺させたり（引止めアンカー）して地すべりの運動を抑止する工法である。地すべり末端において大きな浮力が働くようなブロックに対しては、末端を締め付けることが有効である。

　アンカー工法は斜面勾配、すべり面勾配とも 30°以上の比較的急な勾配でも対応可能であり、また、受圧版を兼ねた法枠工で斜面の小崩壊や表面浸食を防止することもできる。

　しかし、アンカー工は腐食、リラクゼーション、付着力の長期的な低下などの原因による緊張力の低下といった問題がある。

(ⅴ)　鋼管杭工

　鋼管杭工は、大口径ボーリング（径 30 ～ 60cm）を削孔した後、鋼管を建て込み、その抵抗力で地すべりの運動を抑止するものである。ただし、斜面形状、すべり面形状、施工位置、地すべりの型分類などによって期待される機能が異なり、その適用には十分な検討が必要である。確実で効果的な鋼管杭工を設計、施工するためには次のような点に配慮する必要がある。

① 鋼管杭工は地すべり中心から末端部にかけて施工することを原則とし、かつ杭の背面の土塊内のすべりが発生せず、また、地すべりの運動力に対して十分な抵抗力を有する位置に施工する必要がある。

② 鋼管杭工の杭施工位置が地すべり頭部に近い場合、地すべり頭部付近は水平移動量よりも鉛直移動量が大きいため、杭が抵抗力を発揮できず、土塊が沈下して杭がむき出しになる可能性がある。また、杭施工位置が地すべり末端部に近く、すべり面が上向きになっている箇所に施工した場合には、地すべり土塊が杭頭部にはね上がって十分な杭の効果が期待できない。このため、このような箇所での杭施工は避けるべきである。同様に地すべり横断面で検討した場合にも引張地帯に施工しないことが重要で、このため杭列は地すべりの幅方向では必ずしも直線とならない。

③ 鋼管杭の根入れは、地質条件だけでなく地形条件も考慮して杭が十分抵抗力を発揮できるように選定しなければならない。なお、杭より貯水池側の斜面で湛水に伴う小崩壊などが生じた場合には、根入れ部の地盤反力が不足して杭の効果が損なわれるおそれがある。これに対しては、杭間の土塊の抜け落ち防止を含めて杭の貯水池側の斜面に洗掘や崩壊を防止する目的で法面工を施工するのが有効である。

④ 曲げ応力が大きく自立杭として対応できない場合には、杭頭アンカー付き鋼管杭として施工

される例が多い。貯水池周辺斜面では湛水によって杭背面の土塊が含水して軟弱化し、杭背面の地盤反力が十分に期待できないとの判断から、抑え杭として杭頭アンカー付鋼管杭工の施工例が多い。

⑤ 地形が急峻な場合には、作業足場確保のため切土が必要となり、これによって斜面の安定を損なうおそれがあるので避けるのが望ましい。

近年の高張力鋼杭、機械式継手などの鋼管杭材や大口径掘削機械の開発などにより、φ1000mm前後の超大口径の鋼管杭が施工可能となった。大口径鋼管杭は、貯水池周辺での施工が困難な深礎工に代わって有効な工法となっている。ただし、口径が大きいほど杭間隔も大きくなるため、杭間の土塊の抜け落ちについて留意することが必要である。

(vi) 深礎工

深礎工は、直径 1.5～6.0 m程度の井戸を掘削し、鉄筋コンクリートを打設して、その抵抗力で地すべりの運動を抑止する工法である。

深礎工は、地形条件の関係で機械搬入ができなかったり、または地盤が硬い転石を含む地層や非常に堅い地層（チャートなど）などで大口径のボーリングが困難な場合、地すべりの運動が大きく杭工では所定の安定性が確保できない場合などに用いられる。水没斜面などで施工地盤が脆弱な場合には、根入れの地盤が破壊しないように十分な配慮が必要であり、十分堅硬な岩盤まで根入れを行う必要がある。また、杭間隔が大きくなることから、杭間の土塊が抜け落ちやすくなるため、斜面の保護には十分留意する必要がある。また、施工時の作業ヤードを確保するために切土・盛土を伴う場合においても、地形変換を極力少なくし法面保護工を実施するなど斜面の安定に留意する必要がある。例えば、急斜面においては竹割り型に掘削した法面を鉄筋挿入工等で補強する工法が有効である。

以上、各工法の概要、特徴を略述したが、これまでの施工事例を調査すると地すべり抑止工として、鋼管杭工、アンカー工が最も多く採用されている。この２つの工法についてその採用傾向としては、鋼管杭工とアンカー工の採用境界を見ると、地形の勾配にして 30°前後、また主すべり面（中間部）の勾配でも 30°前後となっている。杭頭アンカー付き鋼管杭工の場合は、これよりも急な地形勾配、すべり面勾配の地すべりでも用いられている。

(4) 計測器の設置

対策工実施後の機能や効果を把握するために、必要に応じて対策工を計測する計器を設置する（**7.1.3** 参照）。対策工の計測としては、集水井工・排水トンネル工の流量計、アンカー荷重計、鋼管杭工・深礎工内のパイプ歪計・孔内傾斜計・土圧計・鉄筋計および杭頭の測量などが挙げられる。

6.5 必要抑止力の算定

対策工の必要抑止力は、計画安全率（P.Fs）を満足するように算定する。

必要抑止力は基準水面法を用いて式（6.1）によって計算する。

$$P.Fs \leq \frac{\sum (N-U)\cdot \tan\phi' + \sum c'\cdot L + P}{\sum T} \qquad \cdots\cdots (6.1)$$

ここに、
　P.Fs：計画安全率
　N：各スライス（分割片）に作用する単位幅あたりのすべり面法線方向分力（kN/m）
　T：各スライスに作用する単位幅あたりのすべり面接線方向分力（kN/m）
　U：各スライスに作用する単位幅あたりの間隙水圧（kN/m）
　L：各スライスのすべり面の長さ（m）
　ϕ'：すべり面の内部摩擦角（°）
　c'：すべり面の粘着力（kN/m²）
　P：対策工によって与えられる抑止力（kN/m）

　対策工として、排土工、排水工等の地すべりブロックに作用する運動力や間隙水圧を低下させて安定性を向上させる抑制工を採用する場合には、それによって得られる条件に対応したN、T、L、Uの値を用いて計画安全率を満足する必要抑止力を算定する。なお、式（6.1）の計算に用いるすべり面の粘着力 c' と内部摩擦角 ϕ' との値は、**5.3.4** で述べた方法によって設定した値を用いる。

　地下水排除工は、堰上げや降雨の影響が大きい場合に非常に有効な方法で一般に採用されているが、その効果を安全率の上昇量として正確に評価することは難しい。したがって、特に地下水排除工と抑止工を併用する場合には、地下水排除工の効果を過大にみて抑止工が過小になることがないように留意し、各々の対策工の効果や必要抑止力の算定条件等について十分に検討することが必要である。

6.6　設計上の留意点

　湛水に伴う地すべりの対策工を設計する上で、各工種における留意点を踏まえて適切かつ効果的な対策工の設計を行わなければならない。
　湛水に伴う地すべりの対策工として広く用いられているアンカー工、鋼管杭工の2つの抑止工法について設計上の留意点をとりまとめると次のようになる。

(1)　アンカー工
　移動土塊に緊張力を作用させたときに圧密や圧縮変形を生じるような場合、また、すべり面が深い場合にはアンカー工の初期の締付け効果が有効に働かないことが考えられる。そこでアンカー工の設計にあたっては、地すべりブロックにある程度の変形が進んだ段階で十分な効果を発揮するように引止め機能を重視した設計法を採用することが多い。ただし、岩盤地すべりの場合には締付け効果を重視し、初期緊張力を導入することが多い。アンカー工はせん断破壊に対する抵抗力は期待できない。したがって、引止め機能を重視したアンカーの施工方向はすべり面と低角度で交わるようにして、すべり面方向の引張分力が有効に働くようにしなければならない。

また、水没斜面の土塊が粘性土や崩壊土の場合、受圧版下の土砂が湛水に伴って軟弱化したり、貯水位の下降に伴って細粒分が流出したりして長期にわたって十分な緊張力が地山に伝達されないおそれがある。これに対しては、受圧版の施工にあたり、土砂の吸出し防止効果のある法面工を併用することが望ましい。

アンカーの受圧版の形状の決定にあたっては、アンカーの設計引抜き力、地盤の支持力、間隙水の排除しやすさを考慮に入れて次の点について検討する。

① 受圧版の形状の決定にあたっては、基礎地盤の強度、部材への応力集中によるひび割れや破壊に対する検討が必要である。

② 貯水位下降時には地すべり土塊中の間隙水をできるだけ速やかに排除するため、スラブ構造のものは避けることが望ましい。

③ 施工性から吹付けコンクリートは、強度の不均一性や部材への応力集中などによってひび割れが発生し、十分な効果が発揮できない場合もあるので、場所打ちコンクリート施工が望ましい。

(2) 鋼管杭工

鋼管杭工は、その施工位置や移動土塊の性状によって杭の背面（貯水池側）の地盤反力の評価が異なる。すなわち、鋼管杭工の設計法には、地質・地形・施工位置によって主に下記の3種の方法がある（**図 6.4**）。

① たわみ杭（くさび杭）
② たわみ杭（抑え杭）
③ せん断杭

たわみ杭（くさび杭）は、地すべりの移動に伴って杭も同時に変形し、杭の変位の増大とともに抵抗力を発揮する場合に用いる設計法である。すべり面に作用するせん断力とモーメントにより設計する。

たわみ杭（抑え杭）は比較的小規模な地すべりで末端部切土を実施した場合や、地すべりブロックの上部に施工する場合など、背面受働土圧が期待できない場合に用いる設計法である。たわみ杭（抑え杭）は、主に崩積土地すべり、粘質土地すべりに用いることが多い。

せん断杭は、岩盤地すべりや移動土塊が比較的均質な風化岩地すべりなど地すべり移動土塊の密

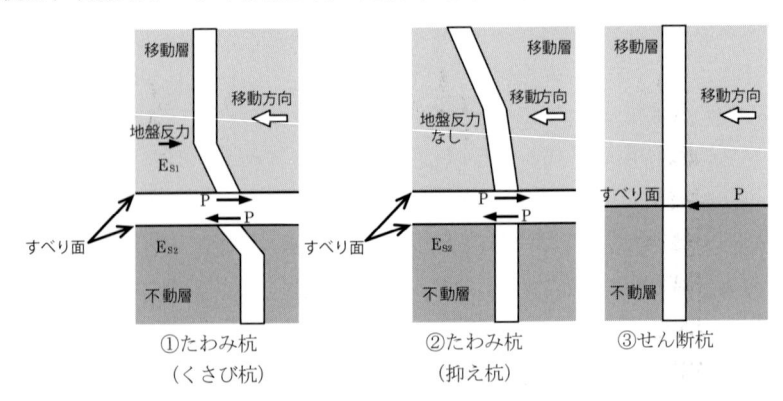

図 6.4 鋼管杭の種類（模式図）

度が高く、運動の際に地すべりの滑動力がすべり面に集中荷重として作用し、せん断力のみが発生すると仮定し、杭のせん断抵抗で対処する設計法である。

杭1本あたりの抑止力の決定にあたっては、根入れ部の基礎地盤がせん断応力によって破壊されないように基礎地盤が弾性体として挙動する範囲内で設計しなければならない。杭の根入れ長は、地盤反力が杭のたわみに一次比例する弾性床上の梁としてChangの式で半無限長と限定できるように、全長の1/3以上あるいはすべり面以下のモーメント第1ゼロ点までの深さの1.5倍以上とするのが一般的である。

なお、せん断杭は以前は地形勾配が30°より緩い斜面で、すべり面の末端が跳ね上がっている場合、もしくは地形勾配が10°以下で中間部のすべり面の勾配が30°以下の場合に用いられてきたが、近年ではたわみ杭、主にくさび杭を採用することが多くなっており、せん断杭はほとんど採用されていない。

6.7 施工上の留意点

湛水に伴う地すべりの対策工を施工する上で、各工種における留意点を踏まえて適切かつ効果的な対策工の施工を行わなければならない。

(1) 全般の留意点

地すべり対策工を実施する場合には貯水による波浪浸食、貯水位下降時に生ずる土砂流失に注意を払う必要がある。特に、対策工施工位置より下方の土塊の浸食は地すべり対策工に大きな影響を及ぼすため、洗掘や崩壊を防止する法面工の施工が重要である。

(2) 工種ごとの留意点

湛水に伴う地すべり対策工の施工上の留意点は、基本的には一般の地すべり対策工と同じで、ダムサイトや貯水池内の地すべりであることの特徴も踏まえると、次のとおりである。なお、抑止工については、必要に応じて試験施工を行い、効果、施工性などを確認しておくことがある。

(i) 土工（排土工、押え盛土工）

ダムサイトは一般に山間部にあり、排土によって生じた土砂の受け入れ地確保には苦慮することが多い。このため、排土によって生じた土砂の扱いについては、事前に十分に検討しておく必要がある。また、排土工と押え盛土工を併用することで排土によって生じた土砂を盛土材に流用する場合は、盛土材として使用できるかを確認する必要がある。

(ii) 鋼管杭工

削孔作業には最低幅4～6m程度の水平な平場が必要である。ダム貯水池斜面は一般に急傾斜のため、このような平場の確保にはかなりの切土を要する場合も少なくない。このため、切土により地すべりを誘発することがあり、仮設備の計画および施工には慎重を要する。

(iii) アンカー工

ダム貯水池斜面で施工されたアンカー工の実績によると、緊張、定着後1～6カ月に初期緊張力の10～15%が低下している（**図6.5**）。したがって、初期緊張力の導入時には減少分をあらかじ

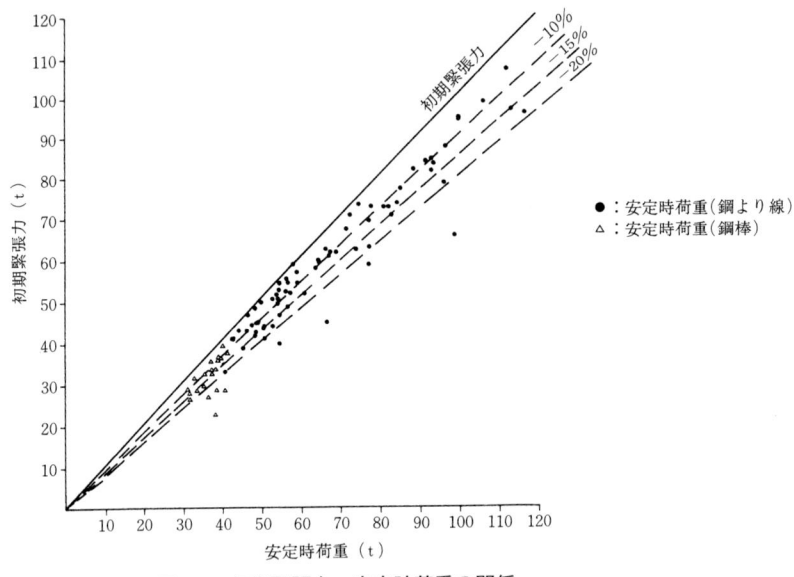

図6.5 初期緊張力―安定時荷重の関係

め見込んで緊張を行うか、あるいはその後の荷重の推移を測定し、再緊張を行う必要がある。このため、引っ張り部材（テンドン）には適切な余裕長をとっておく必要がある。また、同一対策工内で緊張力にある程度の差が生じた場合にも再緊張を行う必要がある。なお、初期緊張力の低下の原因としては次のようなものが考えられる。

① くさびのセット量
② アンカーブロック、台座、アンカーヘッド間のなじみ
③ アンカー引張り材のリラクゼーション
④ アンカー引張り材と注入材のクリープ
⑤ 注入材と地盤とのクリープ
⑥ 受圧版直下の地盤の変形
⑦ アンカーされた構造物の変形
⑧ 群アンカーで各アンカー長や方向に著しい差異のある場合

一方、地すべり規模が大きい場合、アンカー長が長くなり、削孔量も膨大になるので、試験施工を行って施工性および効果の確認を行っておくことがある。試験施工にあたっては、次の項目について検討する必要がある。

① 長尺削孔の削孔機械
② グラウト材の注入方法および注入効果
③ 緊張力の導入方法および作業性
④ 緊張力のリラクゼーション

7 湛水時の斜面管理

　湛水に伴う地すべり等の変動には試験湛水時に発生するものと、ダムの運用時に発生するものがある。前者は貯水池斜面が初めて水没するときの水理環境の大きな変化に対する反応であり、想定外の事象が発生することがある。一方、後者は貯水位が繰り返し変動しているときの貯水位の急激な低下や異常降雨およびこれらに伴う浸食・崩壊などに対する反応である。したがって、地すべり等の巡視・計測は、試験湛水時はもちろん、ダムの運用時においても引き続いて実施しなければならない。ダム運用開始後、長期的に安定性が確認された場合は、適切に対応する。

7.1 試験湛水時の斜面管理

7.1.1 目的

　試験湛水時の斜面管理は、初期湛水時の貯水池周辺斜面を巡視・計測してその安定性を確認するとともに、変状が生じた場合には適切かつ迅速な対応をとることにより地すべり等の発生を未然に防止することを目的として実施する。

　ダム貯水池の試験湛水によって貯水池周辺斜面に変状が生じた場合には、その発生を早期に察知し、適切かつ迅速な対策を講じなければならない。そのためには、入念な斜面管理を行う必要がある。

　湛水に伴う地すべり等の変動は試験湛水時に発生するものが過半（**図 2.31** 参照）であり、想定外の事象が発生することがあるため、試験湛水期間中は、対象とする斜面を常に注意深く巡視・計測する必要がある。

7.1.2 対象斜面

　試験湛水時の斜面管理における対象斜面を、以下の3つに区分する。
　① 対策工を施工した斜面
　② 精査対象であったが対策工を施工していない斜面
　③ 概査対象であったが精査を実施していない斜面

　試験湛水時の斜面管理は、対象とする斜面の対策工の有無、地すべり等の安定性などによって、その内容と方法が異なる。

　対策工を施工した斜面は、巡視および計測により斜面の挙動を監視するとともに対策工の効果判定を行う。

　精査段階で地すべり等として抽出したが、解析の結果、湛水により不安定化しないと判断して対策工を施工していない斜面、精査段階で地すべり等として抽出したが解析が不要と評価した斜面、

概査段階で地すべり等として抽出したが精査を実施していない斜面は、巡視を行うとともに必要に応じて計測を行う（**表7.1**）。

重要度が大の保全対象（**6.3**参照）周辺の斜面等では、概査、精査時の判定結果にかかわらず巡視を行うとともに必要に応じて計測を行う。また、貯水池周辺斜面全体の安定性を確認するために、その他の斜面についても注意を払うことが望ましい。

表7.1 管理対象斜面の区分と管理目的

管理対象斜面の区分	管 理 目 的
対策工施工斜面	・斜面の挙動の把握 ・対策工の効果、安全性の確認 ・安定計算の妥当性の検証
精査対象で未対策斜面	・斜面の挙動の把握 ・安定計算の妥当性の検証
概査対象で精査未実施斜面	・斜面の挙動の把握

7.1.3 斜面管理方法

試験湛水時の斜面管理方法は、斜面の挙動を監視することを目的として、巡視および計測とする。

(1) 巡視

新たな亀裂の発生など、地すべり等の徴候を早期に発見することを目的として、斜面の変状の有無や変状の進行を目視で確認する。変状が発生しやすい地すべりブロックの頭部や側部、過去の地すべり等によって生じた可能性のある道路面・地表面の亀裂や構造物の変位箇所および地すべり等が発生した場合に保全対象に被害が生じると予想される箇所を中心に、巡視ルートを設定する。

変位が生じると予想される位置には必要に応じて計測点（定点）を設置し定期的に巡視時に計測を行う。その他の方法として、巡視船を用いたダム湖上よりの目視観察、ITVカメラ等を用いた映像監視、これらと画像解析監視システムとの併用による監視などがある。

(2) 計測

(i) 計器の選定

計測を行う計器はその計測目的に応じて**表7.2**を参考にして選定する。地すべり等および地すべりブロックの状況に応じて計器を適切に配置して挙動を計測し、監視する。すなわち、孔内傾斜計等の各計測器の変動量の有無や程度から地すべりブロックの運動状況とその原因を把握する。また、対策工を実施している場合には、地下水位計やアンカー軸力計などによって、設計時に想定した地下水低下高や許容変動量・応力度等の妥当性を確認する。さらに、アンカー軸力計などについては、対策工の効果や対策工構造物自体の機能低下状態・安全性を確認するためにも用いる。

なお、精査対象とした斜面で湛水により不安定化しないと判断し、対策工を施工していない斜面については、必要に応じて地下水位計測を行い、貯水位の下降時の残留地下水位を計測し、監視する。

(ii) 計測方法

計測方法には、手動計測（半自動計測を含む）と自動計測がある。このうち自動計測は、データ収集、解析（変動図の作成）をリアルタイムで実施できることから、地すべり等の前兆となりうる微少な変動の継続的な監視を必要とする場合や、数多くの計器による計測値の相関を総合的に評価する必要がある場合などに用いられる。

自動計測システムは、地盤伸縮計等の観測データを現地観測局より電話回線などによってデータ

表 7.2 計測目的と計器の適用性

項目	目的	傾斜挙動の把握	設計計算の妥当性の検証	対策工の効果安全性の確認
目視、巡視による監視		・斜面にルートを設定し、巡視を併用して地表や構造物の新たな亀裂、変形の早期発見に努める。	・設計計算により設定した地下水位低下高や変位量等の妥当性を確認する。	・排水状況の確認 ・杭頭付近の地山状況の確認 ・アンカー法枠の亀裂、変形有無の確認 ・その他対策工の変形の有無等の確認
計測監視	孔内傾斜計	◎		
	パイプ歪計	◎		
	多層移動量計	△		
	光波測量	○		
	水準測量	◎		
	GPS測量	○		
	地盤伸縮計	◎		
	地盤傾斜計	○		
	クラックゲージ	○		
	ぬき板	△		
	地下水位計	◎	◎	○
	排水量測定	○		○
	杭頭変位測量	○	△	○
	鋼管杭内に埋設した歪計、孔内傾斜計	○	△	○
	深礎工の土圧計、鉄筋計	○	○	○
	アンカー軸力計	◎	◎	◎
	連杭による水準測量	◎	○	◎

◎：特に有効　○：有効　△：場合によっては有効

センター（サーバー）に収録し、インターネットによってそれらデータやグラフ等を閲覧する。現地にWEBカメラシステムを併用設置することによって瞬時に現地状況の確認が可能となる。WEBカメラシステムは、特に運動速度の速く活発な地すべりや重要な保全対象のある場所などに対し、現地の異常の有無を常時監視することが必要な場合に有効である。（参考I参照）

(iii) 計測頻度

表 7.3 に、試験湛水時における手動計測の計測頻度の目安を示す。

変動の兆候と疑われるような計測値が得られた場合や管理基準値を超過した場合などには、計測頻度を増加させる。斜面の挙動を常時監視する自動計測の場合は、雨量や貯水位などの計測頻度と整合をとることでリアルタイムでの変動の兆候を察知できるようにする。

(iv) 計測開始時期

計器による計測の開始時期は、湛水前の状況を把握する必要があることから、遅くとも湛水開始の2年程度前とする。湛水前から貯水池周辺斜面の計測を行うことにより、湛水後に計測された挙動が試験湛水による地すべり等の変動によるものか否かを判別することができる。

湛水前の計測によって次の点を明らかにしておく必要がある。

【参考I】WEBカメラシステム

　ネットワークカメラサーバーと屋外用全天候型のネットワークカメラなどから構成される。インターネットを介したライブ映像配信システムであり、ホームページからのライブ映像配信およびアングル（パン、チルト）やズーム倍率のリモートコントロールが可能である。

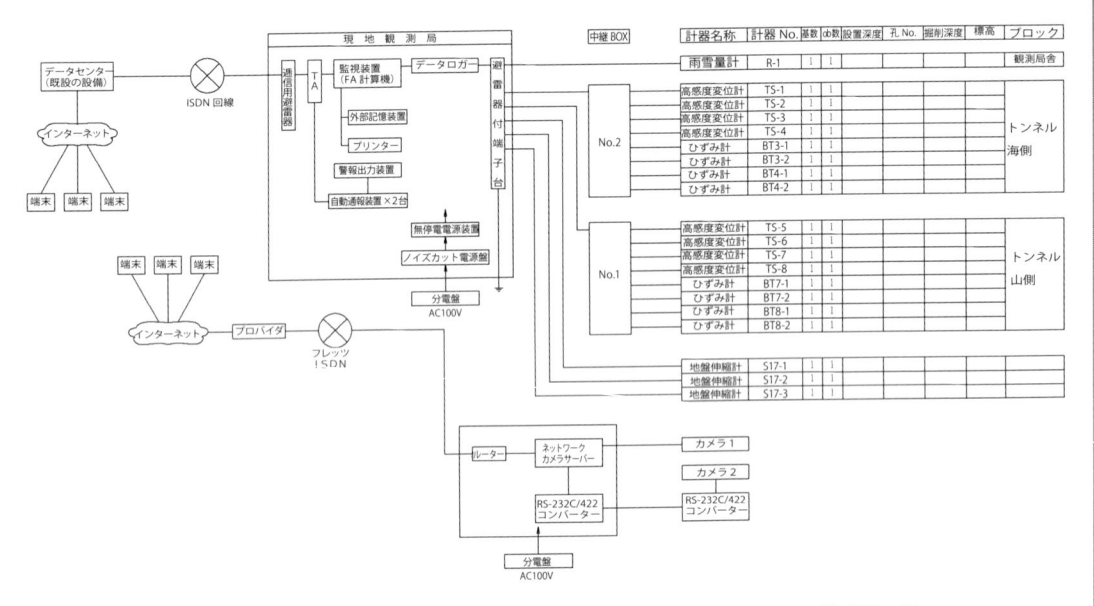

参考図I-1　インターネットおよびWEBカメラによる斜面監視システム構成図の例

参考表I-1　システム概要の例

項　目		内　容
データ収集周期	観測局	10分毎に起動し、データ計測・収集
	WEB	通常時：1時間毎にデータ更新 緊急時：10分毎にデータ更新（インターネット上の1ユーザーのみ）
データ蓄積		計測データおよび警報内容等を観測局の計算機内の固定ディスクに保存。WEB上で閲覧可能。
画面表示		計測結果の時系列グラフおよび帳票を画面に表示。グラフの軸スケールの変更可能。
作図・印字機能		グラフ・帳票のプリンター出力が可能。 観測局にモノクロプリンターを整備。
データ保存		蓄積された計測データをWEB上から保存可能。
管理値監視機能		各種計測機の管理値を各々設定でき、計測値がこの値を超過した場合に警報信号を出力する。
システム監視機能		データ収集時に欠測やシステム障害が発生した場合に警報信号を出力する。

表7.3 手動計測の計測頻度の目安[1]（計器1台あたり）

期　　間		頻　度	備　　考
試験湛水前		1回/1週	バックデータ（基準値）の入手
試験湛水時	貯水位上昇時	1回/1日～1回/3日	地すべりブロックに影響のない貯水位範囲内では1回/3日程度
	貯水位下降時	2回/1日～1回/3日	予備放流計画に基づき貯水位を下降する場合は2回/1日以上
	貯水位保持期間	1回/3日～1回/1週	最低水位付近の低水位で長期間保持する場合は1回/1週間程度
	異常時	1回以上/1日	地すべり等の変動発生後、動きが鎮静化するまでは1回/1時間程度 降雨強度に応じて計測頻度を設定

① 降雨時の累積変動の有無、累積速度、傾動の方向
② 地下水位変動と地すべり等の変動の相関
③ 年周期変動の有無、季節ごとの傾動方向と累積速度
④ 降雨と地下水位変動の相関
⑤ その他、安定時の変動の傾向

(v) 計測値の分別・補間

　自動計測システム等により得られる時系列の連続データを取り扱う場合、生データに含まれるノイズを取り除き、できる限り真の値に近いデータとして活用することが望ましい。（参考J参照）

【参考J】計測値の分別・補間方法の例

「北海道での岩盤計測に関する調査技術検討報告書　平成18年10月　北海道での岩盤計測に関する調査技術検討委員会」から引用）

(a) 計測値の分別

　ノイズは、概ねセンサー等のシステム上の問題より発生すると考えられ、以下のような4つの状況に分類することができる。計測データの時系列分析を行う際には、これらのノイズを取り除く必要がある。

① センサー自身の異常
② センサー設置、固定状況の変化
③ データ伝送経路（コードなど）の異常
④ アンプ、データロガー、コンピュータなどの異常
　　また、計測されたデータが異常であると判断するための根拠を⑤～⑩に示す。
⑤ フルスケールのデータ
⑥ 逆向き（物理的にあり得ない）の変動
⑦ 無変動のデータ

⑧ 大振幅や短周期を示す周期性変動
⑨ ホワイトノイズ
⑩ 急激な変動

⑤、⑥は適切な閾値を選定してやることで、自動的に認識することができる。③〜⑥は、データが周波数領域で特徴を有するもので、一定期間内で得られたデータにおける局所定常ARモデルのAIC（赤池情報量基準）を求め、これが変化することで自動認識することができる。

また、データの分別は、過去に経験した異常計測データとよく似たパターンを比較し、検索することでも可能となる。代表的な手法としてニューラルネットワークを用いた手法が挙げられる。

(b) 欠損・欠測データの補間

わずかの欠測値でもそれらが点在する場合、実際に利用できる連続して計測されたデータの長さはごく短くなってしまうことがある。特に、複数の計測器で得られたデータの相関性を解析する場合、各計測器のデータに欠損が無い部分だけを選択すると利用できるデータ長がさらに短くなってしまうこともある。そこで、欠損データを元データの性質が損なわれない範囲で補間し、解析処理することが望ましい。

欠損データを補間する手法としてカルマンフィルタを用いた平滑化が挙げられる。カルマンフィルターは、離散的な誤差のある観測から、時々刻々と時間変化する量を推定する手法であり、レーダーやコンピュータビジョンなど、工学分野で広く用いられている。

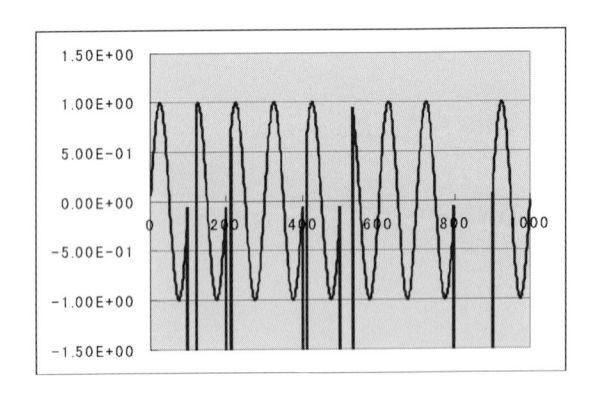

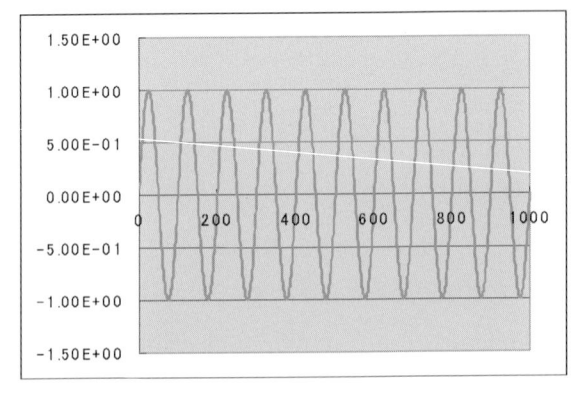

図J-2　欠損データの補間検証例

7.1.4 管理基準値の設定

試験湛水時の管理基準値は、巡視および計測体制の強化または通常体制への移行の判断基準とすることを目的として設定する。

湛水に伴う地すべり等の計測値に対する管理基準値は、計測値がこれを超過した場合には巡視および計測体制を強化する判断基準として、また、その後、斜面が安定であることを確認した際には巡視および計測体制を通常の体制に移行する判断基準として設定する。管理基準値は、注意体制・警戒体制のように段階的に設定することが一般的である。

管理基準値は、一般に地盤伸縮計、地盤傾斜計を対象に設定し、これらの計器の変動量と斜面の変動種別の判定（**5.3.2** 参照）、既設ダムの管理基準値、事前の計測結果から得られる計測値のばらつきなどを参考に設定する。実際に地すべり等および地すべりブロックが変動した際の計測データがある場合は、その値に対して十分に余裕をもった値を管理基準値として設定する。

なお、地すべりの型分類、変動履歴、地形・地質などに応じた管理基準値を合理的に設定するために、試験湛水時における貯水池周辺斜面の計測データの蓄積に努める必要がある。

近年のダムで採用された管理基準値の例を**表 7.4** に示す。

表 7.4　試験湛水時の管理基準値の例

ダム	体制	地盤伸縮計	地盤傾斜計	孔内傾斜計	アンカー荷重計
A	注意		5 秒 / 日以上で累積を伴う、または 7 日間で 35 秒以上	谷側へ 1.0mm/ 日以上で、累積を伴い、地盤傾斜計と連動、または 3 日間で 3.0mm 以上	
A	警戒		ブロック内全ての傾斜計で連続して 5 秒 / 日以上で注意段階を越え、定時観測時に 100 秒以上累積した場合	連続して谷側へ 1.0mm/ 日以上で、注意段階を越え、定時観測時に 10mm 以上累積し、地盤傾斜計と連動した場合	
B	注意	（垂直伸縮計）1mm/ 日以上が同一方向に 3 日間連続した場合。	±15 秒 / 日以上が同一方向に 3 日間連続した場合。	0.2mm/ 日以上が同一方向に 3 日間連続した場合。	アンカー体の定着荷重を越えた場合
B	警戒	（垂直伸縮計）1mm/ 日以上が同一方向に 5 日間連続または 5 日間の累積が 10mm 以上の場合。	±15 秒 / 日以上が同一方向に 5 日間連続または 5 日間の累積が 150 秒以上の場合。	0.2mm/ 日以上が同一方向に 5 日間連続または 5 日間の累積が 2mm 以上の場合。	

7.1.5 安定性の評価

試験湛水時の地すべり等の安定性の評価は、地すべりブロック等の巡視および計測の結果に基づいて実施する。

管理基準値は巡視および計測体制を変更する際の判断基準であり、この値を超過してもただちに地すべり等の変動の発生を意味するものではない。管理基準値を上回る値が計測された場合には、計測間隔の短縮や計器の増設を行うとともに、巡視結果や各種計器の計測結果などを総合的に分析して対象とする斜面の安定性や対策工を施工している場合にはその効果を評価する。評価の結果、地すべり等が不安定化する可能性があると判定された場合には、対策工の施工、既に対策工を施工している場合には追加施工の検討を行う。

7.1.6 異常時の対応

　試験湛水時の巡視や計測計画の策定にあたっては、万一異常事態が発生した場合にも速やかに対応がとれるよう、予め調査、対策工、貯水位操作などの対応方針を立案しておく必要がある。

　試験湛水時に管理基準値の超過、変状の発生などの地すべり等の変動の兆候が計測、確認された場合には、関係機関と協議を行い、速やかに入念な調査を行うとともに適切な対策工を施工して被害を未然に防止する必要がある。また、異常の発生に適切かつ迅速に対処するため、関係機関へのスムーズな情報伝達ができる連絡体制を整備しておく必要がある。

(1)　対応の方針

　管理基準値を超過した場合の対応と監視体制の移行の例を**図7.3**に示す。

　管理基準値を超過するデータが得られた場合には、そのデータの信頼性を十分に吟味したうえで必要な追加調査を実施してその原因を明らかにし、重大な事態が生じないうちに適切な対策工を実施することが必要である。なお、この対策には試験湛水の一時中断も含む。

　試験湛水時に地すべり等の斜面で変動の兆候が現われた場合、急に貯水位を下げると残留間隙水圧を発生させてかえって危険な状態となる場合があるので、まず貯水位を一週間程度維持して地すべりの動きが鎮静化するのを待つのがよい。これまでの事例では変動の初期段階に貯水位を維持することによって地すべりの動きが鎮静化することが多い。

　貯水位の維持にもかかわらず地すべりの動きが沈静化しない場合には、貯水位を0.3m/日程度のゆっくりとした速度で低下させ、沈静化を図った例がある。貯水位低下措置での目標貯水位は、洪水期に降雨に伴う貯水位上昇が生じても経験貯水位以上とならないための容量などを考慮する。この間、地すべり等の変動範囲、変動の状態、安定性などに関する測量や計測などの追加調査を行い、次の段階で適切な措置が速やかに講じられるように準備する。

　また、地すべりの動きがさらに進行する緊急事態の場合には、斜面への立入り禁止措置などを講じ、頭部の排土工、末端部の押え盛土工等の緊急対策工を実施して、不測の事態を回避しなければならない。なお、ここで行う緊急対策工は地すべりの動きを鎮静化するための臨時の措置であり、恒久的な対策工は地すべりの動きが鎮静化した後、貯水位を下げて改めて実施する必要がある。

(2)　緊急調査

　緊急時に有効と考えられる調査を以下に挙げる。
　　① 亀裂の有無・進展の確認のための巡視
　　② 地盤伸縮計（応急措置としては移動杭）の設置・観測
　　③ 連杭による水準測量の実施
　　④ 孔内傾斜計、パイプ歪計の設置・観測

　①〜③の調査は地すべり等の平面的な範囲を確認するための調査、④は地すべりの深さ方向の範囲を確認するための調査である。なお、必要となる対策工の種類、規模については、既往の地すべり調査結果、試験湛水中の計測結果とこれら追加調査の結果を総合的に判断して決定する必要がある。

7　湛水時の斜面管理

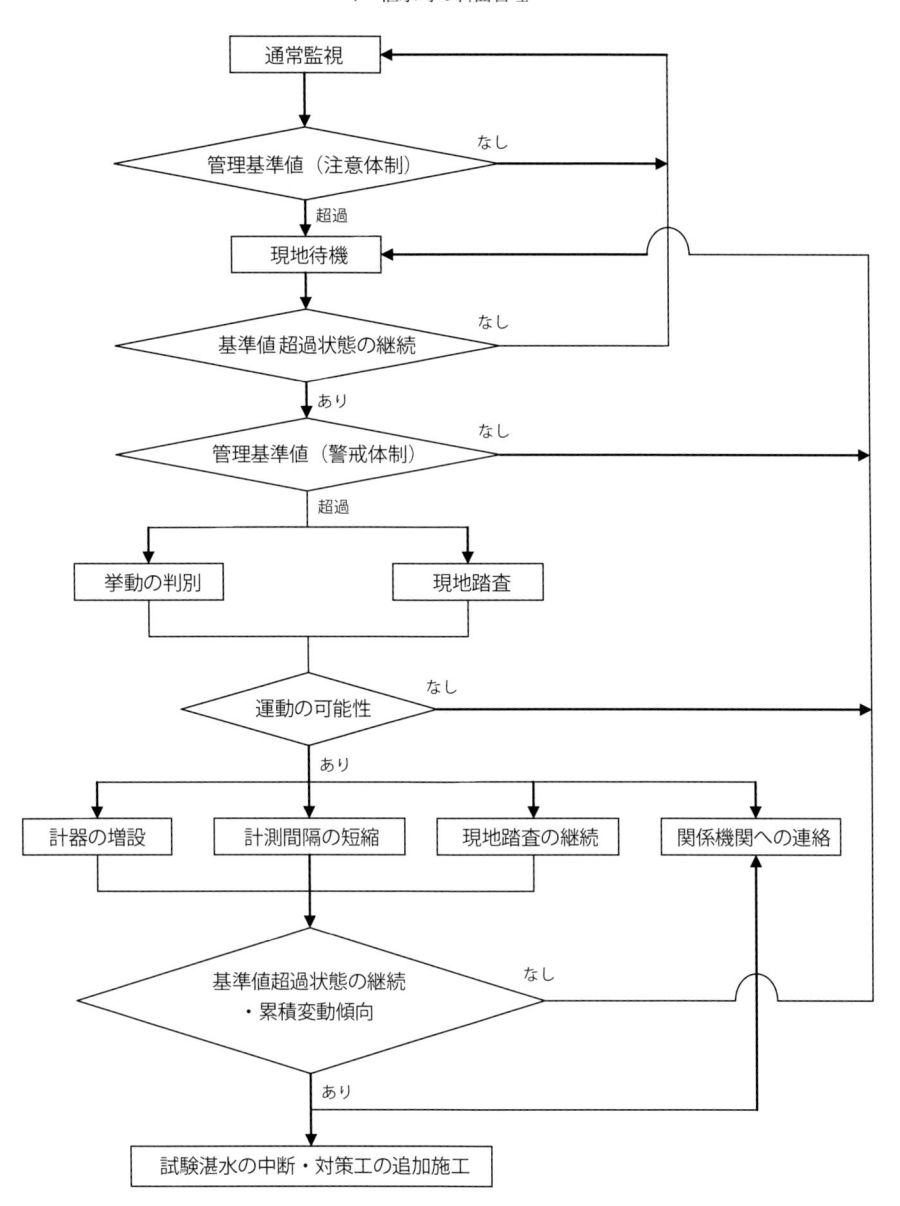

```
                    ┌──────────┐
                    │  通常監視  │◀─────────────────────┐
                    └─────┬────┘                        │
                          ▼                              │
                    ╱──────────╲       なし              │
                 ╱ 管理基準値（注意体制）╲ ────────────────▶│
                    ╲──────────╱                        │
                        │超過                            │
                        ▼                                │
                    ┌──────────┐                        │
                    │  現地待機  │◀───────┐              │
                    └─────┬────┘         │              │
                          ▼               │              │
                  ╱──────────╲   なし     │              │
               ╱ 基準値超過状態の継続 ╲ ───┘              │
                  ╲──────────╱                          │
                        │あり                            │
                        ▼                                │
                 ╱──────────╲        なし               │
              ╱ 管理基準値（警戒体制）╲ ──────────────────▶│
                 ╲──────────╱                           │
                        │超過                            │
              ┌─────────┴─────────┐                     │
              ▼                   ▼                     │
         ┌──────────┐       ┌──────────┐               │
         │ 挙動の判別 │       │  現地踏査  │               │
         └─────┬────┘       └─────┬────┘               │
              └─────────┬─────────┘                     │
                        ▼                                │
                 ╱──────────╲    なし                    │
              ╱  運動の可能性  ╲ ──────────────────────▶│
                 ╲──────────╱                           │
                        │あり                            │
        ┌────────┬──────┴──────┬────────┐              │
        ▼        ▼             ▼        ▼              │
   ┌───────┐┌────────┐ ┌──────────┐┌──────────┐       │
   │計器の増設││計測間隔の短縮││現地踏査の継続││関係機関への連絡│◀──┐
   └───┬───┘└────┬───┘ └─────┬────┘└──────────┘    │
       └────────┴──────────┘                          │
                 ▼                                      │
          ╱────────────╲      なし                     │
       ╱ 基準値超過状態の継続 ╲ ────────────────────────┤
       ╲   ・累積変動傾向    ╱                          │
          ╲────────────╱                               │
                 │あり                                   │
                 ▼                                       │
        ┌──────────────────┐                           │
        │試験湛水の中断・対策工の追加施工│───────────────┘
        └──────────────────┘
```

図 7.3　管理基準値を超過した場合の対応と監視体制移行の例

(3) 地すべりが鎮静化した後の措置

　地すべりが鎮静化した後の貯水位操作は、地すべりの挙動を詳細に検討したうえで決定しなければならない。以下に貯水位上昇時および貯水位下降時の要点を示す。

(i)　貯水位上昇時

　緊急調査で明らかになったすべり面に基づいて、その後の貯水位の上昇による安定性の変化を予測し、安定性の低下が予想される場合には、試験湛水を一時中断してゆっくりとした速度（一般的には 0.3～0.5 m／日）で貯水位下降を行い、貯水位下降後に必要な恒久対策工を実施する。この間、入念な計測と巡視を実施し、地すべりの動きが進行するようであれば、貯水位を維持して鎮静化を

待つ必要がある。この場合、地すべりが進行するようであれば、貯水位を維持して鎮静化を待つとともに、試験湛水を継続するかどうかを改めて判断する必要がある。

(ⅱ) 貯水位下降時

通常の試験湛水時に比べゆっくりとした速度(一般的には 0.3 〜 0.5 m / 日)で貯水位下降を行い、貯水位下降後に必要な恒久対策工を実施する。この間、入念な計測と巡視を実施し、地すべりが進行するようであれば、貯水位を維持して鎮静化を待つ。

7.2 ダム運用時の斜面管理

7.2.1 目的および斜面管理方法

ダム運用時における斜面管理は、長期的に斜面の安定性を確認することを目的として、巡視および計測並びに地すべり等カルテの更新により実施する。

(1) ダム運用時の巡視および計測

ダム運用時についても、試験湛水時と同様、貯水池周辺斜面を巡視・計測することによりその長期の安定性を確認するために適切な斜面管理を行う必要がある。

ダム運用時に地すべり等の変動の明瞭な兆候が計測された場合(変動 A)には、速やかに必要な対策を講じて被害の発生を防止または軽減する必要がある。緩慢ながらも地すべり性の変動(変動 B)が計測された斜面、潜在的な変動(変動 C)が計測された斜面については、試験湛水時の安定性評価結果、貯水位の変動状況、気象状況(季節)などに応じて巡視や計測の内容を決定する。また、斜面変動の発生初期の傾向が見られる場合には、巡視や計測間隔を短縮するとともに必要に応じて計器を増設して慎重な監視を行う。なお、変動 A、B、C に対応するような斜面の変状が巡視によって観察された場合には、それぞれの変動に準じた対応を行う。

ダム運用時に安定性が確認された斜面については、巡視および計測の頻度低下、休止、中止(計測計器の撤去)を行う。

計器や計測システムは試験湛水に設置していたものを継続して用いる。ダム運用時の計測は、試験湛水時の頻度を踏まえ、斜面の安定性評価、貯水位の操作状況、気象状況(季節)などに応じて計測の頻度を変えることができる。計測システム、特に自動計測システムは経時データを自動的に入手できるため、運用時における斜面管理においては有効な手法であり、試験湛水時に得られた変動傾向や外的要因による周期変動等の特性を考慮した上で、適正な斜面管理を行うことができる。ただし、自動計測計器は概ね 10 年くらいの寿命であると言われており、計測を継続する必要がある場合には、定期的な計測器の点検や不良計器の修復、交換などを行う必要がある。

(2) ダム運用時における地すべり等カルテの更新

地すべり等カルテは、地すべり等の現状における安定性の評価や、万が一、安定性に変化が生じた場合に利用するため、管理段階においても随時更新する必要がある。

地形の変化や変状の有無、計測体制(計器配置・計測頻度等)の変更および管理基準値の改定などの内容は、地すべり等カルテに追記し、斜面管理の履歴を確実に記録する。

7.2.2　ダム運用時の計測

　地すべりの挙動把握のためには、ダム運用開始から数年程度の観測期間が必要であるが、その後の斜面監視を含めた観測期間の設定については、変動状況や貯水池の運用に応じて適宜設定することが必要である。

　ダム運用時における計測器の選定については、初期の数年間程度においては、ブロックについて数種類の観測計器を適切に配置して観測を行うことを基本とするが、その後は、観測の適正化を図るために、計器の選定を行うことも必要である。その場合には、以下に示すような考え方のもとに選定する方法もある。

　　① ブロック内に保全対象物が存在し、危機管理の点から監視が必要な計器
　　② 初期の観測結果により、斜面変動が観測された、あるいは斜面変動の兆候が認められた計器
　　③ 地下水観測孔については、特に斜面内の残留水位を測定するために適切と考えられる観測孔

　このような考え方をもとに計器を選定し、運用に資するものとする。また、各管理段階に移行するに当っては、安全性が確認されたブロックについては随時監視の優先度を下げ、あるいは監視を終了し、ダム運用における管理の適正化を図ることも必要である。

7.2.3　ダム運用時における管理基準値の見直し

　ダム運用時の管理基準値は、試験湛水時の管理基準値を参考に設定する。また、ダム運用時の長期にわたる貯水池周辺の斜面管理を適切に行うため、計測データが十分蓄積された段階で斜面の挙動を評価し、管理基準値を見直す。

　管理基準値を上回る値が計測された場合には、湛水条件、気象条件などを検討し、管理基準値の超過が地すべり等の変動によるものか、その他の要因（誤差や小動物の接触など）によるものかなどの分析も含めて斜面の安定性の評価を行い、適宜、管理基準値を見直す。

7.2.4　ダム運用時における異常時の対応

　運用時に地すべり等の運動の兆候が計測された場合には、試験湛水時の異常時の対応に準ずるものとし、速やかに必要な対策を講じて被害の拡大を未然に防止することが必要である。なお、斜面変動の発生初期の傾向が見られる場合には、計測間隔を短縮して慎重な計測を行うとともに、臨時巡視の実施や必要に応じて計器の増設を行う。

7.3　ダム再開発事業にあたっての留意点

　ダム再開発事業は、既存のダムの機能維持・強化などを目的として実施される。近年、より効果的・効率的な社会資本整備が求められ、また、ダム建設に適した地点が少なくなってきていることから、新たな河川開発手法としてその実績が増加傾向にある。

　ダム再開発事業は、主に以下の手法がある。
　　① ダムの嵩上げ
　　② ダム直下に新規ダムを建設

③ ダム貯水池の掘削による容量増加

④ ダム群再編にかかる容量配分の変更

⑤ ダム施設（堤体、放流施設など）の改造・新設

　ダム再開発事業にあたっては、これらによって変更された貯水池運用が貯水池周辺斜面に与える影響について検討する。地すべり等の安定性が現状の運用水位状況によるものより低下する場合には、本書に準じて調査・解析を行い、必要に応じて適切な調査・解析を追加し、不安定化が想定される地すべり等に対しては所定の安定性を確保するための対策工が必要となる。この際、既設ダムにおける貯水池運用実績、湛水時の地すべり等の挙動、湛水面以下の露岩状況に関する調査・解析結果および既設対策工の効果検証結果などを有効活用する必要がある。

　なお、ダム再開発事業に伴う地すべり等の調査・対策は既設ダムの運用と並行して行われるため、調査位置・方法や対策工種・工程などについてのより詳細な計画検討が必要になる場合がある。

　ダム再開発事業における貯水池斜面の対応での留意点は以下のとおりである。

(i)　既設ダムの湛水斜面における地すべり移動体の分布や基盤岩の露岩などの状況は、貯水池斜面の地すべり境界や末端部などの範囲を特定するために有効な情報なので、既設ダム貯水位低下時の露頭調査が重要である。

(ii)　上記①，②，④の手法に伴う最高水位や制限水位等の貯水位運用範囲の変更および，④や⑤の手法に伴う貯水位低下速度の変更など、貯水池運用条件が変更される場合には、新たな斜面へ影響を与えたり、現況の貯水池周辺斜面に既設ダムと異なる残留間隙水圧や浮力が作用する可能性がある。検討にあたっては、既設ダムの貯水池運用に伴う貯水位低下時の地下水挙動実績による残留間隙水圧の残留率および、貯水位変化・降雨状況に応じた斜面変動に基づいた地すべり等の運動特性や安全率を参考に、再開発事業における斜面安定を評価することが必要である。例えば、地すべり等の運動が貯水位変動時に生じているかどうか、貯水位上昇時に生じているか下降時に生じているかどうか、貯水位標高や貯水位変動速度との関係があるかどうかなどについて検討する。

　貯水池運用条件の変更を伴う再開発事業における湛水の影響については、既設ダムの湛水時の計測データを用いた浸透流解析を参考に検討することが有効である。

(iii)　上記③の貯水池内堆積土砂や湛水斜面・湖底の掘削に伴って地形改変が生じる場合には、末端部の押え荷重の除荷あるいは頭部への掘削ズリの搬入による載荷などによって地すべり等の斜面が不安定化する可能性があるため、必要に応じてすべり面形状や安定性を把握するための調査・解析を行う。

8 今後の課題

　地すべり等は、不均質・不連続性に富んだ複雑な自然現象であるため、地中の地質構成や運動量、地下水等の全容の把握、さらに、それらの定量的な取り扱いは、現在の最新技術を駆使しても極めて困難なところがある。

　前章までに地すべり等の調査と対策についてとりまとめたが、安全かつ効果的な対処にあたっての技術的な課題はまだ少なくない。今後、貯水池周辺地すべり等に対してより合理的な対応を図るための課題として、以下のような事項が挙げられる。

　　① 初生地すべりの抽出と安定性評価
　　② 飽和度の上昇に伴うすべり面の強度変化
　　③ 対策工の効果評価
　　④ 対策工の維持管理
　　⑤ 地震時における地すべり等の安定性評価
　　⑥ 段波の影響

8.1　初生地すべりの抽出と安定性評価

　初生地すべりは、過去の変動量が少なく地形に現われないことが多いので、複数のボーリングコアにおいて連続する粘土層や破砕ゾーンなどが確認されることによってその存在が推定される場合が多い。本書では、高精度地形図を用いた地形判読、高品質ボーリングによる地質調査、孔内傾斜計の長期計測などによって過去の変動量の少ない地すべり等の抽出精度の向上を図ることを示した。しかし、粘土層が連続していない場合にはすべり面と評価されなかったり、地質的な不連続面はあってもその性状からすべり面か否かの判定が困難な場合も少なくない。また、変形が生じていてもまだ連続したすべり面の形成にまで至っていない場合もある。これらの中には、ある外力が作用、例えば貯水位の変動によって局部的な破壊→弱面の拡大→すべり面の形成といった過程をたどり、地すべりとなる可能性を有するものがある。このような地すべりを発生させる可能性のある弱面を潜在すべり面と呼んでいる。

　潜在すべり面形成のメカニズムは解明されていないのが現状であり、またその存在を推定したにしても次のような課題がある。

　　① すべり面となるような不連続面の連続性をどう判定するか
　　② 現状の安定性はどの程度か

①の課題については、地形発達史の観点から斜面の形成を検討すべきであり、また調査として前述の高精度地形図や高品質ボーリング、横坑での直接観察のほかに不連続面を可視化する調査技術が必要である。さらに、岩盤の破壊メカニズムについて検討する必要がある。

②の課題については、斜面のひずみ率等によって安定性を評価する試み[22]などがあるが、まだ確立した方法はない。

そこで、本書では、安全側の解釈として、地形的に運動の可能性が予想される場合は一般の地すべりと同じ扱いとした。地すべりの初生については、今後早急に研究すべき課題である。

8.2 飽和度の上昇に伴うすべり面の強度低下

現時点では飽和度の上昇に伴うすべり面の強度低下を評価する確立された方法がないため、強度低下を計算に見込むことがきない。しかし、飽和度の上昇によって斜面を構成する地すべり土塊やすべり面の強度は大なり小なり低下し、斜面の安定性を変化させる要因となり得ると考えられる。

さらに、貯水池周辺では、貯水位の上昇による沿岸斜面内への浸透などによって斜面の応力状態が変化していることも考えられる。

飽和度の上昇や湛水に伴う物性値などの変化は、現在安全率でカバーしているが、今後より合理的な設計には早急に解決すべき研究課題である。

8.3 対策工の効果評価

対策工は、地すべり等に対して効果的かつ効率的な工法が選定され、設計が行われている。現在、対策工が地すべり等に与える効果の定量的な評価は、安定計算で得られる安全率の変化や必要抑止力として表現されている。

すべり面のような不連続面に対する対策工の抑止・抑制効果は、地すべりがある程度運動してから発揮されるものであるが、対策工実施後の地すべり運動状況や効果発揮の時間遅れなどを考慮した評価は確立した方法がない。

また、地下水排除工は一般の地すべりでは実績が多く効果的な工法であるが、地中の複雑な地下水挙動に対する地下水排除の定量的な効果評価は簡単でない。特に、貯水池の地すべり等では維持管理の課題があり、さらに湛水時の堰上げの影響やこれに対する地下水排除工の効果についてもまだ十分に整理されていない。

上記のような対策工の効果に関しては、今後もデータを蓄積しそれらの評価方法について検討する必要がある。

8.4 対策工の維持管理

貯水池斜面の地すべり等の対策工は、1960年頃から多数実施されてきた。今後これらの対策工の老朽化が懸念され、効果的かつ効率的な維持管理が求められる。維持管理手法の一つとして、維持管理に要する費用を考慮し、補修の優先順位付けおよび更新のタイミングなどを計画するアセッ

トマネジメントが挙げられる。具体的には、対策工構造物の機能低下状態の点検、計測、将来の状態の予測、費用対効果の評価、補修・更新の時期・方法などについて検討する必要がある。

特に、押え盛土工、アンカー工、鋼管杭工および深礎工などの貯水池内に施工される構造物については、貯水位変動の繰り返しによって一般の地すべりとは異なる影響が生じる可能性も考えられる。

8.5 地震時における地すべり等の安定性評価

従来、過去に地すべり運動を反復してきたような地すべりでは、地震動が直接の誘因となって活動を生じた事例はないといわれていた。

しかし、近年地震に伴う斜面変動として、従来から知られている落石、崩壊などのほかに、新たな地すべり（初生地すべり）や規模の大きな地すべりも報告されるようになった。また、地震によって地すべり土塊の緩みが進行し、その後の降雨によって地すべりが活発化する可能性も考えられる。

したがって、今後、地震時の地すべり発生事例を検証し、地すべり発生のメカニズムを研究する必要がある。すなわち、地すべりのすべり面の動的強度、間隙水圧の発生、地形状況に応じた地震時慣性力の影響を評価する手法を確立する必要がある。

8.6 段波の影響

地すべりによる段波の発生事例は、イタリア北部のバイオントダムの他、ノルウェーやアラスカなどのフィヨルド等で見られる程度であり、国内においては被害につながった発生事例は報告されていない。

今後、発生する波の高さや速度等のデータの収集やモデル実験等の研究を進め、貯水池容量に比べて規模が大きく高い場所に位置する地すべり等が貯水池に滑落する恐れが有る場合等には検討することも考えられる。

【参考 K】段波解析事例

　Aダムでは、岩盤崩落時に発生する可能性のある段波の影響について検討する目的で、数値シミュレーションが実施されている。シミュレーションの対象とした緩み岩盤はAダムの支川上流部に位置している。計算条件は、貯水位は最も高い状態であるサーチャージ水位（洪水時最高水位）が想定され、崩落時の波の初期水位＝12.6m、初期速度＝$\sqrt{gh}$（h：初期水位、g：重力加速度）について実施された。

　シミュレーションによって得られた波の伝播状況を**参考図 K-1** に示す。段波は崩落地点から上下流に伝播していき、約20秒後には本川合流点に到達している。このようなシミュレーション結果は、周辺の橋梁などの構造物への影響を検討するために用いられている。

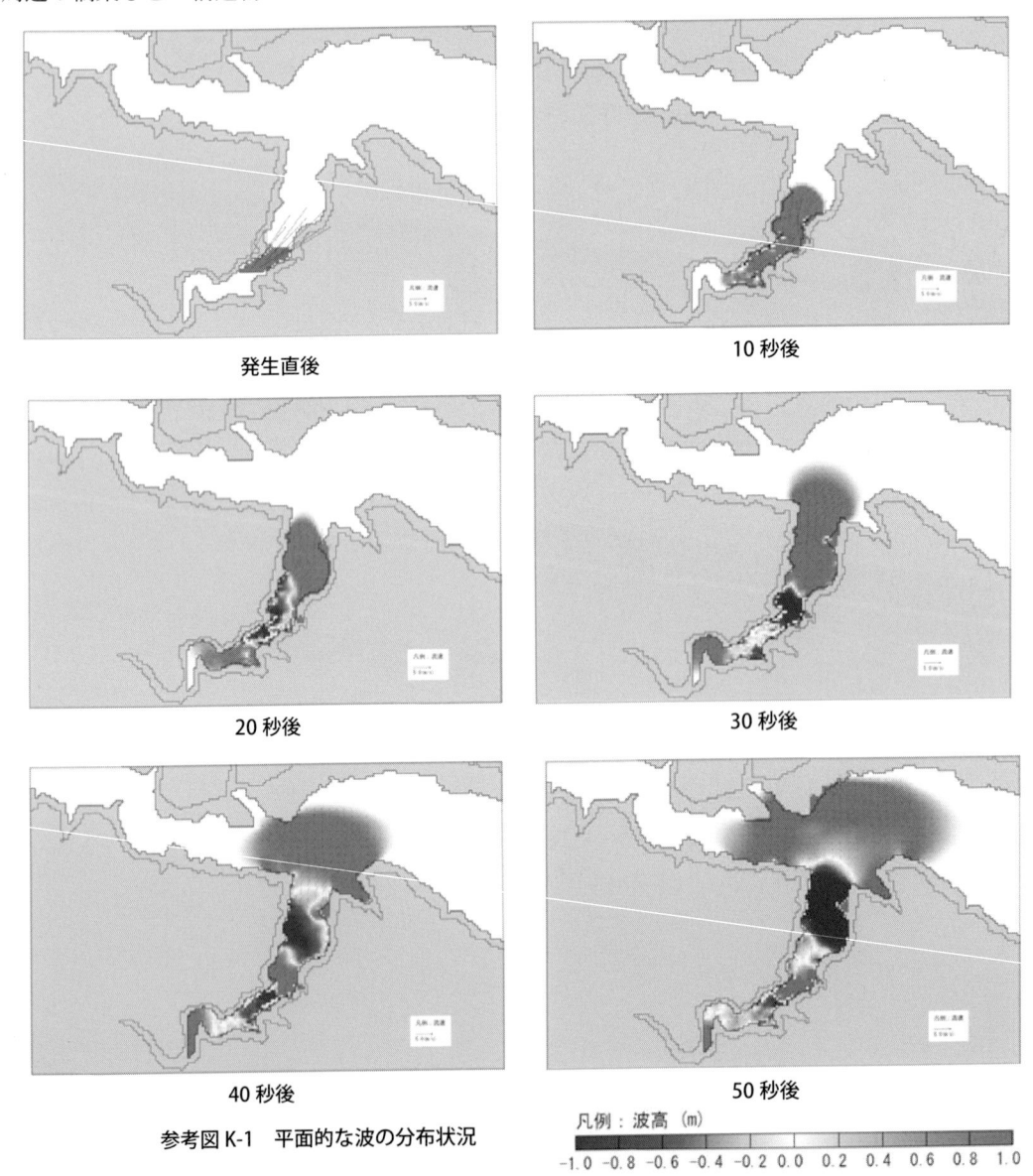

発生直後　　　　　　　　　　10秒後

20秒後　　　　　　　　　　30秒後

40秒後　　　　　　　　　　50秒後

参考図 K-1　平面的な波の分布状況

凡例：波高 (m)
-1.0 -0.8 -0.6 -0.4 -0.2 0.0 0.2 0.4 0.6 0.8 1.0

地形判読事例集
岩盤地すべり、風化岩地すべりの事例

  事例1 周辺地形から類推する例
  事例2 キャップロック構造の例
  事例3 凸状尾根地形の例
  事例4 凹状台地地形の例
  事例5 多重山稜のある巨大崩壊の例
  事例6 凸状台地状地形の例
  事例7 頭部陥没地形の例

 地すべりの型分類、地形的特徴、地質、地質構造との関連について第2章で記述した。ここでは、一般に抽出が難しいとされる岩盤地すべり、風化岩地すべりについて具体的な抽出事例について述べる。
 実際にこのような地すべりを判別するためには広い範囲を読図することが必要である。事例集では地形図はより広い範囲を読図しているが、掲載の都合上そのうちの小範囲を示した。

事例 1 ……周辺地形から類推する例

　1/25,000 地形図（図1.1）を見ると、図中央上の三角点893.9を通り西北西―東南東に延びる尾根Aを境にして、北側Bは急峻で細かい谷が発達しているのに対し、南側Cは緩やかな地形をなし谷の数も少なく、非対称な尾根となっている。また、青田川を挟んで南側の斜面は三角点893.9の北側斜面Bと同様の地形Dをなしている。このことから、地質構造は概ね走向東西で、南に緩く傾斜していると推定される。

　三角点893.9のある山稜は古い浸食基準面と思われる小起伏面Aを呈している。この起伏面は東南東方向ではやや不明瞭であるが、上宇藤木北方の三角点534.6付近にも小範囲に残存している(E)。図中央左から右に流れる青田川北側斜面を見ると飯高町の飯の字の左上標高点（独立標高点ともいう。以下、独標と記す）677付近から飯の字の左側にかけて等高線の乱れと青田川の屈曲度異常を示す押出し地形Fがある。また青田川以外にも蓮川左岸など随所(G～P)に等高線の乱れがある。この等高線の乱れは凸状台地地形あるいは尾根先が異常に膨らんだ地形を呈していることから地すべり地形と思われ、青田川周辺には地すべりが多いことがうかがえる。また上宇藤木上流左岸、津本左岸には新しい谷が入り、地形の開析が急速に進んでいることを示している。

　飯高町の飯の字の近くの独標443に向かって入り込む沢の東側の対象斜面Q(事例1の1)では地すべりが生じた。1/25,000地形図で見る限り標高400m付近の遷緩線以下はその上方に比べてやや緩やかな地形を呈しており、やや風化殻が厚いと思われるが、いわゆる地すべり地形を呈しているわけではない。しかし図1.2に示す大縮尺地形図では、前述の沢の東側斜面に相当する斜面において等高線380m以下にかすかではあるが凹地形Rが見られ、さらに遷緩線以下に押出し状の緩斜面S（凸状尾根地形）が見られること、また、西側の谷を挟んだ斜面のほぼ同じ標高付近にも明瞭な凹状地形を呈する地すべり地形Tが見られることを考え合わせると、地すべり発生の可能性を推測できないこともない。

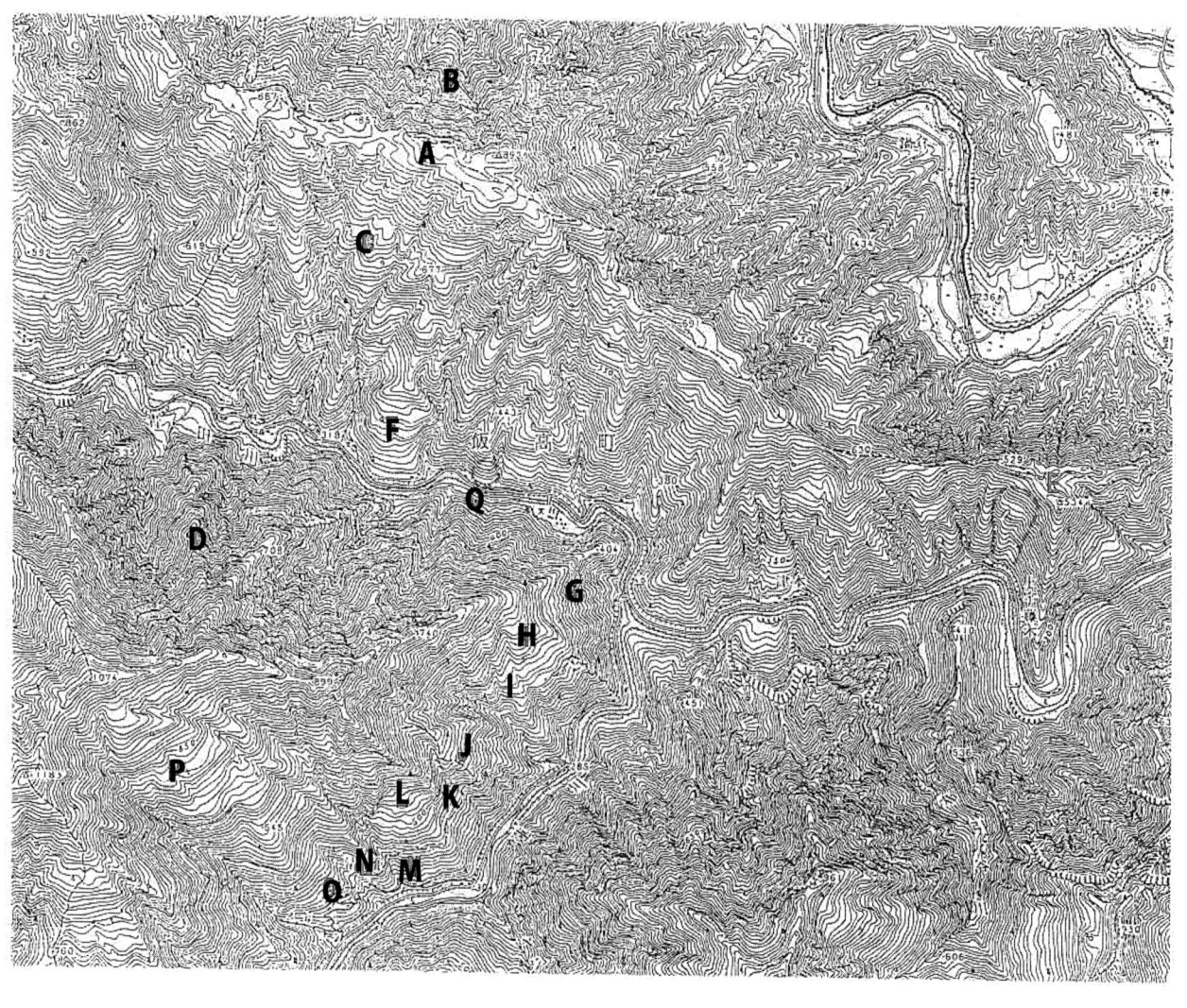

図 1.1 周辺地形から類推する例（国土地理院 1/25,000、七日市）

地形判読事例集

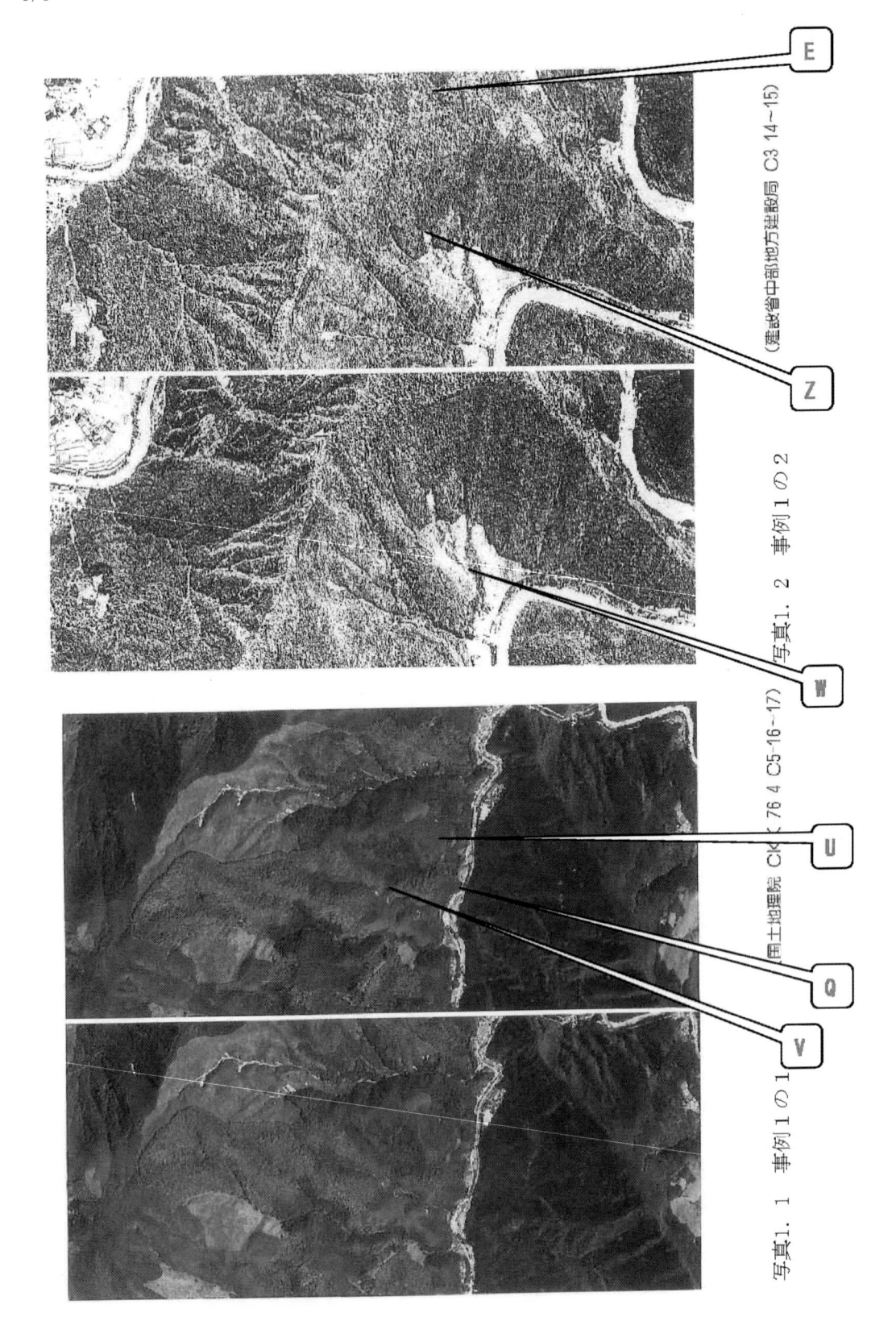

写真1.2　事例1の2　（建設省中部地方建設局 C3 14〜15）

写真1.1　事例1の1　（国土地理院 CKK 76 4 C5-16〜17）

空中写真（写真 1.1 参照）を見ると、事例 1 の 1 の対象斜面 Q が位置する青田川北側斜面は南側斜面に比べ緩傾斜であり、対象斜面 Q 上方の稜線は明瞭な二重山稜をなしている。また、対象斜面の下流側の斜面にはも馬蹄形の滑落崖様の急斜面とこの下位の緩斜面からなる地すべり地形 U がある。対象斜面背後の尾根状地形には遷緩点 V があり、この付近で上流側および下流側の沢が近接したのち、これより下位斜面では両沢が隔離することなどから、対象斜面を含む遷緩点以下の尾根状斜面は、全体に押出し地形に見える。このようなことから、この斜面は一見、凸状で安定しているように見えるが、やや不安定な斜面の末端部に当たると思われる。

もう 1 つの事例（事例 1 の 2）として挙げた上宇藤木北の独標 529 の南側の斜面 W は河川の攻撃斜面となっており、周辺に比べて一段と急峻である。山頂部には小起伏面 E があることから風化殻が厚いことは予測できるが、図 1.1 の 1/25,000 地形図では不安定地形は見られない。図 1.3 の大縮尺地形図を見ると、河川屈曲部の斜面下方には崩壊地形 X が見られること、この上方斜面では等高線に乱れがあること、上流にはガリー状の深く新しい谷 Y が入っているが、その谷は途中でとぎれていることなどから斜面の下方では河川の攻撃によって新しく浸食が進みつつあるが、まだ斜面上部は風化層が厚く不安定であることが推定される。

空中写真（写真 1.2 参照）によれば、小起伏面 E 上に線状凹地が見られ、また大縮尺地形図で見られた 1 次谷の源流部には小緩斜面があり、浸食が下方より上方へ進んでいるが完全に稜線まで進行していないことを示している。上流側のヤセ尾根には崩壊地形 Z が見られることから、いずれこのような地形を呈するようになると推測され、この点から見れば、当該斜面は、この周辺では相対的に安定性の低い斜面と思われる。

地質は三波川変成岩類の黒色片岩を主とし、砂質片岩・珪質片岩および緑色片岩が分布する。走向は N 60°E〜E—W 方向のものが卓越し、傾斜は 30〜60°南落ち、すなわち地形の傾斜とほぼ平行な流れ盤構造となっている。先に述べた事例 1 の 1 の斜面 Q は、主として黒色片岩が分布する。ボーリング調査結果（図 1.4）によると、表層には 2〜10 m の崩積土と思われる礫混じり土がのるが、その下位の岩盤は風化岩〜弱風化岩が分布している。しかし、4 本のボーリングとも深度 15.00〜20.00 m の位置には褐色の粘土状となった強風化岩層が 1.5 m 程度の厚さで存在し、連続性が良いことからこれがすべり面となっていると思われる。

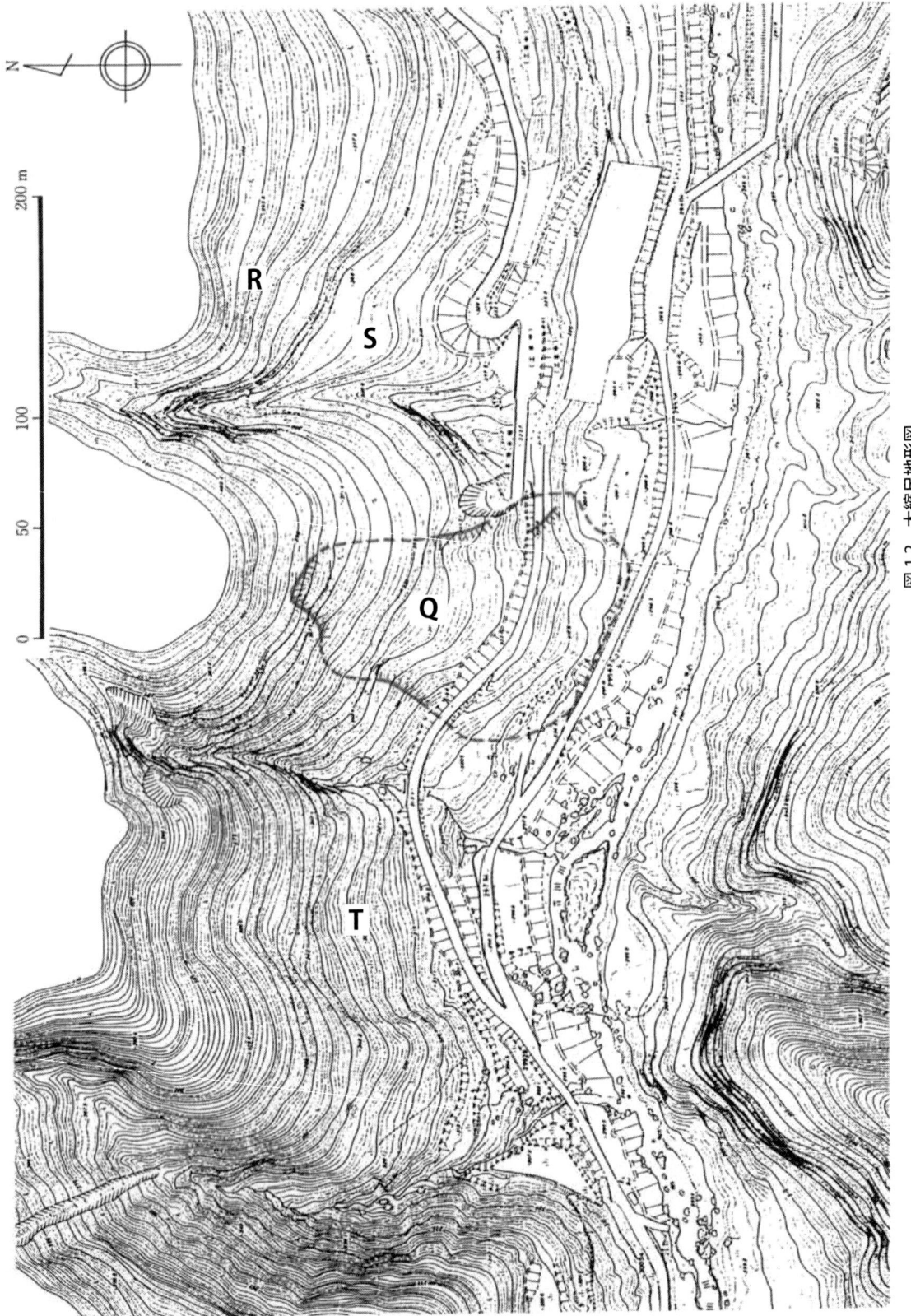

図 1.2 大縮尺地形図

図 1.3 大縮尺地形図

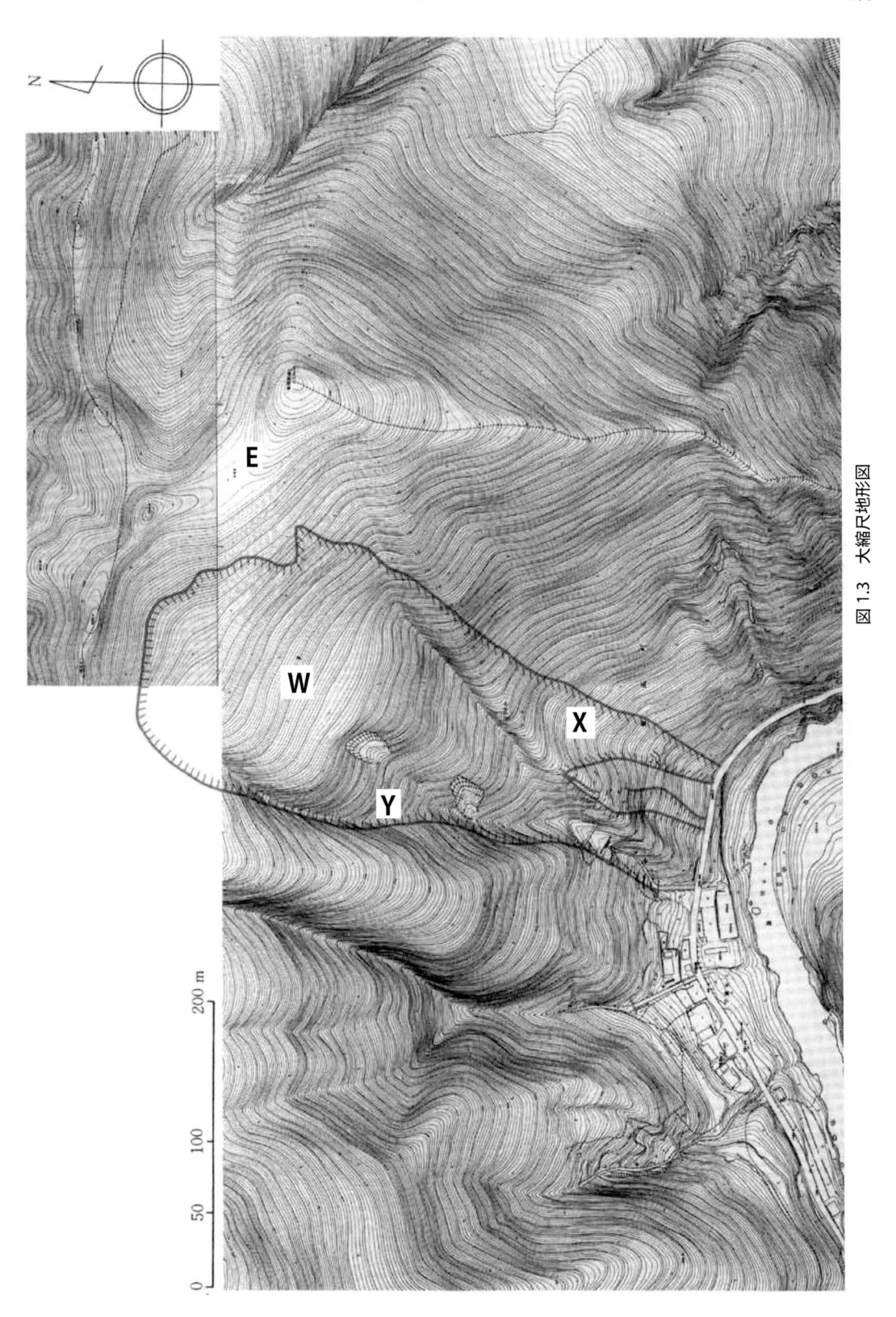

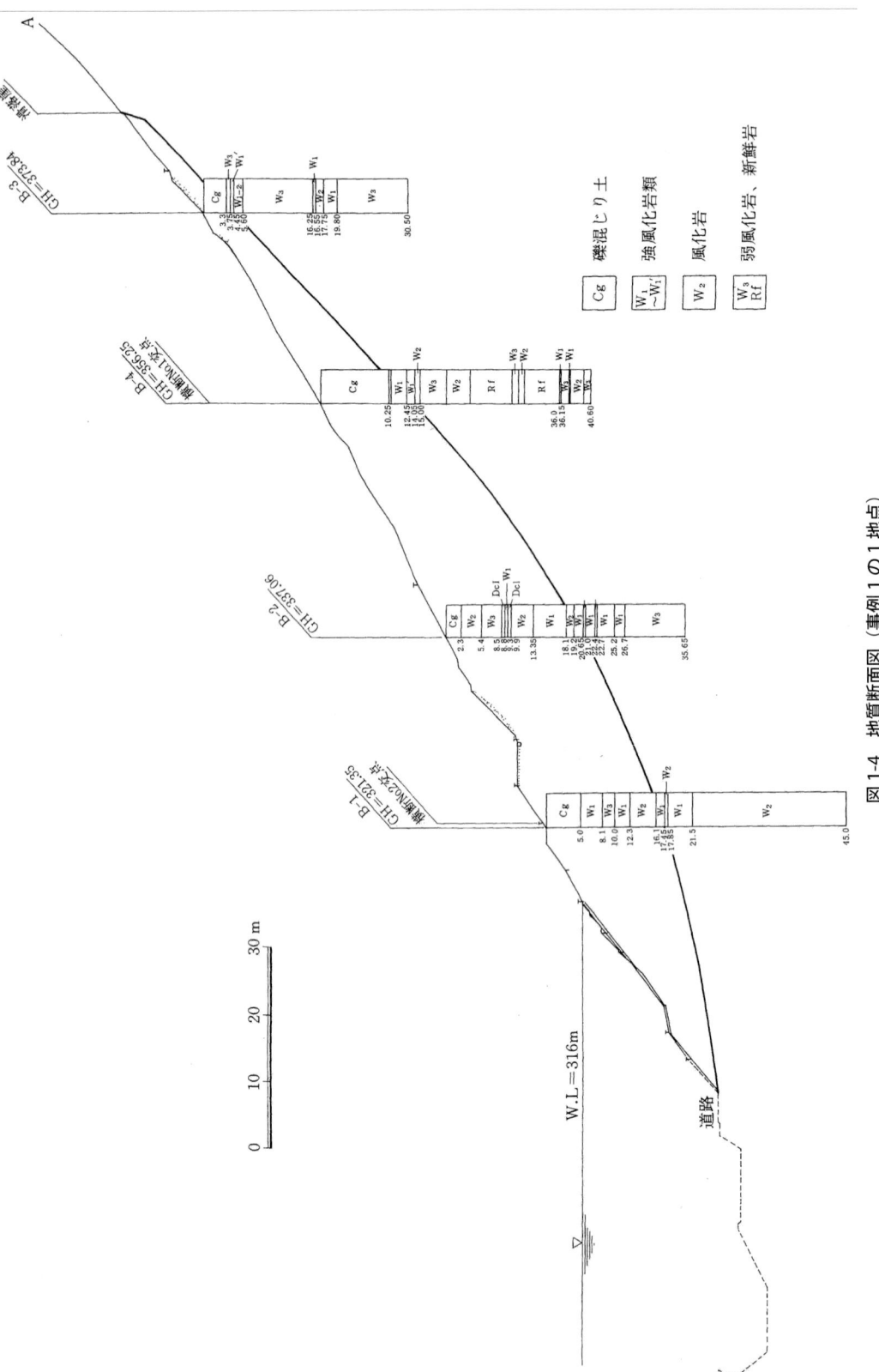

図 1-4 地質断面図（事例 1 の 1 地点）

事例 2 ……キャップロック（構造）の例

　この地域の地形は、1/25,000 地形図（図 2.1）を見ると、鷲尾岳南側の斜面あるいは江迎川北側の斜面が急峻で小さな谷が多く入っているのに対し、鷲尾岳北側の斜面は傾斜が緩やかなこと、また等高線の配列から走向東西で北傾斜の地質構造が推定される。また鷲尾岳北方に東西方向に延びる標高 280〜260 m の平坦面 A があること、鷲尾岳南側には標高 200 m 付近に遷緩線 B があること、江迎川・JR 松浦線より北方の七腕免周辺に台地地形 C があることなどから、鷲尾岳付近は硬い砂岩や玄武岩熔岩などによって形成されたテーブル状の地形（メサ mesa またはビュート butte）であると思われる。鬼突の南の岩の崖記号が見られる急斜面 D は弧状をなし、鬼突付近が凸状の台地地形を呈していることなどから、この地域は地すべり地と思われる。また、田ノ元免の南西側にも同様な滑落地形とそれに続く松浦線近くの押出し地形などの地すべり地形 E〜G が見られ、さらに松ノ尾付近も同様な地すべり地形 H であるなど、この地域は地すべりが多発していることがうかがえる。

　事例にあげた鷲尾岳北方の斜面 I は標高 280〜260 m に緩傾斜面 A があり、鷲尾岳北方付近の 240 m の等高線が異常な凹凸を示していること、独標 287 の北東では 250 m の等高線付近に遷急線が存在すること、鷲尾岳から北に流れる沢は流域面積に対して不調和に深いこと、一方、これらの谷挟まれた丸尾に向かう斜面 J は周辺に比して谷が少ないことなどから、鷲尾岳周辺は全般に安定した斜面とは思えない。また独標 287 から北に延びる尾根 I でも先端部ではその尾根を割るような谷が入っていること、標高 150 m 付近の尾根のくびれや標高 180 m 付近の遷緩点が見えることから周辺状況も考慮にいれるとやや不安定とも思われる。

　このくびれのある尾根については、大縮尺の地形図（図 2.2）を見ると、頂部付近に崖があり、また斜面途中には崩壊地やクラックを表わすと思われる直線状の陥没地形が存在するなど滑動していることがうかがえる。地すべりの範囲は不明瞭ではあるが、頂部の滑落崖から、東側は崩壊地のある谷、西側は滑落崖の北北西にある緩斜面の西側を通り、道路のある稜線を遷緩点付近で横切ってクラック地形の西側の谷に沿う範囲が推定される。その西側はまた別の動きをしているのであろう。

　空中写真（写真 2.1）を見ると、当該斜面の頂部は凹地状になっており、すぐそのそばに滑落崖が見え、それから北に延びる稜線には二重山稜を呈するように小谷の連続がある。土塊は二手に分かれ、東側に流れたものはくびれのある尾根と一緒になって滑動しているものと推察される。この滑動域の末端では、この部分だけが江迎川に押し出したような地形的特徴があり、また細かく判読すると、末端部ではわずかながらも隆起していることが読み取れること、さらに西側では 2 箇所で尾根線の明瞭な不連続があり、これらの現象をつなぎ合わせれば地すべりの範囲をかなり絞り込めるであろう。

　本地域周辺の地質は、九州地方土木地質図によれば、新第三紀の堆積岩よりなり、鷲尾岳および七腕免では、その上に不整合に玄武岩がキャップロック状に載っている。新第三紀層は炭層を挟在している。調査の結果、図 2.3 に示すように砂岩、泥岩からなる新第三紀層は緩く流れ盤状に傾斜しており、また、砂岩の下位の泥岩中にはヘダモノ層と呼ばれる炭質の破砕層があって、これがす

べり面となっていることがわかった。いわゆるキャップロック（構造）を示し、特定層準に支配された地すべりである。

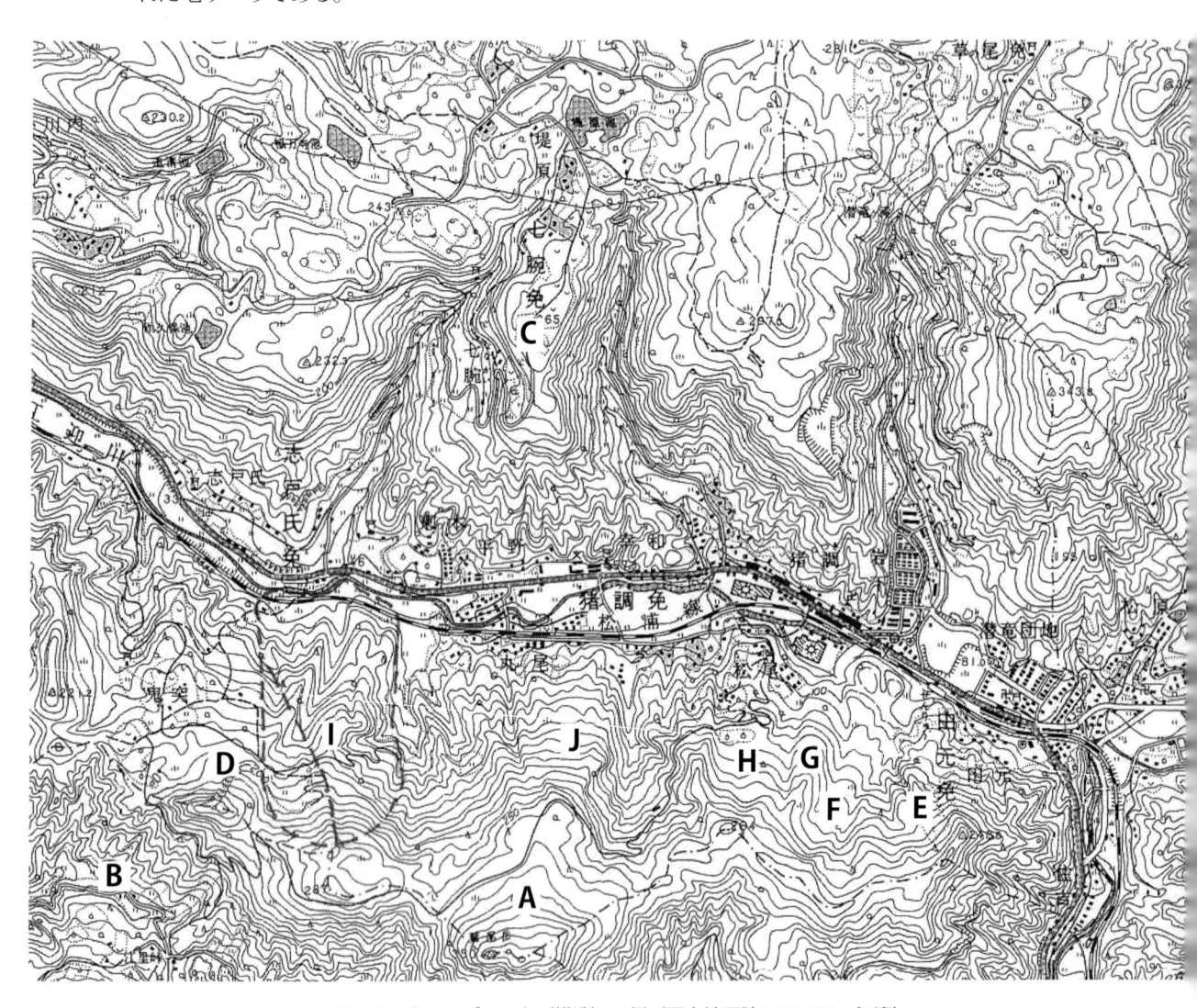

図2.1 キャップロック（構造）の例（国土地理院 1/25,000、江迎）

181

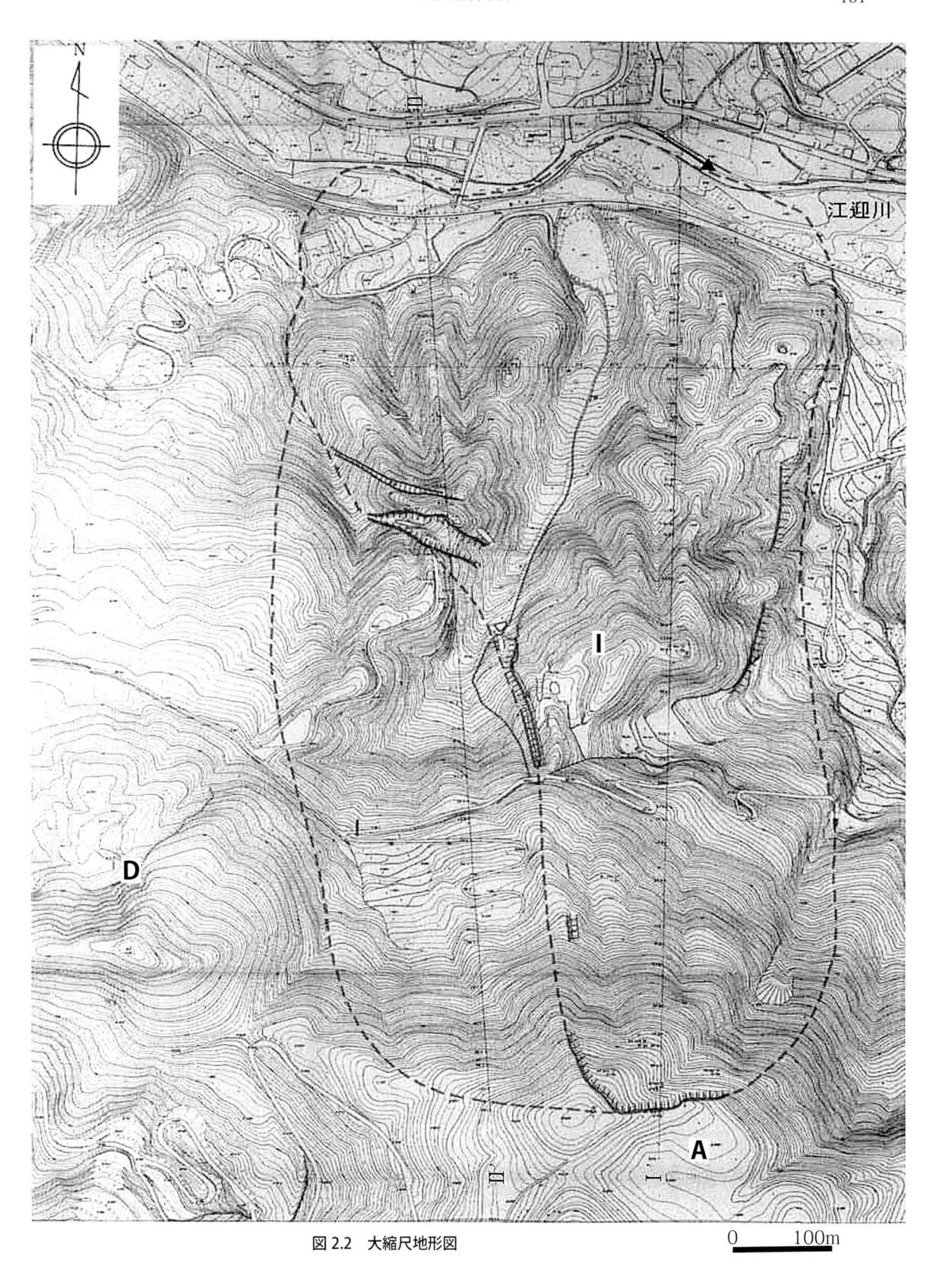

江迎川

D

I

A

図 2.2　大縮尺地形図

0　　100m

写真 2.1 事例 2 (国土地理院 CKU-77-3　C22B-12-14)

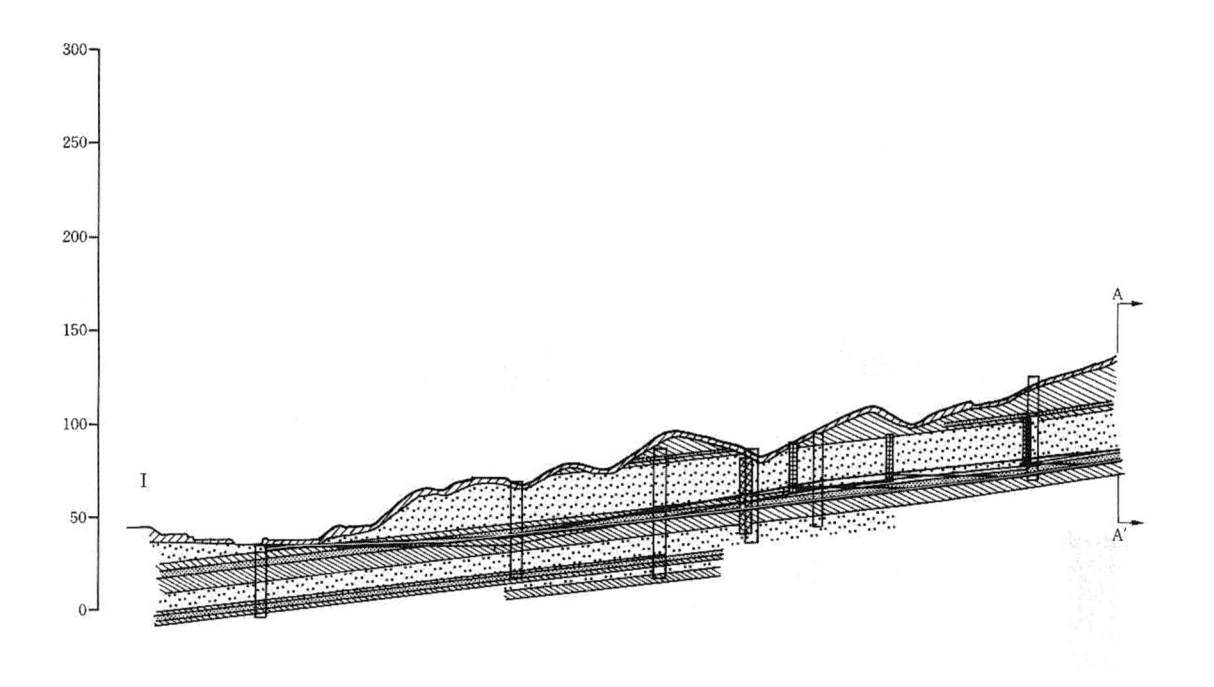

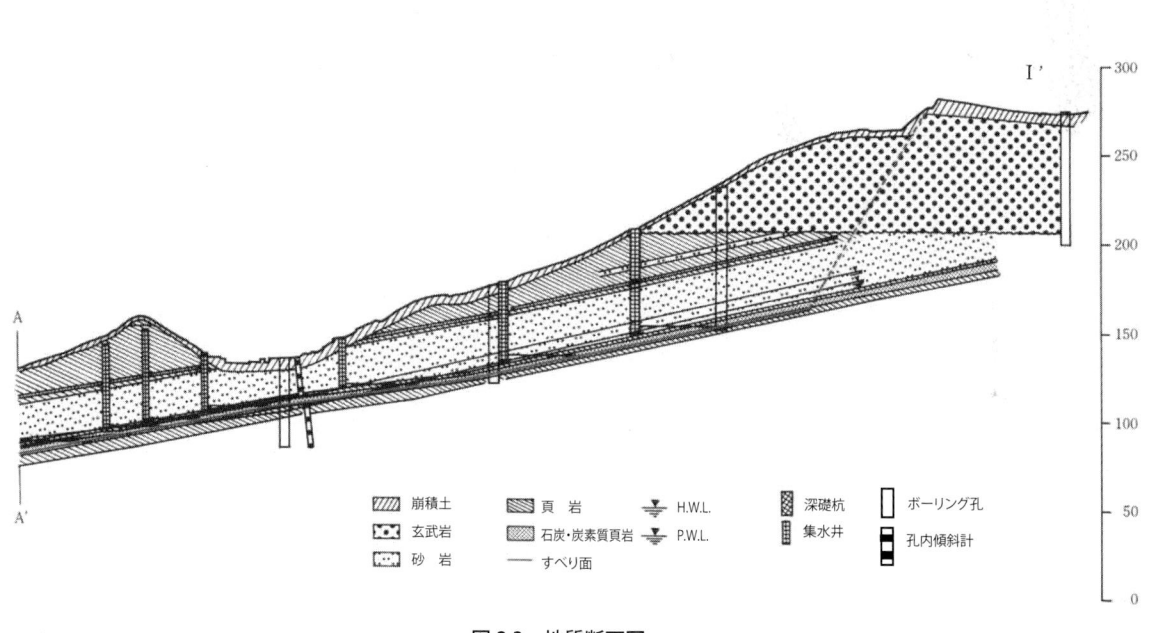

図 2.3　地質断面図

事例 3 ……凸状尾根地形の例

1/25,000 地形図（図 3.1）を見ると、山頂と河谷との比高が小さいにもかかわらず、谷密度は大きく、また谷幅も広いことなどから、かなり開析された地形を呈している。図中央の盛郷の南 A、山森川と棚野川合流点右岸 B、脇・庄田の対岸 C 等は、開析が著しく進んでおり、図幅北西部の熊壁の対岸斜面 D のように尾根先が膨らんだ地形も見られる。事例の棚野川右岸（注記国道 162 の北側斜面）斜面 E は、現在は滑走斜面のようであるが、本来攻撃斜面と思われ、斜面は急になっており、ガリー状の若い谷が不規則に入っている。またこの斜面の下流側には上方斜面の浸食、崩壊

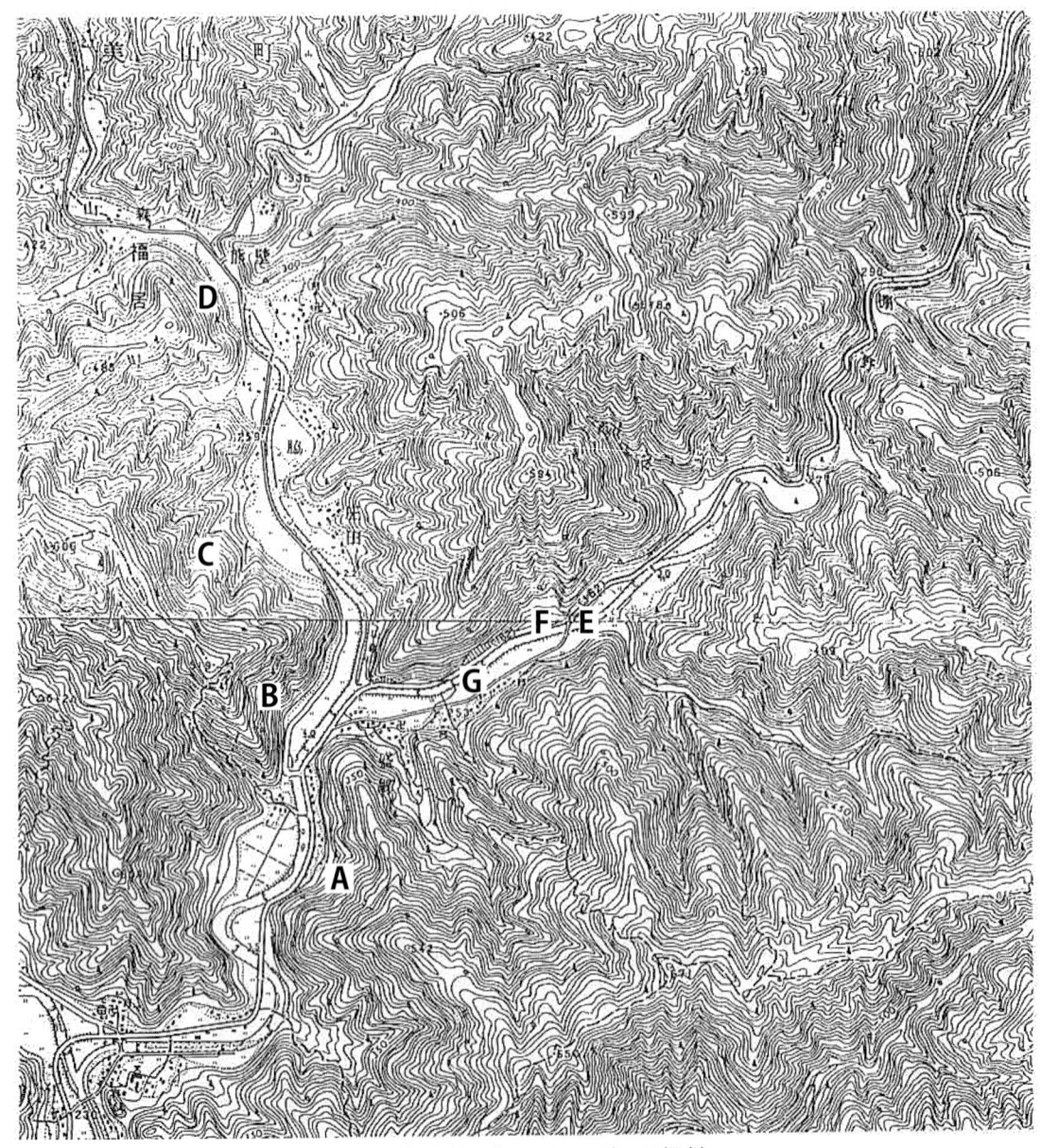

図 3.1（国土地理院 1/25,000、島、口坂本）

によると見られる崖錐の堆積地形Fが存在する。図3.1を詳細に見ると、国道の注記162の1の字のすぐ左側から独標594下方に位置する前述の崖錐堆積斜面Fの上部をとおり道路の切土記号のある付近Gにかけてと、対象斜面Eの上流側とには二つの馬蹄形状の地形が読み取れる。この馬

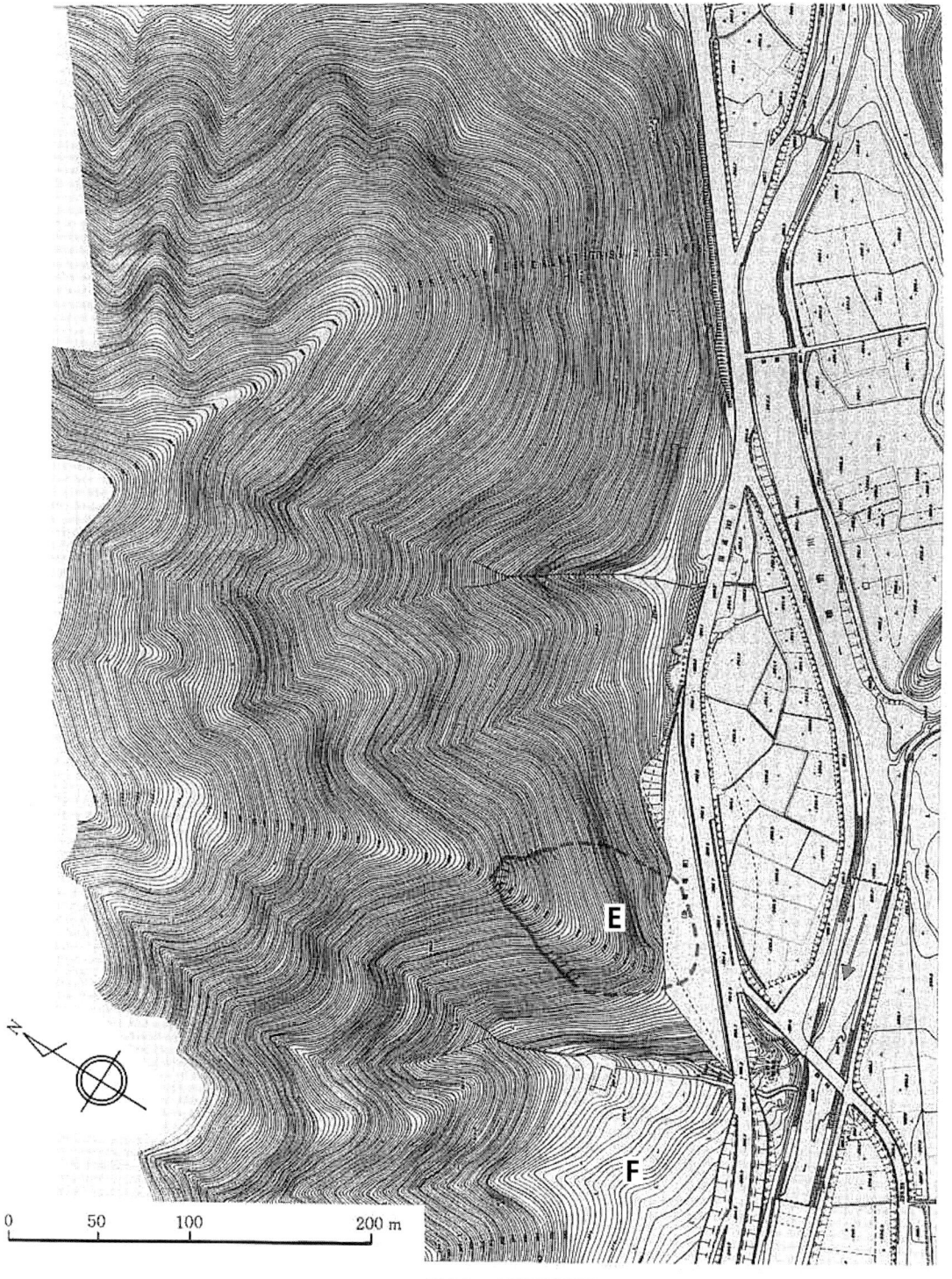

図3.2　大縮尺地形図

独標594

写真3.1 事例3（国土地理院 CKK-75-7 C7A 11-13）

図3.3 地質断面図

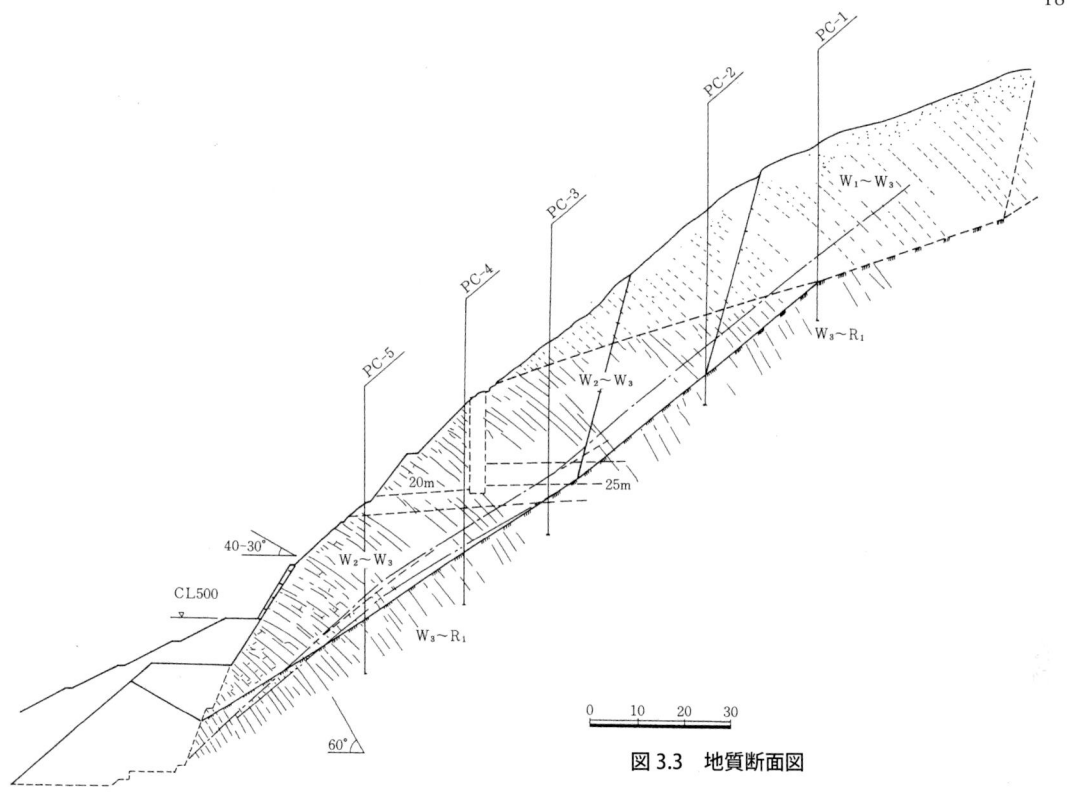

蹄形部分は崖錐Fの形成でもわかるように安定性が低いことが想像できる。対象斜面Eはこの二つの馬蹄形状斜面の間にあって、浸食に取り残された尾根地形を呈している。

大縮尺の地形図（図3.2）を見ると、この対象斜面Eは2つの等斉な直線斜面で構成される尾根の末端を切土しており、前述のように対象斜面Eの西（下流）側には若い谷が切れ込んでいる。この谷の最上部には遷緩線がある。対象斜面Eの東（上流）側にも解析の進んだ谷があり、谷頭は馬蹄形状の急斜面となっている。この上方の前述の遷緩線以下の尾根には、厚い風化殻が残っているようであるが、地形図上からは不安定要素はほとんど見られないため、積極的に、不安定なあるいは岩盤地すべりの地形として抽出することは困難である。

しかし、地形図（図3.1）や空中写真（写真3.1）を見ると、独標594のある山頂から東南および西南に尾根が延び、この2つの尾根に挟まれた部分には二つの馬蹄形状斜面があり、これらは比較的最近崩壊したように見え、ガリーのような小さな谷が山頂近くまで入っている。対象斜面Eは尾根先が膨らんだ地形の中央に僅かに残った尾根で、両側は深く切れ込んだ谷となっているなど、本質的には不安定な箇所に位置していると推測される。

地質は、近畿地方土木地質図によると、丹波帯に属する中・古生層の粘板岩が分布する。周辺では地層の走向はほぼ東西で60°北落ちの受け盤構造となっているが、前述の斜面部では30°～40°の傾斜となっている。斜面は、ボーリング結果によると、図3.3に示すように移動層は部分的に粘土化の進んだ劣化部が存在するほかは全般に比較的堅硬な粘板岩であるが、深度30～40mに小断層と思われる流れ盤をなす破砕された部分が連続し、この断層より上盤側がトップリング状になっており、この断層がすべり面になっているものと思われる。露頭観察の結果では層理面を胴切りにする小断層があり、これが地すべりの上流側を規制していると思われる。

事例 4 ……凹状台地地形の例

　1/25,000 地形図（図 4.1）を見ると、図の左下（南側）の太田の西の独標 765 および上（北側）の独標 944 付近には小起伏面 A,B があり、図中央の河川は激しく穿入蛇行して西から東へ流れている。両側の稜線から下りる尾根は概してやせ尾根を形成しているが、高瀬 C およびその南方の峰には小規模な緩斜面 D とその上方には急崖があり、地すべり地形を呈している。同様の地形は左岸の森山 E にも見られる。また沢渡の上流（西側）の斜面 F は馬蹄形の凹状地形を示し、谷の発達が見られないことから、比較的新しい崩壊地と思われる。

　鷲の巣地区 G は南北に延びる尾根の末端部にあたる。尾根は高圧線付近より 2 つに分かれて三角末端面状に急崖をなし、鷲の巣集落はその下の緩斜面上にある。河川は鷲の巣の緩斜面よりさらに 50 m 以上下ったところを流れている。すなわち、鷲の巣付近の地形は凸状尾根地形をなし、地すべりまたは崩壊地跡と思われる。さらに下流右岸側の独標 418 の北側斜面 H も同様に急崖の下にやや緩傾斜面およびそれに続く急傾斜面があり、鷲の巣より変状は進んではいないが同様の不安定斜面である。さらに、本村付近の独標 589 から北および北東に延びる尾根先が異常に膨らんだ尾根地形の間に、凹状台地地形の地すべり地形 I がいくつか見られる。同様の地形は沢渡 J などにも見られる。

　このように、この周辺では低標高のところにも、不安定地形が多く見られる。しかし、事例でとりあげた以下に述べる鷲の巣上流地区 (イ) および独標 418 東側斜面 (ロ) は 1/25,000 地形図上では、特に不安定地形として抽出することは困難である。

　鷲の巣上流地区 (イ) を大縮尺地形図（図 4.2）で見ると、やや傾斜が緩やかで 2 つの 0 ～ 1 次谷に挟まれた斜面で、2 つの谷は上の道路付近で上すぼまりになっている。鷲の巣地区 C は上方に急崖があり、急崖下標高 340 m に崖の記号があり、集落のある箇所は緩斜面をなしていることから、いわゆるすべり地形の名残であろう。しかし、鷲の巣上流地区 (イ) の斜面は道路切土の影響もあり、不安定地形として抽出することはできない。

　もう 1 箇所の堀切峠対岸で金比羅宮北東斜面 (ロ)（図 4.3）もまた同様に 2 つの小谷に挟まれ、その谷は上すぼまりとなり谷の間はやや膨らんだ斜面となっている。

　これらは地形図からだけでは抽出は極めて困難であるが、強いていえば凸状台地地形を呈しており、周辺の不安定地形の多さと合わせて、地すべりの可能性のある斜面として抽出する。

　地質は秩父帯の中・古生層の粘板岩、チャート、輝緑凝灰岩およびドロマイトからなり、大局的には走向東西で北傾斜であるが褶曲が著しい。当該地点のボーリング調査によると、図 4.4 に示すように、(イ)、(ロ) の例とも受け盤構造になっており、また風化程度も中程度で、不動岩盤との著しい相違は認められない。地表踏査によると、(イ)、(ロ) の両例とも、背斜軸の翼部にあたり開口亀裂が発達していること、また断層（イは移動部の両サイド、ロでは下流側に直線状に見られる沢が断層となっている）によって地山とは斜面が分離していたことが地すべり滑動の素因と考えられている（写真 4.1 参照）。

地形判読事例集

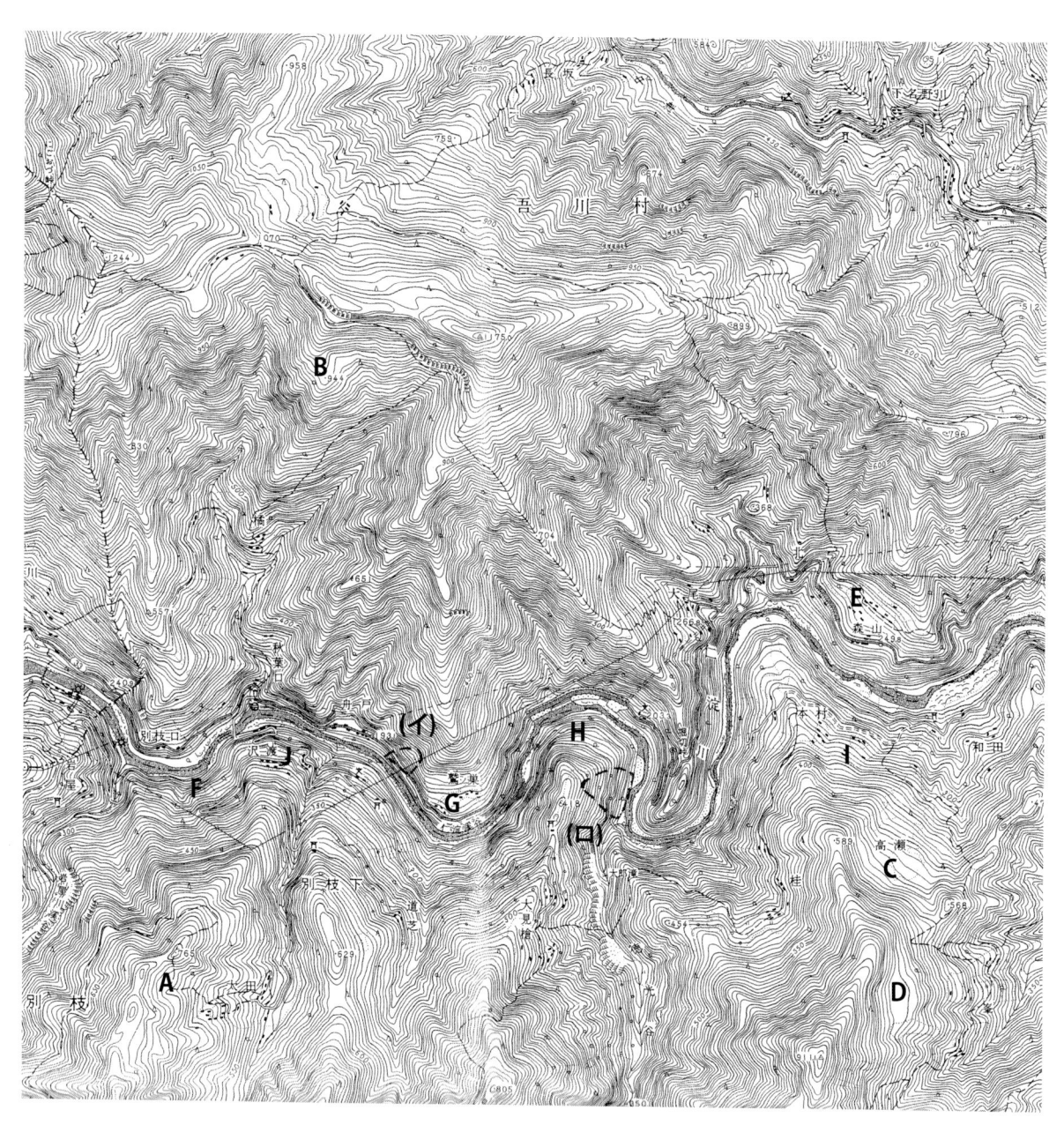

図 4.1　凹状台地地形の例（国土地理院 1/25000 柳井川を 75%縮小）

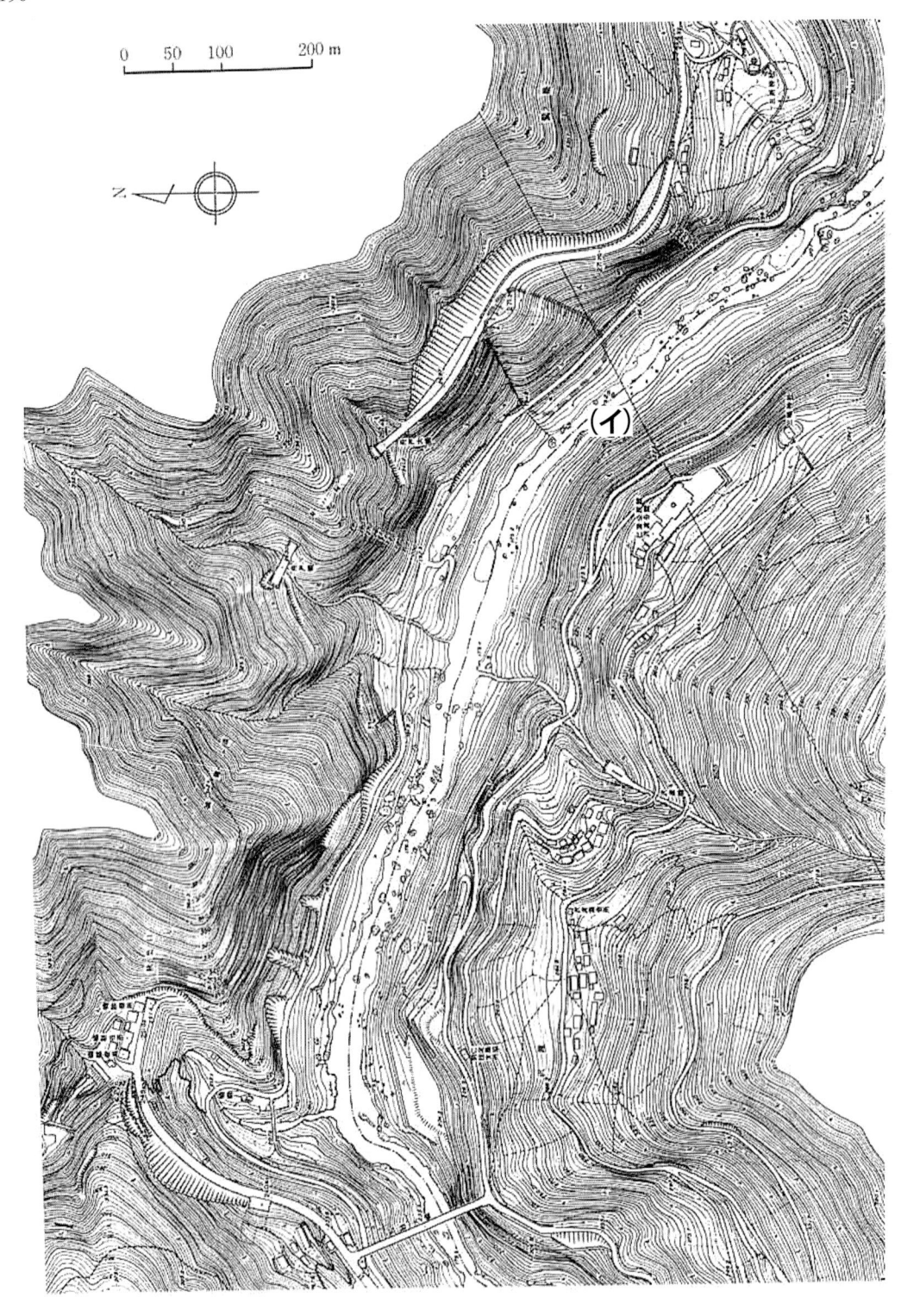

図 4.2　大縮尺地形図（イ）

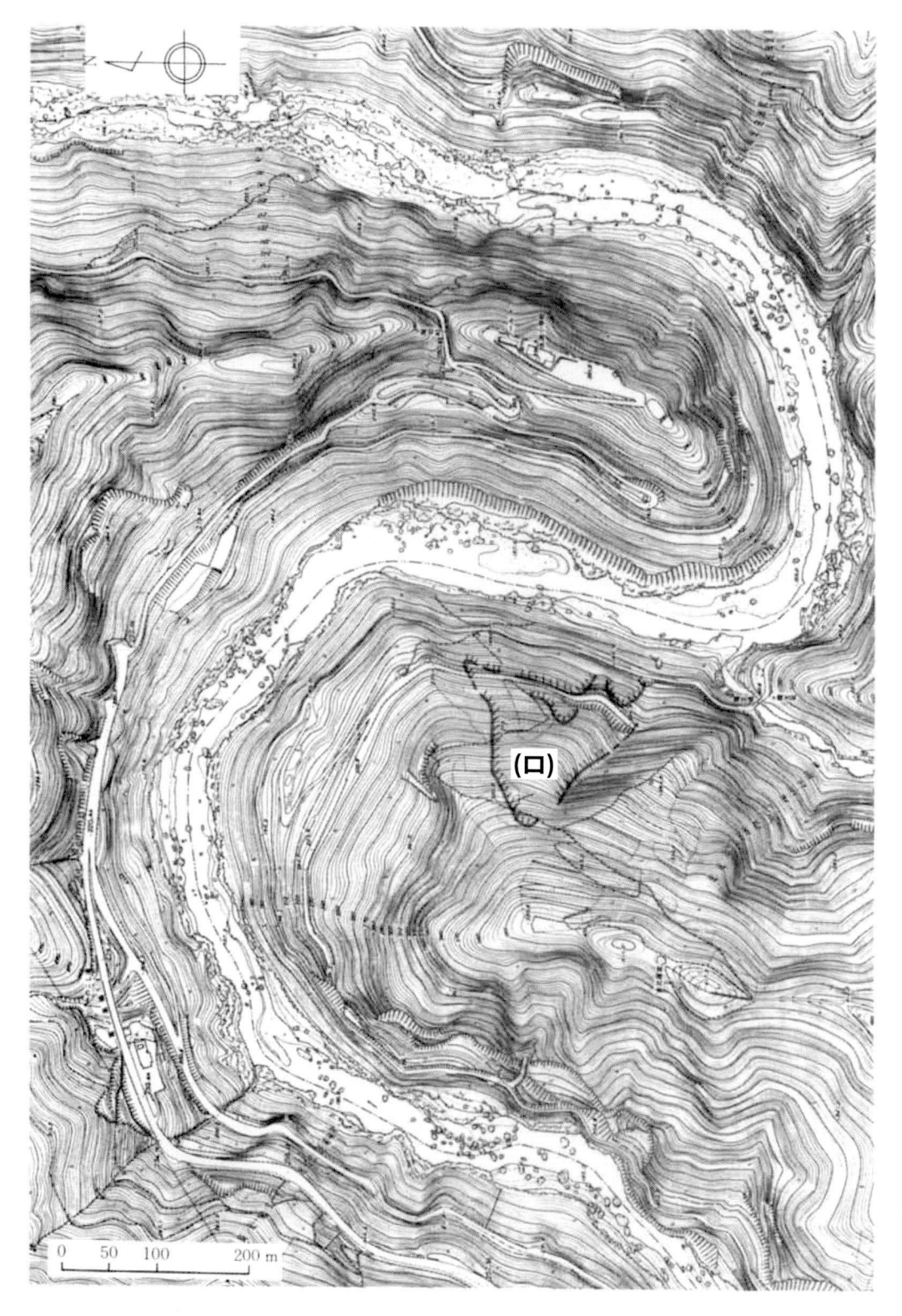

図 4.3 大縮尺地形図（ロ）

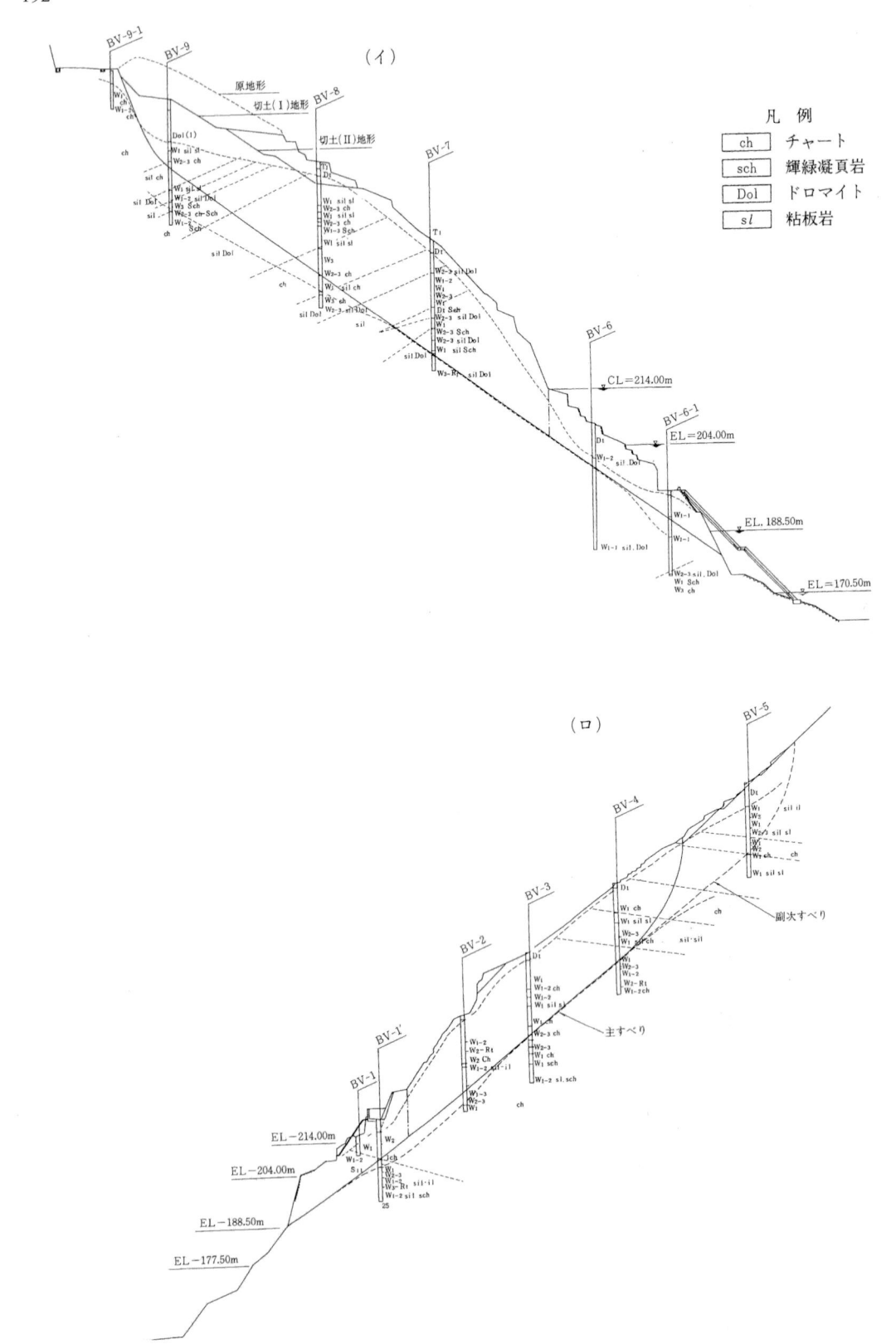

図 4.4　地質断面図

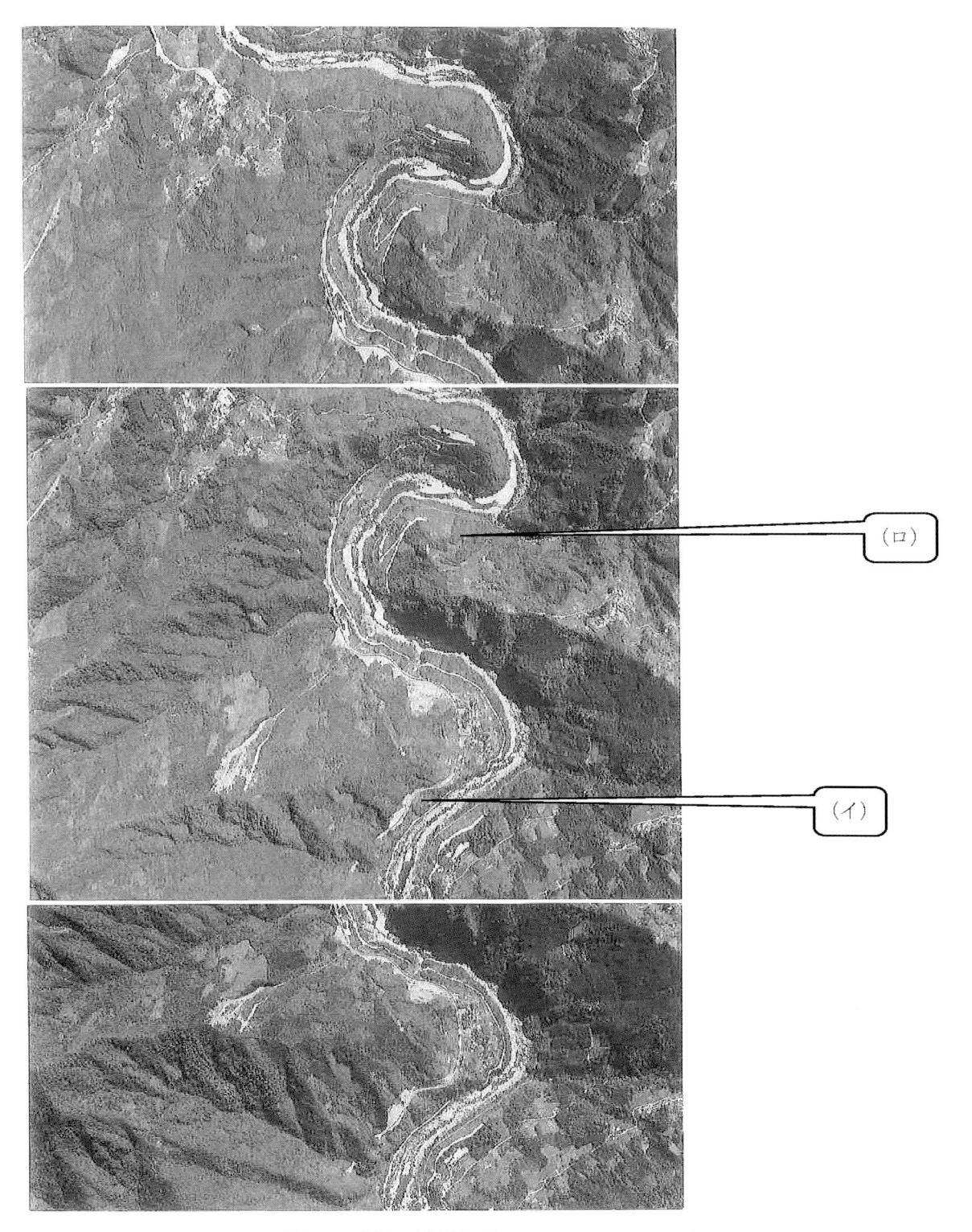

写真 4.1　事例 4（国土地理院　CSI-75-5　C18B　18-20）

事例 5 ……多重山稜のある巨大崩壊の例

　1/25,000 地形図（図 5.1）を見ると、図右上の独標 1396 から大日―三峰と続く稜線は小起伏面 A をなしている。稜線およびその両側の地形を見ると、勘行峰は東寄りに山頂があり、西側は緩斜面 B となっている。また大日では東側に馬蹄形状の急斜面 C があり、北西側は緩く井川湖に落ち込んでいる。また大日では大日峠南側の三角点 1,200.6 の峰の西側に小鞍部を挟んだ高まり D が、さらに道路部分の小陥地を挟んで西側にも高まり E があり、独標 1,086 に続いている。このような地形は大草利まで連続し、富士見峠付近で不明瞭となるが、また三峰周辺で見られる。

　このように稜線部は多重山稜をなし、その東側斜面、すなわち大日峠東側 C、大草利～三峰東側では馬蹄形状の急斜面 F をなしている。大草利～三ツ峰東側の斜面 F にはガリー状の若い谷が不規則に入っており、また三ツ峰東南方の独標 1,132 付近には沢状の崩壊地 G、さらに谷部でも土の崖が多くあり、大草利下方では流土地 H も見られる。このようなことから、大草利～三ツ峰東側の馬蹄形状の斜面は、いくつかのブロックに分かれているが、大きなマスムーブメント地形と解される。

　さらに大縮尺地形図（図 5.2）を見ると、図の上部（北側）では稜線直下で急崖をなし、その下にやや傾斜の緩い斜面 I があって、さらにその下に急斜面 J が存在し、その急斜面 J には極めて不規則な谷が入っている。図中央部でも同様の地形が見られる。

　これらのことからもブロック割りは困難ではあるが、極めて大規模な不安定土塊の存在が想定され、この程度の規模の不安定地形は、小縮尺の図で大きく抽出する必要がある。なお、この中で最も不安定なブロックは稜線近くに小起伏面が残り、谷の発達の少ないところ、たとえば前述の I や三ツ峰東側の K と思われる。

　空中写真（写真 5.1）を見ると、斜面全体の形状は大きなスプーンですくったような形状を呈し、また山頂から右上に延びる稜線の両側には滑落崖様の急斜面がある。また谷は若く、比較的新しく変形した斜面である。その中でも大縮尺地形図で見られる谷の発達の悪い部分（I、K など）が安定性の悪いところと考えられる。

　周辺の地質は四万十累層群の中生代白亜期～新生代古第三紀の砂岩・頁岩互層が分布する。大局的には走向 N 20～40°E で北傾斜であるが、褶曲が著しい。当該斜面はボーリング調査によると、図 5.3 に示すように、表層より強風化、中風化、弱風化の泥岩優勢砂岩泥岩互層よりなり、中風化部と弱風化部の境界付近に粘土化の進んだ部分が延続し、これがすべり面となっているものと思われる。

地形判読事例集　　　195

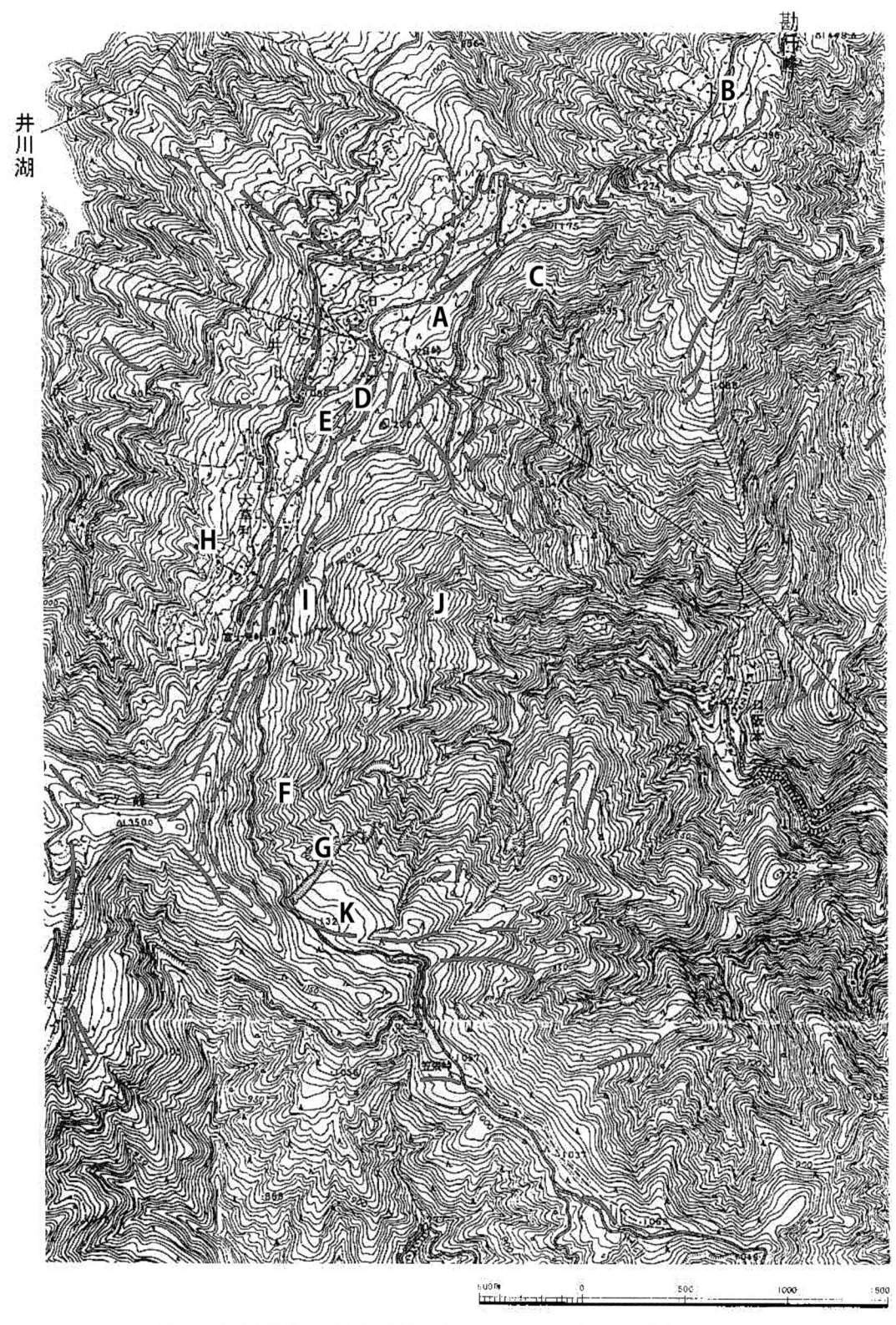

図5.1　多重山稜地形の例（国土地理院 1/25,000、湯の森、駿河落合、井川、千頭）

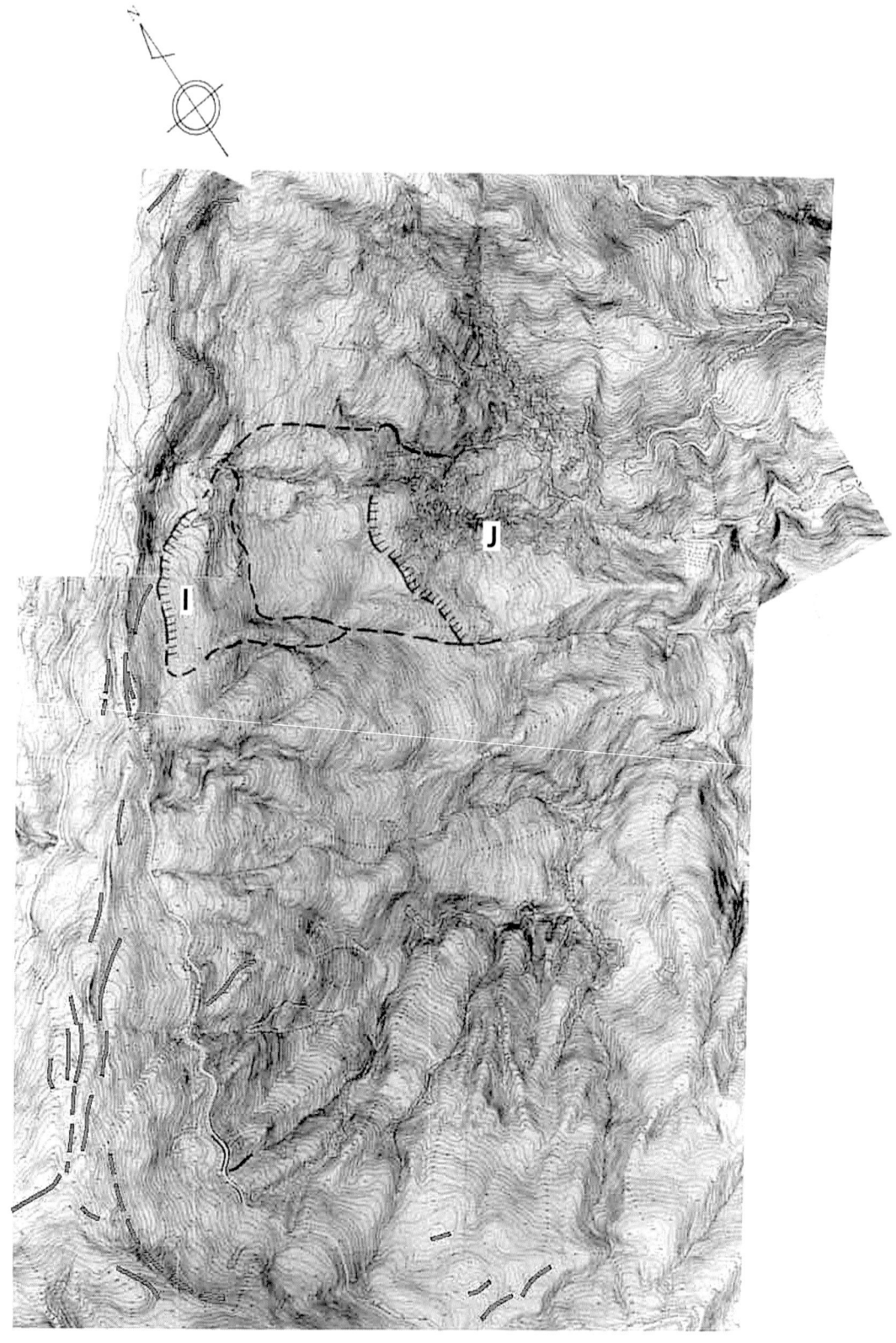

図 5.2 大縮尺地形図

写真 5.1　事例 5（国土地理院　CCB-76-18　C8-25-57）

図 5.3 地質断面図

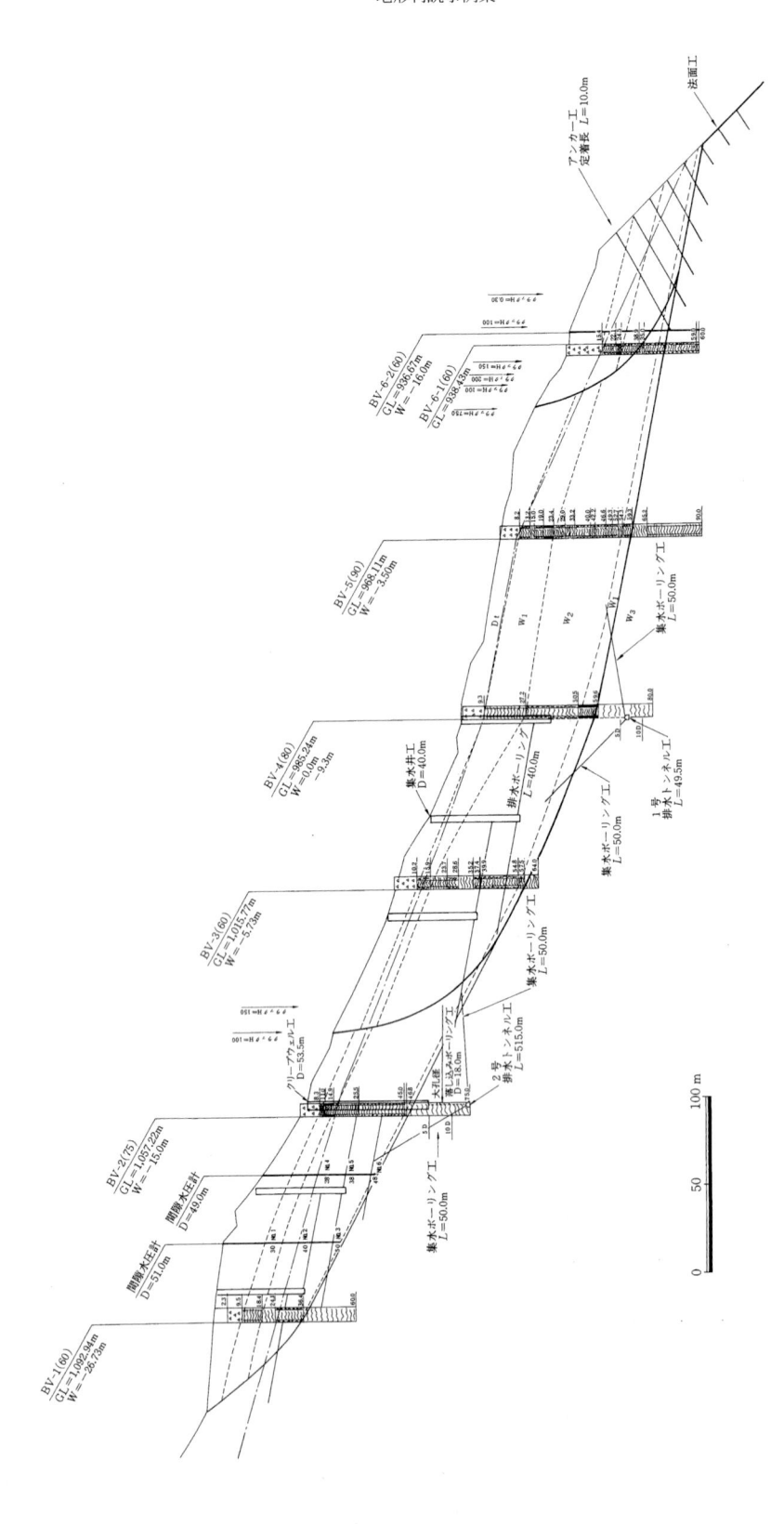

事例 6 ……凸状台地状地形の例

　1/25,000 地形図（図 6.1）を見ると、標高 300 〜 350 m に小起伏面があり、河川はこの小起伏面を削って流れ、両岸の斜面は急斜面となっている。この小起伏面は南から北に向かって高度を減じ、また、両岸斜面の肩部には岩の崖が連続しているところから熔岩台地と考えられる。小起伏面上には地すべりと思われる地形はほとんど見られない。

　注記東大山の東のところは標高 300 m 付近より上に小起伏面 A があり、その下の急斜面の途中の標高 250 m 付近に緩斜面 B がある。小起伏面から流れ出た谷は緩斜面 B のところで不明瞭となり、これより下位標高では緩い谷状をなしており、この谷に挟まれた本事例の箇所 B は凸状台地状地形をなしていることが読み取れる。

　大縮尺地形図（図 6.2）では、図中央の北から流れ出た谷 C は台地上で東へ曲がるが末無川となり、新たに地区の東を流れる谷に向かって末無川の延長と思われる谷 D が始まっている。

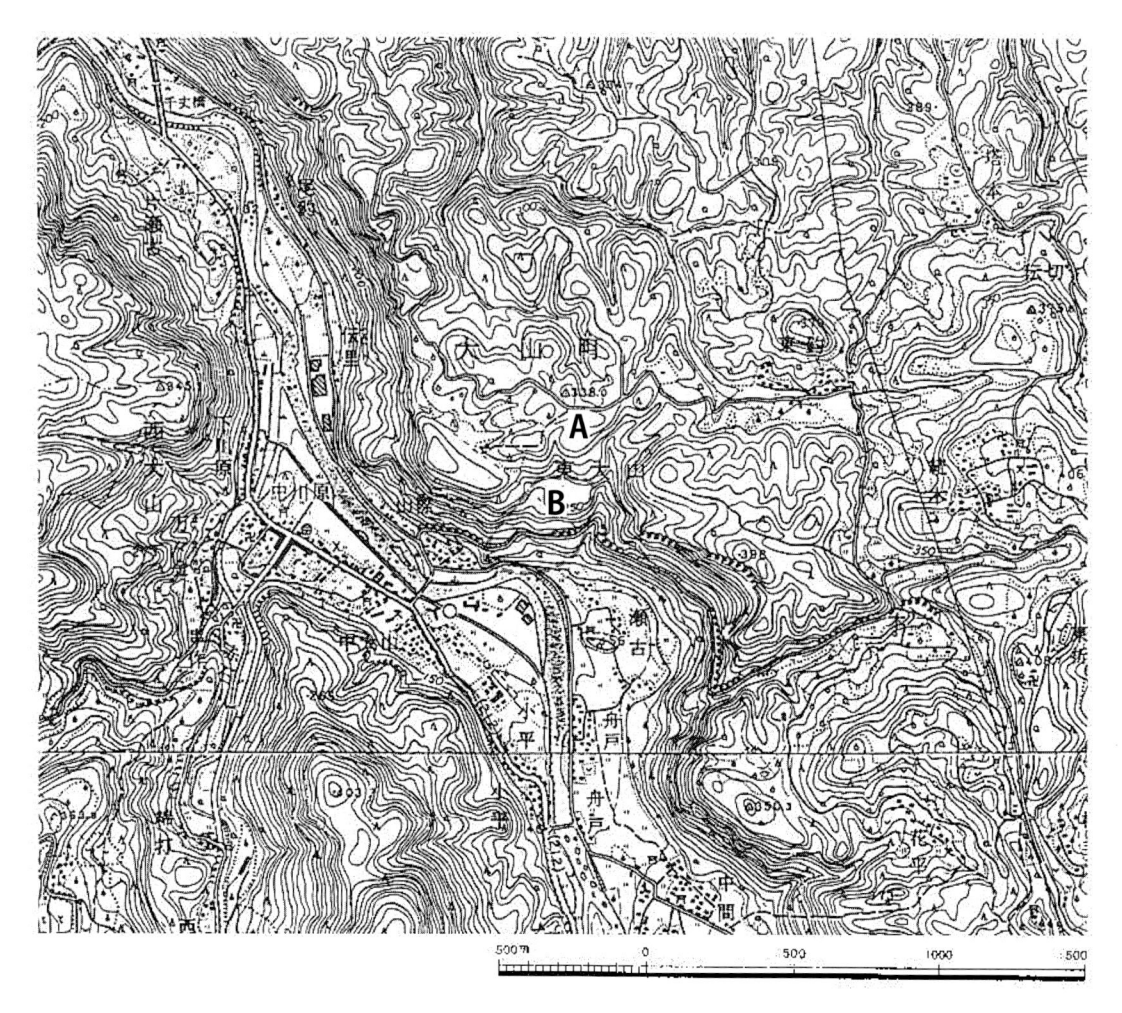

図 6.1　凸状台地状地形の例（国土地理院 1/25,000、日田、豊後大野）

また台地Eの西側は遷緩線が馬蹄形状に連続している。さらに、台地Eは陥没状の地形をもなしている。このようなことからこの斜面は過去に地すべり滑動し、緩んだ岩盤となっているものと推察される。

周辺の地質は、九州地方土木地質図によれば、最下位に豊肥火山岩類の輝石安山岩が分布し、その上部に耶馬渓層相当層の火砕流堆積物さらにその上位に阿蘇火砕流堆積物が分布している。地すべり地の地質はボーリング調査結果によれば、図6.3に示すように、安山岩を基盤とし、その上位に日田層と呼ばれる第四紀更新世の泥岩・凝灰岩、最上位は耶馬渓の熔結凝灰岩となっている。すべり面は安山岩と日田層の境界および日田層内の水成堆積層と陸成堆積層の境界部付近に形成されている。地質素因的にはキャップロック（構造）に近い素因による地すべりであろう。

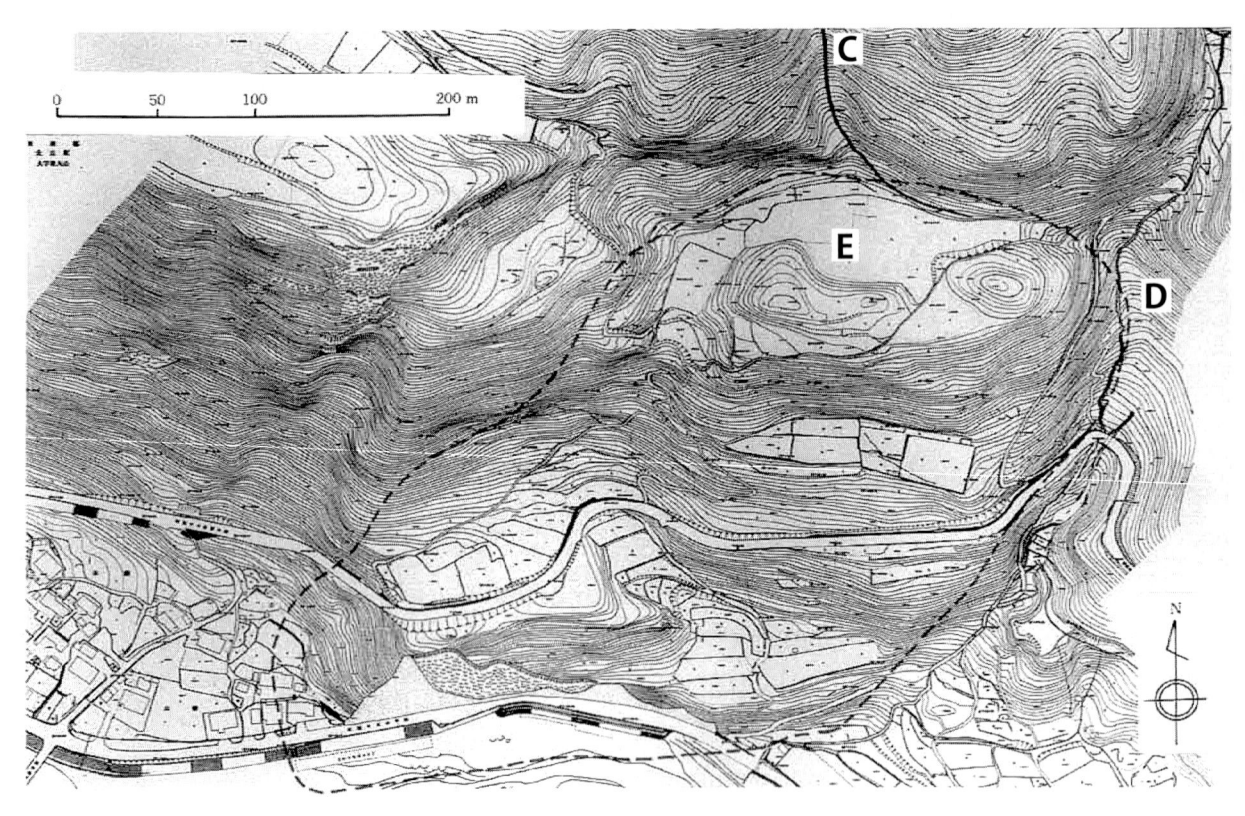

図6.2　大縮尺地形図

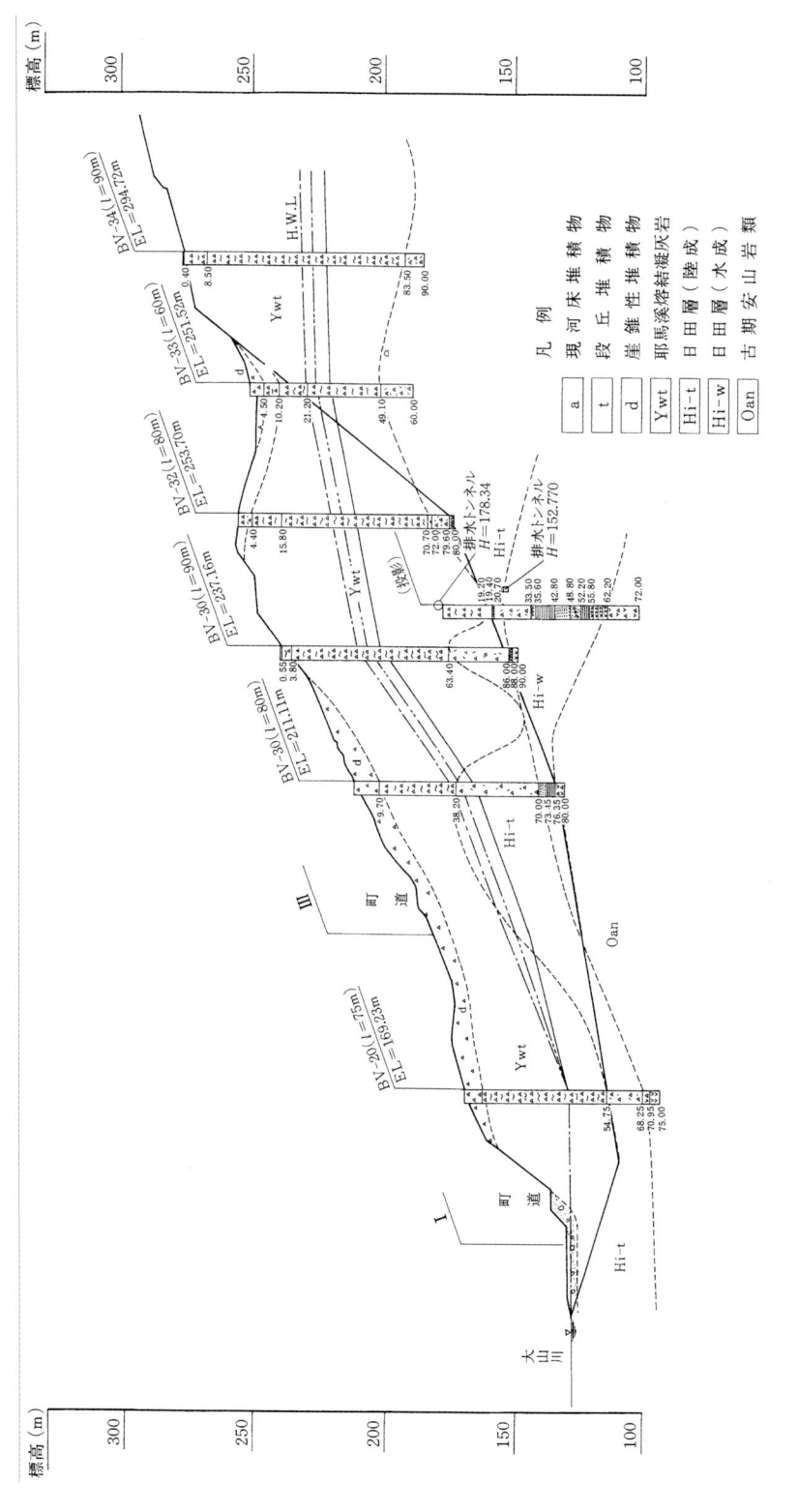

図 6.3 地質断面図

事例 7 ……頭部陥没地形の例

　1/25,000 地形図（図 7.1）を見ると、図右側には標高 400 〜 450 m に小起伏面 A があり、左側には大作山の北および南側に 300 〜 350 m (B) および 200 〜 250 m (C) の小起伏面がある。大作山はこれらの面から突き出たような山容をなしているところから、周辺より硬い岩盤が熔岩ドームのように分布していると推察される。中央を流れる川を挟んで東と西の平坦面のうち、特に水割周辺は地形単位が小さいことから東側の平坦面に比べ、浸食に弱い軟らかい地質からできているものと思われる。

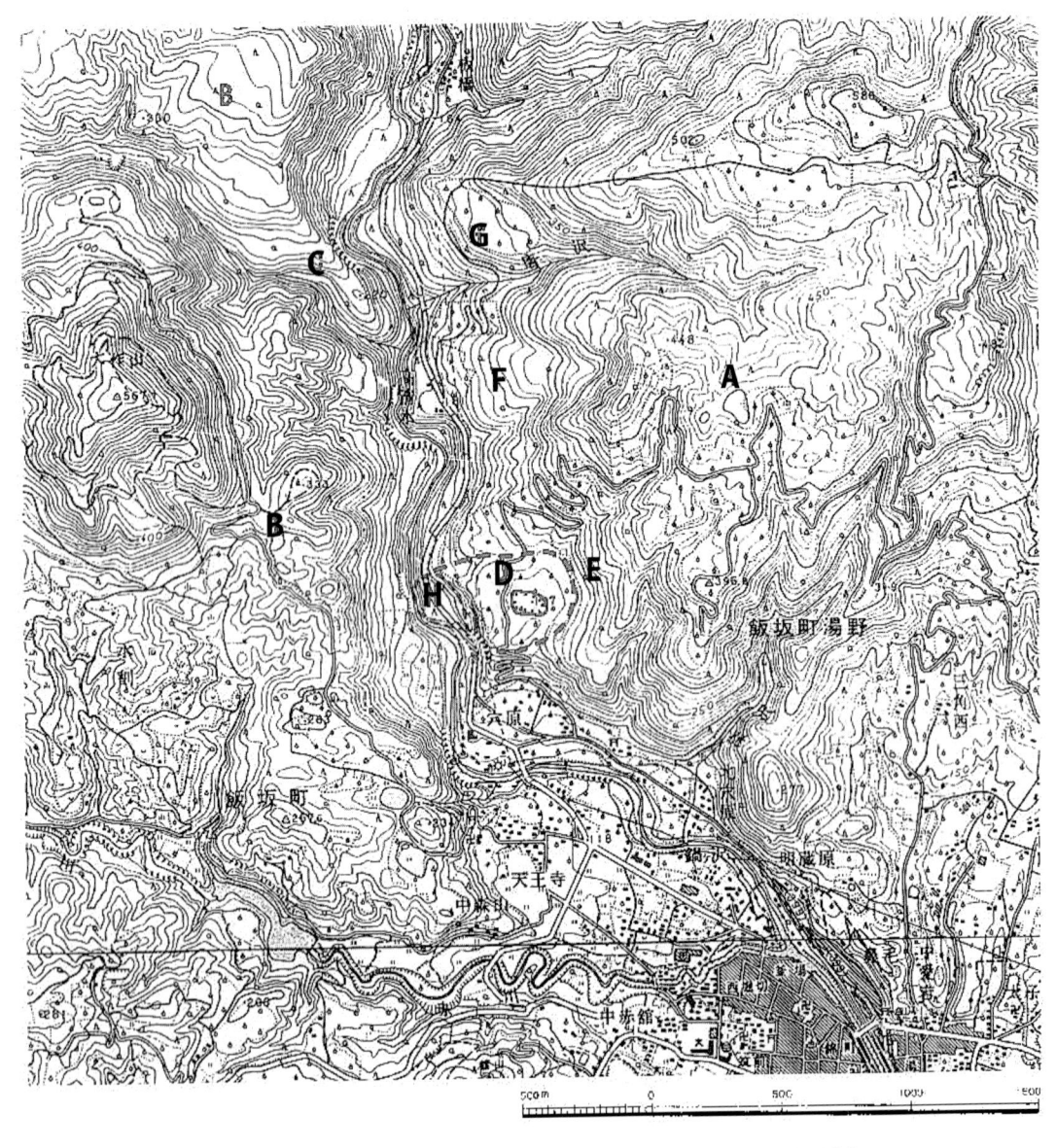

図 7.1　頭部陥没地形の例（国土地理院 1/25,000、中茂庭、福島北部）

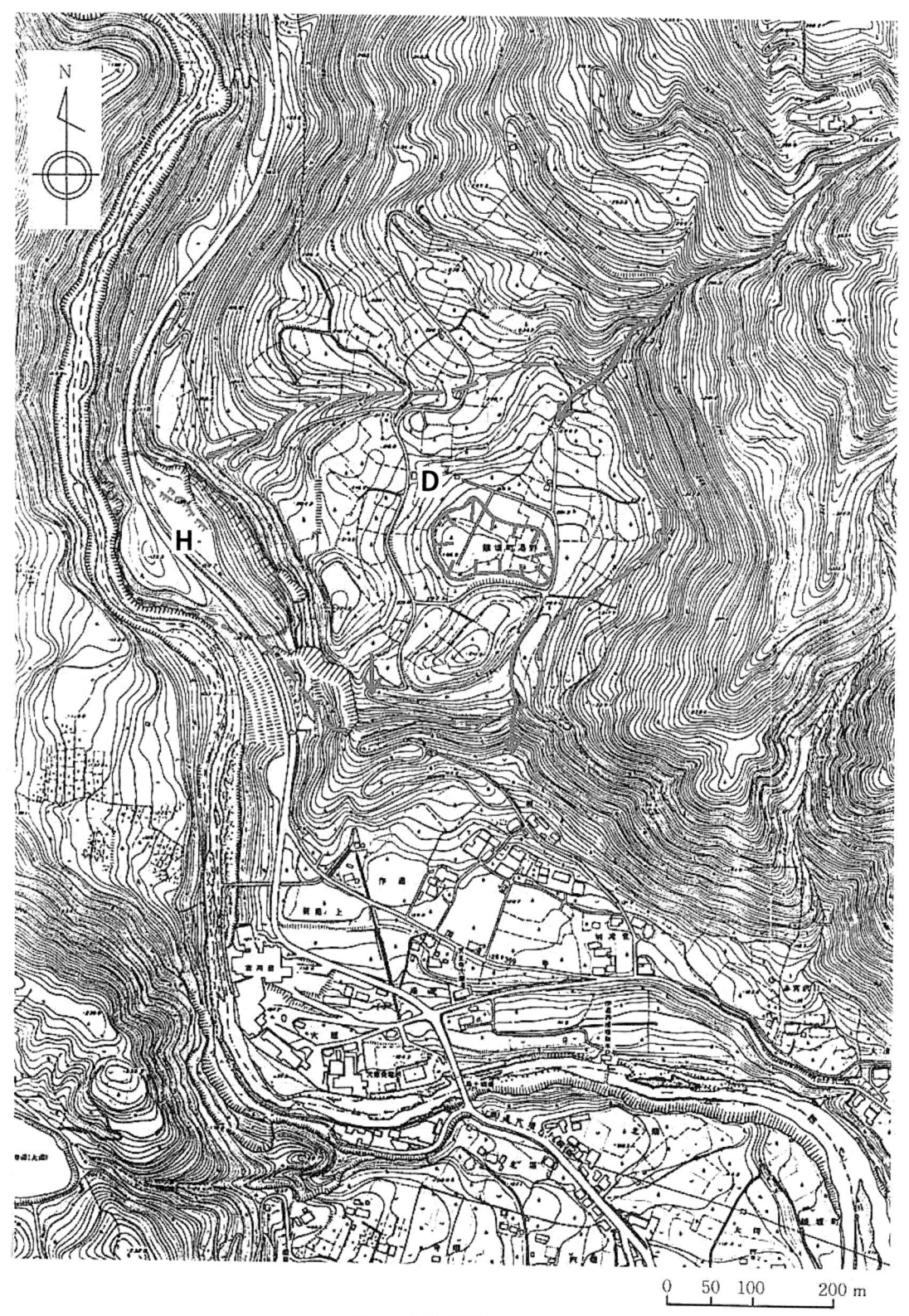

図 7.2 大縮尺地形図

事例に挙げた斜面のある穴原の北の独標197付近の台地Dは、独標部が凹地となっている。さらに、その山側は、三角点396.8のある小起伏面Aの末端で馬蹄形状の急崖Eを形成している。また独標197のある台地Dの下では道路が凸状に曲がり、川も異常曲流し、対岸には土の崖がある。このようなことから、この台地斜面は押出し地形をなす凸状台地地形を示す不安定斜面であることがわかる。同様の斜面は高清水F、唐沢の北Gなどにも見られる。

　さらに大縮尺の地形図（図7.2）では、上記のことは明瞭になる。図右上（北東）から出た谷は台地D上の末無川となり、台地の側方に新しい谷が始まっている。すなわち、この台地面は透水性のよい不安定土塊であることがわかる。さらに、その台地Dの周辺は台地西側Hに見られるように末端部から2次的な小規模の地すべりまたは崩壊が始まっている。

　周辺の地質は、東北地方土木地質図によれば、新第三紀中新世の船川層相当層、元徳寺層相当層、本畑層相当層が分布し、それに流紋岩が貫入している。側部の小規模で活動的な地すべり地のボーリング調査によれば、図7.3に示すように、最下位に弱～未風化の凝灰岩、その上位は中～強風化の凝灰岩および泥岩凝灰岩互層からなり、弱～未風化岩直上に強風化岩が連続していることから、その層がすべり面となっていると思われる。

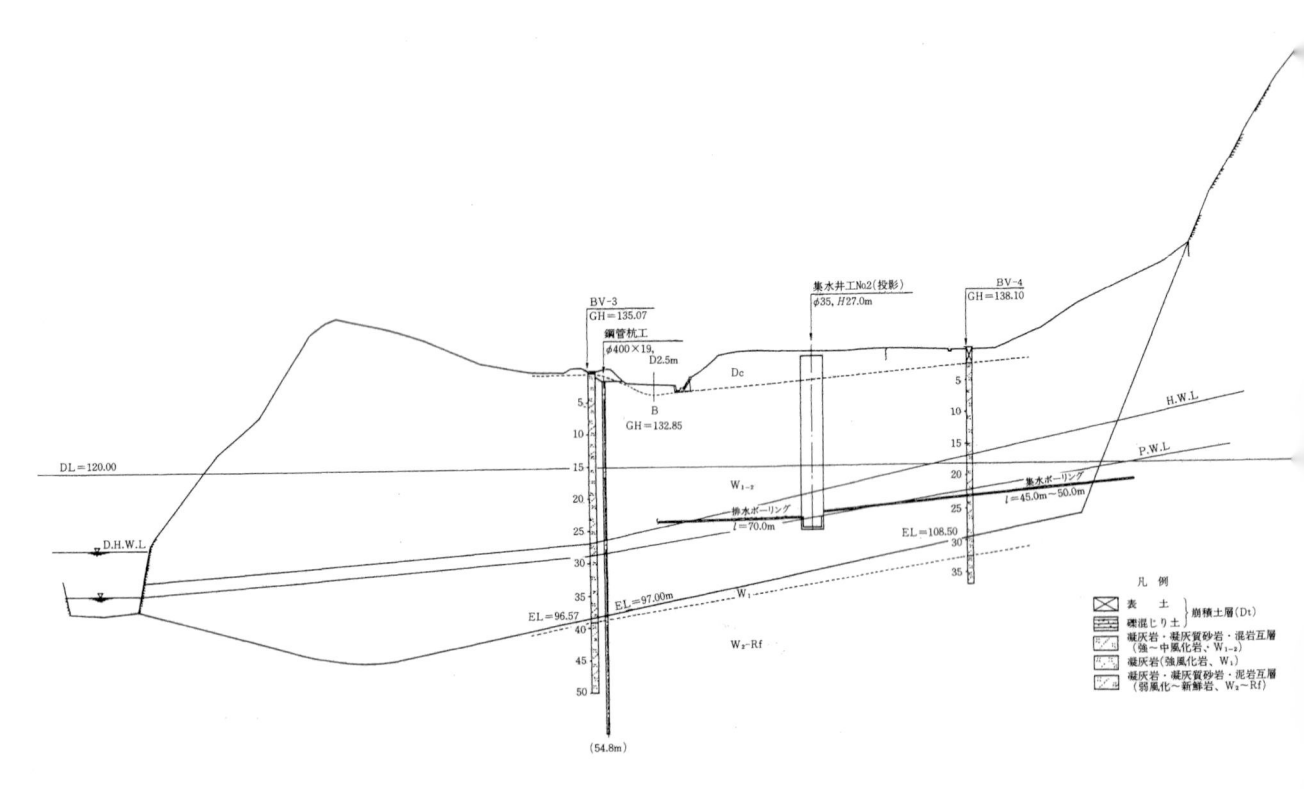

図7.3　地質断面図

地すべりカルテ様式例

○○ダム

地すべりブロックカルテ票

R-△ブロック
カルテ解説版
○○地区

《様式－1：総括》

○○○○ダム 地すべり等カルテ

地区名		分布図ブロック番号	

	位置	堤体から　　　m　上流・右岸・左岸
	規模	最大幅 W＝　　m　最大長 L＝　　m 最大層厚 D＝　　m　体積 V＝W×L×D×1/2＝　　m^3
	斜面区分	（ ）地すべり （ ）従来・崩積土堆積斜面 （ ）崩積土すべり （ ）風化岩すべり （ ）岩盤すべり （ ）粘質土すべり （ ）ホトネック形 （ ）不明瞭　他 [ ]
	地すべりの型分類	
地形	平面形状	（ ）馬蹄形 （ ）角形 （ ）沢形 （ ）その他 [ ]
	地形形状	（ ）凸状尾根地形 （ ）申丘状回状台地形 （ ）その他 （ ）多丘状回状台地形 （ ）回状緩斜面地形 （ ）不明
	断面形状	（ ）椅子形 （ ）船底形 （ ）階段状 （ ）岩盤
地質	移動層	（ ）粘質土 （ ）崩積土　他 [ ]
	不動層	岩相 [　　　　　　] 走向傾斜
	地すべりに関連する断層・破砕帯	（ ）有り （ ）無し
	地表水	（ ）有 （ ）無
水文	湧水	（ ）有 （ ）無
	区分	（ ）針葉樹 （ ）玄葉樹 （ ）竹林 （ ）田畑 （ ）草地 （ ）その他
植生	密度	（ ）密 （ ）中 （ ）疎
	立木状況	樹曲点 （ ）有 （ ）無
	頭部	（ ）滑落崖 （ ）亀裂・段差 （ ）その他 [ ]
変状等	側部	（ ）崩壊跡 （ ）沢・谷 （ ）その他 [ ]
	内部	（ ）崩斜面 （ ）亀裂・段差 （ ）その他 [ ]
	末端部	（ ）崩壊跡 （ ）湧水・湿地 （ ）その他 [ ]
	湛水部の有無	（ ）湛水する…水没割合　　％ （ ）湛水しない
	地すべりの範囲の根拠	
	地すべりの深度の根拠	
	地すべりの素因・誘因等	
保全対象	ダム施設	（ ）堤体 （ ）管理所 （ ）その他 [ ]
	貯水池周辺の施設	（ ）家屋 （ ）国道 （ ）主要地方道 （ ）その他 （ ）迂回路のある地方道 （ ）公園 （ ）その他 （ ）林道 （ ）管理用道路 （ ）該当なし
	その他の貯水池斜面	貯水池規模：
	地すべり対象：	その他の貯水池斜面
	概査時の評価	精査の必要性の評価　　　変動の痕跡なし （ ）活発に変動中 （ ）穏慢に変動中 （ ）変動の痕跡なし
	特記事項	

地質調査結果	
計器観測結果	
安定解析結果	解析測線 単位体積重量　γ_t =　　kN/m^3　粘着力　c' =　　kN/m^2 内部摩擦角　ϕ' =　　（$\tan\phi$ =　　） 初期安全率　$Fs0$ =　　残留率　　　　％ 最小安全率　$Fsmin$ =　　対策工の必要性　（ ）有り （ ）無し 計画安全率　$P.Fs$ =　　必要抑止力　Pr =　　kN/m
対策工の概要	
今後の方針	

作成日　　　　会社名　　　　管理技術者

地すべりカルテ様式例

○○○ダム　地すべり等カルテ		≪様式－2：平面図≫
地区名	分布図ブロック番号	平成　年　月　作成

| 作成日 | 会社名 | 管理技術者 |

○○○ダム　地すべり等カルテ		≪様式－3：断面図≫
地区名	分布図ブロック番号	平成　年　月　作成

| 作成日 | 会社名 | 管理技術者 |

地すべりカルテ様式例

○○○○ダム 地すべり等カルテ

地区名：　　　　　　　分布図ブロック番号：

位置：　　　　　m 上流　右岸（　）　左岸（　）

空中写真判読結果および現地踏査結果

規模
- 最大幅 W ＝ 　　m　最大長 L ＝ 　　m
- 最大層厚 D ＝ 　　m　体積 V＝W×L×D×1/2 ＝　　　m³
- 評価：（　）特大 (V≧200万m³)　（　）大 (200万m³>V≧40万m³)
  （　）中 (40万m³>V≧3万m³)　（　）小 (V<3万m³)

地形

平均斜面勾配：
- 攻撃斜面　（　）滑走斜面
- 凸状尾根地形　（　）凸状台地地形　（　）雛丘状凹地地形　（　）その他
- 多丘状凹凸台地地形　（　）凹状緩斜面地形　（　）その他
- 尾根部が異常に膨らんだ地形　（　）山頂部の陥没地形
- 小規模分離小丘、稜線の不連続を示す地形　（　）山側が急に沢の斜面を伴う地形
- 小規模分離小丘、稜線の不連続を示す地形　（　）山頂緩やかに沢で取り囲まれた地形
- その他

頭部：
- （　）滑落崖　（　）亀裂　（　）段差　（　）陥没帯
- （　）稜線異常　（　）鞍部　（　）分離小丘　（　）水系異常
- （　）多重山稜　（　）稜線の不連続　（　）池・沼・湿地
- その他

側部：
- （　）沢・谷　（　）亀裂　（　）段差　（　）陥没
- （　）崩壊跡　（　）湧水・湿地
- その他

内部：
- （　）階段状地形　（　）亀裂　（　）段差　（　）ガリー
- （　）崩壊跡　（　）湧水・湿地　（　）緩斜面
- その他

末端部：
- （　）押出し　（　）亀裂　（　）段差　（　）水系彎曲
- （　）崩壊跡　（　）湧水・湿地　（　）緩斜面
- その他

地質状況

被覆層（表土）：
- 相：　　　　　厚さ：　　cm
- 岩石：　　　　粒径：

基盤岩（露頭）：
- 岩相：　　　性状：　　　風化度：
- 走向傾斜：　　　　　（　）流れ盤　（　）受け盤　（　）潜曲
- 構造：（　）連続性・風化　（　）破砕度など

地すべりに関連する断層・破砕帯など：

水文
- 地表水　（　）有 [　　]　（　）無
- 湧水　（　）有 [　　]　（　）無

植生
- 区分　（　）広葉樹　（　）針葉樹　（　）竹林　（　）田畑　（　）草地　（　）その他
- 密度　（　）密　（　）中　（　）疎
- 立木状況　（　）有　（　）無
- 根曲がり　（　）有　（　）無

《様式－4：概査結果》

斜面区分　（　）地すべり　（　）崩積土すべり　（　）尾根・崩積土堆積斜面　（　）他（　　）

地すべりの型分類　（　）粘性土すべり　（　）崩積土すべり　（　）風化岩すべり　（　）岩盤すべり

湛水の影響

湛水位置：
- （　）頭部　（　）中腹部
- （　）末端部　（　）湛水しない

湛水割合：
- 頭部の標高 (H₁ = 　　m)　末端部の標高 (H₂ = 　　m)
- 湛水時の標高 (H₃ = 　　m)　湛水の割合 (R) = (H₃−H₂)/(H₁−H₂)×100 = 0.0 %
- （　）20%未満　（　）20%以上

保全対象

ダム施設：
- （　）堤体　（　）通信施設　（　）取水設備
- （　）放流設備　（　）発電設備　（　）管理所
- （　）家屋　（　）国道　（　）主要地方道　（　）その他
- （　）迂回路のある地域　（　）公園　（　）鉄道
- （　）林道　（　）管理用通路　（　）係留設備　（　）流木処理施設
- （　）貯砂ダム　（　）貯水池周辺斜面

その他の貯水池周辺施設：
- （　）貯水池周辺施設　（　）該当なし

概査の必要性の評価

地すべり等の規模	超大	大	中	小
ダム施設 堤体、管理所、通信施設、取水施設、放流設備、発電設備等	I	I	I	I
家屋、国道、主要地方道、迂回路のない地方道、橋梁、トンネル、鉄道等	I	I	I	I
貯水池周辺の施設 迂回路のある地方道、管理用通路、公園等	I	I	II	II
その他の貯水池周辺の施設 林道、管理用通路、係留設備、流木処理施設、貯砂ダム	I	II	II	II
その他の貯水池周辺の斜面	II	II	II	III

I：概査を実施する。
II：必要に応じて概査を実施する。
III：原則として概査を実施しない。

特記事項

- （　）活発に変動中　（　）緩慢に変動中　（　）地すべりにおける変動なし

作成日：　　　　　会社名：　　　　　管理技術者：

地すべりカルテ様式例

○○○ダム 地すべり等カルテ

《様式-5：精査結果》

地区名	分布図ブロック番号							報告書No		物理探査	弾性波探査			
孔番	掘進長	孔口標高	削孔径	測線	設置計器	コア最柱状図の有無	削孔年度				電気探査			
										計器観測（上段・計器番号下段・計測期間）	地盤伸縮計			
											地盤傾斜計			
											移動杭			
											孔内傾斜計			
											パイプ歪計			
											鈍針式計			
											目位記			
											水位計			
調査ボーリング										観測結果概要				
記事									作成日		会社名		管理技術者	

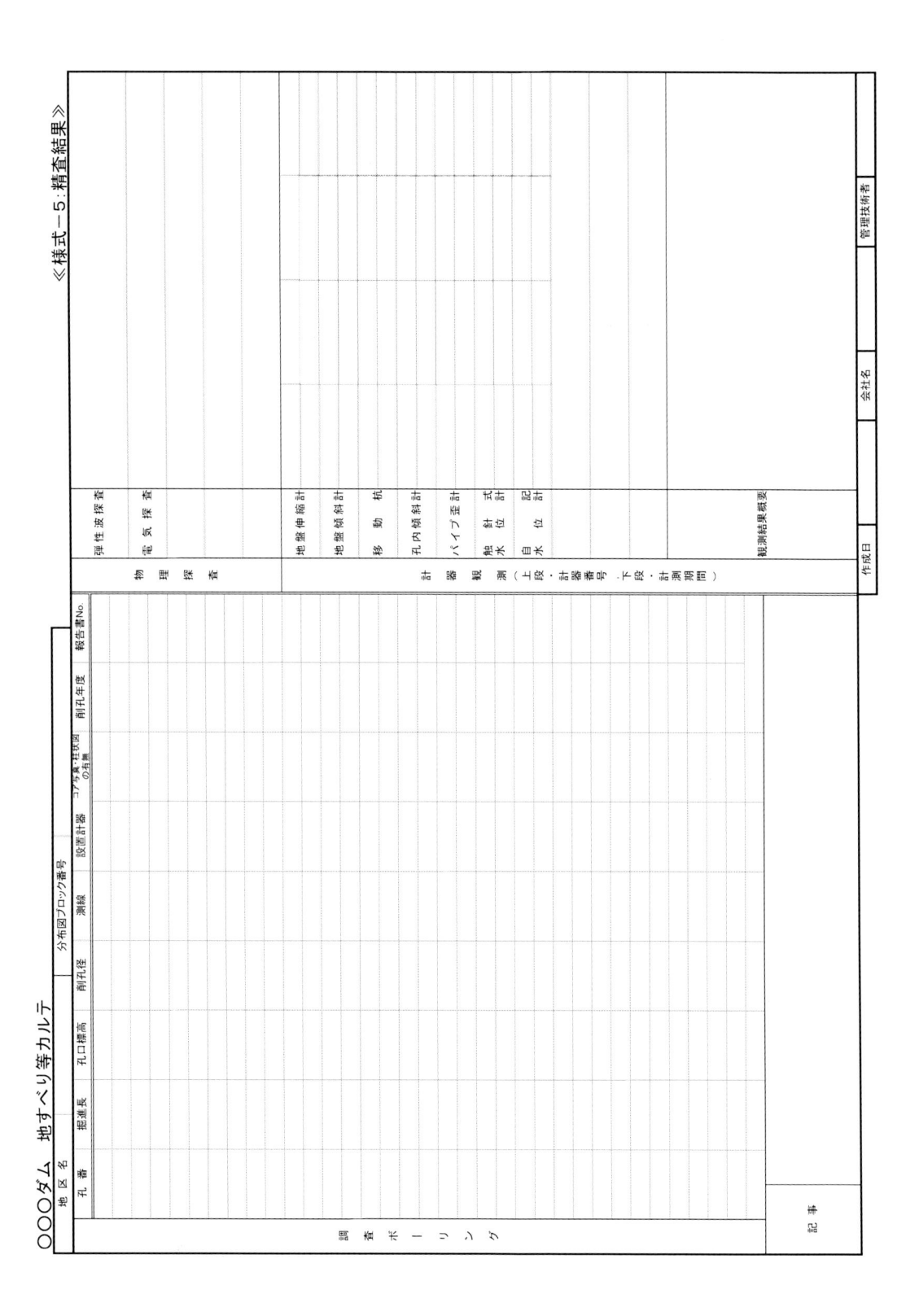

《様式－6：解析結果》

○○○ダム　地すべり等カルテ

地区名			分布図ブロック番号	

| 規模 | 最大幅 W= m　最大長 L= m |
| | すべり面深度 D= m　体積 V=W×L×D×0.5= m³ |

地形的特徴	頭部	
	中央部	
	末端部	

| 地質状況 | |

| 地表・地中変動状況 | No. | 計器 | 計測状況 |
| | | | |

| 地下水位状況 | No. | 降雨相関 | 計測状況 |
| | | | |

| すべり面深度 (GL-m) | No. | 深度 | 計測計器 | 想定の根拠 | 備考 |
| | | | | | |

| 斜面区分 | ( )地すべり　( )崖錐　( )崩積土堆積斜面　( )その他[　] |
| 地すべりの型分類 | ( )粘性土すべり　( )崩積土すべり　( )風化岩すべり　( )岩盤すべり |

| 素因 | |
| 誘因 | |

| 湛水の割合 | 地すべり頭部の標高(H_1= m)　地すべり末端部の標高(H_2= m) |
| | 湛水標高(H_s= m)　湛水の割合(R)=(H_1−H_s)/(H_1−H_2)×100= % |

機構解析

《解析結果》

解析年度	
解析測線	測線
単位体積重量	γ_t = kN/m³
粘着力	c' = kN/m²
内部摩擦角	ϕ' = ° ($\tan\phi$ =)
残留間隙水圧の残留率	μ = %
初期安全率	Fs

安定解析

貯水位変動による最小安全率	Fs
計画安全率	P.Fs
必要抑止力	Pr = kN/m
対策工の必要性	( )有り　( )無し

対策工の概要

| 工種、概算数量等 | |

| 概算事業費 | |

| 特記事項 | |

作成日　　　　　　会社名　　　　　　管理技術者

地すべりカルテ様式例

○○ダム 地すべりブロック個別カルテ　　カルテ解説版

《様式－7：調査・観測計画》

地区名　　　　ID　　　分布図ブロック番号

調査・観測計画

1. 基本方針・主な目的

2. 調査ボーリング

孔番	削孔長(m)	削孔径(mm)	備考

計画調査ボーリング孔に設置する計器
必要に応じて計画した各種試錐を記載

3. 計器観測

計器	番号	新規・継続	備考

計器観測の目的を記載

計器観測が継続して行われているものか、
新規に設置されるものかを記載

4. 解析・設計

項目	内容

計画した解析・設計の内容を記載

調査・観測計画の
(1) 地質調査
(2) 計器観測
(3) 解析・設計
について特記すべき事項を記入

地すべりカルテ様式例

○○ダム　地すべりブロック個別カルテ　　　《様式−8：調査・観測計画平面図》
カルテ解説版
平成 19 年 3 月 作成

概略踏査結果をもとに作成した地すべりブロック平面図を添付
様式7に示す計画調査ボーリング・観測計器位置を追加

○○ダム　地すべりブロック個別カルテ　　　《様式−9：調査・観測計画断面図》
カルテ解説版
平成 19 年 3 月 作成

概略踏査結果をもとに作成した地すべりブロック断面図を添付
計画調査ボーリング、観測計器の位置を明記

引用・参考文献

1) 国土交通省河川局治水課：貯水池周辺の地すべり調査と対策に関する技術指針（案）・同解説，2009.7
2) 社団法人日本河川協会：国土交通省河川砂防技術基準　同解説・計画編，2005，山海堂
3) 川上浩：分割法における分割細片側面に作用する力の影響，第25回土木学会年次学術講演会講演集，第Ⅲ部，pp.435-436，1970
4) 川上浩：分割法による斜面の安定計算法の一考察，第6回土質工学研究発表会講演集，pp.479-482，1971
5) 国土交通省砂防部・独立行政法人土木研究所：地すべり防止技術指針及び同解説，（社）全国治水砂防協会，2008
6) 渡　正亮，酒井淳行：地すべり地の概査と調査の考え方，土木研究所資料第1003号，建設省土木研究所，1975
7) 渡　正亮：岩盤地すべりの問題点，ダム技術 No.64，ダム技術センター，1992
8) 千木良雅弘：巨大崩壊発生の地質的要因と土砂生産－赤石山地の堆積岩の崩壊例－，電力中央研究所報告 U 88064，電力中央研究所，1989
9) 柳田誠ほか：日本列島の地すべり地形分布図－地形・地質との関連－，日本応用地質学会中部支部，平成13年度支部研究発表会予稿集，pp. 11-14, 2001
10) 岩松　暉ほか：地すべりと岩石の力学的性質－新潟県山中背斜を例として－，地すべり Vol.11, No.1，地すべり学会，1974
11) 建設省国土地理院：道路災害対策調査・基礎調査の手びき，1980
12) 藤田寿雄，板垣　治：地すべり実態統計（その3），土木研究所資料第1204号，建設省土木研究所，1977
13) 渡　正亮・小橋澄治：地すべり・斜面崩壊の予知と対策，山海堂，1987
14) 中村浩之・白石和夫：すべり面形式と地すべり発生条件に関する一考察，土木技術資料，Vol.19, No.5. 1977
15) 藤原明敏：地すべりの解析と防止対策，理工図書
16) 森　博ほか：現場技術者のための土質調査ポケットブック，山海堂，1984
17) 高速道路調査会：地すべり及び斜面崩壊の防止対策の調査手法に関する研究報告書，1977
18) 綱木亮介：貯水池周辺の地すべり地における残留間隙水圧の実態と解析事例，ダム工学，Vol.10, No.1, 2000
19) 貞弘丈佳・平野勇・阪元恵一郎・小池淳子：ダム貯水池周辺地すべりの貯水位変動における残留間隙水圧の実態，ダム工学，Vol.10, No.2, 2000
20) 貞弘丈佳・平野勇・小池淳子・上原芳久：ダム貯水池周辺地すべりの浸透流解析による残留間隙水圧の検討，ダム工学，Vol.11, No.1, 2001

21) 江田充志・鈴木将之・藤澤和範・壇上裕司・石井靖雄：貯水池周辺地すべりにおける残留率の要因分析，地すべり学会誌，Vol.43, No.5, 2007
22) 稲垣秀輝・小坂英輝・大久保拓郎：四国．中央構造線沿いの地すべりの発生と安定化、日本地すべり学会誌 44-4，pp.37-43，2007
23) 桑原啓三・水谷俊夫：地すべりの地質地帯区分と分布，応用地質（投稿中）
24) 横山俊治：斜面変動発達史に見る素因と誘因の関係,「斜面地質学」第2章，日本応用地質学会，p.50，1999

あとがき

　本書は、貯水池周辺の地すべり調査と対策のための総合的、体系的な技術解説書として現在までの知見をとりまとめたが、第8章に言及した技術的課題をはじめとして積み残しとなった課題が多くある。なお一層の貯水池周辺すべりの調査と対策の合理化を図るため、今後とも学術的・実戦的知見や経験、計測データや事例等の収集、分析を着実に継続していく必要がある。

　最後に、貯水池周辺地すべりの実態分析、調査・計測及び評価・対策技術の総括的レビューと再評価並びに本書のとりまとめにあたって多大なご尽力を賜った「貯水池周辺の地すべりに関する委員会」、「貯水池周辺の地すべり調査と対策検討委員会」並びに「貯水池周辺の地すべりに関する懇談会」を初め関係の方々に深く感謝の意を表す。さらに、本書の編集にあたっては委員会資料に基づいた。貴重な資料の提供にご協力いただいた関係機関の皆様にあわせて心より感謝する次第である。

『貯水池周辺の地すべりに関する懇談会』
『貯水池周辺の地すべり調査と対策検討委員会』
『貯水池周辺の地すべりに関する委員会』

顧　問	藤田　壽雄	社団法人日本地すべり学会顧問
座　長	中村　浩之	東京農工大学名誉教授
委　員	吉松　弘行	社団法人日本地すべり学会副会長
〃	綱木　亮介	財団法人砂防・地すべり技術センター斜面保全部部長
〃	平井　秀輝	国土交通省河川局治水課河川整備調整官
〃	金尾　健司	国土交通省河川局治水課河川整備調整官
〃	池内　幸司	国土交通省河川局治水課河川整備調整官
〃	越智　繁雄	国土交通省河川局治水課事業監理室室長
〃	岩崎　福久	国土交通省河川局治水課企画専門官
〃	若林　伸幸	国土交通省河川局治水課企画専門官
〃	西澤　洋行	国土交通省近畿地方整備局河川部河川計画課課長
〃	三石　真也	国土交通省国土技術政策総合研究所河川研究部水資源研究室室長
〃	安田　成夫	国土交通省国土技術政策総合研究所河川研究部水資源研究室室長
〃	川崎　秀明	国土交通省国土技術政策総合研究所河川研究部ダム研究室室長
〃	平野　勇	独立行政法人土木研究所地質監
〃	中村　康夫	独立行政法人土木研究所地質官
〃	吉田　等	独立行政法人土木研究所水工研究グループグループ長
〃	永山　功	独立行政法人土木研究所水工研究グループグループ長
〃	高須　修二	独立行政法人土木研究所水工研究グループグループ長
〃	山口　嘉一	独立行政法人土木研究所水工研究グループ上席研究員
〃	脇坂　安彦	独立行政法人土木研究所材料地盤研究グループグループ長
〃	佐々木靖人	独立行政法人土木研究所材料地盤研究グループ上席研究員

〃	藤澤　和範	独立行政法人土木研究所土砂管理研究グループ上席研究員
〃	小山内信智	独立行政法人土木研究所土砂管理研究グループ上席研究員
〃	青木　美樹	水資源開発公団試験研究所土質地質研究室室長
〃	阪元惠一郎	独立行政法人水資源機構総合技術推進室ダムグループチーフ
〃	佐藤　英一	独立行政法人水資源機構総合技術推進室ダムグループチーフ
〃	双木　英人	社団法人国際建設技術協会技術研究所研究第二部上席調査役
事務局	塚原　浩一	国土交通省河川局治水課企画専門官
〃	田村　秀夫	国土交通省河川局治水課企画専門官
〃	田野　弘明	国土交通省河川局治水課課長補佐
〃	山田　哲也	国土交通省河川局治水課課長補佐
〃	上谷　昌史	国土交通省河川局治水課課長補佐
〃	田中　徹	国土交通省河川局治水課事業第一係長
〃	一法師隆充	国土交通省河川局治水課技術開発係長
〃	藤田　正	国土交通省河川局治水課技術開発係長
〃	青木　賢治	国土交通省河川局治水課技術開発係長
〃	朝堀　泰明	国土交通省河川局治水課事業監理室企画専門官
〃	近藤　修	国土交通省河川局治水課課長補佐
〃	伊藤　壮志	国土交通省河川局治水課係長
〃	藤本　保	財団法人国土技術研究センター理事
〃	桑原　啓三	財団法人国土技術研究センター技術顧問
〃	渡邉　泰也	財団法人国土技術研究センター河川政策グループ総括
〃	大西　亘	財団法人国土技術研究センター調査第一部部長
〃	藤山　秀章	財団法人国土技術研究センター調査第一部部長
〃	田所　正	財団法人国土技術研究センター調査第一部部長
〃	桑島　偉倫	財団法人国土技術研究センター河川政策グループ研究主幹
〃	黒川純一良	財団法人国土技術研究センター調査第一部研究主幹
〃	新井　勝明	財団法人国土技術研究センター河川政策グループ上席主任研究員
〃	西田　信	財団法人国土技術研究センター調査第一部上席主任研究員
〃	竹田　正彦	財団法人国土技術研究センター調査第一部上席主任研究員
〃	長谷川英幸	財団法人国土技術研究センター調査第一部上席主任研究員
〃	河村　賢二	財団法人国土技術研究センター調査第一部上席主任研究員
〃	辻　孝広	財団法人国土技術研究センター調査第一部上席主任研究員
〃	小俣新重郎	日本工営株式会社
〃	新屋　浩明	日本工営株式会社防災部
〃	柴崎　宣之	日本工営株式会社防災部
〃	細谷　健介	日本工営株式会社防災部
〃	水谷　俊夫	日本工営株式会社防災部

（敬称略・順不同・委員会時役職）

貯水池周辺の地すべり調査と対策に関する技術指針(案)・同解説

平成21年7月

国土交通省河川局治水課

目　次

1. 総論 1-1
   1.1 目的 1-1
   1.2 適用範囲 1-1
   1.3 構成 1-1
   1.4 用語の定義 1-4

2. 概査 2-1
   2.1 目的 2-1
   2.2 概査の手順 2-1
   2.3 概査内容 2-3
       2.3.1 資料収集・整理 2-3
       2.3.2 地形図・空中写真の判読 2-5
       2.3.3 地すべり地形等予察図の作成 2-6
       2.3.4 現地踏査 2-6
       2.3.5 地すべり等カルテの作成 2-8
       2.3.6 地すべり等分布図の作成 2-8
   2.4 精査の必要性の評価 2-9

3. 精査 3-1
   3.1 目的 3-1
   3.2 精査の手順 3-1
   3.3 精査計画の立案 3-2
   3.4 精査内容 3-4
       3.4.1 地質調査 3-4
       3.4.2 すべり面調査 3-9
       3.4.3 地下水調査 3-9
       3.4.4 移動量調査 3-10
       3.4.5 土質試験 3-11
   3.5 解析の必要性の評価 3-12

4. 解析 4-1
   4.1 目的 4-1
   4.2 機構解析 4-1
   4.3 安定解析 4-2
       4.3.1 安定解析方法 4-2
       4.3.2 地すべり等の湛水前の安全率 4-5
       4.3.3 地すべり等の湿潤状態における土塊の単位体積重量 4-7
       4.3.4 地すべり等の土質強度定数 4-7
       4.3.5 残留間隙水圧の残留率 4-9
       4.3.6 貯水位の変化に伴う安全率の評価 4-12
   4.4 対策工の必要性の評価 4-12

5. 対策工の計画 5-1
   5.1 目的 5-1
   5.2 対策工の計画の手順 5-1
   5.3 計画安全率の設定 5-2
   5.4 対策工の選定 5-3

5.5 必要抑止力の算定 5-4
6. 湛水時の斜面管理 6-1
  6.1 試験湛水時の斜面管理 6-1
    6.1.1 目的 6-1
    6.1.2 対象斜面 6-1
    6.1.3 斜面管理方法 6-1
    6.1.4 管理基準値の設定 6-4
    6.1.5 安定性の評価 6-4
    6.1.6 異常時の対応 6-4
  6.2 ダム運用時の斜面管理 6-5
    6.2.1 目的及び斜面管理方法 6-5
    6.2.2 管理基準値の見直し 6-5

引用文献

1. 総論

1.1 目的

> 本指針（案）は，貯水池周辺の湛水に伴う地すべり等に対して的確に対応することを目的とする。

解　説

　貯水池周辺に地すべり等が発生すると，ダム本体の安全性はもとより貯水池の機能や貯水池周辺斜面の保全に影響を及ぼすため，湛水前に適切な調査を行い，地すべり等の発生の可能性を検討し，所要の対策を事前に講じることが重要である。

　貯水池周辺の地すべり等に関しては，ダムの湛水という人為的な影響下における斜面の安定性を取り扱うため，通常の地すべり等とは異なる配慮が必要となる。また，地すべり等は複雑な自然現象であることから，本指針（案）の適用にあたっては各地域特有の条件を考慮する必要がある。

1.2 適用範囲

> 本指針（案）は，ダム事業に関連する貯水池周辺の湛水に伴う地すべり等に適用する。

解　説

　ダム事業に関連する貯水池周辺の湛水に伴う地すべり等とは，ダムの貯水位の上昇・下降又は貯水中の降雨などの誘因によって変動する地すべり等をいう。

　ただし，概査段階においては，付替道路などダム事業の関連工事に伴う地すべり等で湛水の影響を受けないものについても調査対象として抽出し，ダム事業全体の地すべり等の対策を検討する際の基礎資料とする（2.4節 図 2.3参照）。

　なお，本指針（案）は，ダムの再開発事業についても適用する。

1.3 構成

> 本指針（案）は，概査，精査，解析，対策工の計画及び湛水時の斜面管理により構成する。

解　説

　ダムの湛水に伴う地すべり等の発生を予測して効果的な対策を検討するためには，事前に十分な調査を実施する必要がある。

　先ず概査として，広域的に地すべり等の分布を把握し，次段階の精査を実施する斜面を抽出する。

　次に精査として，概査で抽出された地すべり等の機構解析，安定解析，対策工の必要性の判断及び対策工の計画・設計などに必要な資料を得るための調査を行う。また，地

すべり等の分布に関わる地形・植生の変化や安定性等に関する新たな知見が得られた場合は，必要に応じて概査・精査の見直しを行う。

精査の終了後，解析を行い地すべり等の変動機構を明らかにし，湛水に伴う地すべり等の安定性を評価し，対策工の必要性を検討する。

解析結果に基づいて地すべり対策工の計画，対策工の設計・施工を行う。さらに，ダム本体工事及び地すべり対策工事等が終了した後，試験湛水時及び運用時には湛水時の斜面管理として，地すべり等の斜面の挙動の監視・計測等を行う。

概査から斜面管理に至るまでの湛水に伴う地すべり等の対応の手順と，各段階における主な技術的検討事項を図 1.1に示す。本指針（案）では，この手順に沿って，地すべり等の技術的な検討事項とその対応等について示す。

なお，本指針（案）では，対策工の設計，施工，維持管理については，一般的な地すべり対策の場合と同様であるため触れていない。これらについては，関連指針を参照されたい。

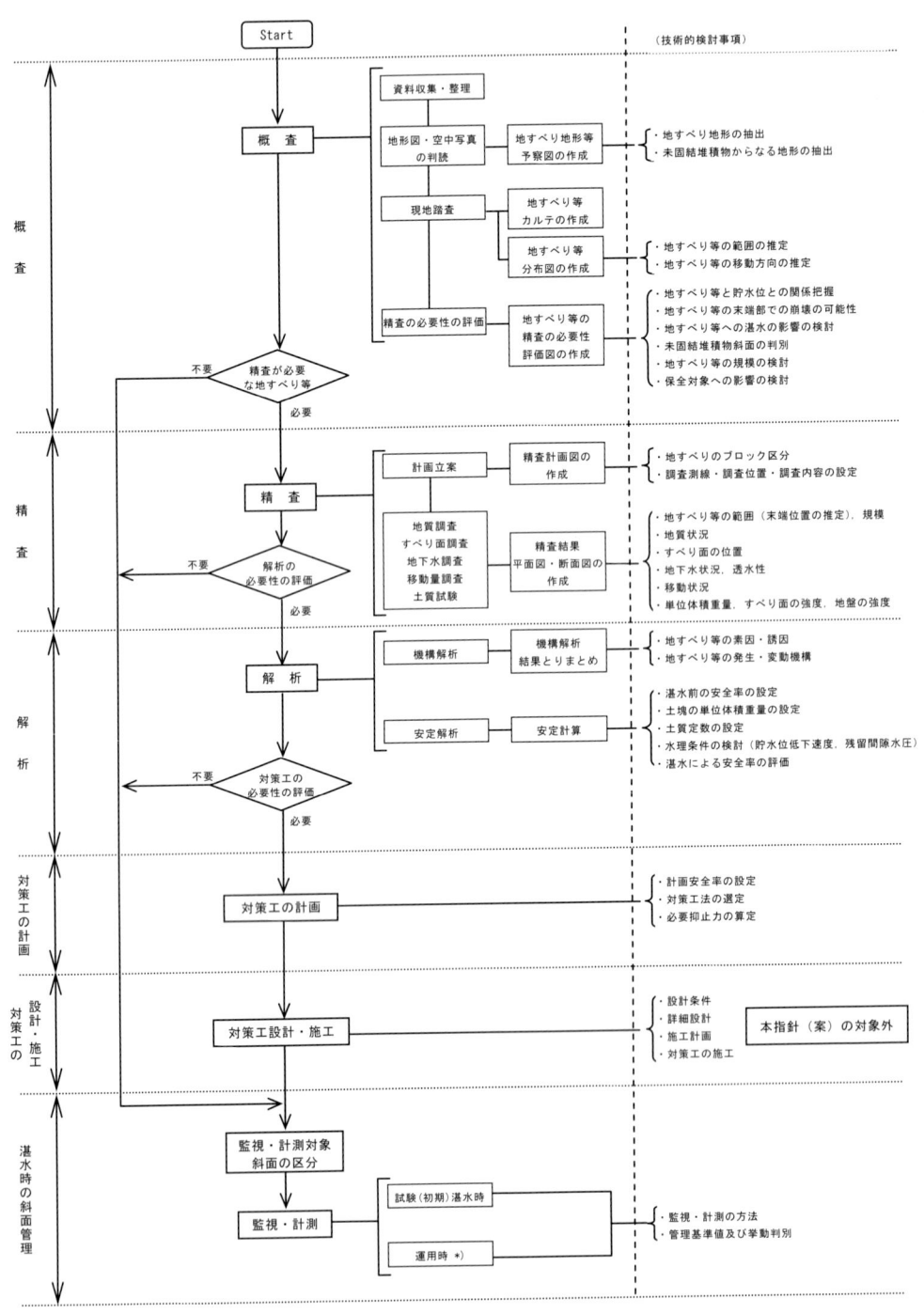

*) 運用時の管理方法は基本的には試験湛水時に準ずるが，定期的に計測項目・頻度等を見直すことも重要である。

図 1.1 湛水に伴う地すべり等の対応の手順

1.4 用語の定義

本指針（案）で用いる主要な用語の定義は，下記のとおりとする。
（１）貯水池周辺
　　湛水の影響の及ぶ範囲。
（２）地すべり
　　斜面において移動領域と不動領域との間にすべり面となる物質があり，重力によって比較的大規模にゆっくりと変動する現象及びその現象が発生する場所。
（３）地すべり等
　　地すべり並びに崖錐等の未固結堆積物の大規模な斜面変動現象及びその現象が発生する場所。
（４）地すべり地形等
　　過去の地すべり等の変動の特徴を備えた地形。
（５）地すべりブロック
　　地すべりの発生時に一つの単位として変動する土塊（岩塊）。
（６）残留間隙水圧
　　貯水位の急速な下降に追随できず，地すべり等の土塊内に残留した地下水によって地すべり等の土塊に作用する間隙水圧。
（７）対策工
　　地すべり等の安定性を確保することを目的とした工事。
（８）安全率
　　地すべりブロックの滑動力に対するすべり面における抵抗力の比。
（９）計画安全率
　　対策工の計画で目標とする安全率。
（１０）基準水面法
　　貯水位と等しい基準水面を設定して水没部の影響を取り扱う斜面安定計算方法。

解　説
(1) 貯水池周辺

　本指針（案）では湛水の影響の及ぶ範囲として，貯水池両岸の尾根（分水界）及び貯水池末端から約１km上流までを目安とする。ただし，ダム事業に関連する付替道路等も考慮し，概査段階ではダムサイトから約２～３km下流までを目安として貯水池周辺に含める。

(2) 地すべり

　一般に地すべりとは，山地や丘陵の斜面において移動領域と不動領域との間にすべり面となる物質があり，重力によって比較的大規模にゆっくりと変動する現象及びその現象が発生する場所をいい，変動を繰り返すことが多い。
　本指針（案）では，上記の現象のうち，特にダムの貯水，貯水位の上昇・下降又は貯水中の降雨などの誘因によって変動する現象及びその場所を取り扱う。

(参考)
　地すべり等防止法では，次のような地すべり関係の用語が使用されている。
　　第二条　この法律において「地すべり」とは，土地の一部が地下水等に起因してすべる現象又はこれに伴って移動する現象をいう。

　　第三条　主務大臣は，この法律の目的を達成するため必要があると認めるときは，関係都道府県知事の意見をきいて，地すべり区域（地すべりしている区域又は地すべりするおそれのきわめて大きい区域をいう。以下同じ。）及びこれに隣接する地域のうち地すべり区域の地すべりを助長し，若しくは誘発し，又は助長し，若しくは誘発するおそれのきわめて大きいもの（以下これらを「地すべり地域」と総称する。）であつて，公共の利害に密接な関連を有するものを地すべり防止区域として指定することができる。

(3) 地すべり等
　斜面の変動には，地すべり並びに崖錐等の未固結堆積物の大規模な斜面変動と，落石や表層崩壊等の小規模な斜面変動があるが，本指針（案）では前者の現象とそれらが発生する場所について取り扱う。なお，未固結堆積物とは，崖錐，崩積土，段丘堆積物，土石流堆積物，沖積錐堆積物のように固結に至っていない堆積物のことを指す。未固結堆積物はその生成過程から水を多く含まない岩屑の移動による堆積物と流水によって運搬された堆積物とに区分される。

(4) 地すべり地形等
　過去の地すべり等の変動の特徴を備えた地形をいう。地すべりの場合は滑落崖や陥没帯等，未固結堆積物の場合は崖錐地形等がこれにあたる。

(5) 地すべりブロック
　地すべりの一つの単位として変動する土塊（岩塊）をいう。一つの地すべりには，1～数個の地すべりブロックが存在する。

(6) 残留間隙水圧
　貯水位の急速な下降に追随できず，地すべり等の土塊内に残留した地下水によって地すべり等の土塊に作用する間隙水圧をいう。

(7) 対策工
　地すべり等の安定性を確保することを目的として実施する工事をいう。対策工には，地形・地下水等の自然条件を変化させて斜面の安定性を回復する抑制工と，構造物によって地すべり等の滑動力に対抗する抑止工がある。

(8) 安全率（Fs）

斜面の安定性の指標として，地すべりブロックの滑動力に対するすべり面における抵抗力の比をいう。安全率（Fs）が 1.00 を下回ると変動している状態を示す。湛水前の安全率をFs_0，湛水後における最小安全率をFs_{min}と記す。

(9) 計画安全率（P.Fs）

対策工の規模を決定するための目標とする安全率をいう。保全対象の種類と重要度によって設定する。

(10) 基準水面法

貯水位と等しい基準水面を設定し，これより下の部分の単位体積重量を水中重量（土塊の飽和単位体積重量から水の単位体積重量を差し引いた重量）とし，地すべり等の土塊に作用する間隙水圧は基準水面より上の水頭分のみとする斜面安定計算方法をいう。

2. 概査

2.1 目的

> 概査は，貯水池周辺の地すべり等の分布を明らかにし，この中から精査が必要な地すべり等を抽出することを目的として実施する。

解　説

　概査は，ダムサイト下流も含めて広範囲にわたる貯水池周辺の地すべり等の分布を明らかにし，この中から精査が必要な地すべり等を抽出することを目的として実施する。

　概査は，ダム事業の予備調査段階又は実施計画調査段階で実施する。特に，新第三紀層や変成岩等の分布域など大規模な地すべり等の多発地帯に計画されるダム，あるいは近傍と類似の地質で大規模な地すべり等の対策が行われているダムでは，できるだけ早期に概査を実施する必要がある。

2.2 概査の手順

> 概査の手順は，資料収集・整理，地形図・空中写真の判読による地すべり地形等予察図の作成，これに基づく現地踏査，地すべり等カルテ及び地すべり等分布図の作成，精査が必要な地すべり等の抽出の順とする。

解　説

　概査においては，まず机上調査（既存の調査資料や文献等の収集・整理，地形図・空中写真の判読）によって地すべり地形等を抽出し，地すべり地形等予察図を作成する。次に，地すべり地形等予察図を用いて現地踏査を行い，空中写真を再判読した後に地すべり等分布図を作成する。得られた情報は地すべり等カルテに整理する。

　これらの結果をもとに，地すべり等への湛水の影響の有無と規模及び保全対象の重要度を指標として，精査が必要な地すべり等を抽出するとともに評価図を作成する。概査の手順を図2.1に示す。

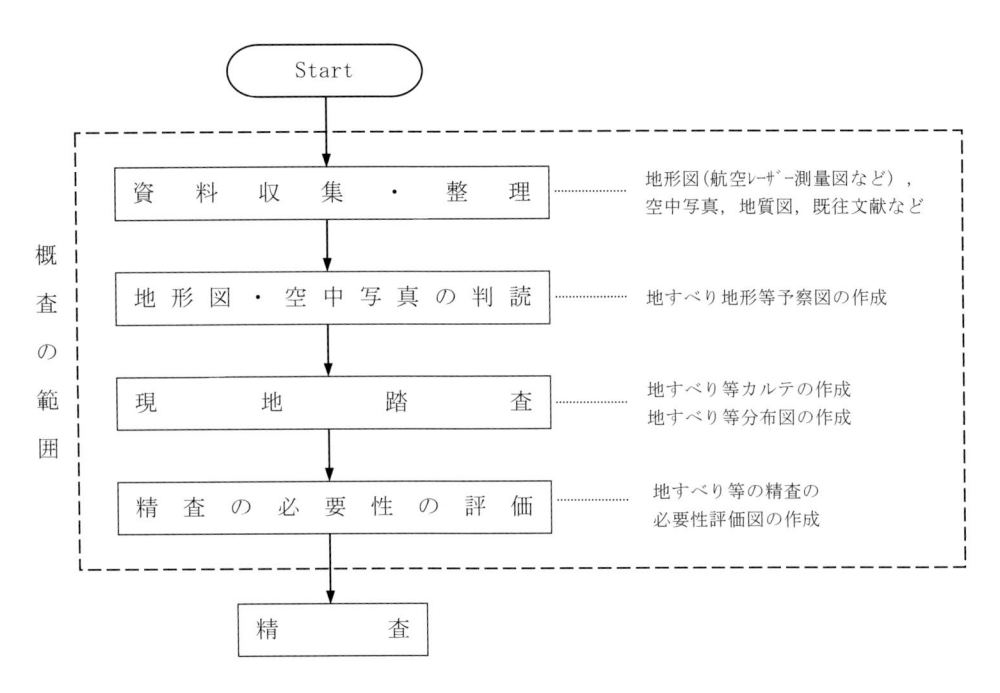

```
                    ┌─────────┐
                    │  Start  │
                    └────┬────┘
      ┌ ─ ─ ─ ─ ─ ─ ─ ─ ─┼─ ─ ─ ─ ─ ─ ─ ─ ─ ─ ─ ─ ─ ─ ┐
      │         ┌────────▼────────┐
      │         │  資料収集・整理  │ ……… 地形図（航空レーザー測量図など），
      │         └────────┬────────┘     空中写真，地質図，既往文献など
   概  │         ┌────────▼────────┐
   査  │         │ 地形図・空中写真の判読 │ ……… 地すべり地形等予察図の作成
   の  │         └────────┬────────┘
   範  │         ┌────────▼────────┐
   囲  │         │   現 地 踏 査    │ ……… 地すべり等カルテの作成
      │         └────────┬────────┘     地すべり等分布図の作成
      │         ┌────────▼────────┐
      │         │  精査の必要性の評価  │ ……… 地すべり等の精査の
      │         └────────┬────────┘     必要性評価図の作成
      └ ─ ─ ─ ─ ─ ─ ─ ─ ─┼─ ─ ─ ─ ─ ─ ─ ─ ─ ─ ─ ─ ─ ─ ┘
                ┌────────▼────────┐
                │    精    査    │
                └─────────────────┘
```

図 2.1 概査の手順

2.3 概査内容

2.3.1 資料収集・整理

> 地すべり地形等予察図及び地すべり等分布図を作成することを目的として，地形図・空中写真，地質図及び地すべり等に関する既往文献などの資料を収集し，整理する。

解　説

地すべり地形等予察図及び地すべり等分布図の作成に必要な以下の資料を収集し，整理する。これらの資料は概査の精度を上げるために必要なものであり，これらを収集できない場合は必要に応じて作成する。

なお，過去に作成された地形図・空中写真があれば，地形の変化を時系列的に読み取ることにより，地すべり等の形成過程を推定することができる。

(1) 地形図
　i) 縮尺 1/25,000
　　　地すべり等に関連した広域的な地形特性を把握するため，貯水池を含み両岸の尾根を越える広範囲のものを収集する。
　ii) 縮尺 1/2,500（入手できない場合は 1/5,000～1/10,000）
　　　貯水池周辺の地形・地質上の特性や付替道路計画等を考慮し，余裕をもった広い範囲とする（図 2.2 参照）。
　　　地すべり地形等を正確に抽出するため，また，現地踏査結果を正確に表示するためには微地形が表現された精度の高い地形図が必要であり，なるべく初期の調査段階で航空レーザー測量等により作成することが望ましい。

(2) 空中写真（垂直写真）
　i) 縮尺 1/20,000～1/40,000
　　　微地形の判読には適さないが，大規模な崩壊や地すべり等を抽出することができる。縮尺 1/25,000 の地形図と同じ範囲のものが望ましい。
　ii) 縮尺 1/8,000～1/15,000
　　　地すべり等の全容を把握し，また地すべり等の発生するおそれの大きな地域まで検討できるように，縮尺 1/2,500 の地形図と同じ範囲とする（図 2.2 参照）。

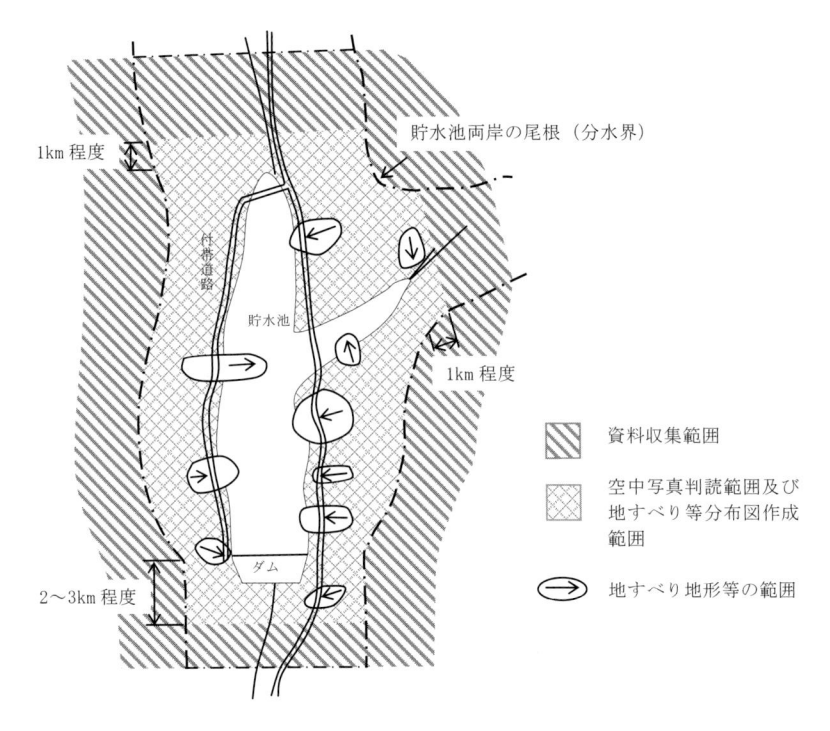

図 2.2 資料収集範囲及び空中写真判読範囲

(3) 地質図
 i) 縮尺 1/50,000～1/200,000 の広域地質図（土木地質図などを含む）
　地すべり等に関連した地質特性を広域的に把握するため，広い範囲のものを収集する。これらを貯水池周辺地質図の作成に活用する。
 ii) 縮尺 1/2,500 程度の地表踏査に基づく貯水池周辺地質図
　貯水池周辺の地質分布や地質構造を把握し，地すべり等に関連した地質特性を把握するため，地すべり等調査以外の目的で実施された既存の地質調査資料も含めて収集又は作成する。

(4) 地すべり等に関する既往文献
 i) 地すべり防止区域に関する資料
 ii) 地すべり分布図，地形分類図，土地条件図など
 iii) 周辺部での地すべり等の発生事例（既存の調査報告書など）

(5) その他
 i) 斜め空中写真
 ii) ダムサイト，原石山等の既存ボーリング調査資料など
 iii) 気象・地象データ（雨量・気温，地震等）

2.3.2 地形図・空中写真の判読

> 地形図・空中写真の判読は，地すべり地形等を的確に抽出することを目的として，地すべり地形等の特徴から，斜面の発達過程や斜面の変動履歴を読み取って実施する。

解　説
(1) 目的

　貯水池周辺の地すべり等調査においては，変動中の地すべり等だけでなく過去に変動したもので現在安定しているものも含めて，湛水によって地すべり等を起こすおそれのある不安定な斜面を明らかにしなければならない。そのためには地形上の特徴をとらえて斜面の発達過程や斜面の変動履歴を読み取る必要がある。

　地形図・空中写真の判読は地形上の特徴から斜面の発達過程を読み取る最も有効な手段である。なお，航空レーザー測量により作成した地形図は微地形が表現されているので判読に有効である。

　地形図・空中写真の判読によって，地すべり等の地形や地質について以下のような情報が得られる。

　① 引張亀裂，圧縮亀裂，滑落崖など地すべり等の徴候を示す微地形
　② 地すべり等の範囲，平面形状，断面形状及び地すべりの型分類*
　③ 地すべりブロック区分
　④ 過去の変動や浸食・開析の程度
　⑤ 地質構造（断層・破砕帯など）
　⑥ 植生の状況

　　*地すべり頭部の移動物質などに応じて大きく4形態（岩盤地すべり，風化岩地すべり，崩積土地すべり，粘質土地すべり）に分類したもの[1]。

(2) 判読範囲

　地形図・空中写真の判読範囲は，ダムサイト下流の約2～3kmから貯水池周辺及び貯水池上流約1kmまでとする（図2.2参照）。ただし，資料収集で対象地域に地すべり等が多く分布する場合や尾根を越えた地すべり等が予想される場合には，より広範囲での判読を行う。また，以下のダム事業の関連工事用地についても判読範囲に含める。

　① 付替道路
　② 工事用道路
　③ 代替地
　④ 原石山
　⑤ 土捨場
　⑥ 骨材プラント等の仮設備用地

　隣接する他流域に大規模な地すべり等が存在する場合には，その形状，位置，規模，地質・地質構造との関連などを検討することによって，対象とする貯水池周辺の斜面での地すべり等の判読に有用な情報が得られることがある。

(3) 判読方法

　判読は，地すべり地形等の地形的な特徴を読み取ることのできる技術者が行う必要がある。地すべり地形等の中には，過去の浸食・堆積や斜面変動の積み重ねにより地形が複雑化し，判読が難しいものも多い。このため，地すべり地形等の見逃しや地すべりブロック区分の見誤りがないように，斜面の発達過程や過去の斜面の変動履歴を推定しながら行うことが重要である。また，判読においては，地質図や既往文献等の収集資料も参考にする。

2.3.3 地すべり地形等予察図の作成

> 地すべり地形等予察図は，地すべり地形等の抽出結果を基に作成する。

解　説

　地すべり地形等を抽出した結果を地すべり地形等予察図として作成する。なお，地すべり地形等予察図に用いる地形図は縮尺 1/2,500 を基本（入手できない場合は 1/5,000～1/10,000）とし，地すべり等の位置，平面形状，滑落崖などの地すべり地形等の特徴や関連する微地形を記入する。

　地すべり地形等としては，明瞭な地すべり地形と地すべりの可能性のある地形，その他，崖錐等の未固結堆積物からなる斜面などを判別して記入する。

　また，地すべり地形等予察図にダムサイト，貯水線，付替道路等の計画を記入し，ダムの建設計画と地すべり等が予測される地区との関わりを明確にする。地すべり指定地がある場合や公刊文献に地すべり地形等が示されている場合は，その範囲についても整理する。

　なお，地すべり地形等の抽出にあたっては，必要に応じて現地踏査を行い，地形図・空中写真判読結果を確認する。

2.3.4 現地踏査

> 現地踏査は，地すべり等の分布及び性状等の把握並びに精査が必要な箇所を抽出するための資料を得ることを目的として実施する。

解　説

(1) 目的

　現地踏査では，地すべり等について次の点を把握し，精査が必要な箇所を抽出するための資料を入手する。

① 地すべり等の位置，範囲，平面形状，及び断面形状
② 地すべり等及びその周辺の地質，地質構造，及び地下水状況
③ 地すべり等の変動の有無
④ 地すべり等の機構

現地踏査には空中写真と地すべり地形等予察図を携帯し，現地状況と照合する。

現地踏査では，地すべり等の範囲，特に地すべり等の末端部の位置を明らかにすることが重要であり，このために地形，地質，地表の変状，植生，湧水箇所など現地でなければ確認できない事象について調査する。

また，地すべり等の範囲を把握するため，資料収集・整理（2.3.1項）で収集した地質図や既存の貯水池地質図及び必要に応じてダムサイトの地質図などを参考にするとともに，地質地帯区分ごとの地すべりの特徴などを念頭に，地すべりの機構を推定しつつ調査を行う。

(2) 範囲

現地踏査の範囲は地すべり地形等予察図の作成範囲と同一とするが，特に以下の斜面に重点をおいて現地踏査を実施する。

① 地すべり等
② 判読が困難で不明瞭な場所
③ 調査地域の特性（地すべりの素因となる地質特性など）を把握する上で重要な地区

(3) 項目

i) 地形状況の調査

a) 全体の地形の把握

斜面勾配，緩斜面，遷急線，遷緩線及び段差地形などについて対岸から観察する。この際，地すべり等の位置及び範囲，平面形状，断面形状を確認し，斜面の最急傾斜方向などを考えて地すべり等の変動方向を推定する。

b) 微地形の確認

地すべり等に関する微地形を現地で確認し，地すべり等の範囲や地すべりブロック，変動状況等を推定する。特に下記のような微地形に留意する。

① 地すべりに関する微地形：滑落崖，小段差，陥没帯，緩斜面，沢筋や谷地形の変化等
② 未固結堆積物に関する微地形：崖錐，崩積土による地形等
③ 地すべり等の浸食・開析に関する微地形：崩壊地（跡地），河川の攻撃斜面等

ii) 地質状況の調査

a) 地質分布と岩盤性状の確認

現地踏査範囲における地質分布を把握するとともに，岩種・岩質，不連続面（層理・片理・節理・亀裂・断層）の状態（開口の状態，流入粘土の有無など），風化の程度，変質の程度，破砕の程度等を確認する。

b) 地すべり等の地質性状の確認

地すべり土塊（岩塊）や未固結堆積物等の分布及び礫（径・形状・岩種等）・基質（硬さ・色調・粘性等）の状態，すべり面の性状などを確認する。

c) 地質構造の確認と推定

不連続面の走向傾斜，断層・破砕帯の分布や走向傾斜を調査し，それらから，流れ盤・受け盤，褶曲及び断層・破砕帯などの地質構造を確認又は推定する。また，地形，地質，地質構造等と地すべり等の関係から，地すべり等の機構を推定する。

d) 湧水，湿地等の確認

湧水，表流水，池，湿地等の分布を調査し，地下水の状態を推定する。

iii) 地すべり等の変動に伴う現象の調査

a) 地表の変状の確認

滑落崖，陥没帯，亀裂・段差，崩壊地及び立木の状況などを確認する。

b) 構造物の変状の確認

構造物の変形・亀裂・目地の開き及び用水路での漏水などを確認する。

c) 聞き取り調査

周辺住民等の体験や伝承などを聞き取り，また，古文書などにより調査する。

2.3.5 地すべり等カルテの作成

> 地すべり等カルテは，地すべり等に関する調査結果をダム事業の各段階で活用することを目的として作成し，概査段階からダム事業及び調査の進捗に応じて随時，更新する。

解　説

現地踏査が終了した時点で，各々の地すべり等及び地すべりブロック等に対する概査結果をまとめた地すべり等カルテを作成する。地すべり等カルテは斜面の情報を整理・記録したもので，変動履歴や調査結果，工事の状況等を一元的にまとめた台帳である。

概査段階での地すべり等カルテには，概査で検討した地形状況，地質状況，地すべり等の状況（地すべりの型分類，地すべり等の変動に伴う現象，湛水に対する安定性等）及び精査の必要性などを記載する。この際，それぞれの根拠を明確に記載する。

地すべり等カルテは，精査，解析，対策工の計画・設計・施工及び湛水時の斜面管理等の各段階に応じて得られた新たな情報を基に随時，更新する。更新する場合には，調査等の経緯の記録として更新前のカルテも保存しておく。

2.3.6 地すべり等分布図の作成

> 地すべり等分布図は，地すべり地形等予察図を基に実施した現地踏査及び空中写真等の再判読の結果等に基づき作成する。

解　説

地すべり地形等予察図を基に実施した現地踏査等で明らかとなった地形，地質，地すべり等の特性及び現地踏査によって判明した地形等について空中写真等の再判読結果等に基づき，地すべり等分布図を作成する。地すべり等分布図には不安定化する可能性の

ある地すべりブロック及び未固結堆積物等の範囲，保全対象及び貯水線を明示し，相互の位置関係を明らかにする。

　地すべり等分布図の作成範囲は地すべり地形等予察図の作成範囲と同様とし，その縮尺は1/2,500を基本(入手できない場合は1/5,000～1/10,000)とする。

　地すべり等が発生したとき影響が大きいと予想される場合や，地すべり等の末端部が不明確な場合には，概査段階でも必要に応じてボーリング調査や弾性波探査などを行って，より詳細な地質情報を収集することが望ましい。

2.4 精査の必要性の評価

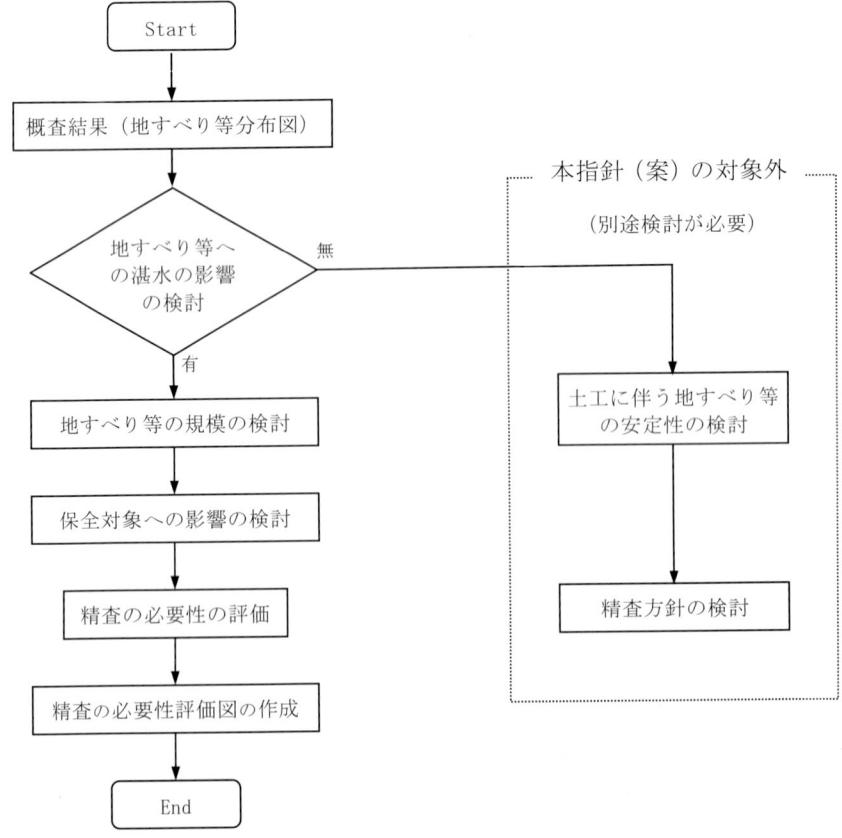

> 精査の必要性の評価は，地すべり等分布図を基に，地すべり等への湛水の影響，地すべり等の規模，保全対象への影響などを総合的に検討して実施する。

解　説

　精査の必要性の評価は，図 2.3の手順に従って進める。

　なお，湛水の影響を受けない地すべり等は本指針（案）の対象外とするが，湛水の影響を受けない地すべり等のうち，ダム事業の関連工事に伴い不安定化が懸念される地すべり等については，本指針（案）によらず別途検討する。

図 2.3 精査の必要性の評価の手順

(1) 地すべり等への湛水の影響の検討

　湛水により地すべり等の末端部が多少でも水没する場合には，地すべり等への湛水の影響を検討する。末端部が水没しない場合でも，湛水時に地山の地下水位が上昇し，地すべり等へ影響を与える場合があるので注意を要する。また，隣接斜面や下部に位置する地すべり等が不安定化することによって，間接的に影響を受ける地すべり等についても注意を要する。これらの斜面については，斜面状況や末端部の位置等を考慮した上で必要に応じて湛水の影響を検討する。

　なお，未固結堆積物からなる斜面への湛水の影響は，堆積物の運搬形態により異なる。例えば，土石流堆積物などの流水により運搬された未固結堆積物は，過去に水締めを経験していることから，崖錐などの重力による運搬形態をとるものと比べて一般に湛水により不安定化する可能性は小さいと考えられる。

(2) 地すべり等の規模の検討

　規模の大きな地すべり等は，不安定化した場合の対策工の費用が嵩み，長期間を要することとなるため，精査の必要性が高い。

表 2.1 地すべり等の規模の区分の目安

地すべり等の規模	区分の目安
小	3万m³未満
中	3万m³以上　40万m³未満
大	40万m³以上　200万m³未満
超大	200万m³以上

(3) 保全対象への影響の検討

　貯水池周辺の保全対象は，次の3つに大別される。
　　① ダム施設
　　② 貯水池周辺の施設
　　③ その他の貯水池周辺斜面
　なお，保全対象への影響は，地すべり等が発生した場合の直接的な影響だけでなく，背水域における河道閉塞と決壊による氾濫等のような間接的な影響も含めて評価する。

i) ダム施設

　ダム施設には，主に堤体，管理所，通信施設，取水設備，放流設備（副ダム，減勢工を含む）及び発電設備等がある。これらのダムの機能に直接関わる施設が地すべり等の影響を受けた場合は，社会的にきわめて大きな影響を生じるおそれがあるため，精査の必要性が高い。

　なお，ダム施設のうち，係船設備，流木処理施設及び貯砂ダムなどは貯水池周辺の施設に含めるものとする。

ii) 貯水池周辺の施設

　　貯水池周辺の施設には，家屋（代替地を含む），道路，鉄道，送電鉄塔等がある。その中でも家屋や，国道，主要地方道，迂回路のない地方道，橋梁，トンネル，鉄道などの公共施設が存在する斜面は，精査の必要性が高い。一方，迂回路のある地方道，林道，管理用道路，ダムの機能に直接関わりのない係船設備，流木処理施設及び貯砂ダム等が存在する斜面は，精査の必要性は相対的に低い。

iii) その他の貯水池周辺斜面

　　その他の貯水池周辺斜面のうち，貯水池周辺の山林保全上あるいは景観保全上重要である斜面などは，地すべり等が発生した場合の影響を考慮して精査の必要性を検討する。

(4) 精査の必要性の評価

　湛水の影響を受ける地すべり等を対象に，「地すべり等の規模」及び「保全対象への影響」をもとに精査の必要性を総合的に評価する。必要性の評価は，Ⅰ（精査を実施する），Ⅱ（必要に応じて精査を実施する），Ⅲ（原則として精査を実施しない）の3段階に区分する。湛水に伴う地すべり等の精査の必要性の目安を表2.2に示す。

　精査の必要性の評価結果は，評価根拠を明確に記録した総括表や地すべり等分布図を基図とした精査の必要性評価図としてまとめる。

　なお，概査終了後に新たに得られた地質情報などに基に，必要に応じて評価結果の見直しを行う。

表 2.2 湛水に伴う地すべり等の精査の必要性の目安

保全対象		地すべり等の規模 超大	大	中	小
ダム施設	堤体，管理所，通信施設，取水設備，放流設備，発電設備等	Ⅰ	Ⅰ	Ⅰ	Ⅰ
貯水池周辺の施設	家屋，国道，主要地方道，迂回路のない地方道，橋梁，トンネル，鉄道等	Ⅰ	Ⅰ	Ⅰ	Ⅰ
	迂回路のある地方道，公園等	Ⅰ	Ⅰ	Ⅱ	Ⅱ
	林道，管理用道路，係船設備，流木処理施設，貯砂ダム等	Ⅰ	Ⅱ	Ⅱ	Ⅱ
その他の貯水池周辺斜面		Ⅱ	Ⅱ	Ⅱ	Ⅲ

Ⅰ：精査を実施する。
Ⅱ：必要に応じて精査を実施する。
Ⅲ：原則として精査を実施しない。

3. 精査

3.1 目的

> 精査は，地すべり等の機構解析，安定解析，対策工の必要性の評価及び対策工の計画などの資料を得ることを目的として実施する。

解　説

　精査は，地すべり等の規模，性状，安定性について詳細な調査・試験を行い，地すべり等の機構解析，安定解析，対策工の必要性の評価及び対策工の計画などに必要な資料を得ることを目的として実施する。

　精査に際しては，適切な位置で精度の高い調査を行い，地形・地質の調査結果を平面図，断面図，地すべり等カルテにとりまとめるとともに，計測データを図表に分かりやすく整理し，地形・地質による地すべり等の構造及び変動状況による地すべり等の変動機構について総合的に解釈する。

　また，精査で得られた資料は，対策工の計画・設計・施工及び斜面管理にも用いることがあることを考慮してとりまとめる。

3.2 精査の手順

> 精査の手順は，精査計画の立案とこれに基づく精査の実施（地質調査，すべり面調査，地下水調査，移動量調査及び土質試験），解析の必要性の評価の順とする。

解　説
(1) 精査計画の立案

　概査結果をふまえて精査計画を立案する。まず，地すべり等及びその周辺の地形図を作成し，地すべりブロック区分を行うとともに，調査測線・調査位置・調査内容を計画し，それらの結果を精査計画図にまとめる。

(2) 精査の実施

　次に，地質調査，すべり面調査，地下水調査，移動量調査及び土質試験を実施し，それらの結果を平面図や断面図等にとりまとめる。
図 3.1に精査の手順を示す。

(3) 解析の必要性の評価

　主に地質調査及びすべり面調査の結果，得られた地すべり等の位置及び規模並びに地すべり等と保全対象との関係から，解析の必要性の評価を行う。

```
                    ┌─────────────┐
                    │  概   査    │
                    └──────┬──────┘
        ┌ ─ ─ ─ ─ ─ ─ ─ ─ ─│─ ─ ─ ─ ─ ─ ─ ─ ─ ─ ─ ┐
        │           ┌──────▼──────┐
        │           │ 精査計画の立案│
        │           │ ・地形図作成  │ →  精査計画図（平面図,
        │           │ ・地すべりブロック区分│    断面図）の作成
  精    │           │ ・調査測線等の計画│
  査    │           └──────┬──────┘
  の    │           ┌──────▼──────┐
  範    │           │ 精査の実施   │
  囲    │           │ ・地質調査   │     精査結果平面図及び
        │           │ ・すべり面調査│ →  精査結果断面図等の
        │           │ ・地下水調査 │     作成
        │           │ ・移動量調査 │
        │           │ ・土質試験   │
        │           └──────┬──────┘
        │           ┌──────▼──────┐
        │           │解析の必要性の評価│
        │           └──────┬──────┘
        └ ─ ─ ─ ─ ─ ─ ─ ─ ─│─ ─ ─ ─ ─ ─ ─ ─ ─ ─ ─ ┘
                    ┌──────▼──────────┐
                    │  解        析    │
                    │（機構解析，安定解析，│
                    │ 対策工の必要性の評価）│
                    └─────────────────┘
```

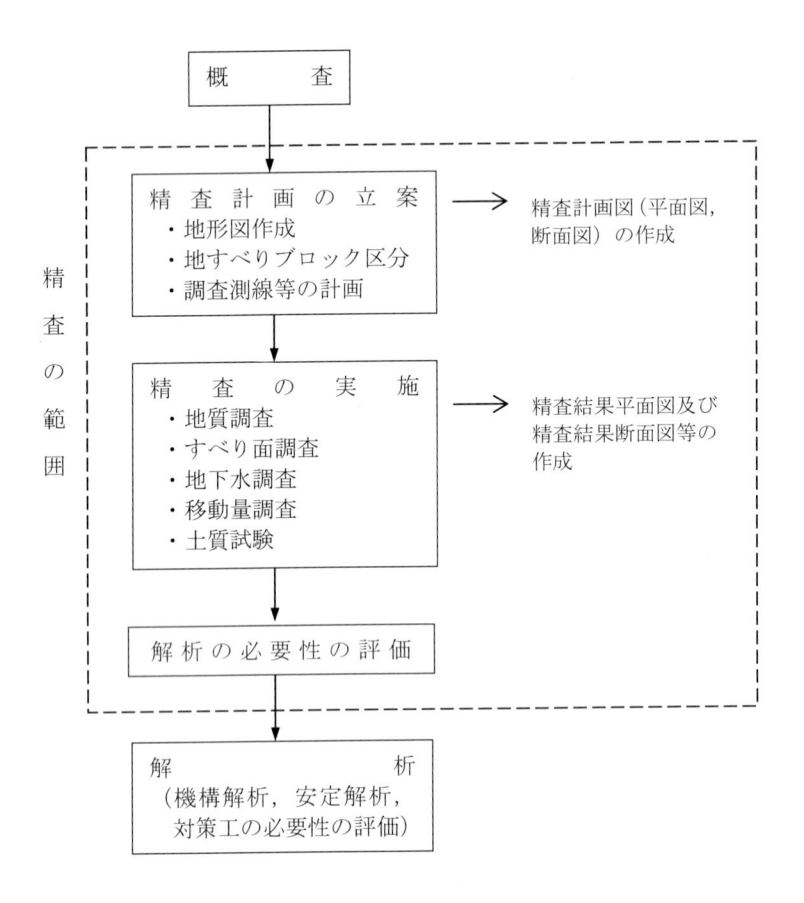

図 3.1 精査の手順

3.3 精査計画の立案

> 精査計画の立案は，地形図の作成，地すべりブロック区分，調査測線・調査位置・調査内容の計画，精査計画図の作成について行う。

解　説

(1) 地形図の作成

精査が必要と判断された地すべり等は周辺区域を含めて地形図を作成する。その縮尺は，地すべり等についての詳細な現象を記録し，精査計画立案から対策工計画段階までの基図として用いるため，大縮尺（1/200～1/1,000程度）とする。地形図の縮尺の目安を表 3.1に示す。

表 3.1 地形図の縮尺の目安

地すべり等の規模（幅）	縮　尺	等高線間隔
100m 以内	1/200～1/500	
100～200m	1/500	1m
200m 以上	全体 1/1,000（部分 1/500）	

(2) 地すべりブロック区分

　地すべりは，変動の進行に伴って分化し，いくつかの地すべりブロックに分かれて運動することが多い。このため，地すべりの調査，安定性の評価，対策工の設計は基本的にこの地すべりブロックごとに検討する。概査時点では精度の高い地形図が作成されていないこともあるため，新たに作成された精度の高い地形図，必要に応じて実施する航空レーザー測量図，大縮尺の空中写真，補足的な現地踏査の結果などをもとに，地すべりブロックの区分を再度実施する。地すべりブロックの区分にあたっては，これまでに得られた地形状況及び地質状況に基づき推定される地すべりの型分類や地すべり機構などを参考に慎重に行う。

(3) 地すべり等の調査測線・調査位置・調査内容の計画

　現地踏査等によって得られた地すべり等の範囲，地すべりブロック区分，変動方向，地表に現われた亀裂などの位置を考慮して，調査測線（図3.2）を設定する。また，設定された測線上で，3.4節を参考にボーリング等の調査位置及び調査内容を計画する。なお，地すべり等の安定解析にあたって三次元的な安定解析を導入する場合は，要求される精度のすべり面の縦断面及び横断面が得られるよう調査測線を設定する。

i）主測線

　　主測線は地すべりブロック等の地質，地質構造，地下水分布，地表変状，すべり面などが具体的に確認でき，安定計算を行って対策の基本計画・基本設計を行うのに適した位置及び方向に設定しなければならない。一般に，主測線は横断面で見た場合の最深部を通るように設定するが，最深部は地すべりブロック等の中央部とは限らず，側部寄りが最深部となる非対称の地すべりブロック等も存在することから，慎重にこれを定めなければならない。斜面上部と下部の変動方向が異なる場合には主測線を折線とすることもある。

ii）副測線

　　地すべり等の地質分布が複雑な場合及び平面形・横断面形が非対称な場合や，地すべりブロック等の規模が大きい場合には，機構解析，安定解析及び対策工の計画のため副測線を設定する。

　　副測線は，主測線と同方向のほか，必要に応じて横断方向に設定する。また，地すべりブロック等の幅が100m以上にわたるような広域の場合は，主測線の両側に50m程度の間隔で副測線群を設ける。

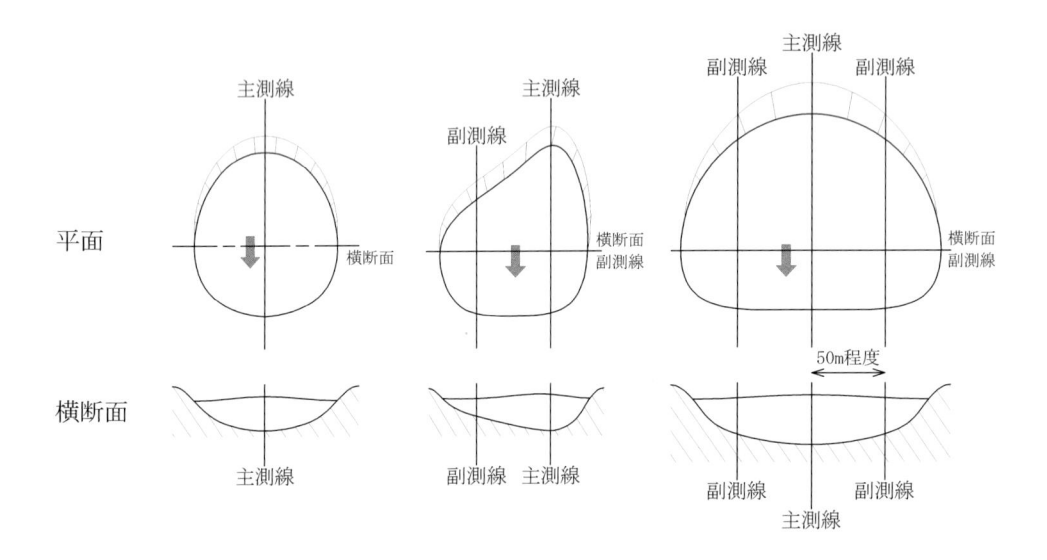

図 3.2 平面・横断面における主測線・副測線の位置

(4) 精査計画図の作成
　精査計画をとりまとめ，精査計画図（平面図及び断面図）を作成する。

3.4 精査内容

> 精査内容は，地質調査，すべり面調査，地下水調査，移動量調査及び土質試験を目的に応じて適切に組み合わせたものとする。

解　説
　精査は，目的に応じてボーリング等の地質調査，すべり面調査，地下水調査，移動量調査，土質試験などを実施する。精査の結果は平面図，断面図などにとりまとめるとともに，地すべり等の規模，地すべり等発生の素因，誘因などについても明らかにする。なお，各々の調査は相互に補完し関連しているため，これらを適切に組み合わせて効果的に行うことが重要である。精査の際には，ダム本体や貯水池周辺道路及び代替地などの建設に伴う地質情報も参考にする。
　精査を実施した後に，想定外の事象や施工時に新たな問題が生じた場合などには，補足調査を行う。

3.4.1 地質調査

> 地質調査は，地すべり等の地質やその構造を把握し，すべり面の形状を推定することを目的として，概査までに得られた地形状況及び地質状況などに基づき適切かつ効果的に実施する。

解　説

　地質調査は，詳細な現地踏査とボーリング調査を主体とし，必要に応じて物理探査，横坑，立坑等の調査坑調査を行う。これらの結果をもとに，地すべり等の地質やその構造を把握し，すべり面の形状を推定する。地質調査を行う際には，すべり面の形状等を高い精度で推定するために，概査までに得られた地形状況及び地質状況などから，地すべり等の形態（範囲，ブロック区分，型分類，すべり面の断面形状）及び地すべりの地形・地質的素因などに関する仮説を立て，これらを検証することを念頭に適切かつ効果的に調査を行う。これらの仮説は調査の進展とともに随時見直し，より正確なものにし，すべり面調査以降の工程の適切な判断ができるようにすることが肝要であり，見直しの結果によっては，調査測線の再設定も検討する。

　なお，これらの仮説の検証にあたっては，過去の地すべり調査により得られた類似地質における地質調査上の留意点を参考にする。たとえば，図3.3のような流れ盤状の地質構造を呈している場合，泥質岩（頁岩，粘板岩）層や断層などの周囲の地質よりもせん断強度が低い層があると，それらがすべり面となった岩盤すべりが仮説として想定される。この岩盤すべりの場合，椅子型のすべり面形状が次の仮説として想定されるが，この仮説に関して頭部のすべり面の位置（図の①の節理系であるのか，②の節理系であるのか）を把握することが留意点である。したがって，地質調査も頭部のすべり面形状が適切に把握できるように実施しなければならない。

　また，地質調査にあたっては，類似地質における対策工の事例も念頭におき，適切な対策工が計画できるように配慮する。

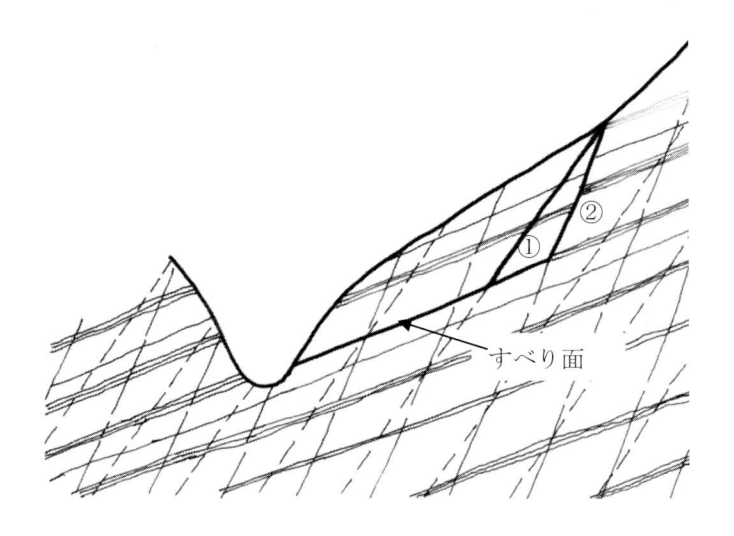

図 3.3 流れ盤構造において想定される岩盤すべりのすべり面形状

(1) 詳細な現地踏査

　概査の結果をもとに必要に応じて再度現地踏査を行って，地すべり等の微地形，地質，地質構造などを把握し，地すべり等の形態（範囲，地すべりブロック区分，型分類，すべ

り面の断面形状），地すべりの地形・地質的素因，地下水の状況などの地すべりの誘因などの推定の精度を高める。

　現地踏査は，概査時より綿密に行い，ボーリング等の地質調査結果と併せて，地すべり等の機構解析，安定解析を行う際の資料を得る。このとき，地すべり等の末端部の位置，末端部の形状は，安定解析を実施する上で特に重要である。

(2) ボーリング調査

　ボーリング調査は，詳細な現地踏査までの調査で推定された地すべり等の形態（範囲，ブロック区分，型分類，すべり面の断面形状），地すべりの地形・地質的素因，地下水の状況などの地すべりの誘因などの推定精度を向上させ，その後の工程の適切な判断が可能となることを目的として実施する。なお，地すべり等の地質構成やすべり面の位置や性状が確定しない段階では，標準貫入試験等のコア採取に影響する孔内試験は実施しない。

　i) ボーリングの配置

　　ボーリングは調査測線に沿って計画する。ボーリングの配置は地すべり等の範囲，地すべりブロック区分，すべり面の断面形状などによって適宜適切な箇所を選定する。また，先行したボーリングの結果により，配置計画は適宜見直しをする。以下に述べるボーリングの配置は，必要最低限の配置を示したものである。

　　地すべり地形等，露岩状況及び貯水位変動域などを念頭に，主測線に沿って，30～50m程度の間隔で，地すべりブロック内で3本以上及び地すべりブロック外の上部斜面内に少なくとも1本以上の計4本以上のボーリングを配置する。(図 3.4)また，副測線でも50～100m間隔程度で必要に応じて配置する。

　　地すべりブロックの面積が小さな場合等には，地すべり等の地質を把握するのに適切な位置に1～2本以上配置する(図 3.5)。

　　また，基盤内に断層，破砕帯が存在している場合，地質構造が複雑である場合，すべり面形状が複雑な場合には，別途補足のボーリングを行う。

　ii) ボーリングの順序

　　一般に，調査測線上のボーリングのうち，概査結果によって地すべりブロックの中腹部～末端部と推定される位置のボーリングを優先し，すべり面と地下水位を確認する。特に，湛水面付近に地すべりブロックの末端部が位置することが疑われる場合は，末端部を確認するボーリングを優先することが重要である。

貯水池周辺の地すべり調査と対策に関する技術指針（案）・同解説（国土交通省河川局治水課）　　243

必要に応じてボーリングを追加し，
すべり面形状や地下水面形の変化点を確認する

SWL：サーチャージ水位
RWL：制限水位（制限水位が設定され
　　　ていない場合はNWL：常時満水位）

湛水前の地下水位

S.W.L
R.W.L
現河床
旧河床

ブロック背面の地質・地下水状況
を確認する。

脆弱層が深部まで現れる場合は，
すべり面の可能性のある深度以深まで確認する。

地すべり末端部の長尺ボーリングを河床標高（現河床と旧河床のいずれか
低い方の標高）以深まで実施する。

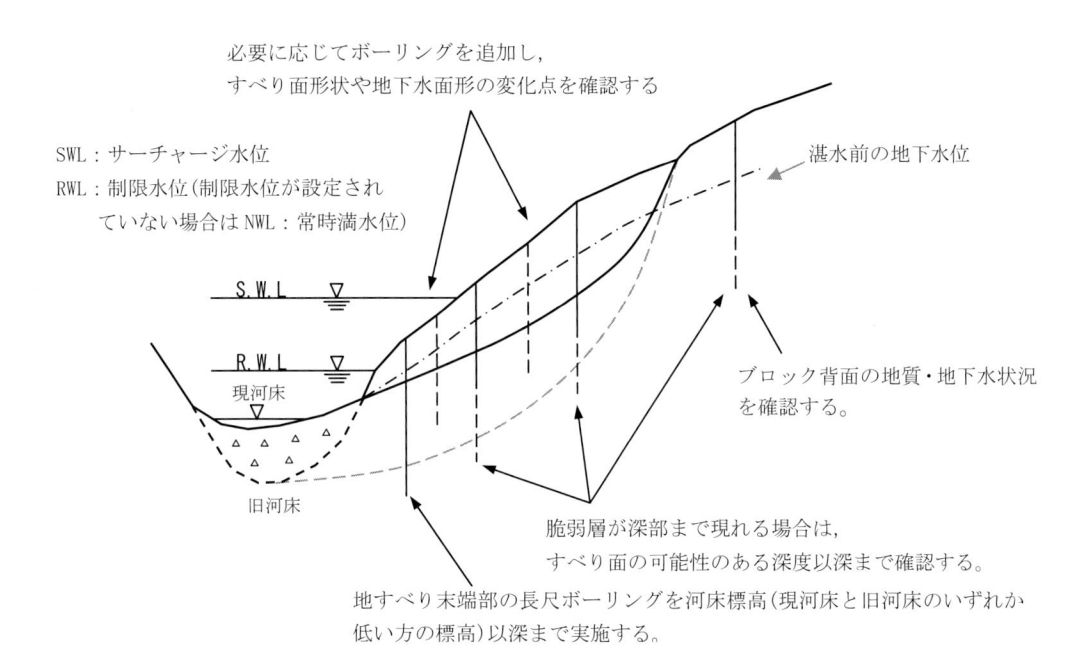

図 3.4 ボーリング配置の例

必要に応じてボーリングを追加し，
すべり面形状や地下水面形の変化点を確認する

湛水前の地下水位

S.W.L
R.W.L
現河床
旧河床

ブロック背面の
地質・地下水状況を確認する。

脆弱層が深部まで現れる場合は，
すべり面の可能性のある深度以深まで確認する。

地すべり末端部の長尺ボーリングを河床標高（現河床と旧河床のいずれか
低い方の標高）以深まで実施する。

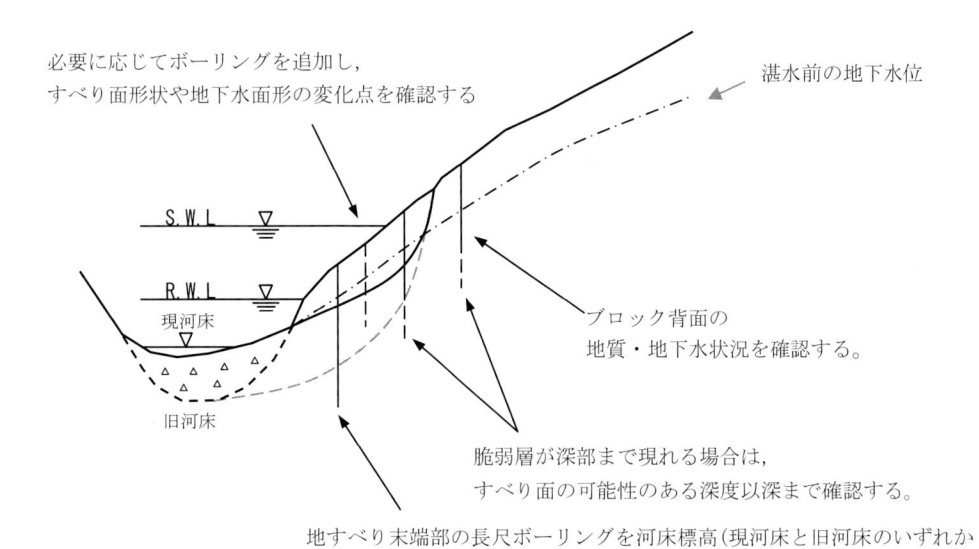

図 3.5 ボーリング配置の例（地すべりブロックが小さい場合）

3-7

iii) ボーリングの深度

　　ボーリングの深度は，不動領域のうち新鮮な岩盤を確認するのに十分な長さとする。掘止めは，地すべり等の層厚や対策工の定着層などを考慮し，ボーリングの進行に応じてコア性状を観察しながら判断することが重要である。また，脆弱層が深部まで現れ不動領域を判断し難い場合は，河床標高等を考慮し地形的にすべり面の可能性のある深度以深まで掘削する。

　　すべり面の位置の推定が困難な場合，岩すべりや風化岩すべりで断層破砕帯などの基盤岩中の不連続面をすべり面の起源としている場合，大規模な地すべりの場合は，少なくとも地すべりブロックの末端部付近では主測線上での長尺ボーリングを河床標高以深まで先行し，この結果に基づいてその他の地点のボーリング深度を決定することが望ましい。

iv) ボーリングの方法と孔径

　　ボーリングに際しては，循環流体に気泡等を用いてコアを採取する方法を採用したり，孔径・ビットを工夫するなどして高品質のボーリングコアを得るように努めることが必要である。また，ボーリングコアからすべり面・地質構造などの判定が困難な場合には，ボアホールカメラ等により，孔壁の亀裂・破砕状況を把握することも有効である。

　　ボーリングの孔径は 66mm 又は 86mm が一般的であり，ボーリング孔を用いた試験や計測の実施を考慮して決定する。

(3) 物理探査

　　大規模な地すべり等の調査においては，広い範囲における地層の分布状況を把握するために，必要に応じて弾性波や電気探査などの物理探査を補助的に用いる。

　　物理探査の範囲は，地すべり等の規模やすべり面深度を考慮して設定する。また，探査測線はボーリング調査測線を基準に設定し，ボーリング調査等の結果と併せて整理・解析する。

(4) 調査坑調査

　　調査坑調査は地すべり等の土塊，すべり面，不動領域などが直接肉眼で観察できるため，すべり面の形成が不完全な地すべり等ではきわめて有効な調査方法である。なお，調査坑，特に立坑は湛水後地下水排水のための集水井としても利用できることから，対策工の計画も考慮して配置する。

(5) その他の調査

　　その他の調査として，すべり面の疑いのある弱層の方向性や開口亀裂の確認のためのボアホールカメラ，地盤物性を把握するための物理検層などがあり，これらを必要に応じて実施する。

3.4.2 すべり面調査

> すべり面調査は，すべり面の位置，連続性及び移動量を把握することを目的として，ボーリング調査や調査坑調査等の地質調査と各種機器を用いた計測により実施する。

解　説

　すべり面は，地質調査結果や各種機器を用いた計測結果をもとに，地形状況や地すべりの現象などを総合的に検討して決定しなければならない。

　なお，すべり面の判定を確実に行うため，短期間の観測ですべり面での変動が把握できない場合には，対策工設計前に複数年の計測調査を行って，すべり面深度における累積変動の有無を，軽微な変動も含めて確認することが必要である。

(1) 地質調査によるすべり面の推定

　地質調査によるすべり面の推定は，高品質のボーリングコアや調査坑内の観察等により，地質性状（色調，硬軟，コア形状，割れ目に挟在する土砂・粘土又はスリッケンサイドの有無等）に着目して行う。なお，地すべり等の移動土塊やすべり面の性状は，地すべり履歴，構成地質，調査位置（頭部又は末端部など）及びコア採取技術等に影響されるため，すべり面の推定にあたってはこれらに留意する。

(2) 計測によるすべり面調査

　計測によるすべり面調査は，変動の有無，変動方向及び変動量と降雨・地下水位等との相関性等を整理し，地すべり等のすべり面深度，移動土塊の層厚，地すべりブロック区分，変動方向，変動時期及び発生原因等の機構解析や安定解析に関する資料を得る目的で行う。

　計測調査に用いる機器は，現在の変動状況等を考慮して孔内傾斜計，パイプ歪計及び多層移動量計等から選定する。貯水池周辺の湛水に伴う地すべり等では，ダム事業の調査段階のみならず建設及び管理段階に至る長期間の計測が必要な場合もあるため，耐用年数も考慮して選定する。

　なお，計測管周囲の間詰め不良による計測精度の低下を防ぐため，すべり面調査孔は地下水調査孔とは併用せず，計測管周囲をグラウチングし地山と一体化させることが望ましい。

3.4.3 地下水調査

> 地下水調査は，地すべり等の土塊内の地下水位を把握することを目的として，原則としてボーリング孔を用いた自記水位計，間隙水圧計等による連続計測により実施する。

解　説

　地下水調査は，地すべり等の土塊内の定常状態や降雨及び貯水位などの影響を受けた地下水位を把握することを目的として行う。主にボーリング孔を利用した孔内水位計測を行い，試験湛水時には貯水位変動に伴う地山地下水位の経時変化，浸透の影響範囲，残留範囲を確認する。

孔内水位を高い精度で計測するため，地下水調査孔とすべり面調査孔は併用しないことが望ましい。地下水調査を行う孔内水位計測孔の孔底は原則として対象とするすべり面付近～数m上とし，漏水・逸水することのないよう留意する。

地下水調査の目的とそれに応じた調査方法を表 3.2に示す。

このような地下水調査のほか，ボーリング掘削中の孔内水位の変化，漏水・逸水の状況等を記録し，これらの状況と地質との関係も検討する。

表 3.2 地下水調査の目的と調査方法

目 的	調査方法	備 考
地下水位変動と降雨・貯水位変動との相関等の検討	孔内水位計測 間隙水圧測定	少なくとも主測線沿いの地下水調査孔では，一定期間必ず実施する。
地すべり等の透水性の把握	透水試験	浸透流解析等を実施する場合には，主要な地下水調査孔において実施する。
地下水流動層の把握	地下水検層	
地下水流動方向・流速の推定	地下水追跡	地下水位や透水性が特異な状況を示す場合等に，必要に応じて実施する。
地下水の性質の把握 地下水の流入・流出経路の推定	水質分析	地下水位や透水性が特異な状況を示す場合等に，必要に応じて実施する。

3.4.4 移動量調査

> 移動量調査は，地すべり等の変動状況の把握，今後の変動性の予測，地すべりブロック区分及び対策工の必要性の判断などを目的として，測量や変動計測により実施する。

解 説

移動量調査は，試験湛水時以降の斜面管理にも引き継がれるため，精査段階からその調査位置について十分に検討する。

移動量調査の目的と方法を以下に示す。

(1) 測量（水準測量，移動杭測量，ＧＰＳ測量，空中写真測量等）
　ⅰ) 目的
　　① 地すべりブロックの変動量・範囲・方向等の把握
　　② 地すべりブロックの変動量と気象条件との相関の検討
　ⅱ) 方法
　　① 各測点の移動方向・移動量の計測
　　② 各期間（梅雨，台風，融雪等）別の移動量の比較

(2) 地盤伸縮計，クラックゲージ等
　ⅰ) 目的

① 地すべりブロックの境界（頭部，側部，末端部）の把握
　　　② 地すべりブロックの変動量と降雨，地下水位及び貯水位等との相関の検討
　　　③ 変動状況の区分，監視・計測体制の管理基準値の設定
　ⅱ）方法(4.3.2項，6.1.3項を参照)
①　　亀裂や段差の変動量と変動の向き（引張又は圧縮）の計測
②　　亀裂や段差の変動量と降雨量，地下水変動量及び貯水位変動量等との時系列比較

(3) 地盤傾斜計
　ⅰ）目的
　　　① 地すべりブロックの範囲（頭部，末端部）の把握
　　　② 地すべりブロックの変動量と降雨，地下水位及び貯水位等との相関の検討
　　　③ 変動状況の区分，監視・計測体制の管理基準値の設定
　ⅱ）方法(4.3.2項，6.1.3項を参照)
①　　地盤傾斜量，傾斜方向の計測
②　　地盤傾斜量と降雨量，地下水変動量及び貯水位変動量等との時系列比較

3.4.5 土質試験

> 土質試験は，地すべりブロックや崖錐等の未固結堆積物の単位体積重量，すべり面の土質強度定数及び対策工の設計に必要な地盤の強度を把握することを目的として，室内試験又は原位置試験により実施する。

解　説

　土質試験は，単位体積重量を把握するための試験，すべり面の土質強度定数を把握するための試験，及び対策工の設計に必要な地盤の強度を把握するための試験からなる。これらの試験を適切に行うことにより，地すべり等の機構や安定性を高い精度で把握し，対策工の安全性と設計の合理化に寄与することができる。

(1) 単位体積重量を把握するための試験
　地すべり等の安定解析に必要な地すべりブロックの単位体積重量を把握するための試験は，湿潤密度試験のほか，高品質のボーリングコアの重さと寸法を直接計量する方法がある。

(2) すべり面の土質強度定数（c'，ϕ'）を把握するための試験
　すべり面の土質強度定数（c'，ϕ'）を把握するための試験は，極力，乱さない試料の採取を行い，一面せん断試験，三軸圧縮試験，リングせん断試験等によって行う。

(3) 対策工の設計に必要な地盤の強度を把握するための試験
　対策工の設計に必要な地盤の強度を把握するための試験としては，アンカー工を用いる場合には，抵抗力を求めるための引抜き試験，鋼管杭工及びシャフト工を用いる場合には，地盤反力係数を求めるための孔内水平載荷試験がある。

3.5 解析の必要性の評価

> 解析の必要性の評価は，精査の結果，得られた地すべり等の位置及び規模，保全対象との関係を考慮して実施する。

解　説

　地質調査及びすべり面調査等の精査の結果，得られた地すべり等の位置及び規模並びに地すべり等と保全対象との関係から，解析の必要性の評価を行う。以下の場合には，湛水に伴う地すべり等としての解析（4章）は不要である。

① 　地すべり等の末端部の位置から湛水の影響がないと判断される場合（2.4節参照）
② 　その他の貯水池周辺斜面（2.4節参照）で，地すべり等の規模が小さい（表2.1参照）場合

4. 解析

4.1 目的

> 解析は，地すべり等の発生・変動機構を明らかにするとともに，湛水に伴う地すべり等の安定性を評価し，対策工の必要性を検討することを目的として実施する。

解　説

　地すべり等の解析は，地すべり等の発生・変動機構を明らかにするための機構解析，湛水に伴う地すべり等の安定性を評価するための安定解析，安定解析の結果を基にした対策工の必要性の検討からなる。

　機構解析では，概査及び精査の結果に基づき，地すべり等の発生の素因・誘因に分けて分析し，発生・変動機構について検討する。

　安定解析では，地すべり等の湛水前の安定性について定量的に評価するとともに，安定計算により湛水による安定性の変化を評価する。

4.2 機構解析

> 機構解析は，地すべり等の発生の素因及び誘因を分析し，地すべり等の発生・変動機構を明らかにすることを目的として実施する。

解　説

(1) 地すべり等の発生の素因

　地すべり等の発生にかかわる素因には，地形，地質，地質構造，地下水などがあり，地すべりブロックごとに特有の条件について検討する。

(2) 地すべり等の発生の誘因

　地すべり等の発生にかかわる誘因には，降雨，河川の浸食及び湛水がある。湛水に伴う地すべり等の発生原因としては次のものがある。
　① 地すべりブロックの水没による間隙水圧の増加
　② 貯水位の急速な下降による残留間隙水圧の発生
　③ 水没による地すべりブロック内の地下水位の上昇
　④ 水際斜面の浸食・崩壊（末端部の崩壊）に伴う受働部分の押え荷重の減少

(3) 地すべり等の発生・変動機構の検討

　精査の結果に基づき，地すべりブロックの範囲（平面）及びすべり面の形状（断面）を決定し，湛水時の変動の可能性等について総合的に検討する。特に，湛水に伴う地すべり等ではすべり面末端部の位置（末端部の水没の割合など），形状（末端部の斜面勾配など）及び地質性状（崩積土状であるかどうか）が重要であり，末端崩壊（末端すべり）の可能性を含めて慎重に検討する。

また，地すべりブロックが変動した場合の移動土量・到達範囲・変動範囲の拡大などを想定し，保全対象への影響を検討する。

(4) 機構解析結果のとりまとめ

機構解析の結果は，各々の地すべり等又は地すべりブロックについて平面図及び断面図などにとりまとめる。平面図及び断面図には，機構解析の結果に基づき以下の事項を記載する。

ⅰ) 平面図
　① 基盤岩（不動領域）の分布
　② 基盤岩（不動領域）の走向・傾斜
　③ 断層，破砕帯の位置
　④ 崩積土の分布
　⑤ 亀裂，隆起，陥没等の地表面の変状，湧水などのコメント
　⑥ 地すべりブロックの範囲
　⑦ 地すべりブロックの変動状況（計測結果）
　⑧ すべり面等高線
　⑨ 貯水位線

ⅱ) 断面図（副測線を含む）
　① 地層区分，ボーリング結果，原位置試験結果など
　② 地下水位，地下水流動状況など
　③ すべり面（計測結果）
　④ 亀裂，隆起，陥没等の地表面の変状，湧水などのコメント
　⑤ 貯水位線

4.3 安定解析

4.3.1 安定解析方法

> 湛水の影響を受ける地すべり等の安定解析方法は，原則として二次元極限平衡法の簡便法とし，水没部の取扱いには基準水面法を適用することを基本とする。

解　説
(1) 解析条件

安定解析にあたっては，表4.1の解析条件を設定する。

表 4.1 安定解析条件と内容

解析条件	内　　容
地すべり等の湛水前の安全率（Fs_0）	地すべり等の湛水前における計測調査等によって現状の変動状況を評価し，これを安全率Fs_0で示す。
地すべり等の湿潤状態における土塊の単位体積重量	地すべり等の土塊の構成材料を考慮した土塊の単位体積重量とする。
地すべり等の土質強度定数（c', ϕ'）	土質試験によって求めた値又は湛水前の安全率（Fs_0）を用いて逆算法で求めた値とする。ただし，崖錐堆積物等の未固結堆積物の土質強度定数は事例又は土質試験によって求めた値とする。
残留間隙水圧の残留率	地すべり等の地形，地質，地下水位，貯水操作，対策工の種類などに応じて適切に設定する。
貯水位変動範囲	貯水池運用計画に基づく貯水位の変動範囲とする。

(2) 安定計算

　貯水池周辺の地すべり等の安定解析手法を表4.2に示す。貯水池周辺の地すべりブロックの安定性の評価には，原則として二次元極限平衡法の「簡便（Fellenius）法」を用いる。

　明確なすべり面が形成されていない崖錐等の未固結堆積物からなる斜面の安定性の評価は，「円弧すべり法」を用いて数多くの想定すべり面に対して安定計算を行い，最小の安全率を与える円弧と値で行う。また，未固結堆積物と岩盤との境界面をすべり面とした安定計算も行い，得られた安全率を「円弧すべり法」による最小安全率と比較する必要がある。

　安定計算における水没部の取扱いには，「基準水面法」を適用することを基本とする。基準水面法は，図4.1に示すように貯水位に等しい基準水面を設定し，これより下の部分の単位体積重量を水中重量（土塊の飽和単位体積重量から水の単位体積重量を差し引いた重量）とし，地すべり等の土塊に作用する間隙水圧は基準水面より上の水頭分のみとする方法である。

表 4.2 貯水池周辺の地すべり等の安定解析手法

条件＼変動現象	地すべり	崖錐等の未固結堆積物の変動
すべり面	移動領域と不動領域の境界面	円弧すべり法によって得られる最小の安全率を与える円弧
計算式	二次元極限平衡法「簡便（Fellenius）法」	
水没部の取扱い	基準水面法	

安定計算は式 (4.1) によって行う。

$$Fs = \frac{\sum(N-U)\cdot\tan\phi' + c'\sum L}{\sum T} \quad\cdots\cdots\cdots\cdots (4.1)$$

N：各スライス（分割片）に作用する単位幅あたりのすべり面法線方向分力（kN/m）
T：各スライスに作用する単位幅あたりのすべり面接線方向分力（kN/m）
U：各スライスに作用する単位幅あたりの間隙水圧（kN/m）
L：各スライスのすべり面の長さ（m）
ϕ'：すべり面の内部摩擦角（°）
c'：すべり面の粘着力（kN/m²）

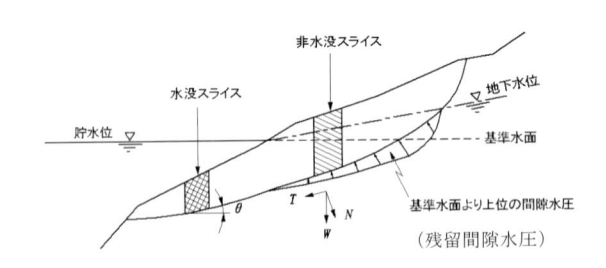

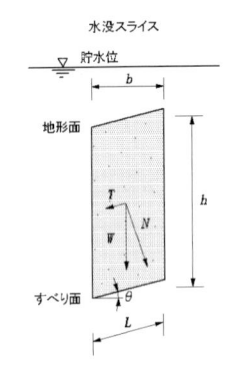

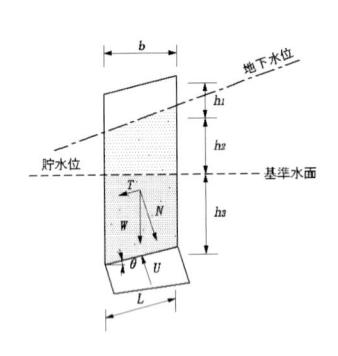

$$N = W\cdot\cos\theta$$
$$= (\gamma_t - \gamma_w)\cdot h\cdot b\cdot\cos\theta$$
$$U = 0$$
$$T = W\cdot\sin\theta$$
$$= (\gamma_t - \gamma_w)\cdot h\cdot b\cdot\sin\theta$$

$$N = W\cdot\cos\theta$$
$$= (\gamma_t\cdot(h_1 + h_2)\cdot b + (\gamma_t - \gamma_w)\cdot h_3\cdot b)\cdot\cos\theta$$
$$U = \gamma_w\cdot h_2\cdot b/\cos\theta$$
$$T = W\cdot\sin\theta$$
$$= (\gamma_t\cdot(h_1 + h_2)\cdot b + (\gamma_t - \gamma_w)\cdot h_3\cdot b)\cdot\sin\theta$$

γ_w：水の単位体積重量
γ_t：土塊の重量（地下水位以上は湿潤単位体積重量，地下水位以下は飽和単位体積重量）
b：スライスの幅
U：基準水面より上の間隙水圧

図 4.1 基準水面法の考え方

(3) 三次元的な安定解析

貯水池周辺の地すべり等の安定解析は，主測線を用いた二次元解析で行うことを原則としている。しかし，地すべり等の側部ですべり面が浅い場合や，すべり面の横断形状が左右非対称である場合もある。特に大規模な地すべり等においては，主測線を用いた二次元解析だけの検討では安定性の評価や対策工の計画が合理的でない場合がある。このような場合には，すべり面や地下水位を三次元的に捉える調査を実施し，地すべり等の機構を明らかにした上で，測線を複数設定した準三次元的な安定解析や三次元安定解析を行うことがある。

4.3.2 地すべり等の湛水前の安全率

> 地すべり等の湛水前の安全率は，計測結果及び変状の有無・状態，又は3.4.5項の土質試験によって得られた土質強度定数に基づいて設定する。

解　説
(1) 安全率による湛水前の安定性の評価

地すべり等の湛水前の安定性は，安全率Fs_0によって評価する。すなわち，湛水前に変動している地すべりブロック等の安全率は$Fs_0 < 1.00$と評価し，湛水前に変動の兆候が認められず安定している地すべりブロック等の安全率は$Fs_0 \geqq 1.00$と評価する。

(2) 湛水前における変動状況の区分と安全率の設定

湛水前における地すべり等の安全率Fs_0は，計測器による複数年以上の計測結果，地すべり等の変状の有無・状態等に基づき設定する。変動状況の区分と安全率の目安を表 4.3 に，地盤伸縮計及び地盤傾斜計による変動種別の判定を表4.4及び表4.5に示す。なお，計測等により地すべり等の変動の開始時期が把握された場合には，変動開始直前時点の地下水位を用いて$Fs_0 = 1.00$とする。

現在までに安定解析が行われた貯水池周辺の地すべり等の事例（湛水に伴って変動した事例も含む）によると，湛水に伴う安全率の低下量が0.05に達しない地すべり等では安定が保たれている。このため，逆算法によって土質強度定数を求める場合は，一般的に，湛水前における変動していない地すべり等の安全率は，長期間にわたり安定して存在する地下水位（複数年以上の豊水期を通じてそれ以上となる地下水位；図 4.2参照）の状態において$Fs_0 = 1.05$とする。

なお，地すべり等の計測結果には局所的な地盤の変動が含まれることがあるため，計測データを分析，評価する場合には十分な注意が必要である。

また，安全率の設定後（湛水後も含む）も継続して地下水位等の計測データを蓄積し，これらをもとに安定性を検証し，必要に応じて湛水前の変動状況とそれに対応した安全率の設定を見直すこととする。

(3) 土質強度定数に基づく湛水前の安全率の設定

3.4.5項の土質試験によって適切な土質強度定数が得られた場合には，地すべり等，特に崖

錐等の未固結堆積物の湛水前の安全率は，安定計算(4.3.1項参照)によって設定する。

(4) 地すべり等の湛水前の地下水位

　湛水前の地下水位の設定は，対策の要不要，対策の規模を決める重要な要素となるため，地下水位計測の精度向上に努めなければならない。

　湛水時の安定性をできる限り精度良く評価するため，安定計算に用いる湛水前の地下水位は，原則として複数年以上の計測結果に基づいて決定する。また，湛水までに十分な計測データが得られない場合には設計上安全側の判断として，地すべり等の土塊内に地下水位の無い状態（すべり面より下に地下水位を設定した状態）で安定計算を行う。

表 4.3 変動状況の区分と安全率の目安

地すべり等の変状	計測調査による変動種別*)	湛水前の安全率の目安
1) 現在変動中，主亀裂・末端亀裂発生	変動A：活発に変動中	$Fs_0=0.95$
	変動B：緩慢に変動中	$Fs_0=0.98$
2) 地表における変動の徴候（亀裂の発生等）は認められない	変動C： 変動量は非常に小さい（変動C未満）が，累積性が認められ地すべりによる変動の可能性が高い。	$Fs_0=1.00$
3) 変動の徴候は認められない	変動D	$Fs_0=1.05$

*) 表 4.4，表 4.5による。

表 4.4 地盤伸縮計による変動種別の判定（藤原[3]より作成）

変動種別	日変位量 (mm/日)	月変位量 (mm/月)	一定方向（引張り又は圧縮方向）への変位の累積傾向
変動A	1より大	10より大	顕著
変動B	1.0以下 0.1以上	10以下 2以上	やや顕著
変動C	0.1未満 0.02以上	2.0未満 0.5以上	ややあり
変動D	0.1以上	なし (断続変動)	なし

表 4.5 地盤傾斜計による変動種別の判定

変動種別	日変動値 (秒/日)	月変動値 (秒/月)	傾斜量の累積傾向	傾斜変動方向と地すべり地形との相関性
変動A	5より大	100より大	顕著	あり
変動B	5以下 1以上	100以下 30以上	やや顕著	あり
変動C	1未満	30未満	ややあり	あり
変動D	—	—	なし	なし

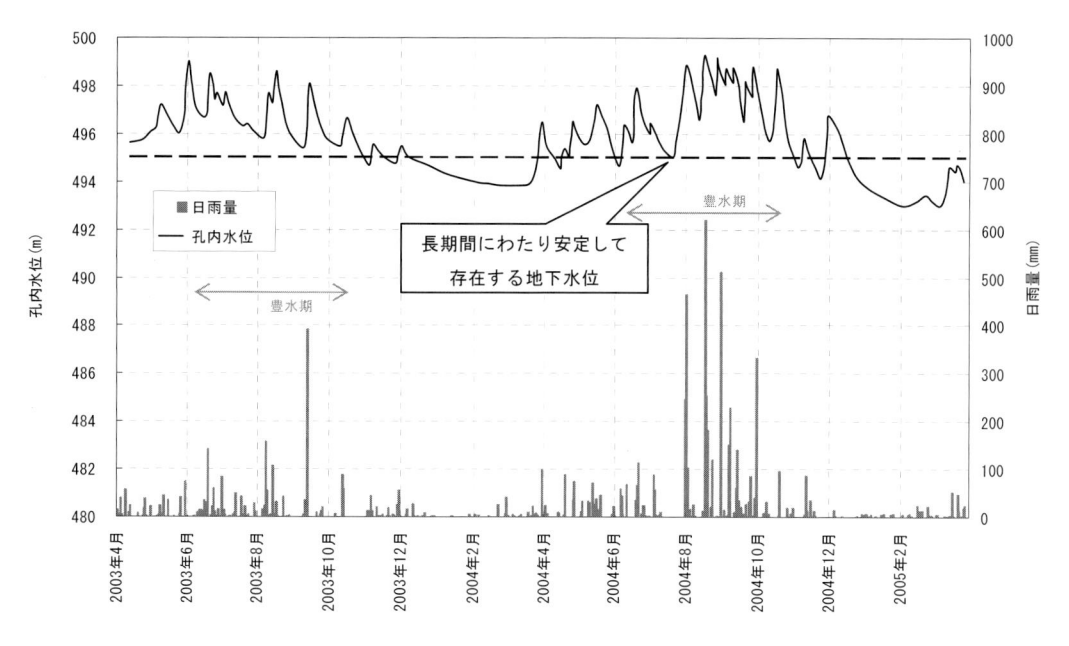

図 4.2 長期間にわたり安定して存在する地下水位の例

4.3.3 地すべり等の湿潤状態における土塊の単位体積重量

> 地すべりの土塊や崖錐等の未固結堆積物の湿潤状態における単位体積重量は，構成材料を考慮して，事例や試験値に基づき設定する。

解　説

地すべりの土塊や崖錐等の未固結堆積物の湿潤状態における単位体積重量は，それらの構成材料を考慮して決定しなければならない。特に，岩盤すべりや風化岩すべりにおいては，硬質な原岩起源の砕屑物あるいは土砂化している変質岩等が構成材料となっていることが多く，それらの湿潤状態の単位体積重量は，平均的な地すべり土塊の単位体積重量（一般的には $\gamma_t = 18kN/m^3$）に比べて大きいことが一般的であり，このことが安定解析や対策工の必要抑止力算定の結果などにも大きな影響を与える場合があるので注意が必要である。

4.3.4 地すべり等の土質強度定数

> 地すべりのすべり面の土質強度定数は，3.4.5 項の土質試験によって得られた値や 4.3.2 項の湛水前の安全率を用いて逆算法によって求めた値から最適な値を設定する。
> 崖錐等の未固結堆積物の土質強度定数は，事例や土質試験の結果をもとに十分に検討して設定する。

解　説
(1) 地すべりのすべり面の土質強度定数

　すべり面の土質強度定数（c', ϕ'）を土質試験によって求める場合，すべり面の乱さない試料の採取が困難であること，せん断強度としてピーク強度，完全軟化強度，残留強度のどの値を地すべりの安定解析に用いるべきかについて明確に解明されていないこと，すべり面の強度は1つのすべり面でも変化に富み，限定された地点での試料採取による土質試験の結果をそのまま平均的なすべり面の強度としては使用できないことなどの問題がある。

　このため，一般にはすべり面の土質強度定数は，すべり面の湛水前の安全率F_{s0}を推定し，逆算法によって求められている。安定計算式において湛水前の安全率F_{s0}が定まれば，c', $\tan\phi'$の関係は1次式で与えられ，図 4.4に示すような$c'-\tan\phi'$図が得られる。そこで表 4.6からc'を定めれば，ϕ'を求めることができる。ただし，c'の値をあまり大きくとると湛水に伴う安全率F_sの変化を過小に評価するおそれがあるので，採用するc'の値の上限は25kN/m²程度とし，それ以上の値をとる場合には土質試験等を行い総合的に検討することが必要である。また，逆算法によって求めた土質強度定数の妥当性を，土質試験によって求められた値，他地域の類似地質の地すべりにおける逆算法から求めた値などから検証しておく必要がある。

　なお，逆算法の妥当性の検証も含めて，より合理的な地すべりの安定解析を行うためには，すべり面の土質強度定数を土質試験によって求めるべきであり，今後，土質試験を積極的に行いデータの蓄積に努める必要がある。

表 4.6 地すべりの最大鉛直層厚と粘着力[2]

地すべりの最大鉛直層厚（m） （図 4.3を参照）	粘着力c' （kN/m²）
5	5
10	10
15	15
20	20
25	25

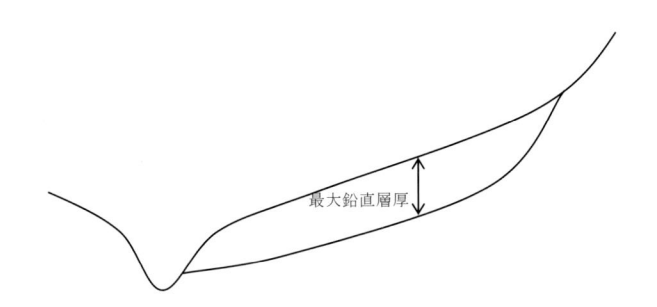

図 4.3 地すべりの最大鉛直層厚の例

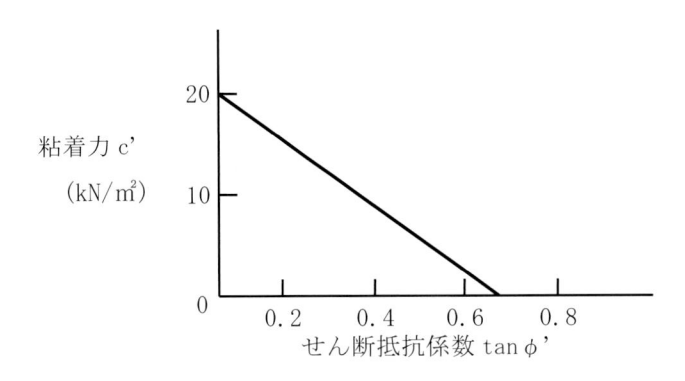

図 4.4 c'－tanφ' 図の例

(2) 崖錐等の未固結堆積物の土質強度定数

逆算法は，地すべりのすべり面の土質強度定数を求める方法であるため，明瞭なすべり面が存在しない崖錐等の未固結堆積物には適用できない。したがって，崖錐等の未固結堆積物の土質強度定数（c'，φ'）は，類似斜面の事例や土質試験の結果をもとに十分に検討して設定する。

4.3.5 残留間隙水圧の残留率

> 湛水時に予測される地すべり等の土塊に作用する残留間隙水圧の残留率は，地すべり等の地形，地質，地下水位，貯水位操作，対策工の種類などに応じて適切に設定する。

解　説

貯水位下降時の安定解析では，貯水位が下降した標高部分の地すべり等の土塊中に発生する残留間隙水圧を評価しなければならない。

従来，残留間隙水圧の残留率は，十分なデータがない場合には，安全側の判断として，50%とすることが一般的である。

ただし，残留間隙水圧の残留率は，対象斜面の地形，地質・地質構造，透水性，水際から湛水前の地下水位までの距離，上部斜面からの地下水の流入量及び貯水位下降速度等の水理地質条件によって異なる[4)5)6)7)]。したがって，残留率の決定にあたっては，地すべりの場合は図 4.5，崖錐等の未固結堆積物からなる斜面の場合は，図 4.6を参考に，湛水前の調査・試験・計測などから対象斜面の水理地質条件を検討し，既往事例や浸透流解析結果等を参考にして個別に設定することが望ましい。

近年，蓄積されてきた知見によると，短時間で貯水位を急激に変化させるような貯水位の運用を行わない場合で，以下のいずれの条件にも該当しない場合は，貯水位下降時の残留間隙水圧の残留率を，水際斜面の地下水位の上昇（堰上げ）も含めて30%とすることができることが明らかになってきている。

① すべり土塊層厚や未固結堆積物の堆積層厚が非常に厚く（30m以上）かつ斜面勾配がきわめて緩い（30°以下）場合
② 地すべりブロック周辺が集水地形で地すべり土塊への地下水流入が多い場合
③ 地すべり土塊の透水性が低い場合

また，地すべり対策工として押え盛土を施工する場合は，排水性の良い材料を用いるなど，対策工施工後の残留間隙水圧の上昇防止に留意する必要がある。

なお，浸透流解析実施にあたっては，対象斜面の水理地質条件（降雨と地下水位との相関，透水係数，有効間隙率等）が必要である。このため，事前の長期にわたる地下水位観測を実施するとともに，これらの水理地質情報を用いた浸透流解析による地下水位の再現性の確認を行った上で解析モデルを修正し，解析精度の向上を図る必要がある。

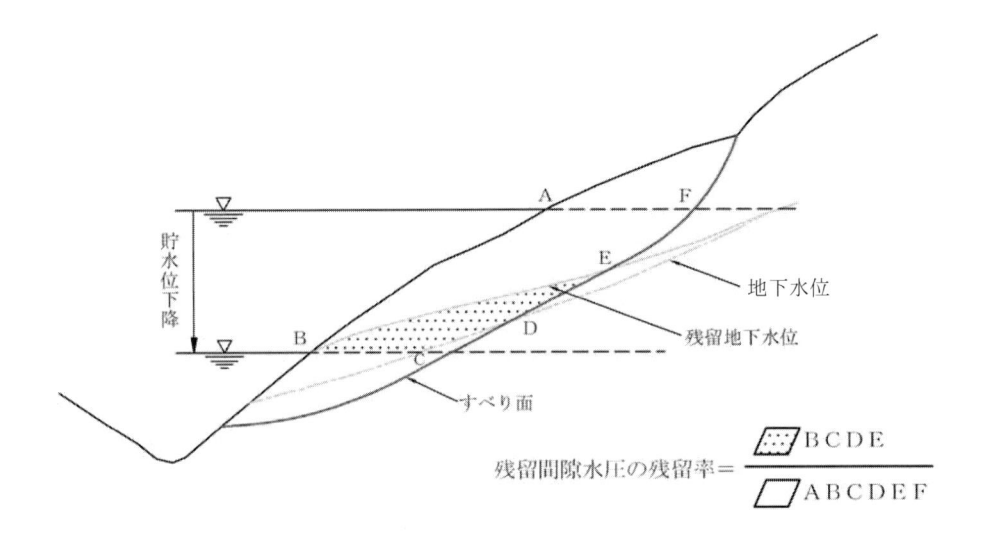

図 4.5 地すべりにおける残留間隙水圧の残留率の算定

$$残留間隙水圧の残留率 = \frac{BCDE}{ABCDEF}$$

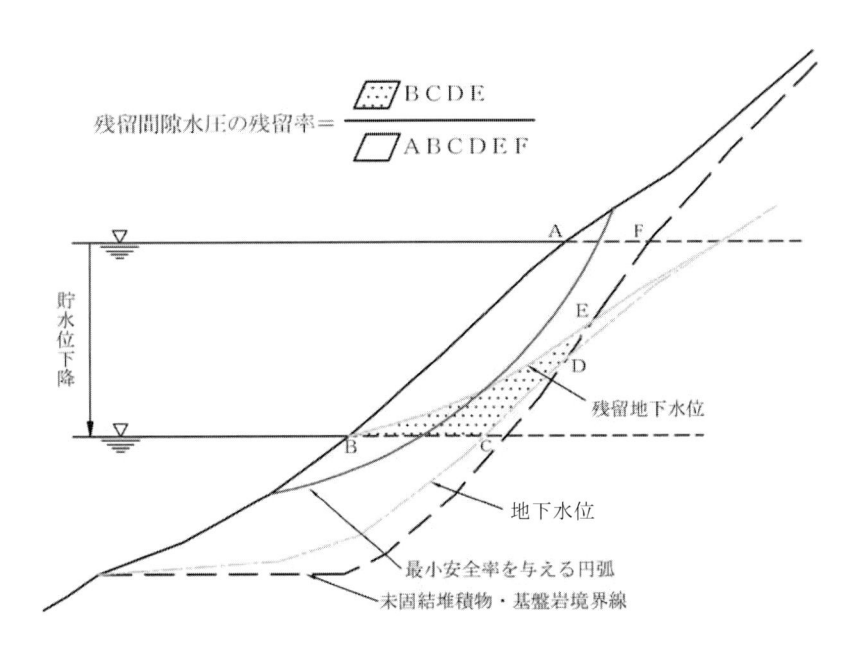

図 4.6 未固結堆積物からなる斜面における残留間隙水圧の残留率の算定

4.3.6 貯水位の変化に伴う安全率の評価

> 貯水位の変化に伴う安全率の評価は，湛水後に通常想定される貯水位操作の範囲で，貯水位の上昇時と下降時について行うことを原則とする。

解　説

　貯水位上昇時の貯水位の変化に伴う安全率Fsの評価のための安定解析は，河床標高あるいはすべり面の末端標高からサーチャージ水位（SWL）までの範囲について行う。

　一方，貯水位下降時の貯水位の変化に伴う安全率Fsの評価のための安定解析は，洪水期に急速な貯水位下降が予測される場合を対象とし，通常サーチャージ水位（SWL）から制限水位（RWL）までの範囲について行う。なお，制限水位（RWL）が設定されていない場合には常時満水位（NWL）までとする。

　ただし，洪水調節，流入土砂の排砂等の目的で急速な貯水位下降操作が計画されている場合は，安定解析における貯水位の変動範囲はその状況に応じて設定する必要がある。

　なお，異常渇水時等の利水補給やダム堤体の点検等の場合には，制限水位（RWL）あるいは常時満水位（NWL）から最低水位（LWL）まで連続して貯水位下降することが想定されるが，その際には下降速度を制御することができるため，急速な貯水位下降を想定した安定解析の対象とはしない。

　安定解析は，すべり面の勾配変化位置等を考慮し，安全率Fsの最小値（Fs_{min}）が的確に把握できるように貯水位を小刻みに設定して実施する。

4.4 対策工の必要性の評価

> 対策工の必要性の評価は，湛水後に通常想定される貯水位操作時の最小安全率に基づいて実施する。

解　説

　対策工の必要性は，原則として二次元安定解析による貯水位操作時の最小安全率を用いて評価する。

　湛水時の最小安全率（Fs_{min}）が1.00を下回る地すべり等については対策工が必要である。なお，対策工を施工した地すべり等については，巡視を行うとともに，地盤伸縮計・地盤傾斜計・孔内傾斜計等による計測を行って，その挙動を監視し，湛水時の対策工の効果や地すべり等の安定性について確認する（図4.7参照）。

　一方，現在，安定している地すべり等で，湛水時の最小安全率（Fs_{min}）が1.00以上と評価される地すべり等についても，巡視を行うとともに，必要に応じて地盤伸縮計・地盤傾斜計・孔内傾斜計等による計測を行って，その挙動を監視し，湛水時の安定性について確認する（図 4.7参照）。

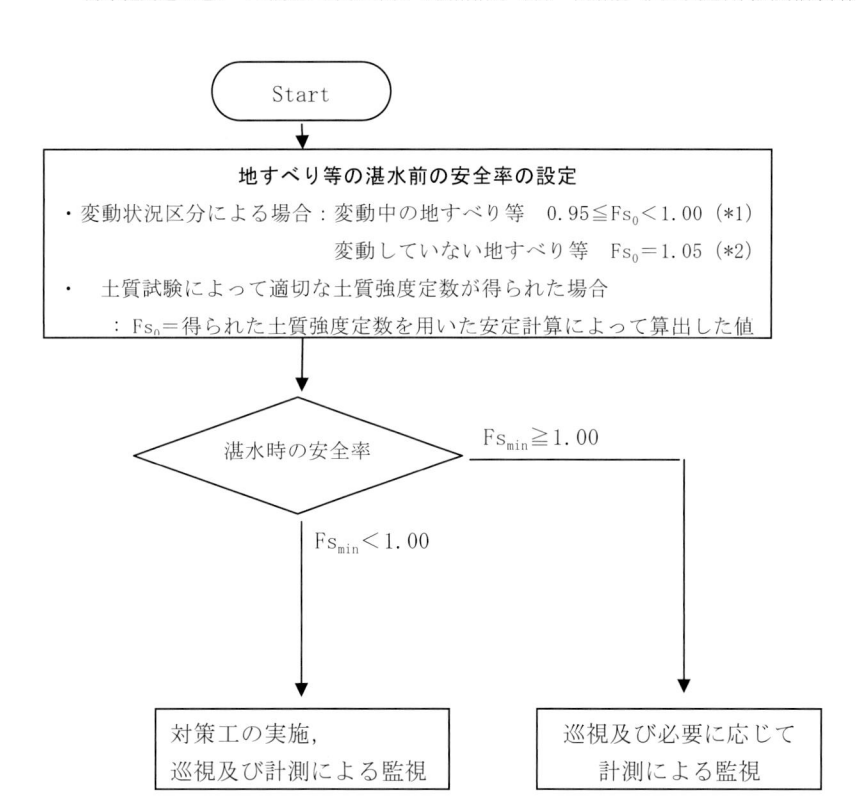

```
                    ┌─────────┐
                    │  Start  │
                    └────┬────┘
                         ↓
┌─────────────────────────────────────────────────────┐
│         地すべり等の湛水前の安全率の設定              │
│ ・変動状況区分による場合：変動中の地すべり等 $0.95 \leq Fs_0 < 1.00$ (*1) │
│              　　　　　　　変動していない地すべり等 $Fs_0 = 1.05$ (*2) │
│ ・ 土質試験によって適切な土質強度定数が得られた場合    │
│    ：$Fs_0 =$ 得られた土質強度定数を用いた安定計算によって算出した値 │
└─────────────────────┬───────────────────────────────┘
                      ↓
                ╱ 湛水時の安全率 ╲ ── $Fs_{min} \geq 1.00$ ──┐
                ╲               ╱                          │
                      │                                    │
                $Fs_{min} < 1.00$                           │
                      ↓                                    ↓
          ┌──────────────────┐              ┌──────────────────┐
          │  対策工の実施，    │              │ 巡視及び必要に応じて │
          │ 巡視及び計測による監視│              │   計測による監視   │
          └──────────────────┘              └──────────────────┘
```

*1 計測で地すべり等の変動の開始時期が把握された場合には，変動開始直前の安全率を$Fs_0 = 1.00$とする。
*2 湛水前の変動していない地すべり等の安定性は，複数年以上の長期間にわたり安定して存在する最も高い地下水位（豊水期の最低地下水位）を用いて$Fs_0 = 1.05$とする。

図 4.7 対策工の必要性の評価手順

5. 対策工の計画

5.1 目的

> 対策工の計画は，貯水池周辺の湛水に伴う地すべり等の安定性を確保し，地すべり等による被害の防止又は軽減を図ることを目的として立案する。

解　説

安定解析の結果，貯水位の変動によって最小安全率（Fs_{min}）が1.00を下回り，湛水によって不安定になるおそれがあると判断された地すべり等については，対策工によって安定性の向上を図るための計画を立案する必要がある。

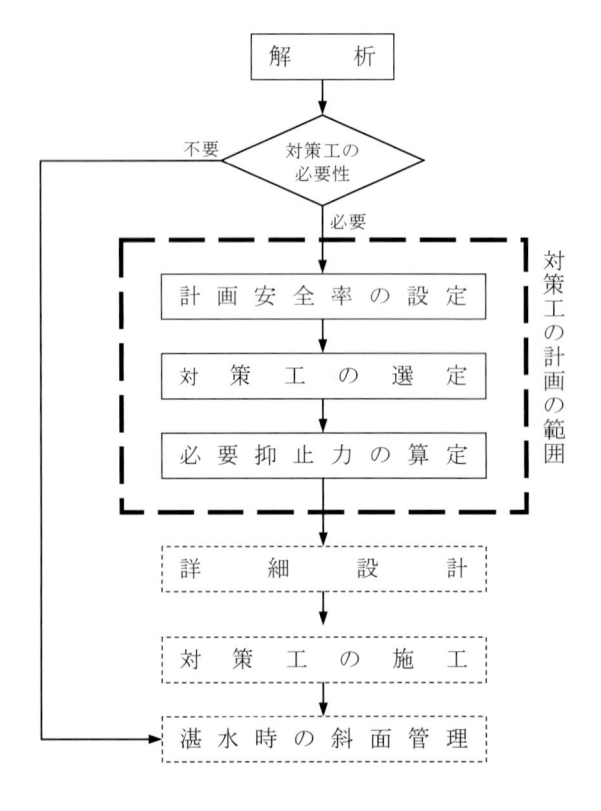

5.2 対策工の計画の手順

> 対策工の計画の手順は，計画安全率の設定，対策工の選定，必要抑止力の算定の順とする。

解　説

対策工の計画の手順は図5.1に示すとおりである。この図には，対策工の計画の後に実施する詳細設計，施工，斜面管理も含めて記載しているが，本指針（案）では述べない。

図 5.1 対策工の計画の手順

(1) 計画安全率の設定

　計画安全率(P.Fs)は，対策工の規模を決定するための所要安全性の程度の目標値であり，保全対象の種類に応じた重要度により 1.05～1.20 の範囲で設定する。

(2) 対策工の選定

　対策工の選定にあたっては，地すべり等の特性，貯水位と地すべり等の位置関係などについて十分検討し，また各々の対策工の特徴を十分考慮して効果的かつ経済的な一つ又は複数の対策工の組み合わせを選定する。

(3) 必要抑止力の算定

　必要抑止力は，計画安全率を満足するように算定する。

5.3 計画安全率の設定

> 計画安全率は，保全対象の種類に応じた重要度により設定する。

解　説

(1) 保全対象の種類に応じた重要度

　保全対象の重要度は，保全施設の種類及び保全する斜面に応じて決定し，目安として「大」，「中」，「小」に三区分する。

　なお，保全対象の重要度は，地すべり等による直接的な被害だけでなく，背水域における河道閉塞と決壊による氾濫などの間接的な被害も含めて検討する。

　i) ダム施設

　　ダム施設（2.4節参照）が地すべり等の変動の影響を受けた場合は，社会的にきわめて大きな影響を生じるため，重要度は大とする。

　ii) 貯水池周辺の施設

　　貯水池周辺の施設（2.4節参照）のうち，家屋（代替地を含む），国道，主要地方道，迂回路のない地方道，橋梁，トンネル，鉄道等は，地すべり等の変動の影響を受けた場合，社会的影響が大きいもの又は復旧に時間を要するものであるため，重要度は大とする。

　　迂回路のある地方道，公園等は比較的公共性が高く，重要度は中とする。

　　林道，管理用道路，ダムの機能に直接関わりのない係船設備，流木処理施設及び貯砂ダム等については比較的公共性が低く，重要度は小とする。

　iii) その他の貯水池周辺斜面

　　その他の貯水池周辺斜面のうち，貯水池周辺の山林保全上あるいは景観保全上重要である斜面などは，地すべり等が発生した場合の影響を考慮して重要度を検討する。

(2) 対策工の計画安全率

計画安全率は，保全対象の種類及び保全する斜面に応じた重要度によって設定されるもので，地すべり等の規模や地すべりの型分類によって設定されるものではない。

計画安全率は表 5.1に示す値を基準として保全対象への影響を勘案して決定する。なお，この値は標準的な値を示したものであり，計画安全率の設定は，ダムごとの事情を考慮して慎重に行わなければならない。

表 5.1 対策工の計画安全率と保全対象の重要度一覧

保全対象		重要度	計画安全率 (1.05～1.20)	備考
種類と具体例				
ダム施設	堤体，管理所，通信施設，取水設備，放流設備，発電設備等	大	1.15～1.20	ダム機能が著しく低下するとともに，社会的に極めて大きな影響を生じるもの。
貯水池周辺の施設	家屋，国道，主要地方道，迂回路のない地方道，橋梁，トンネル，鉄道等	大	1.15～1.20	社会的な影響が大きいもの又は復旧に時間を要するもの。重要度の区分に当たってはダム個別の事情を十分考慮する。
	迂回路のある地方道，公園等	中	1.10～1.15	
	林道，管理用道路，係船設備，流木処理施設，貯砂ダム等	小	1.10	
その他の貯水池周辺斜面			1.05～1.10	上記以外で貯水池周辺の山林保全上又は景観保全上重要である斜面。

5.4 対策工の選定

> 対策工は，地すべり等に応じた効果的かつ経済的な対策とすることを目的として，地すべり等の特性，貯水位と地すべり等の位置関係及び各々の対策工の特徴を考慮して選定する。

解　説
(1) 工法選定の要素

対策工の選定にあたっては，地すべり等の特性，貯水位と地すべり等の位置関係などについて十分検討し，また各々の工法の特徴を十分考慮して効果的かつ経済的な一つ又は複数の対策工の組み合わせを選定する。なお，工法選定にあたって考慮すべき要素を具体的に示すと以下のとおりである。

① 地すべりの型分類
② 地形形状（斜面状況）
③ 規模
④ 地すべり等の機構（素因・誘因）
⑤ すべり面の形状（特に貯水位との関係）
⑥ 基盤岩の状況
⑦ 保全対象の種類，位置
⑧ 施工性

⑨ 経済性
⑩ 環境等の要素

(2) 対策工の種類

湛水に伴う地すべり等の対策工の分類を図5.2に示す。

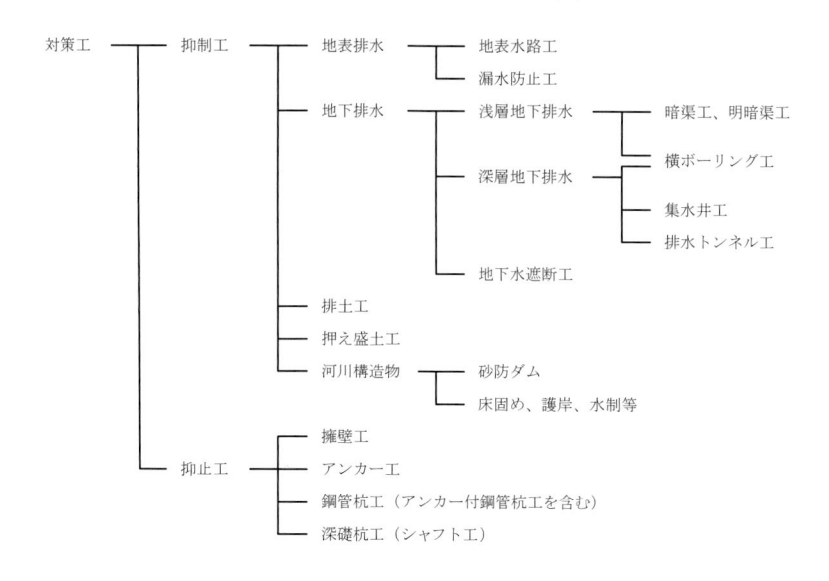

```
対策工 ─┬─ 抑制工 ─┬─ 地表排水 ─┬─ 地表水路工
        │          │            └─ 漏水防止工
        │          ├─ 地下排水 ─┬─ 浅層地下排水 ─┬─ 暗渠工、明暗渠工
        │          │            │                ├─ 横ボーリング工
        │          │            ├─ 深層地下排水 ─┼─ 集水井工
        │          │            │                └─ 排水トンネル工
        │          │            └─ 地下水遮断工
        │          ├─ 排土工
        │          ├─ 押え盛土工
        │          └─ 河川構造物 ─┬─ 砂防ダム
        │                          └─ 床固め、護岸、水制等
        └─ 抑止工 ─┬─ 擁壁工
                   ├─ アンカー工
                   ├─ 鋼管杭工（アンカー付鋼管杭工を含む）
                   └─ 深礎杭工（シャフト工）
```

図 5.2 対策工の分類

　湛水に伴う地すべり等では，移動土塊の一部が水没するため，本来抑制工の主たる工法である地下水排除工の配置が難しく，比較的高価な抑止工が用いられることが多い。ただし，堰上げや降雨等による地下水位の上昇が懸念される場合には貯水位以上の標高部での地下水排除工は有効な対策である。

　押え盛土工は，盛土による貯水容量の減少分を別途確保できる場合には，確実な効果が得られる工法であり，ダム本体基礎や原石山の掘削土を利用できるなどの利点があるが，反面，貯水位下の盛土荷重は水中重量で作用するため，土量に比較して効果が低い難点がある。また，大規模な盛土では，斜面の排水性が低下するため，残留間隙水圧の増大に影響を与える可能性も考慮する必要がある。

　地すべり対策工を実施する際には貯水による波浪浸食，貯水位の下降時に生ずる土砂流出に注意を払う必要がある。特に，対策工施工位置より下方の土塊の浸食は地すべり対策工に大きな影響を及ぼすため，その洗掘や崩壊を防止する法面工の施工が重要である。

　これらを考慮し，効果的かつ経済的な対策工を計画する必要がある。

5.5　必要抑止力の算定

> 対策工の必要抑止力は，計画安全率を満足するように算定する。

解　説
　　必要抑止力は基準水面法を用いて式（5.1）によって計算する。

$$\text{P.Fs} \leqq \frac{\sum(N-U)\cdot\tan\phi' + c'\sum L + P}{\sum T} \quad \cdots\cdots\cdots\cdots (5.1)$$

ここに，
P.Fs：計画安全率
N：各スライス（分割片）に作用する単位幅あたりのすべり面法線方向分力（kN/m）
T：各スライスに作用する単位幅あたりのすべり面接線方向分力（kN/m）
U：各スライスに作用する単位幅あたりの間隙水圧（kN/m）
L：各スライスのすべり面の長さ（m）
ϕ'：すべり面の内部摩擦角（°）
c'：すべり面の粘着力（kN/m²）
P：対策工によって与えられる抑止力（kN/m）

　対策工として，排土工，排水工等の地すべりブロックに作用する運動力や間隙水圧を低下させて安定性を向上させる抑制工を採用する場合には，それによって得られる条件に対応したN，T，L，Uの値を用いて計画安全率を満足する必要抑止力を算定する。なお，式（5.1）の計算に用いるすべり面の内部摩擦角ϕ'と粘着力c'の値は，4.3.4項で述べた方法によって設定した値を用いる。

6. 湛水時の斜面管理

6.1 試験湛水時の斜面管理

6.1.1 目的

> 試験湛水時の斜面管理は，初期湛水時の貯水池周辺斜面を巡視・計測してその安定性を確認するとともに，変状が生じた場合には適切かつ迅速な対応をとることにより地すべり等の発生を未然に防止することを目的として実施する。

解　説

　ダム貯水池の試験湛水によって貯水池周辺斜面に変状が生じた場合には，その発生を早期に察知し，適切かつ迅速な対策を講じなければならない。そのためには，入念な斜面管理を行う必要がある。

　湛水に伴う地すべり等の変動は試験湛水時に発生するものが大半であり，想定外の事象が発生することがあるため，試験湛水期間中は，対象とする斜面を常に注意深く巡視・計測する必要がある。

6.1.2 対象斜面

> 試験湛水時の斜面管理における対象斜面を，以下の3つに区分する。
> 　① 対策工を施工した斜面
> 　② 精査対象であったが対策工を施工していない斜面
> 　③ 概査対象であったが精査を実施していない斜面

解　説

　試験湛水時の斜面管理は，対象とする斜面の対策工の有無，地すべり等の安定性などによって，その内容と方法が異なる。

　対策工を施工した斜面は，巡視及び計測により斜面の挙動を監視するとともに対策工の効果判定を行う。

　精査段階で地すべり等として抽出したが，解析の結果，湛水により不安定化しないと判断して対策工を施工していない斜面，精査段階で地すべり等として抽出したが解析が不要と評価した斜面，概査段階で地すべり等として抽出したが精査を実施していない斜面は，巡視を行うとともに必要に応じて計測を行う。

　重要度が大の保全対象(5.3節参照)周辺の斜面等では，概査，精査時の判定結果にかかわらず巡視を行うとともに必要に応じて計測を行う。

6.1.3 斜面管理方法

> 試験湛水時の斜面管理方法は，斜面の挙動を監視することを目的として，巡視及び計測とする。

解　説

(1) 巡視

　新たな亀裂の発生など，地すべり等の徴候を早期に発見することを目的として，斜面の変状の有無や変状の進行を目視で確認する。変状が発生しやすい地すべりブロックの頭部や側部，過去の地すべり等によって生じた可能性のある道路面・地表面の亀裂や構造物の変位箇所及び地すべり等が発生した場合に保全対象に被害が生じると予想される箇所を中心に，巡視ルートを設定する。

(2) 計測

　i) 計器の選定

　　計測を行う計器はその計測目的に応じて表6.1を参考にして選定する。地すべり等及び地すべりブロックの状況に応じて計器を適切に配置して挙動を計測し，監視する。

　　なお，精査対象とした斜面で湛水により不安定化しないと判断し，対策工を施工していない斜面については，必要に応じて地下水位計測を行い，貯水位の下降時の残留地下水位を計測し，監視する。

表6.1　計測目的と計器の適用性

項目 \ 目的	斜面挙動の把握	安定計算の妥当性の検証	対策工の効果 安全性の確認
巡視による監視	・斜面にルートを設定し，巡視を併用して地表や構造物の新たな亀裂、変形の早期発見に努める。		・排水状況の確認 ・杭頭付近の地山状況の確認 ・アンカー法枠の亀裂、変形有無の確認 ・その他対策工の変形の有無等の確認
孔内傾斜計	◎		
パイプ歪計	◎		
多層移動量計	△		
光波測量	○		
水準測量	◎		
ＧＰＳ測量	○		
地盤伸縮計	◎		
地盤傾斜計	○		
クラックゲージ	○		
ぬき板	△		
地下水位計	◎	◎	○
排水量測定	○		○
杭頭変位測量	○	△	○
鋼管杭内に埋設した歪計、孔内傾斜計		△	○
深礎工の土圧計、鉄筋計	○	○	○
アンカー軸力計	◎	◎	◎

◎：特に有効
○：有効
△：場合によっては有効

ii) 計測方法

計測方法には，手動計測（半自動計測を含む）と自動計測がある。このうち自動計測は，データ収集，解析（変動図の作成）をリアルタイムで実施できることから，地すべり等の前兆となりうる微少な変動の継続的な監視を必要とする場合や，数多くの計器による計測値の相関を総合的に評価する必要がある場合などに用いられる。

iii) 計測頻度

表6.2に，試験湛水時における手動計測の計測頻度の目安を示す。変動の兆候と疑われるような計測値が得られた場合や管理基準値を超過した場合などには，計測頻度を増加させる。斜面の挙動を常時監視する自動計測の場合は，雨量や貯水位などの計測頻度と整合をとることでリアルタイムでの変動の兆候を察知できるようにする。

表 6.2 手動計測の計測頻度の目安

（計器1台あたり）

期　　　　間		頻　　度	備　　　考
試験湛水前		1回/1週	バックデータ（基準値）の入手
試験湛水時	貯水位上昇時	1回/1日～1回/3日	地すべりブロックに影響のない貯水位範囲内では1回/3日程度
	貯水位下降時	2回/1日～1回/3日	予備放流計画に基づき貯水位を下降する場合は2回/1日以上
	貯水位保持期間	1回/3日～1回/1週	最低水位付近の低水位で長期間保持する場合は1回/1週間程度
	異常時	1回以上/1日	地すべり等の変動発生後，動きが鎮静化するまでは1回/1時間程度 降雨強度に応じて計測頻度を設定

iv) 計測開始時期

計器による計測の開始時期は，湛水前の状況を把握する必要があることから，遅くとも湛水開始の2年程度前とする。湛水前から貯水池周辺斜面の計測を行うことにより，湛水後に計測された挙動が試験湛水による地すべり等の変動によるものか否かを判別することができる。

湛水前の計測によって次の点を明らかにしておく必要がある。

① 降雨時の累積変動の有無，累積速度，傾動の方向
② 地下水位変動と地すべり等の変動の相関
③ 年周期変動の有無，季節ごとの傾動方向と累積速度
④ 降雨と地下水位変動の相関
⑤ その他，安定時の変動の傾向

6.1.4 管理基準値の設定

> 試験湛水時の管理基準値は，巡視及び計測体制の強化又は通常体制への移行の判断基準とすることを目的として設定する。

解　説

　湛水に伴う地すべり等の計測値に対する管理基準値は，計測値がこれを超過した場合には巡視及び計測体制を強化する判断基準として，また，その後，斜面が安定であることを確認した際には巡視及び計測体制を通常の体制に移行する判断基準として設定する。管理基準値は，注意体制・警戒体制のように段階的に設定することが一般的である。

　管理基準値は，一般に地盤伸縮計，地盤傾斜計を対象に設定し，これらの計器の変動量と斜面の変動種別の判定（4.3.2項参照），既設ダムの管理基準値，事前の計測結果から得られる計測値のばらつきなどを参考に設定する。実際に地すべり等及び地すべりブロックが変動した際の計測データがある場合は，その値に対して十分に余裕をもった値を管理基準値として設定する。

　なお，地すべりの型分類，変動履歴，地形・地質などに応じた管理基準値を合理的に設定するために，試験湛水時における貯水池周辺斜面の計測データの蓄積に努める必要がある。

6.1.5 安定性の評価

> 試験湛水時の地すべり等の安定性の評価は，地すべりブロック等の巡視及び計測の結果に基づいて実施する。

解　説

　管理基準値は巡視及び計測体制を変更する際の判断基準であり，この値を超過してもただちに地すべり等の変動の発生を意味するものではない。管理基準値を上回る値が計測された場合には，計測間隔の短縮や計器の増設を行うとともに，巡視結果や各種計器の計測結果などを総合的に分析して対象とする斜面の安定性や対策工を施工している場合にはその効果を評価する。評価の結果，地すべり等が不安定化する可能性があると判定された場合には，対策工の施工，既に対策工を施工している場合には追加施工の検討を行う。

6.1.6 異常時の対応

> 試験湛水時に地すべり等の変動の兆候が計測又は確認された場合には，被害を防止又は軽減するために，速やかに対応する。

解　説

　試験湛水時に地すべり等の変動の兆候が計測，確認された場合には，関係機関と協議を行い，速やかに入念な調査を行うとともに所要の対策工を施工して被害を未然に防止

する必要がある。異常事態の発生に適切かつ迅速に対処するため，関係機関へのスムーズな情報伝達ができる連絡体制を予め整備しておく必要がある。

　試験湛水前の巡視，計測計画の策定にあたっては，万一異常事態が発生した場合にも速やかに対応がとれるよう，予め調査，対策工，貯水位操作などの対応方針を立案しておく必要がある。

6.2 ダム運用時の斜面管理

6.2.1 目的及び斜面管理方法

> ダム運用時における斜面管理は，長期的に斜面の安定性を確認することを目的として，巡視及び計測並びに地すべり等カルテの更新により実施する。

解　説
(1)巡視及び計測

　ダム運用時についても，試験湛水時と同様，貯水池周辺斜面を巡視・計測することによりその長期の安定性を確認するために適切な斜面管理を行う必要がある。

　ダム運用時に地すべり等の変動の明瞭な兆候が計測された場合（変動A）には，速やかに必要な対策を講じて被害の発生を防止又は軽減する必要がある。緩慢ながらも地すべり性の変動（変動B）が計測された斜面，潜在的な変動（変動C）が計測された斜面については，試験湛水時の安定性評価結果，貯水位の変動状況，気象状況（季節）などに応じて巡視や計測の内容を決定する。また，斜面変動の発生初期の傾向が見られる場合には，巡視や計測間隔を短縮するとともに必要に応じて計器を増設して慎重な監視を行う。なお，変動A，B，Cに対応するような斜面の変状が巡視によって観察された場合には，それぞれの変動に準じた対応を行う。

　ダム運用時に安定性が確認された斜面については，巡視及び計測の頻度低下，休止，中止（計測計器の撤去）を行う。

(2)地すべり等カルテの更新

　地すべり等カルテは，地すべり等の現状における安定性の評価や，万が一，安定性に変化が生じた場合に利用するため，管理段階においても随時更新する必要がある。

　地形の変化や変状の有無，計測体制（計器配置・計測頻度等）の変更及び管理基準値の改定などの内容は，地すべり等カルテに追記し，斜面管理の履歴を確実に記録する。

6.2.2 管理基準値の見直し

> ダム運用時の管理基準値の見直しは，長期にわたる貯水池周辺の斜面管理を適切に行うことを目的として，巡視及び計測に基づく斜面の安定性の評価結果を踏まえて随時，実施する。

解　説

　ダム運用時の斜面管理を適切に行うため，計測データが十分蓄積された段階で斜面の挙動を評価し，管理基準値を見直す。

　管理基準値を上回る値が計測された場合には，湛水条件，気象条件などを検討し，管理基準値の超過が地すべり等の変動によるものか，その他の要因（誤差や小動物の接触など）によるものかなどの分析も含めて斜面の安定性の評価を行い，適宜，管理基準値を見直す。

引用文献

1) 渡 正亮：地すべり地の概査と調査の考え方，土木研究所資料，第1003号，建設省土木研究所，1975
2) 国土交通省砂防部・独立行政法人土木研究所：地すべり防止技術指針及び同解説，（社）全国治水砂防協会，2008
3) 藤原明敏：地すべりの解析と防止対策，理工図書
4) 綱木亮介：貯水池周辺の地すべり地における残留間隙水圧の実態と解析事例，ダム工学, Vol.10, No.1, 2000
5) 貞弘丈佳・平野勇・阪元恵一郎・小池淳子：ダム貯水池周辺地すべりの貯水位変動における残留間隙水圧の実態，ダム工学, Vol.10, No.2, 2000
6) 貞弘丈佳・平野勇・小池淳子・上原芳久：ダム貯水池周辺地すべりの浸透流解析による残留間隙水圧の検討，ダム工学, Vol.11, No.1, 2001
7) 江田充志・鈴木将之・藤澤和範・壇上裕司・石井靖雄：貯水池周辺地すべりにおける残留率の要因分析，地すべり学会誌, Vol.43, No.5, 2007

索引

あ 行

ITV カメラ 156
阿賀野川 31, 32, 33
赤松地すべり 22
アセットマネジメント 168
圧縮亀裂 7, 54, 57, 69
圧縮場 105
孔曲がり 108
安定解析 2, 41, 43, 87, 89, 90, 93, 108, 116, 119, 120, 122, 123, 124, 125, 126, 128, 130, 132, 133, 135, 136, 138, 140, 141, 143
閾値 32, 160
椅子型 9, 34, 42, 46, 92
1 次谷 14, 56, 63
糸魚川―静岡構造線 23
移動物質 8
移動領域 2, 97, 98, 99, 103, 104, 123
魚沼層 19, 22, 27
ウバーレ 16
運動状況 5, 113, 120, 126, 128, 156, 168
運動単位 89
運動履歴 34, 41, 104
運搬形態 35, 40, 83
運用水位 166
N 値 117
横断形状 124
オリストストローム 18
折線 90

か 行

過圧密粘土 117
概査 1, 2, 30, 45, 49, 50, 53, 74, 77, 81, 84, 88, 89, 92, 93, 103, 104, 119, 155, 156
崖錐 4, 15, 35, 36, 37, 39, 53, 57, 61, 62, 63, 64, 67, 71, 81, 83, 89, 113, 121, 122, 123, 129, 130, 131, 134, 136, 138
回転運動 72

海洋プレート 18
鏡肌 97, 101, 102
角形 9, 46
火口跡 16
下降速度 136, 140
下刻作用 15, 34
仮説 92
河川砂防技術基準 143
型分類 8, 9, 30, 34, 45, 54, 74, 89, 92, 93, 99, 101, 104, 112, 145, 149, 161
滑石化 23
滑走斜面 34
河道閉塞 83, 144
仮設備 54, 81, 153
間隙水圧 4, 5, 41, 42, 44, 45, 91, 108, 111, 119, 120, 122, 123, 136, 137, 138, 139, 146, 151, 166, 169
還元土 97
雁行亀裂 7
緩斜面 7, 8, 9, 16, 23, 37, 56, 57, 58, 59, 60, 61, 63, 64, 65, 67, 69, 73
岩盤地すべり 8, 9, 12, 14, 15, 17, 34, 42, 46, 57, 63, 95, 96, 98, 99, 101, 102, 103, 104, 105, 111, 117, 151, 152
簡便 (Fellenius) 法 122, 123
陥没帯 4, 7, 14, 67, 73
含油泥岩 22
管理基準値 112, 113, 157, 161, 162, 163, 164, 165
危険度評価手法 31
機構解析 2, 45, 87, 90, 93, 97, 108, 119, 121
北松型地すべり 19, 23
基盤岩 16, 22, 35, 61, 93, 97, 98, 101, 102, 103, 104, 105, 121, 145, 166
規模 2, 4, 5, 8, 9, 14, 15, 17, 25, 27, 28, 32, 34, 36, 37, 39, 40, 49, 53, 54, 56, 58, 59, 60, 61, 62, 63, 64, 65, 67, 69, 81, 83, 84, 87, 88, 89, 90, 93, 101, 103, 105, 111, 118, 124, 129, 131, 141, 143, 145, 146, 148, 149, 152, 154, 162, 169
逆算法 117, 122, 128, 131, 132, 133, 134

切土法面 2
亀裂 7, 9, 23, 27, 30, 31, 32, 54, 57, 60, 63, 67, 69, 71, 72, 73, 89, 95, 98, 101, 102, 103, 105, 107, 112, 113, 121, 122, 127, 156, 157, 162
キンク 105
空洞 101
国見地すべり 22
グラウチング 108
グリーンタフ地域 19, 67
胡桃地すべり 19, 22, 27
コア観察 91, 99, 101, 103, 104
高位段丘 56, 57
攻撃斜面 34, 63, 67
孔内傾斜計 91, 95, 103, 104, 107, 108, 109, 141, 150, 156, 157, 161, 162, 167
谷頭斜面 56, 58, 60
古文書 73

さ 行

再開発 1, 165, 166
猿供養寺地すべり 23
酸化 97, 98
三次元 51, 89, 99, 124, 125, 126
三波川結晶片岩 18
残留間隙水圧 4, 5, 41, 42, 45, 120, 122, 136, 137, 138, 139, 146, 166
残留強度 34, 117, 118, 132
CSG 146, 149
試験施工 153, 154
試験湛水 2, 108, 111, 155, 156, 157, 159, 161, 162, 163, 164, 165
自然要因 131
湿地植物 57
四万十帯 18, 19, 28, 67
社会資本整備 165
斜面勾配 7, 8, 39, 40, 54, 64, 67, 73, 120, 132, 137, 138, 149
斜面変動 4, 16, 43, 56, 164, 165, 166, 169
蛇紋石 23
斜流谷 14, 15, 17, 56, 63
集水井 107, 147, 148, 150
重力 2, 35, 59, 60, 64, 83, 170
受働土圧 152
受動部 45
シュミットネット 69, 96, 97

巡視 141, 155, 156, 157, 161, 162, 163, 164, 165
条線 101, 102
初生地すべり 98, 167, 169
新第三紀層 19, 22, 23, 25, 27, 28, 32, 49, 73
浸透流解析 43, 111, 116, 137, 138, 139, 166
水中重量 5, 123, 146, 148
水没斜面 45, 150, 152
末無沢 56
生活再建地 84
正規圧密粘土 117
精査 1, 2, 4, 30, 45, 49, 65, 74, 75, 80, 81, 83, 84, 86, 87, 88, 89, 90, 91, 111, 118, 119, 120, 141, 155, 156
脆弱層 93
堰上げ 5, 41, 42, 43, 44, 45, 81, 108, 120, 137, 146, 147, 151, 168
堰止め凹地 16
石灰岩 16, 18, 56
漸移期 8
遷緩線 7, 37, 38, 40, 56, 59, 60, 61, 62, 63, 64, 65, 67
先行降雨 139
潜在すべり面 167
扇状地 35, 38, 39, 40, 57, 62
せん断変形 97
せん断力 152, 153
千枚田 9, 57
素因 30, 67, 90, 92, 93, 99, 102, 104, 119, 145, 278
疎樹林 51

た 行

タービダイト 18, 19
代替地 54, 83, 84, 90, 91, 144
多変量解析 31
ダムサイト 2, 49, 53, 54, 65, 84, 107, 153
段丘堆積物 4
弾性波探査 81, 91, 105
断層凹地 16
地下水位 5, 41, 42, 43, 46, 61, 67, 81, 93, 97, 98, 102, 108, 110, 111, 112, 113, 119, 120, 122, 123, 124, 127, 128, 129, 130, 134, 136, 137, 138, 146, 147, 148, 156, 157, 159
地下水検層 91, 95, 107, 111
地形改変 124, 125, 166
地形単位 64
地形の分化 8, 9, 30, 120

地形発達史 32, 59, 168
地形分類図 53, 62
地質構造 18, 23, 28, 32, 53, 54, 57, 58, 65, 69, 71, 72, 89, 91, 92, 93, 95, 96, 98, 99, 101, 104, 105, 119, 136
地質地帯区分 65
地質的素因 92, 93, 104, 119
地すべりカルテ 118
地すべり機構 89, 97, 105
地すべり等防止法 2
地すべりの分化 30, 67
地すべり防止区域 53, 84
チャート 18, 150
Chang の式 153
中・古生層 73
宙水 111
沖積錐 4, 35, 39, 40, 57, 62
沖積錐堆積物 4
調査測線 88, 89, 92, 93, 105
長尺ボーリング 90, 93
貯砂ダム 83, 84, 144
貯水位線 54, 65, 81, 122
貯水位変動域 93, 136
貯水位変動速度 166
貯水容量 84, 146, 148, 149
付替道路 1, 2, 54, 65
寺泊層 19, 22, 27
転石 150
テンドン 154
動的強度 169
道路工事 128
道路土工指針 132
土質強度定数 113, 116, 122, 126, 127, 128, 129, 131, 132, 133, 134, 135
土石流堆 4, 35, 38, 39, 57, 62, 83
土石流堆積物 4, 35, 38, 62, 83
土地条件図 53
トップヘビー 34, 46
ドリーネ 16

な 行

流れ盤 18, 19, 25, 28, 69, 71, 92, 103, 104, 105
二次元安定計算 45
二重山稜 15, 16, 56, 58
熱水変質 25, 27, 28, 101, 102, 104

は 行

バイオントダム 169
排砂 140
発達過程 53, 54, 56, 74
馬蹄形 7, 9, 46, 61
被圧 102, 138
被圧帯水層 138
ひずみ率 168
微地形 9, 14, 32, 51, 53, 54, 56, 57, 63, 64, 65, 67, 73, 92
引張り応力場 105
引張亀裂 54, 57, 67, 105
被覆層 14
標高 2, 43, 44, 47, 51, 52, 71, 93, 136, 140, 146, 166
標準貫入試験 91, 93, 95, 117
表層物質 58, 60, 101
表面排水路 148
平山地すべり 23, 28
風化岩地すべり 8, 9, 14, 15, 34, 42, 46, 57, 90, 97, 98, 99, 103, 104, 111, 117, 152
フォッサマグナ 18
付加体 18, 49, 102, 104
付加体堆積物 18, 49, 102
伏流水 40, 57
不動地 8, 9, 57
不動領域 2, 93, 104, 107, 121, 123
舟底型 9, 34, 46
浮力 41, 42, 45, 67, 119, 149, 166
ブレーンストーミング 31
ブロックサンプル 116
分水界 2, 58
分離面 8, 22
変成岩 18, 19, 25, 27, 28, 49
変動総括図 113, 116, 120
変動履歴 53, 54, 56, 57, 74, 161
ボアホールカメラ 95, 96, 107
（独）防災科学技術研究所 53
崩積土 4, 7, 8, 9, 11, 34, 35, 37, 42, 53, 56, 57, 62, 63, 64, 67, 69, 90, 97, 98, 101, 104, 112, 117, 120, 152
崩積土・粘質土地すべり 42, 90
飽和度 134, 167, 168
ボーリングコア 95, 96, 97, 107, 116, 167
ボーリング調査 53, 81, 91, 93, 95, 104, 105, 107, 129
保全対象 2, 5, 49, 81, 83, 84, 88, 118, 120, 121, 141,

143, 144, 145, 156, 157, 165
ボトムヘビー 34, 46

ま 行

埋没谷 23
末端部 7, 9, 15, 30, 31, 34, 40, 41, 45, 57, 63, 64, 65, 67, 69, 70, 73, 81, 83, 92, 93, 97, 99, 105, 112, 113, 118, 120, 148, 149, 152, 162, 166
末端崩壊 41, 45, 69, 120, 123
松之山地すべり 22, 27
御荷鉾岩類 18
未固結堆積物 4, 35, 36, 37, 38, 39, 40, 57, 63, 64, 67, 69, 81, 83, 85, 89, 113, 121, 122, 123, 129, 130, 131, 134, 136, 137, 138
水締め 35, 67, 83
嶺岡―葉山隆起帯 23
メランジ 18, 19, 25

ゆ 行

誘因 1, 2, 7, 45, 90, 92, 93, 104, 119, 145, 169

優先度 165
緩み岩盤 8, 170
用地 54, 105
抑止工 5, 146, 150, 151, 153
抑止力 130, 143, 144, 150, 151, 153, 168
抑制工 5, 146, 151

ら 行

利水補給 140
隆起 7, 18, 23, 27, 34, 57, 121, 122
流入粘土 22, 69, 96, 101
累積傾向 108, 127
累積変動 107, 109, 159
ルートマップ 65, 71, 72, 74

わ 行

鷲尾岳地すべり 23
腕曲 56, 63
湾曲異常 14, 17

編者
財団法人国土技術研究センター（JICE）
〒105-0001　東京都港区虎ノ門3丁目12番1号
電話 03-4519-5005　fax03-4519-5015

書　名	改訂新版　貯水池周辺の地すべり調査と対策
コード	ISBN978-4-7722-5251-5　C3051
発行日	2010（平成22）年12月20日　初版第1刷発行
	2013（平成25）年11月20日　初版第1刷発行
編　者	財団法人国土技術研究センター編
	Copyright ©2010　JICE
発行者	株式会社古今書院　橋本寿資
印刷所	三美印刷株式会社
製本所	渡辺製本株式会社
発行所	古今書院
	〒101-0062　東京都千代田区神田駿河台2-10
ＷＥＢ	http://www.kokon.co.jp
電　話	03-3291-2757
ＦＡＸ	03-3233-0303
振　替	00100-8-35340
	検印省略・Printed in Japan

本書の一部または全部を著作権法の定める範囲を超えて無断で複写、複製、転載あるいはファイルに落とすことを禁じます。財団法人国土技術研究センター